Métodos criativos na terapia do esquema

A Artmed é a editora oficial da FBTC

Gillian Heath é psicóloga clínica baseada em Londres. Ela foi treinada pelo Dr. Jeffrey Young no New York Institute of Schema Therapy e é terapeuta do esquema e supervisora-instrutora de nível avançado. Ela é codiretora, com a Dra. Tara Cutland Green, do Schema Therapy Associates Training, um programa aprovado pela International Society of Schema Therapy (ISST) desde 2012. Juntas, elas criaram o *Schema Therapy Toolkit*, um conjunto de vídeos de treinamento envolvendo métodos básicos e avançados da terapia do esquema; e é coautora do capítulo "Schema therapy" do *Handbook of adult clinical psychology* (Routledge, 2016). Ela tem experiência no National Health Service (NHS) e na prática independente e tem interesse especial em trabalhar com traumas complexos, dificuldades em nível de personalidade e transtornos alimentares, bem como ansiedade e depressão.

Helen Startup é psicóloga clínica consultora e chefe conjunta de Psicologia do Sussex Partnership NHS Eating Disorders Service; ela também é pesquisadora sênior e palestrante sênior honorária da Sussex University. Antes do treinamento clínico, ela concluiu um PhD em Mecanismos Psicológicos de Ansiedade e Preocupação, e publica amplamente em revistas acadêmicas. Ela foi cocandidata em quatro ensaios clínicos randomizados (ECRs) multicêntricos financiados, testando intervenções em vários aspectos da psicopatologia (psicose, transtornos alimentares, transtornos da personalidade). Recentemente, foi coautora do *Cognitive interpersonal therapy workbook for treating anorexia nervosa* (Routledge), que é uma intervenção psicológica adotada pelo National Institute for Health and Care Excellence, do Reino Unido. Ela é terapeuta-supervisora de terapia cognitivo-comportamental (TCC) credenciada e terapeuta do esquema de nível avançado. Junto com Janis Briedis, dirige a Schema Therapy School UK Ltd, que oferece oficinas especializadas e treinamento em certificação para a terapia do esquema no Reino Unido.

M593	Métodos criativos na terapia do esquema : avanços e inovação na prática clínica / Organizadores, Gillian Heath, Helen Startup ; tradução: Gisele Klein ; revisão técnica: Bruno Luiz Avelino Cardoso, Leonardo Mendes Wainer. – Porto Alegre : Artmed, 2023. xx, 356 p. ; 23 cm. ISBN 978-65-5882-103-8 1. Psicoterapia. 2. Terapia cognitiva focada em esquemas. I. Heath, Gillian. II. Starup, Helen. CDU 615.851

Catalogação na publicação: Karin Lorien Menoncin – CRB 10/2147

Autores

Anna Balfour é psicóloga credenciada no Reino Unido e trabalha com terapia do esquema desde 1997, tendo sido treinada no primeiro coorte do Reino Unido, com Jeffrey Young. Ela é treinadora-supervisora de terapeutas de nível avançado. Depois de trabalhar na Libéria com sobreviventes de traumas de guerra, Anna mudou-se para os Estados Unidos em 2006, onde atualmente é conselheira estadual licenciada. Ela lecionou como professora adjunta no programa de Pós-graduação em Psicologia da Eastern University e tem seu consultório particular. Anna estabeleceu o Schema Therapy Pennsylvania, um grupo crescente de terapeutas do esquema que se reúne para supervisão e treinamento de colegas. Ela gosta de integrar improvisação na terapia do esquema e dirigiu uma oficina de habilidades sobre pontes afetivas para imagens no congresso da ISST 2018 em Amsterdã. Anna hoje mora no noroeste da Flórida, onde supervisiona e trabalha com terapeutas no desenvolvimento pessoal e na construção de práticas. Mais recentemente, Anna explorou seu interesse em repensar o que significa ser totalmente humano, incorporando entendimentos da psiquê ecológicos e orientados para a alma e psicologia positiva baseada em forças, com a terapia do esquema.

Anna Lavender é psicóloga clínica chefe no South London e na Maudsley NHS Foundation Trust. Ela tem mais de 20 anos de experiência em tratamento e supervisão em TCC e é também terapeuta do esquema e supervisora qualificada. Ela ensina treinamento de psicólogos em processos interpessoais em terapia e tem trabalhado extensivamente com indivíduos com transtornos da personalidade. Ela é colíder, no Reino Unido, de um estudo internacional sobre o uso da terapia do esquema de grupo com indivíduos com transtorno da personalidade *borderline*. Ela é coautora de *The Oxford guide to metaphors in CBT* (2010) e publicou, com o Dr. Stirling Moorey, *The therapeutic relationship in CBT*.

Anna Oldershaw é psicóloga clínica sênior com treinamento adicional em terapia focada na emoção (TFE). Ela oferece terapia e supervisão em TFE e é membro da International Society for Emotion Focused Therapy (isEFT). Ao lado de Les Greenberg e Robert Elliott, ela facilita o treinamento em TFE no Emotion Focused Therapy Institute do Salomons Institute for Applied Psychology, no sudeste da Inglaterra. Antes de seu treinamento clínico, Anna concluiu um doutorado com foco em anorexia nervosa e emoções e publicou extensivamente sobre o assunto. Ela agora trabalha em um Serviço de Transtornos Alimentares do NHS. Em 2016, Anna recebeu uma bolsa do National Institute of Health Research para financiar o desenvolvimento e a testagem de uma TFE para adultos com anorexia nervosa (o estudo SPEAKS), trabalhando ao lado da Dra. Helen Startup e do Professor Tony Lavender.

Arnoud Arntz é professor de Psicologia Clínica na University of Amsterdam, na Holanda. Ele é um dos fundadores e inovadores da terapia do esquema e publicou extensivamente sobre a aplicação da terapia do esquema para apresentações complexas.

Benjamin Boecking obteve seu PhD e DClinPsy no Institute of Psychiatry, Psychology & Neuroscience (IoPPN) em Londres. Ele é psicólogo clínico chefe e terapeuta do esquema qualificado com vários anos de experiência em avaliação e tratamento de dificuldades psicológicas e na realização de pesquisas. Ele atualmente trabalha no Tinnituscentre no Charité Universitätsmedizin Berlin, Alemanha, onde conceitualiza, implementa, conduz e avalia a oferta de tratamento psicológico eficaz e supervisiona outros clínicos para proporcionar esse trabalho. Seu interesse de pesquisa está em desenvolver abordagens terapêuticas baseadas em evidências para aliviar o desconforto relacionado ao zumbido e a outras condições somáticas, e ele está, atualmente, avaliando a aplicação de intervenções focadas em esquemas nessa área. Suas pesquisas anteriores investigaram os mecanismos psicobiológicos de tratamento psicológico eficaz para o transtorno de ansiedade social, bem como os processos cognitivos subjacentes à geração de estresse interpessoal na depressão. O Dr. Boecking está ativamente envolvido no treinamento de estudantes e médicos em vários tópicos, incluindo transtornos da personalidade, entrevistas clínicas e princípios de TCC.

Cathy Flanagan recebeu seu PhD da University College Dublin (UCD), Irlanda, e obteve bolsas de pós-doutorado com o Dr. Richard Lazarus na University of California-Berkeley e com o Dr. Aaron Beck no Center for Cognitive Therapy da University of Pennsylvannia. Antes de se mudar para os Estados Unidos, foi diretora de Serviços Psicológicos no St Patrick's Hospital, Dublin, lecionando na UCD e no Trinity College Dublin. Em sua função como coordenadora clínica e supervisora sênior no Schema Therapy Institute of New York, ela participou, com o Dr. Jeffrey Young, do desenvolvimento inicial do modelo da terapia do esquema. Além de trabalhar com formação e supervisão nos Estados Unidos e na Irlanda, Cathy publicou um livro, *People and change*, e escreveu vários capítulos e artigos, mais recentemente sobre necessidades psicológicas, modos de enfrentamento e modelos de funcionamento interno. Cathy é membro do conselho editorial do *Journal of Psychotherapy Integration* e membro fundador da Academy of Cognitive Therapy (ACT). Ela faz parte do Schema Therapy Development Programs Committee (STDP) da ISST e é presidente honorária da Schema Therapy Association of Ireland (STAI). Cathy trabalha atualmente em clínica particular na cidade de Nova York.

Chris Hayes é psicólogo clínico e terapeuta do esquema de nível avançado atuante em Perth, Austrália Ocidental. Ele tem vasta experiência em lugares administrados tanto pelo poder público quanto pela iniciativa privada, atendendo clientes com condições psicológicas complexas. Desde 2005, trabalha como terapeuta do esquema, supervisor e formador avançado, tendo completado Certificação em Terapia do Esquema no Schema Therapy Institute of New York City com o Dr. Jeffrey Young. Ele realizou oficinas em toda a Europa, na Ásia e na Australásia. É diretor do Schema Therapy Training Australia. Além de fornecer treinamento e supervisão em terapia do esquema, atualmente trabalha no Departamento de Saúde da Austrália Ocidental como psicólogo clínico sênior (em um serviço especializado de atendimento a pessoas que sofreram trauma sexual recente ou na infância). Ele coproduziu os conjuntos de materiais em vídeo *Fine tuning imagery rescripting* e *Fine tuning chair work in schema therapy*, e ambos são altamente recomendados. Anteriormente, ele atuou como secretário do conselho da ISST.

Chris Irons é psicólogo clínico atuante em Londres. Ele tem trabalhado com o professor Paul Gilbert e outros colegas no desenvolvimento e na adaptação teórica e clínica da terapia focada na compaixão (TFC) (Gilbert, 2009; Gilbert & Irons, 2005, 2014) como uma abordagem psicoterapêutica baseada na ciência. Em seu trabalho clínico, ele usa a TFC nos trabalhos com pessoas sofrendo de uma variedade de problemas de saúde mental, incluindo depressão persistente, transtorno de estresse pós-traumático (TEPT), transtorno obsessivo-compulsivo (TOC), transtorno bipolar, transtornos alimentares e esquizofrenia, bem como com vários transtornos da personalidade. Chris é membro do conselho da Compassionate Mind Foundation, uma organização de caridade cujo objetivo é "promover o bem-estar por meio da compreensão científica e da aplicação da compaixão". Ele faz apresentações regulares para públicos acadêmicos, profissionais e leigos sobre a TFC e, mais amplamente, sobre a ciência da compaixão. Está interessado em como a compaixão pode melhorar o bem-estar individual, a satisfação nos relacionamentos e facilitar a mudança positiva em grupos e em organizações. Entre outras coisas, atualmente está pesquisando o papel da compaixão e da ruminação na depressão; o papel da compaixão e da vergonha na psicose; e o papel da compaixão por si mesmo e pelos outros na qualidade dos relacionamentos. Recentemente publicou um livro sobre depressão e, no momento, está escrevendo três livros sobre TFC.

Christina Vallianatou concluiu sua primeira graduação em Psicologia na University of Wales, Cardiff, e seu doutorado em Aconselhamento Psicológico na University of Surrey. Ela é terapeuta do esquema, supervisora e treinadora de nível avançado e terapeuta de dessensibilização e reprocessamento através de movimentos oculares (EMDR). Trabalhou para o NHS (Reino Unido) e atualmente atende em consultório particular em Atenas. Ela tem anos de experiência de ensino em diferentes ambientes acadêmicos e lecionou terapia do esquema na Sérvia e na Grécia. Tem experiência psicoterapêutica em traumas complexos, dissociação, transtornos da personalidade e transtornos alimentares. Seus interesses de pesquisa, publicações e apresentações em conferências se concentram nos seguintes tópicos: terapia do esquema, transtornos alimentares e questões multiculturais em psicoterapia.

Christopher William Lee trabalha em consultório particular e tem um cargo adjunto na University of Western Australia. Ele é instrutor certificado tanto pela ISST como pela EMDR International Association. Realiza oficinas de treinamento de terapeutas em terapia do esquema e tratamentos de traumas em toda a Austrália e no exterior. Publicou pesquisas sobre transtornos da personalidade, avaliação de esquemas e TEPT. Recebeu dois prêmios da International Society for Traumatic Stress Studies e três prêmios da International EMDR Association por excelência em pesquisa, o primeiro em 1999 e o mais recente em 2019. Em 2011, recebeu o prêmio Ian Campbell Memorial Award da Australian Psychological Society por contribuições como cientista-praticante para a psicologia clínica na Austrália. Atualmente é pesquisador principal em dois ECRs multicêntricos internacionais, um no tratamento de TEPT complexo e o outro usando a terapia do esquema para transtorno da personalidade *borderline*. No passado, atuou como coordenador de pesquisa no conselho da ISST.

Dan Roberts é terapeuta cognitivo e terapeuta do esquema certificado em nível avançado. Dan trabalha com adultos em seu consultório particular no norte de Londres, onde trata pessoas com traumas agudos e de desenvolvimento, bem como outros problemas psicológicos complexos. Sua formação abrange aconselhamento humanístico, psicoterapia integrativa, terapia cognitiva e terapia do esquema. Dan também é fundador da Schema Therapy Skills, por meio da qual oferece oficinas de treinamento para profissionais de saúde mental em todo o Reino Unido. Antes do treinamento como terapeuta, Dan foi jornalista na área de saúde por mais de uma década, escrevendo para muitos dos principais jornais e revistas do Reino Unido. Ele continua escrevendo artigos sobre psicologia e psicoterapia, além de trabalhar para desestigmatizar problemas de saúde mental em seu site e na mídia.

David Bernstein é psicólogo clínico (PhD, New York University, 1990) e professor associado de Psicologia na Maastricht University, na Holanda, onde trabalhou como professor de Psicoterapia Forense (Presidente agraciado, 2010-2018) e presidente da Seção em Psicologia Forense (2010-2015). É ex-presidente da Association for Research on Personality Disorders (2001-2005) e vice-presidente da International Society for the Study of Personality Disorders (2003-2007). Também foi vice-presidente da ISST (2010-2012) e é um terapeuta do esquema de nível avançado e supervisor de terapia do esquema. É autor ou coautor de mais de 120 publicações sobre psicoterapia, transtornos da personalidade, psicologia forense, traumas infantis e toxicodependências, e coautor, com Eshkol Rafaeli e Jeffrey Young, de *Schema therapy: distinctive features* e de uma série em DVDs, *Schema therapy: working with modes*, com Remco van der Wijngaart. Também é autor do Childhood Trauma Questionnaire, um questionário de autorrelato confiável e válido para abuso infantil e negligência usado em todo o mundo. Ele é o criador do iModes, um sistema baseado em desenhos para trabalhar com modos esquemáticos, e o fundador do SafePath Solutions, um programa baseado em equipes para adultos e jovens com transtornos da personalidade, agressão e toxicodependência. Foi o pesquisador principal em um ECR recentemente concluído de terapia do esquema para pacientes forenses com transtornos da personalidade na Holanda.

Eshkol Rafaeli é psicólogo clínico (nos Estados Unidos e em Israel), professor do Departamento de Psicologia e do Programa de Neurociências da Bar-Ilan University, em Israel, e cientista pesquisador no Barnard College da Columbia University. Ele é diretor do laboratório Affect and Relationships, que estuda processos de relacionamentos próximos, bem como processos afetivos e interpessoais em psicopatologia e psicoterapia. Ele é terapeuta do esquema desde que ingressou no Cognitive Therapy Center of New York, de Jeffrey Young, em 2002, mais tarde tornando-se supervisor no programa de Nova York. Após sua mudança para Israel em 2009, foi um dos fundadores do Israeli Institute of Schema Therapy. Ele supervisionou, deu palestras e escreveu extensivamente sobre a terapia do esquema. Por exemplo, foi coautor (com David Bernstein e Jeffrey Young) de *Schema therapy: distinctive features* publicado pela Routledge, e, mais recentemente, contribuiu com capítulos para os livros *Working with emotion in cognitive behavioral therapy* (Guilford Press, 2014) e em *The self in understanding and treating psychological disorders* (Oxford University Press, 2016). Foi membro do conselho editorial de várias revistas, incluindo *Psychotherapy Research, Behavior Therapy* e *Journal of Research in Personality*.

Florian Ruths é psiquiatra consultor do Maudsley Hospital em Londres. Ele também é treinador e supervisor em TCC. Florian é colíder do Maudsley Schema Therapy Service desde 2014. Ele foi pesquisador principal do ECR multicêntrico internacional de terapia do esquema para transtorno da personalidade emocionalmente instável (EUPD) (pesquisador-chefe A. Arntz, Amsterdã) nos centros do Reino Unido. Florian tem interesse em investigar o impacto dos traços de personalidade do *Cluster* B nas relações entre pais e filhos e desenvolveu um modelo baseado em esquema de supressão de apegos. Como líder do Maudsley Mindfulness Service, há 15 anos Florian tem organizado, com Stirling Moorey, grupos de terapia cognitiva baseada em *mindfulness* (MBCT) para pacientes com depressão crônica e problemas de ansiedade. Ele também elaborou um programa baseado em MBCT para melhorar o bem-estar e a resiliência em profissionais da saúde. Florian ensina TCC e MBCT em dois cursos de mestrado, em Londres e Kent. Ele tem publicações nas áreas de MBCT, ansiedade e depressão.

George Lockwood é diretor do Schema Therapy Institute Midwest, Kalamazoo, e é membro fundador da Academy of Cognitive Therapy. Ele completou uma bolsa de pós-doutorado em terapia cognitiva sob a supervisão de Aaron T. Beck em 1982 e tem treinamento em psicoterapia psicanalítica e abordagens de relações objetais. É certificado treinador-supervisor avançado de terapia do esquema e foi eleito para integrar o conselho executivo da ISST por oito anos, tendo escrito uma série de artigos e capítulos sobre terapia cognitiva e terapia do esquema. Desempenhou um papel central no desenvolvimento e na validação de dois novos constructos de terapia do esquema (esquemas positivos e estilos parentais básicos negativos e positivos) e três inventários associados. Foi treinado por Dr. Jeffrey Young, trabalhou com ele desde 1981 (tendo participado do desenvolvimento inicial da terapia do esquema) e mantém uma prática privada nos últimos 35 anos.

Ida Shaw é terapeuta do esquema e treinadora-supervisora certificada em nível avançado em terapia do esquema com indivíduos, grupos e crianças-adolescentes pela ISST. Ela fundou e codirige o Indianapolis Center of the Schema Therapy Institute Midwest, com programas de treinamento de certificação aprovados pela ISST em terapia do esquema individual, em grupo e de crianças-adolescentes. Ela fornece treinamento e supervisão internacionalmente. É coautora de três livros sobre terapia do esquema, que foram traduzidos para vários idiomas, e de vários capítulos de livros. Ida é diretora de treinamento do Center for Borderline Personality Disorder Treatment and Research da Indiana University School of Medicine e da Eskenazi Health. Ela ocupou o mesmo cargo em estudos internacionais de cinco países, testando a terapia do esquema em grupo (TEG) para o transtorno da personalidade *borderline* e em ensaios de pesquisa na Holanda adaptando a TEG ao transtorno da personalidade evitativa e à fobia social e a terapia do esquema individual para transtorno dissociativo de identidade. Ela preside o Work Group on Child and Adolescent Schema Therapy da ISST, que definiu normas de certificação para essa área. Contribuiu extensivamente para as intervenções experienciais da terapia do esquema e, com Joan Farrell, desenvolveu e testou um modelo de TEG que está sendo usado em todo o mundo em estudos internacionais.

Janis Briedis é psicólogo-chefe e trabalha em consultório particular em Londres, tendo trabalhado em um serviço de casos complexos no NHS por muitos anos. Ele é terapeuta do esquema, supervisor e treinador acreditado de nível avançado, trabalhando com a terapia do esquema há mais de uma década. Janis é codiretor da Schema Therapy School e ministra cursos no Reino Unido e no exterior. Ele também é palestrante visitante em várias universidades do Reino Unido e ensina terapia do esquema, TCC e abordagens focadas no trauma para estudantes de psicologia. Janis concluiu treinamento em psicoterapia sensório-motora e tem interesse na integração de modalidades terapêuticas para auxiliar clientes com apresentações complexas.

Jeffrey Young é o fundador da terapia do esquema e diretor dos Schema Therapy and Cognitive Therapy Institutes of New York. Ele faz parte do corpo docente do Departamento de Psiquiatria da Columbia University, é membro fundador da Academy of Cognitive Therapy e cofundador da ISST. O Dr. Young tem conduzido oficinas em todo o mundo por mais de 20 anos, incluindo Estados Unidos, Canadá, Reino Unido, Europa, Austrália, China, Coreia do Sul, Japão, Nova Zelândia, Cingapura e América do Sul. Ele recebe consistentemente avaliações de destaque internacional por suas habilidades de ensino, incluindo o prêmio NEEI Mental Health Educator of the Year. O Dr. Young ministrou oficinas e palestrou para milhares de profissionais da saúde mental, resultando em uma grande demanda por treinamento e supervisão aprofundados em terapia do esquema. Ele é coautor de dois livros de sucesso internacional: *Terapia do esquema: guia de técnicas cognitivo-comportamentais inovadoras*, para profissionais da saúde mental, e *Reinvente sua vida*, um livro de autoajuda para clientes e o público em geral. Ambos foram traduzidos para vários idiomas.

Joan Farrell, PhD, é professora adjunta de Psicologia Clínica na Indiana University-Purdue University Indianapolis e foi professora clínica de Psiquiatria na Indiana University School of Medicine (IUSM) por 25 anos. É diretora de pesquisa do USM/Eskenazi Health Center for Borderline Personality Disorder Treatment & Research. Ela é coautora de três livros sobre terapia do esquema, que foram traduzidos para vários idiomas, bem como de capítulos de livros e artigos de pesquisa. Sua carreira de 40 anos concentrou-se em treinamento e pesquisa em psicoterapia. Ela fornece treinamento e supervisão em terapia do esquema internacionalmente. Contemporânea de Jeffrey Young, ela trabalhou com Ida Shaw para integrar intervenções cognitivas e experienciais para desenvolver experiências emocionais corretivas ao tratar o transtorno da personalidade *borderline* (TPB) em grupos. Isso levou ao desenvolvimento da TEG na década de 1990. Esse modelo foi primeiramente testado com sucesso em um estudo apoiado pelo National Institute of Mental Health, Estados Unidos, e atualmente em um estudo abrangendo cinco países e 500 pacientes coliderado por Joan e Arnoud Arntz. Joan é instrutora-supervisora em terapia do esquema de nível avançado e codirige o Schema Therapy Institute Midwest, em Indianápolis. Foi coordenadora de Treinamento e Certificação da ISST (2012-2018) e agora é presidente do ISST Training & Certification Advisory Board.

Katrina Boterhoven de Haan é psicóloga clínica e estudante de doutorado com interesses de pesquisa na área de trauma e TEPT complexo. Sua experiência de trabalho em setores governamentais e sem fins lucrativos tem sido predominantemente no tratamento de trauma, em particular apresentações complexas, com crianças, jovens e adultos. Ela foi treinada em terapia do esquema e publicou uma pesquisa investigando diferentes processos de tratamento de terapia do esquema, TCC e terapia psicodinâmica, e como a terapia do esquema pode ser usada para tratamento do TEPT.

Limor Navot é mestre em Psicologia Clínica e Educacional Infantil pela Hebrew University of Jerusalem. Ela trabalhou durante vários anos como psicóloga no Serviço Prisional de Israel, com vasta experiência no diagnóstico e tratamento de prisioneiros que cometeram delitos violentos graves, bem como no tratamento de transtornos da personalidade. Ela é ativa no mundo da terapia do esquema, ministrando palestras e oficinas em conferências internacionais. É chefe do SafePath Israel, onde fornece treinamento e supervisão no SafePath, um método baseado em terapia do esquema para trabalhar com equipes. Possui consultório particular em Maastricht, Holanda.

Michiel van Vreeswijk é psicólogo clínico, terapeuta do esquema e supervisor-treinador credenciado da ISST; praticante e supervisor certificado em TCC; e CEO da G-kracht psychomedisch centrum BV (instituto de saúde mental), na Holanda. Ele organiza oficinas regulares e supervisão em terapia do esquema na Holanda e no exterior. Michiel tem interesse especial na TEG e em preditores da eficácia do tratamento para terapia do esquema em grupo e individual. Ele foi codesenvolvedor de vários protocolos de TEG com tempo limitado. Editou e escreveu livros, capítulos e artigos sobre terapia do esquema, incluindo a edição e redação de vários capítulos no *Wiley-blackwell handbook of schema therapy, theory, research, and practice* (2012). É coautor de *Mindfulness and schema therapy: a practical guide* (2014).

Offer Maurer, PhD, é psicólogo clínico, diretor do programa The New Wave in Psychotherapy no Hertzeliya Interdisciplinary Center (IDC) em Israel e cofundador/codiretor do Israeli Institute for Schema Therapy. É ex-presidente do Israeli Forum for Relational Psychoanalysis and Psychotherapy. O Dr. Maurer é palestrante convidado em vários programas internacionais sobre questões LGBT e sexualidade, terapia do esquema e integração em psicoterapia. É diretor fundador do Gay-Friendly Therapists Team (2001), o primeiro instituto de psicoterapia pró-gays em Israel. Sediado em Nova York, ele oferece treinamento de *life coaching* baseado na terapia do esquema para indivíduos e grupos.

Olivia Thrift é terapeuta do esquema, treinadora e supervisora credenciada de nível avançado, bem como praticante experiente de TFC e professora de ioga e *mindfulness* certificada. Originalmente do Reino Unido, ela trabalhou no NHS e em ambientes forenses por mais de 15 anos como psicóloga sênior de aconselhamento. Especializou-se em trabalhar com pessoas com diagnóstico de transtorno da personalidade e traumas complexos. Olivia atualmente mora no norte da Califórnia e trabalha no California Schema Therapy Training Program como supervisora e instrutora. Ela também trabalha para o San Francisco DBT Center e continua a oferecer terapia psicológica e supervisão remotamente por meio da The Psychology Company, uma clínica de terapia no Reino Unido que ela fundou. Publicou pesquisas na área de identidade e trauma.

Poul Perris, MD, psicoterapeuta licenciado e supervisor, é diretor do Swedish Institute for CBT & Schema Therapy, em Estocolmo, Suécia. Foi presidente fundador da ISST de 2008 a 2010, e atuou como presidente da Swedish Association for Cognitive Behavioural Therapies (SABCT) de 2010 a 2016. Poul foi originalmente treinado e supervisionado em terapia do esquema pelo Dr. Jeffrey Young e é terapeuta do esquema, supervisor e instrutor certificado de indivíduos e casais. Especializou-se no tratamento de transtornos da personalidade e em terapia de casal para problemas relacionais complexos. Poul publicou um manual sobre terapia do esquema (em sueco) e também foi coautor de vários capítulos de livros didáticos em inglês sobre terapia do esquema. Ele tem ensinado e supervisionado terapeutas cognitivo-comportamentais e terapeutas do esquema de todo o mundo há mais de uma década.

Rachel Samson é psicóloga clínica, bacharel em Psicologia (BPsych) com honras, mestra em Psicologia com ênfase clínica (MPsych) e codiretora do Center for Schema Therapy Australia. Tem vasta experiência em trabalhar com indivíduos, casais e famílias com apresentações psicológicas complexas e se interessa pela aplicação clínica da teoria do apego ao longo da vida. Foi treinada internacionalmente na avaliação do apego pais-filhos e na sensibilidade materna na tradição de John Bowlby-Mary Ainsworth. Possui certificação avançada internacional em terapia do esquema pela ISST, ministrou seminários e oficinas, publicou pesquisas e fez apresentações em conferências nacionais e internacionais sobre terapia do esquema, apego e alta sensibilidade. Em 2018, Rachel apresentou, com o Dr. Jeffrey Young e o Dr. George Lockwood, um modelo expandido de terapia do esquema para clientes altamente sensíveis e emocionalmente reativos na Conferência Internacional da ISST em Amsterdã; a oficina foi intitulada "Sweeping life transformations: the further reaches of Schema Therapy".

Remco van der Wijngaart é psicoterapeuta, terapeuta do esquema e supervisor clínico credenciado pela ISST e vice-presidente da ISST (2016-2018). Atua como psicoterapeuta em consultório particular em Maastricht, Holanda. Inicialmente treinado em TCC, ele foi treinado e supervisionado em terapia do esquema pessoalmente pelo Dr. Jeffrey Young de 1996 a 2000. Remco é especializado em pacientes *borderline*, pacientes com transtornos da personalidade do *Cluster* C, bem como com transtornos de ansiedade e depressão. Desde 2000, frequentemente ministra cursos de treinamento em terapia do esquema em todo o mundo. Coproduziu e dirigiu a produção audiovisual *Schema therapy, working with modes*, considerada um dos instrumentos essenciais para o aprendizado da terapia do esquema. Em 2016, publicou duas novas produções: *Fine tuning imagery rescripting* e *Schema therapy for the avoidant, dependent e obsessive-compulsive personality disorder* e, em 2018, a produção *Schema therapy, step by step*.

Stirling Moorey é psiquiatra consultor em TCC no South London e Maudsley NHS Trust e professor visitante sênior no Institute of Psychiatry, Psychology and Neuroscience. Foi chefe profissional de psicoterapia no South London and Maudsley NHS Foundation Trust. Também foi chefe clínico de departamentos de psicoterapia nos hospitais Barts e Maudsley e tem ampla experiência no tratamento de casos complexos de depressão e ansiedade. É cofundador do Programa de Pós-graduação em TCC do IoPPN e tem 30 anos de experiência em treinamento e supervisão de muitos grupos profissionais em TCC. Além disso, formou-se em terapia analítico-cognitiva, terapia do esquema e MBCT. Ele palestra regularmente sobre rupturas de alianças e relacionamento de supervisão. Seu interesse de pesquisa está no campo da psico-oncologia e ele é coautor do *The Oxford guide to CBT for people with cancer* (2012). Outras publicações relevantes incluem "Is it them or is it me? Transference and countertransference in CBT", em *How to become a more effective CBT therapist* (2014).

Susan Simpson é psicóloga clínica e diretora da Schema Therapy Scotland. Ela é instrutora e supervisora em terapia do esquema avançada, oferecendo treinamento especializado em terapia do Esquema para transtornos da personalidade, transtornos alimentares e TEPT, tanto no Reino Unido quanto internacionalmente. Atualmente é secretária da diretoria executiva da ISST. Ela publicou amplamente sobre terapia do esquema para transtornos alimentares complexos e, mais recentemente, sobre o papel de modos esquemáticos e dos esquemas iniciais desadaptativos no *burnout* entre psicoterapeutas. Coeditou *Schema therapy for eating disorders* (2019, Routledge). Atualmente trabalha meio período no NHS da Escócia e é acadêmica adjunta na University of South Australia.

Suzanne Byrne é diretora conjunta do Curso de Pós-graduação em TCC do Institute of Psychiatry, Psychology & Neuroscience (Programas IAPT) do King's College London. Tem vasta experiência no fornecimento de treinamentos bem-sucedidos em TCC e no trabalho com apresentações complexas de transtornos de ansiedade e depressão. Ela se formou em terapia do esquema e tem interesse em usar a terapia baseada em esquemas em cenários com tempo limitado no NHS, do Reino Unido.

Tara Cutland Green é psicóloga clínica consultora atuante principalmente em Londres. Foi treinada por Jeffrey Young no New York Institute of Schema Therapy, tornando-se treinadora-supervisora e terapeuta do esquema certificada de nível avançado. Ela ministrou treinamento em terapia do esquema no Reino Unido, na Polônia e na Bulgária e é codiretora, com a Dra. Gillian Heath, do Schema Therapy Associates Training. Juntas, ela e Gillian criaram o *Schema Therapy Toolkit*, um conjunto de vídeos de treinamento que foi bem recebido em todo o mundo, e foram coautoras do capítulo "Schema therapy" no *Handbook of adult clinical psychology* (Routledge, 2016). Ela tem experiência no NHS e em prática independente no Reino Unido e também viveu na Nova Zelândia, onde trabalhou com uma equipe de atendimento a transtornos da personalidade e serviu no comitê nacional de transtornos da personalidade. Ela trabalha com uma ampla gama de dificuldades psicológicas e tem interesse especial em trabalhar com a fé no processo de terapia.

Tijana Mirović é PhD em Psicologia Clínica, terapeuta do esquema, supervisora de nível avançado da ISST, terapeuta familiar sistêmica e terapeuta racional-emotiva comportamental (Associate Fellow do Albert Ellis Institute). Foi professora associada na universidade e agora dirige um centro de aconselhamento em Belgrado, Sérvia. Ela fez suas teses de mestrado e doutorado em terapia do esquema e publicou uma série de artigos sobre esquemas iniciais desadaptativos e sua relação com trauma social, funcionamento familiar, apego e vários sintomas. Além disso, fez várias apresentações sobre terapia do esquema em toda a ex-Iugoslávia e publicou o primeiro livro sobre terapia do esquema no idioma sérvio. Isso criou um interesse em terapia do esquema e levou à abertura do Schema Therapy Center Belgrade – o primeiro centro credenciado de treinamento em terapia do esquema na região. Desde então, a Dra. Mirović vem realizando treinamento e supervisão em terapia do esquema na Sérvia, Croácia, Bósnia e Herzegovina, Montenegro e Eslovênia.

Travis Atkinson é diretor do Schema Therapy Training Center of New York (STTC). Ele ajudou a estabelecer o STTC e trabalhou como membro da equipe do Cognitive Therapy Center of New York com o Dr. Jeff Young por muitos anos. Travis é certificado supervisor, treinador e terapeuta do esquema para indivíduos e casais. Foi agraciado com a certificação de Gottman Method Couples Therapist no Gottman Institute, em Seattle, em 2006. Foi supervisionado e treinado por Sue Johnson, fundadora da Emotionally Focused Couple Therapy, e premiado com a certificação de supervisor e terapeuta de casais com foco nas emoções em 2010. Desde 2014, Travis serviu no conselho executivo da ISST como Public Affairs Coordinator e hoje é o presidente do Schema Couples Therapy Workgroup and Committee. Ele treinou terapeutas internacionalmente por mais de 15 anos e é autor de "Healing partners in a relationship" no *Handbook of schema therapy* (Wiley, 2012).

Tünde Vanko é PhD em Psicologia Clínica e do Desenvolvimento e terapeuta cognitivo-comportamental credenciada. Também é terapeuta do esquema, supervisora e instrutora de nível avançado. Tünde concluiu seu treinamento em TCC na University of Pennsylvania, Estados Unidos, quando recebeu uma bolsa Fulbright em 2007. Durante seu ano Fulbright, também começou o treinamento em terapia do esquema no programa do Dr. Jeffrey Young em Nova York. Tünde é cofundadora e diretora clínica da Hungarian Schema Therapy Association, em Budapeste, que ofereceu o primeiro programa de credenciamento em terapia do esquema na Hungria. Trabalhou no Priory Hospital em Londres por vários anos. Atualmente, divide seu tempo trabalhando em consultório particular em Londres e gerenciando ativamente programas de treinamento da Hungarian Schema Therapy Association, em Budapeste.

Wendy Behary é fundadora e diretora do Cognitive Therapy Center of New Jersey e codiretora (com o Dr. Jeffrey Young) dos Schema Therapy Institutes of New Jersey and New York. Há mais de 25 anos, trata clientes, treina profissionais e supervisiona psicoterapeutas. Wendy fez parte do corpo docente do Cognitive Therapy Center and Schema Therapy Institute of New York (até este se fundir, em 2012, com o instituto de New Jersey), onde treinou e trabalhou com o Dr. Jeffrey Young desde 1989. É fundadora e supervisora consultora da Academy of Cognitive Therapy (Aaron T. Beck Institute). Wendy foi presidente do conselho de administração da ISST (2010-2014) e atualmente é presidente do Schema Therapy Development Programs Committee. É coautora de vários capítulos e artigos sobre terapia do esquema e autora de *Ele se acha o centro do universo*, que foi traduzido para 12 idiomas.

Agradecimentos

A jornada de trabalhar juntas neste livro foi um prazer. Fomos inspiradas e movidas pela inovação, pela habilidade e pela compaixão clínica inerentes ao trabalho de nossos autores e de seus pacientes. Forjamos novas conexões de trabalho e amizades ao longo do caminho e aprendemos muitíssimo com especialistas em nosso campo. Na verdade, também aprendemos muito sobre nossas próprias estratégias de enfrentamento e resiliência! Como coorganizadoras, nessa nova empreitada juntas, nossa parceria de trabalho foi produtiva e cheia de bom humor, nos tornando boas amigas, o que talvez seja a parte mais encantadora. Nós duas nos unimos no sentimento de uma enorme admiração pela profundidade do aprendizado e da verdadeira conexão que colhemos dos pacientes com quem trabalhamos ao longo dos anos. Sentimo-nos genuinamente honradas por fazer este trabalho e por estarmos em condições de formar tantos laços especiais.

Helen Startup e Gillian Heath

A Simon, Lauren e Luke, minha adorável família, que trazem tanta felicidade, humor e aprendizado em muitos níveis. Além disso, a Will Swift, que me ensinou mais sobre ser um bom terapeuta do que posso quantificar.

Gillian Heath

Ao meu marido, Simon, e aos meus três filhos, Maisie, Charlie e Rosalie. Vocês continuam a me ensinar muito sobre amor, amizade e apego saudável. Amo todos vocês profundamente.

Helen Startup

Apresentação

A terapia do esquema (TE) é uma abordagem cada vez mais popular para o tratamento de condições crônicas relacionadas a fatores caracterológicos. Há várias razões principais para sua popularidade: primeiro, a premissa de que a frustração crônica de necessidades centrais do desenvolvimento na infância está no cerne da psicopatologia no adulto (especialmente quando se manifesta na ponta mais grave do espectro) e faz sentido intuitivo tanto para os terapeutas quanto para os pacientes. Ela também fornece uma estrutura normalizadora e compassiva para nomear as origens contextuais e relacionais do sofrimento psicológico. Além disso, a natureza integradora do tratamento (apresentando formas experienciais, bem como formas cognitivas e comportamentais de trabalho) é altamente atraente, pois permite várias rotas potenciais para a mudança clínica. Especificamente, a integração de técnicas experienciais em TE tem mostrado ser um poderoso contribuinte para a eficiência do tratamento e se torna totalmente eficiente quando consideramos a melhor forma de apoiar os pacientes que sofreram trauma precoce e prolongado. Além disso, o princípio central da reparentalização limitada permite que os terapeutas se sintonizem com as necessidades básicas não satisfeitas de seus pacientes e proporcionem experiências emocionalmente corretivas de cura do esquema. Esse componente relacional é bem-vindo aos pacientes como, às vezes, sua primeira experiência de relacionamento sintonizada e segura. Terapeutas relatam ter anteriormente se sentido constrangidos por uma ênfase na lógica do "nível da cabeça", entre tradições como abordagens cognitivo-comportamentais e psicanalíticas, com muito pouco no caminho de uma conexão relacional sentida ou uma mudança a "nível do coração" nos sistemas de crenças e de apego do paciente.

O conceito de modos esquemáticos, que podem ser usados para formular por meio de um "mapa dos modos esquemáticos", funciona como um relato compartilhado do *self* total de um indivíduo em vez de apenas um resumo de seus sintomas. À medida que a terapia progride, ela fornece um "mapa da rota" para falar sobre o processo de desdobramento da terapia e de planejamento e rastreamento de seus objetivos. De fato, estudos qualitativos com grupos de pacientes sugerem que o modelo dos modos esquemáticos é considerado um dos componentes mais poderosos da terapia. Por último, mas não menos importante, os resultados positivos apresentados por estudos de tratamento elevam ainda mais o perfil da TE – o modelo de tratamento já foi testado com sucesso em quase todas as apresentações de transtornos da personalidade, demonstrando alta aceitabilidade e boa eficiência. Também foram desenvolvidas adaptações para o tratamento de depressão crônica, transtornos alimentares complexos e transtorno dissociativo de identidade, com estudos com resultados completos ou em andamento.

Outra observação interessante é a recente onda de integração de técnicas da TE com outras modalidades de tratamento, como a terapia cognitivo-comportamental, a terapia de casal e a terapia com crianças e adolescentes, além do uso de técnicas como tratamentos "autônomos" para tratar sintomas nucleares para alguns problemas clínicos específicos. A base de evidências para uma das técnicas essenciais, reescrita de imagens, está se expandindo rapidamente, com ensaios clínicos que documentam a sua eficiência sobre uma série de transtornos, incluindo transtorno de estresse pós-traumático (TEPT) complexo, transtorno de ansiedade social, transtorno dismórfico corporal, depressão e outros.

Existem, atualmente, vários livros disponíveis que apresentam introduções à TE ou discutem aplicações específicas do modelo. Normalmente, esses livros descrevem as aplicações básicas dos principais métodos. No entanto, essas formas básicas de trabalho evoluíram e agora atendem melhor às necessidades de nossos pacientes, demonstrando resultados melhores com pacientes mais complexos e fazendo isso em uma gama mais ampla de cenários. Tais variações e avanços são necessários para a evolução da TE e para que ela alcance seu potencial. Embora psicólogos clínicos possam, ocasionalmente, ser expostos a essas iniciativas criativas em oficinas ou treinamentos especializados, por enquanto não há nenhum texto único que ofereça um resumo importante dessas inovações. Este livro oferece exatamente isso. E também fornece uma visão abrangente e emocionante de desenvolvimentos por meio de uma ampla diversidade de métodos, incluindo conceitualização de casos, reparentalização limitada, imagens, trabalho com cadeiras e o uso da relação terapêutica para a mudança. Cada inovação é apresentada a partir de princípios-chave e exemplos clínicos e, como tal, atende à necessidade de quem deseja aprofundar ainda mais suas habilidades clínicas e se aproximar melhor de seus pacientes para promover a mudança clínica e o bem-estar. Com capítulos escritos pelos principais terapeutas do esquema, este livro fornece uma visão geral abrangente e de alta qualidade dos mais recentes desenvolvimentos em TE.

Arnoud Arntz
Professor de Psicologia Clínica da University of Amsterdam

Sumário

Apresentação xvii
Arnoud Arntz

Uma introdução à terapia do esquema: Origens, visão geral,
status de pesquisa e direcionamentos futuros 1
Cathy Flanagan, Travis Atkinson, Jeffrey Young

PARTE I – Avaliação, formulação e necessidades básicas

1. Avaliação e formulação na terapia do esquema.................................... 17
   Tara Cutland Green, Anna Balfour
2. Técnicas experienciais na avaliação.. 48
   Benjamin Boecking, Anna Lavender
3. A perspectiva somática na terapia do esquema: O papel do corpo
   na consciência e na transformação de modos e esquemas 61
   Janis Briedis, Helen Startup
4. Compreendendo e atendendo às necessidades emocionais básicas........ 79
   George Lockwood, Rachel Samson

PARTE II – Métodos criativos usando imagens mentais

5. Princípios fundamentais das imagens mentais..................................... 97
   Susan Simpson, Arnoud Arntz
6. Reescrita de imagens para memórias da infância............................... 113
   Chris Hayes, Remco van der Wijngaart
7. Trabalhando com memórias traumáticas e transtorno de estresse
   pós-traumático complexo... 130
   Christopher William Lee, Katrina Boterhoven de Haan
8. Imagens mentais da vida atual.. 145
   Offer Maurer, Eshkol Rafaeli

PARTE III – Métodos criativos usando a técnica das cadeiras, diálogos de modo e ludicidade

9. Uso criativo dos diálogos de modo com os modos criança
   vulnerável e crítico disfuncional 163
   Joan Farrell, Ida Shaw

10. Espontaneidade e brincadeiras na terapia do esquema........................ 176
    Ida Shaw
11. Métodos criativos com modos de enfrentamento e
    técnica das cadeiras 188
    Gillian Heath, Helen Startup
12. Fazendo a ponte entre a prática clínica geral e a forense:
    Trabalhando no "aqui e agora" com modos de esquema difíceis 207
    David Bernstein, Limor Navot
13. Terapia do esquema para casais: Intervenções para promover
    conexões seguras 224
    Travis Atkinson, Poul Perris

PARTE IV – Confrontação empática e a relação terapêutica

14. A arte da confrontação empática e do estabelecimento de limites......... 243
    Wendy Behary
15. Autenticidade e abertura pessoal na relação terapêutica..................... 254
    Michiel van Vreeswijk
16. Ativação do esquema do terapeuta e autocuidado 271
    Christina Vallianatou, Tijana Mirović

PARTE V – Desenvolvimento do adulto saudável e encerramentos na terapia do esquema

17. Desenvolvendo uma mente compassiva para fortalecer
    o adulto saudável 289
    Olivia Thrift, Chris Irons
18. Construindo o adulto saudável no contexto de transtornos alimentares:
    Uma abordagem de modos esquemáticos e da terapia focada
    nas emoções para anorexia nervosa 308
    Anna Oldershaw, Helen Startup
19. Trabalho breve: TCC baseada em esquemas 324
    Stirling Moorey, Suzanne Byrne, Florian Ruths
20. Encerramento da terapia e a relação terapêutica................................ 340
    Tünde Vanko, Dan Roberts

Índice 353

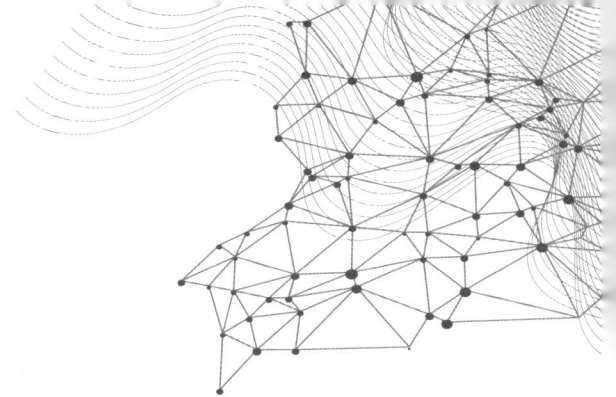

Uma introdução à terapia do esquema:
Origens, visão geral, status de pesquisa e direcionamentos futuros

Cathy Flanagan
Travis Atkinson
Jeffrey Young

A terapia do esquema (TE) é uma terapia integrativa que combina "elementos de escolas cognitivo-comportamentais, de apego, Gestalt, relações objetais, construtivistas e psicanalíticas em um modelo conceitual e de tratamento rico e unificador" (Young, Klosko & Weishaar, 2003, p. 1). Pertence à chamada "segunda onda" da terapia cognitivo-comportamental (TCC), porque seu foco principal tem sido o *conteúdo*, e não o contexto ou o processo, das representações mentais (ver Luyten, Blatt & Fonagy, 2013; Roediger, Stevens & Brockman, 2018).

Modelos cognitivo-comportamentais anteriores eram baseados em uma série de suposições-chave: os pacientes poderiam cumprir o protocolo de tratamento, obter acesso às suas cognições e emoções, identificar objetivos terapêuticos claros, alterar cognições e comportamentos problemáticos por meio do discurso lógico e se envolver com relativa facilidade em uma relação colaborativa com o terapeuta. Jeffrey Young, que havia sido treinado na tradição cognitivo-comportamental, observou que o modelo existente era inadequado para pacientes com transtornos caracterológicos. Esses pacientes, frequentemente, ficavam presos a ciclos rigidamente autoperpetuadores e autodestrutivos e ou não respondiam ou recaíam após as intervenções existentes de curto prazo. Então, ele começou a identificar tanto as características desses pacientes quanto as estratégias de tratamento que pudessem atender melhor às suas necessidades específicas.

CONCEITOS CENTRAIS

Voltando-se para outros modelos de terapia, Young encontrou inspiração teórica em perspectivas relacionais mais amplas (Ainsworth et al., 1978; Bowlby, 1988) e possibilidades de expansão clínica em técnicas experienciais, como imagens e trabalho com cadeiras. Na década de 1980, outros terapeutas cognitivos também estavam reconhecendo tais problemas no tratamento de casos mais complexos e recorrendo a teorias interpessoais e relacionais para abordá-los (ver Safran, 1984). Claro, gerações de psicólogos e teóricos clínicos haviam enfrentado o mesmo desafio de ajudar as pessoas a se curarem dos efeitos de longo prazo de adversidades na infância e adolescência (Baer & Martinez, 2006; Bakerman-Kranenburg & van Ijzendoorn, 2009; Mikulincer & Shaver, 2012). Em outras palavras, as questões abordadas por Young não eram novas.

No entanto, o que foi verdadeiramente inovador no pensamento de Young foi o conceito de "esquemas iniciais desadaptativos", ou EIDs. Postulando cinco necessidades principais – de vínculos seguros; autonomia; liberdade de expressar necessidades e emoções válidas; espontaneidade e divertimento; e limites realistas e autocontrole –, Young propôs que, quando essas necessidades fundamentais são *cronicamente* não satisfeitas, as crianças vão formar EIDs, ou hipersensibilidades, a certos tipos de experiências como privação, abandono ou desconfiança (Young et al., 2003; Flanagan, 2010). Um EID foi originalmente definido como um amplo tema ou padrão dominante compreendendo memórias, emoções, cognições e sensações corporais, em relação a si mesmo e ao relacionamento de um indivíduo com os outros, desenvolvido durante a infância ou adolescência, elaborado ao longo de toda uma vida e disfuncional em um grau significativo (Young et al., 2003, p. 7). Nos anos seguintes, muitas definições contrastantes foram propostas (Eurelings-Bontekoe et al, 2010; Van Genderen, Rijkeboer & Arntz, 2012; Roediger, 2012).

Cada criança vai tentar dar sentido e adaptar-se a seu mundo, mesmo em face de significativa e prolongada adversidade. Consequentemente, em seus esforços para entender e processar tais experiências, a visão de uma criança de si mesma e de outras pessoas pode tornar-se sistematicamente tendenciosa (Young et al., 2003). Foi relevante que Young também enfatizou o papel do temperamento na aquisição do esquema. A pesquisa sobre o que é denominado *suscetibilidade diferenciada* demonstra que, mesmo na infância, algumas crianças são mais impactadas por suas experiências de cuidado do que outras (Boyce & Ellis, 2005; Belsky et al., 2007), e isso também pode afetar o comportamento dos cuidadores, gerando um ciclo de autoperpetuação. Assim, crianças com temperamentos sensíveis podem ser mais afetadas por primeiras experiências adversas do que seus pares menos sensíveis (ver Lockwood & Perris, 2012).

Dezoito esquemas centrais foram identificados usando-se o Young Schema Questionnaire e agrupados em cinco categorias amplas de necessidades não atendidas chamadas "domínios esquemáticos". Os domínios são autonomia e desempenho prejudicados, desconexão e rejeição, limites prejudicados, orientação para o outro e supervigilância e inibição. Finalmente, foi dito que os EIDs se mantêm, ou se perpetuam, por meio dos *processos* de hipercompensação, evitação e resignação, o que, em termos gerais, corresponde às três respostas básicas a ameaças: luta, fuga e congelamento. Na *hipercompensação*, as pessoas lutam contra o esquema pensando, sentindo, comportando-se e relacionando-se como se o oposto do esquema fosse verdadeiro. Se se sentiram inúteis quando crianças, então, como adultas, tentam ser perfeitas; se foram subjugadas quando crianças, como adultas podem ser desafiadoras ou rebeldes. Na *evitação esquemática*, os indivíduos tentam organizar seu ambiente de forma que o esquema nunca seja ativado. Eles bloqueiam pensamentos ou imagens que provavelmente desencadeiem o esquema. Eles também evitam senti-lo e podem usar drogas, beber ou comer excessivamente ou tornar-se *workaholics* – tudo para escapar da ativação do esquema. Na *resignação*, os indivíduos efetivamente rendem-se ao esquema, a fim de manter a coerência interna e a previsibilidade. Eles não tentam lutar contra ou evitá-lo. Em vez disso, aceitam o esquema como verdade, sentem a dor deles diretamente e agem de forma a perpetuar o esquema e a confirmá-lo.

O objetivo principal da terapia era ajudar os pacientes a se curar por meio da superação de seus EIDs, adquirindo novas formas de enfrentamento e, assim, tendo suas necessidades atendidas de maneiras mais adaptativas. A relação terapêutica sempre foi considerada como central em proporcionar um ambiente favorável para o terapeuta sintonizar, e tentar satisfazer, algumas das necessidades centrais do paciente por meio de um processo de reparentalização limitada (Young et al., 2003). Isso é discutido detalhadamente em uma seção mais adiante.

Assim, desde o início, a TE operou a partir de um conjunto de pressupostos e expectativas diferentes dos da TCC padrão. Houve um foco claro sobre as origens do desenvolvimento de problemas dos pacientes, uma ênfase central na relação paciente-terapeuta e um extenso uso de técnicas experienciais/vivenciais para facilitar experiências emocionais corretivas. Ela também contrastava significativamente com abordagens analíticas clássicas, em que a posição do terapeuta era guiada por neutralidade e anonimato e também por uma minimização das técnicas de suporte, tais como as necessidades de gratificação ou autorrevelação.

O MODELO DOS MODOS ESQUEMÁTICOS

À medida que a TE evoluía, ficava cada vez mais claro que, para pacientes com apresentações complexas e nos casos em que havia vários esquemas, uma abordagem mais eficiente era necessária. Isso levou Young a criar o constructo de "modos", que inicialmente pretendia produzir uma simplificação do modelo, assim como uma elaboração de suas opções de tratamento. A ideia dos modos foi usada pela primeira vez para conceitualizar o transtorno da personalidade *borderline* (TPB) e depois o transtorno da personalidade narcisista (TPN; Young & Flanagan, 1998). Young, originalmente, definiu os modos como "os esquemas ou operações esquemáticas – adaptativos ou desadaptativos – que estão atualmente ativos para um indivíduo" (Young et al., 2003, p. 37) e também como "uma faceta do *self*, envolvendo esquemas específicos ou operações esquemáticas que não tenham sido totalmente integrados com outras facetas" (Young et al., 2003, p. 40). Tal como acontece com os EIDs, muitas definições subsequentes têm sido apresentadas desde então (Lobbestael, van Vreeswijk & Arntz, 2007; Edwards & Arntz, 2012; Van Genderen et al., 2012; Roediger, 2012).

Na primeira versão do "modelo dos modos esquemáticos", Young et al. (2003) propuseram que os modos poderiam ser agrupados em quatro grandes categorias: modos criança, modos de enfrentamento disfuncional, modos pais disfuncionais e modo adulto saudável. Os modos criança são considerados inatos e abrangem as necessidades e emoções centrais universais. Young sugeriu quatro subtipos principais: criança vulnerável, zangada, impulsiva e feliz (Young et al., 2003, p. 273) e, além disso, que o ambiente inicial da criança pode aumentar ou suprimir sua expressão.

Os modos de enfrentamento disfuncional representam tentativas da criança de satisfazer as necessidades fundamentais não satisfeitas em um ambiente inicial que, por exemplo, era emocionalmente empobrecido, opressivo ou destrutivo. Infelizmente, mesmo que esses modos tenham sido adaptativos quando o paciente era criança, eles se tornam tanto desadaptativos quanto autodestrutivos no mundo adulto. Os três estilos de enfrentamento são rendição, evitação e hipercompensação. Eles correspondem aproximadamente aos *processos* de enfrentamento já descritos. É plausível que, como os EIDs, uma variedade de fatores influencie o desenvolvimento de um estilo sobre o outro, incluindo necessidades específicas não atendidas de cada criança, temperamento, sensibilidade diferencial a modelos parentais e contingências de reforço insalubres dentro do sistema familiar (Cutland Green & Heath, 2016).

Os modos pai/mãe disfuncional podem ser pensados como representações internalizadas dos elementos parentais negativos experienciados pelo paciente quando criança e podem assumir a forma de "vozes" internas de autocrítica, ameaça/punição e hiperdemandantes. Em outras palavras, o paciente *torna-se* temporariamente seu pai ou sua mãe e se trata da mesma forma que seus pais o trataram quando ele era criança (Young et al., 2003, p. 276).

O adulto saudável tem uma função "executiva" em relação aos outros modos (Young et al., 2003, p. 277), moderando e integrando-os para atender às necessidades principais do paciente. Tem paralelos com o conceito do *self* observador na terapia de aceitação e compromisso (Hayes, Strosahl & Wilson, 1999) e a mente compassiva em sua ênfase no aumento da consciência e na regulação dos estados do *self* (Gilbert, 2010). O objetivo central do trabalho com modos na TE é construir e fortalecer o adulto saudável do paciente, a fim de trabalhar mais eficientemente com os outros modos. Ao fazer isso, o paciente gradualmente desenvolve uma consciência dos sentimentos e necessidades não satisfeitas que experimenta em seus modos criança, e também a capacidade de se sintonizar, validar e responder de uma forma estimulante e equilibrada. Da mesma forma, aprende a reconhecer, negociar e gradualmente neutralizar os modos pai/mãe e enfrentamento disfuncionais.

CONCEITUALIZAÇÃO DOS MODOS ESQUEMÁTICOS

Young adere à sua conceitualização original dos dez modos: modos criança vulnerável, zangada, impulsiva/indisciplinada e feliz; modos de enfrentamento capitulador complacente, protetor desligado e hipercompensador; e, finalmente, os modos pai/mãe punitivo, pai/mãe hiperdemandante e do adulto saudável. No entanto, nos anos que se seguiram, o interesse em pesquisa contínua nos modos levou a um registro crescente. No momento, cerca de 22 modos foram propostos (Bernstein, Arntz & de Vos, 2007), e pensa-se que "psicólogos clínicos e pesquisadores vão continuar a 'convidar' mais modos, porque eles sentem que esses modos são necessários para entender tipos específicos de personalidades" (Lobbestael, van Vreeswijk & Arntz, 2007, p. 82).

Como os modos foram desenvolvidos com base na experiência clínica, o aumento no número foi considerado necessário para levar em conta as variações nas apresentações clínicas (Young et al., 2007). O modo autoengrandecedor foi considerado essencial para a compreensão de uma característica da personalidade narcisista e, em uma linha semelhante, Lobbestael et al. (2007) mencionam a adição dos modos "enganador e manipulador", "protetor zangado" e "predador" identificados no trabalho em ambientes forenses (Bernstein, Arntz & de Vos, 2007). Da mesma forma, Edwards sugeriu os modos "rendição à criança ferida" e "protetor distanciado", e Bamber (2006), observando gerentes e supervisores como figuras paternas/maternas, acrescentou o modo "pai/mãe provedor/acolhedor". Em um nível clínico, o terapeuta e o paciente também criam frequentemente rótulos idiossincráticos de modos criança e pai/mãe. Frequentemente, são variantes das categorias prototípicas.

No entanto, como o esforço de identificar quais os modos que aparecem em diferentes transtornos tem se tornado cada vez maior, os desafios de realizar tal objetivo também se tornaram mais evidentes, e questões já estão sendo levantadas quanto ao objetivo último da conceitualização de modos – continuar com esses esforços e capturar os modos de todos os transtornos da personalidade ou fornecer um conjunto limitado de modos básicos para entendê-los em termos mais gerais (Lobbestael et al., 2007; Van Genderen et al., 2012). Este último pareceria mais de acordo com o objetivo original de simplificação (ver Flanagan, 2014). Apesar dessas preocupações, desde sua aplicação original ao TPB e ao TPN, o modelo de modos tem sido usado mais amplamente, e com muitos transtornos da personalidade diferentes, e isso tem levado a um crescente corpo de pesquisa empírica (descrito em uma seção posterior).

Não surpreendentemente, lado a lado com a maior ênfase na identificação de modos, também tem havido um crescente foco em apegos iniciais e no papel do terapeuta como uma figura de reparentalização. Como resultado, a TE consolidou duas posturas terapêuticas fundamentais e complementares destinadas a facilitar experiências emocionais corretivas: *reparentalização limitada* e *confrontação empática*. Ambos os conceitos foram adotados de escolas de terapia anteriores e agora são centrais à prática da TE (Edwards & Arntz, 2012). Em suma, a orientação-chave para terapeutas do esquema tornou-se adotar o "papel" de uma figura de reparentalização saudável que seja tanto de empatia para com as necessidades da criança quanto de incentivo a sua expressão saudável e que seja *ao mesmo tempo* firme, sem ser nem punitiva nem excessivamente indulgente.

Conforme explicado, na evolução da TE, o modelo de modos veio depois e tem sido um grande foco de expansão nos últimos anos. Dependendo das necessidades individuais do paciente e do perfil do esquema, no entanto, deve-se notar que os terapeutas ainda trabalham *tanto* com EIDs individuais *quanto* com modos.

Apresentaremos agora uma visão geral das principais técnicas de TE, as quais serão abordadas com mais detalhes nos capítulos subsequentes.

TÉCNICAS DE TERAPIA DO ESQUEMA

Em um estudo qualitativo das perspectivas tanto de pacientes quanto de terapeutas sobre a TE, os aspectos identificados como mais úteis foram a clareza do modelo teórico, a relação terapêutica engajada e as técnicas específicas da terapia (de Klerk et al., 2016). Uma vez que os blocos de construção do modelo foram delineados, agora nos concentraremos na natureza da relação paciente-terapeuta na TE e na expansão e aplicação criativas de suas ferramentas de terapia.

A relação terapêutica na TE

Muitas pesquisas sobre resultados em psicoterapia concentram-se em comparar a eficácia de várias abordagens teóricas e técnicas enquanto tentam controlar a influência dos fatores do terapeuta. No entanto, como os problemas dos pacientes com transtorno da personalidade são particularmente evidentes no âmbito interpessoal, a relação paciente-terapeuta torna-se fundamental para bons resultados na terapia. Além disso, as evidências agora indicam que a aliança terapêutica e as técnicas específicas *podem interagir e influenciar umas às outras* e isso pode servir para facilitar os processos de mudança subjacentes à melhora clínica (ver Spinhoven et al., 2007).

Reparentalização limitada

A reparentalização limitada deriva diretamente da suposição básica de que os esquemas e os modos surgem quando as necessidades básicas não são atendidas.

É um paralelo com a parentalidade saudável, pois envolve o estabelecimento de um apego ao terapeuta que se relaciona como uma "pessoa real" dentro dos limites de um relacionamento profissional (Arntz & Jacob, 2012). Um objetivo primário da TE é fornecer aos pacientes as experiências corretivas baseadas em necessidades não atendidas quando eles eram crianças, atendendo a qualquer uma de uma gama de suas necessidades, como conexão, autonomia, desejo ou estabilidade (Flanagan, 2010). As intervenções visam facilitar a experiência de calor autêntico, compreensão e empatia, segurança e proteção, validação, liberdade de expressão, e limites e fronteiras apropriados.

Independentemente das necessidades específicas não satisfeitas e dos esquemas, o objetivo é criar uma ligação apoiadora e autêntica, que permitirá que o terapeuta acesse a criança vulnerável e também a construção de um modo adulto saudável. O tratamento efetivo concentra-se *tanto* em conectar-se com a criança vulnerável *quanto* em fortalecer o adulto saudável. Os pacientes aprendem a enfrentar e superar os modos de enfrentamento de evitação e de compensação e lutar contra modos de parentalidade insalubres. À medida que a terapia progride, junto com o recurso a seu adulto saudável para que suas necessidades sejam satisfeitas, os pacientes também obtêm ganhos interpessoais assumindo riscos calculados e buscando outras pessoas (Farrell et al., 2009). A aliança paciente-terapeuta é a força de ligação sem a qual nenhuma dessas mudanças posteriores pode acontecer (Young et al., 2003; Spinhoven et al., 2007).

Conforme descrito, e em contraste com outras abordagens, a TE incentiva os terapeutas a atenderem algumas das necessidades emocionais de seus pacientes diretamente, acreditando que, à medida que o terapeuta o faz, seus cuidados tornam-se internalizados e parte do modo adulto saudável do paciente. Esse relacionamento seguro também abre caminho para os pacientes arriscarem confiar no terapeuta à medida que eles expõem sentimentos profundamente dolorosos, desafiam crenças não saudáveis sobre o seu estilo interpessoal e como isso afeta seus relacionamentos e, eventualmente, experimentam novos comportamentos. Não surpreendentemente, os terapeutas do esquema que oferecem ao paciente cuidados, atenção, reconhecimento e elogios são mais eficazes (ver de Klerk et al., 2016). Porém, igualmente essencial na reparentalização efetiva é a confrontação empática.

Confrontação empática

A confrontação empática é uma extensão natural da reparentalização limitada e uma estratégia de mudança de modo por si só. Como na boa parentalidade normal, ela assume a forma de ternura e firmeza simultâneas. Aqui, a empatia é combinada com ajudar o paciente a tolerar a frustração. A forte aliança preestabelecida permite ao terapeuta abordar os modos de enfrentamento desadaptativos com compaixão pelo modo como eles se desenvolveram, ao mesmo tempo que os confronta juntamente com os comportamentos prejudiciais relacionados. Ao abordar os modos de enfrentamento, o terapeuta explora com o paciente como seus caminhos pessoais de enfrentamento evoluíram, quais necessidades não satisfeitas ele está tentando satisfazer, o que ele percebe como os benefícios e os custos de continuar a operar dessa maneira.

Os modos de enfrentamento como o protetor desligado ou o autoengrandecedor podem apresentar grandes desafios no tratamento, mas também muitas vezes refletem aspectos altamente engenhosos do caráter do paciente. Embora em última análise autodestrutivos, eles representam os melhores esforços da pessoa para satisfazer as suas necessidades subjacentes. Portanto, um aspecto importante da confrontação empática envolve o terapeuta compartilhando sua experiência de um modo desadaptativo específico. É importante que isso seja feito de forma habilidosa, para que o paciente possa confiar e tolerar o *feedback* o suficiente para também recuar e obter alguma objetividade ao observar o modo a distância. Ao fazê-lo, juntos, o terapeuta e o paciente podem vir a compreender o papel de sobrevivência que o modo pode ter desempenhado e começar a explorar como as necessidades do paciente podem ser atendidas de maneira mais equilibrada e adaptativa. Durante esse processo, os terapeutas precisam estar atentos às suas próprias reações aos modos de enfrentamento de seus pacientes, para que não reforcem inadvertidamente essas tendências de hipercompensar ou evitar.

Em suma, o terapeuta tenta localizar e sintonizar as necessidades e a ativação dos modos do paciente e, também, adaptar-se de forma a ativamente resolvê-los, interrompendo quando necessário para identificar um modo problemático, por exemplo, ou compartilhando a sua experiência do impacto interpessoal do modo. Enquanto modos hipercompensadores podem exigir desafiar e definir limites, uma postura questionadora ou provisória pode ser mais eficaz com os modos capitulador e evitativo. Por exemplo, o terapeuta pode explorar os esforços do protetor desligado para impedir que o paciente se sinta sobrecarregado ou fazer uma abordagem gradual para a mudança, reconhecendo os benefícios de algum distanciamento em determinadas situações. Ao trabalhar com os modos pai/mãe punitivo ou hiperdemandante, o terapeuta empaticamente confronta os modos usando uma postura firme e reconfortante sem ser crítico ou agressivo (Arntz & Jacob, 2012).

Existem algumas armadilhas na reparentalização limitada e na confrontação empática que podem dificultar a eficácia da TE. Se um terapeuta acredita que a empatia é suficiente, pode evitar estabelecer limites apropriados. Da mesma forma, os terapeutas podem ser excessivamente cautelosos em frustrar ou desafiar seus pacientes e/ou, inadvertidamente, permitir que modos de enfrentamento disfuncional controlem o tratamento. Terapeutas que usam técnicas de cuidados *ao mesmo tempo* que permitem a frustração alcançam melhores resultados. Em outras palavras, os pacientes precisam ser encorajados a trabalhar com o desconforto a fim de criar mudanças por meio de experiências emocionais corretivas (de Klerk et al., 2016).

Técnicas experienciais

Terapeutas do esquema treinados para se concentrar em intervenções práticas, em vez de na teoria, tendem a obter melhores resultados, incluindo taxas mais baixas de abandono dos pacientes (Giesen-Bloo et al., 2006; Bamelis et al., 2014). As ferramentas experienciais mais proeminentes usadas na TE são a reescrita de imagens e as tarefas transformacionais de cadeiras. Como a reparentalização limitada e a confrontação empática, essas técnicas foram adotadas a partir de métodos usados em escolas anteriores de terapia, mas foram expandidas dentro da estrutura do modelo do esquema e agora são centrais para a prática da TE (ver Edwards & Arntz, 2012).

Reescrita de imagens

A reescrita de imagens usa os poderes de visualização e imaginação para identificar e mudar experiências emocionalmente significativas no passado, e isso resulta em transformação no presente (ver Arntz, 2015). Os pacientes podem tipicamente "relembrar" e recontar eventos ao discutir memórias de infância, mas é importante ajudá-los a passar da "lembrança" à "experiência". Alguns pacientes trabalham com imagens que são associações em vez de memórias de eventos específicos. A reescrita de imagens envolve o terapeuta ativando esquemas e modos ao intensificar emoções e ligando-as a memórias biográficas (Arntz & Jacob, 2012). Esse processo de conexão de fatos geradores atuais a imagens-chave da infância (a partir da criação de uma "ponte afetiva") pode suscitar sentimentos poderosos, por isso é fundamental que os terapeutas compreendam seus pacientes bem o suficiente para entrar em sintonia com o significado de sua experiência. Maior sintonia permite a criação de vínculos mais claros a eventos passados (ver de Klerk et al., 2016). Não é de surpreender que a reescrita seja a principal intervenção para as experiências traumáticas da infância (Arntz & Jacob, 2012).

Embora as experiências da primeira infância sejam geralmente o foco de reescrita de imagens, o terapeuta também pode trabalhar em memórias emocionalmente relevantes da vida adulta do paciente. Em ambos os casos, os detalhes da memória não são modificados, mas a imagem é reescrita de forma que os pacientes possam ter suas necessidades atendidas. Em outras palavras, ao confrontar esquemas e modos desadaptativos, o significado da memória é alterado (Arntz & Jacob, 2012; Roediger et al., 2018). Emoções como ansiedade, vergonha, desamparo e tristeza podem ser vivenciadas na imagem. O terapeuta (e/ou o adulto saudável do paciente) tenta sintonizar esses sentimentos e também fornecer um antídoto, ou alternativa, em que as principais necessidades do paciente sejam atendidas. Parte do trabalho com imagens é voltado especificamente para o desenvolvimento de alternativas saudáveis, como experienciar uma sensação de segurança, autoconfiança e esperança.

Normalmente, a estrutura de reescrita de imagens pode ser dividida em várias partes, seja em qualquer sessão individual ou no decorrer da terapia. Primeiramente, o terapeuta convida o paciente a criar e descrever a imagem de um lugar seguro. Em seguida, o terapeuta muda o paciente para uma situação perturbadora em sua vida atual. O terapeuta *vincula* a situação atual à memória mais antiga que o paciente pode acessar e pede uma descrição da situação, incluindo um enfoque nas emoções e necessidades da criança vulnerável. O terapeuta então introduz a figura de um adulto saudável, representada pelo terapeuta na fase inicial da terapia, e mais tarde pelo próprio adulto saudável do paciente. O adulto saudável atende às necessidades da criança, começando com a segurança física, seguida da atenção às necessidades emocionais mais profundas da criança. O terapeuta pode, em seguida, retornar o paciente à situação preocupante original e modelar a mesma abordagem do adulto saudável, atendendo às necessidades do paciente no aqui e agora (Arntz, 2011).

O objetivo principal da reescrita de imagens é que o terapeuta e o adulto saudável tenham empatia e validem as emoções e as necessidades da criança vulnerável, para que o paciente possa experienciar como é ter suas necessidades atendidas. A reescrita de imagens também pode ser usada para confrontar os modos pai/mãe hiperdemandante ou punitivo. Por meio desse processo repetido, novos significados podem substituir, ou pelo menos moderar, as mensagens negativas perpetuadas por modos disfuncionais (Arntz & Jacob, 2012; Roediger et al., 2018). As evidências sugerem que, quanto maior o número de sessões de TE que incluam reescrita de imagens, melhor será o resultado (Morina et al., 2017).

Trabalho com cadeiras transformacionais

Embora originalmente reconhecidas graças ao trabalho de Perls, o pai da gestaltterapia, as tarefas de cadeiras estão sendo cada vez mais incorporadas à TE (Kellogg, 2012, 2018). Isso é baseado na crença de que há um poder curativo e transformador em dar voz a partes, *selves* ou modos internos de uma pessoa, bem como em adotar ou repetir cenas do passado, do presente ou do futuro.

O trabalho com cadeiras pode fornecer uma ferramenta experiencial adicional para pacientes que não desejam ou são incapazes de fazer diálogos entre os modos, ou que são resistentes a exercícios como a reescrita de imagens. Como o trabalho com cadeiras pode ser usado de forma exploratória ou aberta, ele pode ser menos ameaçador do que intervenções mais focadas. No entanto, isso também pode interessar para trabalhar diretamente com modos de enfrentamento rígidos, para abordar modos pai/mãe negativos e para melhorar os efeitos positivos da reparentalização limitada. Em outras palavras, o trabalho com cadeiras pode ser utilizado de forma criativa em diferentes fases da terapia.

Existem duas formas principais de tais diálogos psicoterapêuticos, ou trabalho com cadeiras. Na primeira, a "cadeira vazia", o paciente é convidado a sentar-se em uma cadeira e imaginar outra pessoa com quem tem um negócio emocional inacabado na cadeira em frente. Na segunda, a forma de "duas cadeiras", o paciente frequentemente trabalha com conflitos internos. Essas formas são agora mais frequentemente chamadas de diálogos "externos" e "internos". Kellogg (2018) apresentou uma matriz de quatro diálogos contrabalançando a polaridade de usar uma ou duas cadeiras com a polaridade de ter um diálogo interno ou externo.

O trabalho de múltiplas cadeiras também é usado em TE para ajudar a dar voz a modos conflitantes dos pacientes, conceitualmente semelhante a diferentes personalidades interagindo umas com as outras (Roediger et al., 2018). Aqui, cada modo é atribuído a uma cadeira, e o paciente gira entre essas cadeiras, colocadas em um círculo. O paciente dá uma voz para cada cadeira ou modo, expressando o ponto de vista e as emoções de cada um, tornando assim explícitas as perspectivas e emoções conflitantes. O terapeuta pode então trabalhar com o paciente em seu modo adulto saudável para validar e confortar a criança vulnerável, convidar a criança zangada a expressar sua raiva e autenticar a experiência ou dirigir-se à criança impulsiva expressando empatia enquanto também estabelece limites e fronteiras. O pai/mãe hiperdemandante pode ser contrabalanceado pelo adulto saudável tanto por meio de tomada de perspectiva como por definição de limites, enquanto o pai/mãe punitivo é confrontado e/ou completamente contido ou, pelo menos, adiado para que a criança vulnerável do paciente se sinta protegida.

Com a ajuda do terapeuta, o paciente pode aprender a avaliar as desvantagens de seus modos de pais/mães disfuncionais e de enfrentamento. No trabalho com múltiplas cadeiras, o adulto saudável também pode atuar como o maestro de uma orquestra, enfatizando os pontos fortes inerentes aos modos do paciente (p. ex., a determinação de um hipercontrolador ou a energia da criança impulsiva), ao mesmo tempo garantindo que nenhum modo se torne muito dominante ou impeça que o paciente atenda às suas necessidades.

Prevê-se que uma investigação clínica contínua, juntamente com provas baseadas na prática, irá aumentar ainda mais a eficiência terapêutica tanto da reescrita de imagens quanto do trabalho com cadeiras, juntamente com outras intervenções experienciais.

CONCLUSÕES E DIRECIONAMENTOS FUTUROS

Edwards e Arntz (2012) definem o que veem como as três fases da TE. A primeira foi a formulação original de Young dos conceitos-chave da TE, como delineado em Young et al. (2003). Em segundo lugar, vieram a pesquisa holandesa de resultados e os esforços continuados para expandir a base empírica do modelo. Aqui, o principal avanço foi nos resultados de um ensaio clínico randomizado (ECR), que mostrou que a TE é superior a um tratamento psicodinâmico especializado e altamente considerada para o TPB (Giesen-Bloo et al., 2006). Muitos outros estudos seguiram com aplicações do modelo dos modos esquemáticos para quase todos os transtornos da personalidade, incluindo os transtornos da personalidade do *Cluster* C, paranoides, narcisistas, histriônicos e antissociais (Bernstein et al., 2007; Bamelis et al., 2011; Arntz & Jacob, 2012; Jacob & Arntz, 2013). Finalmente, a TE também tem sido aplicada efetivamente nas configurações de grupos. Integrar os princípios da terapia de grupo com aqueles da TE adicionou ainda uma outra dimensão às opções de tratamento da TE. Além disso, o valor desse desenvolvimento foi demonstrado nos resultados de um ECR com pacientes com TPB (Farrell, Shaw & Webber, 2009). Ainda mais recentemente, Roediger et al. (2018) avançaram o que eles veem como a "terceira onda" da TE, a terapia do esquema *contextual*. É provável que, com o passar do tempo, surjam mais expansões do modelo da TE.

No entanto, apesar desses desenvolvimentos promissores, também precisamos proceder com cautela. Os resultados de uma recente revisão sistemática de TE para transtornos mentais são mistos (Taylor, Bee & Haddock, 2017). A revisão foi limitada, entre outras coisas, pelo pequeno número de estudos que atenderam aos rigorosos critérios de exclusão. Ela também focou especificamente na evidência de mudança de esquema e mudança de sintoma, em que o modelo da TE sugere que a mudança nos sintomas deve ser "o resultado da mudança para esquemas iniciais desadaptativos" (p. 458). Eles concluem que a TE demonstrou eficiência em termos de redução de EIDs e melhora dos sintomas de transtornos da personalidade (p. ex., Nordahl & Nysæter, 2005; Nadort et al., 2009; Renner et al., 2013; Dickhaut & Arntz, 2014; Videler et al., 2014). No entanto, apesar do crescente interesse na aplicação da TE para o tratamento de transtornos do Eixo 1, como depressão crônica (Malogiannis et al., 2014), transtornos alimentares (Simpson et al., 2010), agorafobia (Gude & Hoffart, 2008) e transtorno de estresse pós-traumático (TEPT) (Cockram et al., 2010), eles julgam que as evidências atuais de mudança de esquema nesses transtornos são esparsas. Previsivelmente, eles apontam para a necessidade de mais estudos para apoiar a mudança de esquema como um mecanismo subjacente da TE. Outros são mais otimistas em suas conclusões. Renner et al. (2016), por exemplo, apontam evidências emergentes da TE como um tratamento promissor para depressão crônica. Contudo, eles também enfatizam a necessidade de compreender melhor os mecanismos subjacentes de mudança na TE.

Em outras palavras, a TE é um modelo em evolução e continuará exigindo ajustes, tanto técnica quanto conceitualmente. Em relação ao primeiro destes, Jacob e Arntz (2013) indicam que *comparações diretas* da TE com outras abordagens de tratamento bem estabelecidas, tais como a terapia comportamental dialética ou a terapia baseada em *mindfulness*, são necessárias, juntamente com estudos para estabelecer a *eficácia comparativa* da TE em grupo em relação à TE individual. Além disso, uma vez que o foco nas técnicas às vezes pode custar a exploração dos mecanismos de mudança (Sempertigui et al., 2013; Byrne & Egan, 2018), *estudos de desmembramento* adicionais também são necessários para identificar os ingredientes essenciais da TE

(p. ex., ver Nadort et al., 2009). É essencial, portanto, um melhor entendimento de quais técnicas são mais críticas para facilitar a mudança e em quais populações. Tais estudos ajudarão a criar intervenções sob medida que focalizem os elementos-chave e, ao fazê-lo, a aumentar tanto a eficácia geral quanto a relação custo-benefício do tratamento (Jacob & Arntz, 2013; Bamelis et al., 2014, 2015).

Quanto a questões de integridade conceitual, pois a unidade teórica e a aplicação de princípios coerentes são essenciais para qualquer plano de tratamento (ver Chapman, Turner & Dixon-Gordon, 2011; Byrne & Egan, 2018), juntamente com esforços para refinar e fazer avançar aspectos do braço de pesquisa técnica da TE, é igualmente importante avaliar os constructos *teóricos* que são centrais para o modelo. Nesse aspecto, somos alertados pelas conclusões de uma revisão de Sempertigui et al. (2013). Eles chamam a atenção para o fato de que, apesar das evidências de suporte para uma série de elementos da TE, "o fundamento em alguns casos não é muito forte, nem sempre consistente, e também existem lacunas empíricas na teoria" (p. 443). Em outras palavras, embora haja evidências que apoiam o modelo da TE, também há resultados mistos que incluem uma falta de especificidade das partes componentes do modelo e lacunas significativas na teoria.

Nesse contexto, é surpreendente que, apesar do papel central da teoria do apego na TE, um exame da relação entre EIDs específicos e estilos de apego não têm sido um grande foco de pesquisa. Dito isso, há algumas linhas de investigação que visam especificamente a explorar tais questões conceituais e teóricas. As descobertas aqui apontam para inter-relações claras, mas complexas, e também para a observação de que a TE focou no *Self,* e não no Outro (Platts, Mason & Tyson, 2005; Bosmans et al., 2010; Simard, Moss & Pascuzzo, 2011). O último ponto relaciona-se a outra lacuna aparente. Há pouca referência ao conceito de modelos internos de funcionamento (MIFs) na teoria do esquema, apesar do fato de que MIFs do *Self* e do Outro são teorizados para refletir nos diferentes estilos de apego. Por fim, é importante notar que todos esses estudos recentes foram realizados sem referência ao conceito de modos. Pareceria oportuno, então, examinar com mais afinco todos esses constructos inter-relacionados (Flanagan, em preparação). Em outras palavras, e em consonância com os comentários de Sempertigui et al. (2013) já mencionados, há uma necessidade premente de a TE refinar e expandir sua base conceitual e teórica para que a integridade do modelo seja preservada.

Desde o início, a TE tem sido definida como um modelo integrativo, emprestando muitos de seus constructos e ferramentas clínicas de outras escolas de terapia, incluindo a cognitivo-comportamental, a Gestalt, relações objetais e escolas psicanalíticas. Existem quatro modelos principais de integração – modelo teórico, ecletismo técnico, fatores comuns e integração assimilativa. A TE pertence à categoria de *integração assimilativa*, o que implica "permanecer ancorado em uma orientação teórica primária enquanto integra cuidadosamente técnicas e princípios de outras orientações" (Castonguay et al., 2015, p. 366). A tendência de integração assimilativa tem apelo tanto para psicólogos clínicos quanto para pesquisadores. Para psicólogos clínicos, em particular, ela permite a expansão de seu repertório clínico sem abalar os alicerces de sua forma típica de prática. Por essas mesmas razões, no entanto, é essencial que os fundamentos *teóricos* do modelo sejam mais refinados, acompanhando a pesquisa empírica que visa melhorar as ferramentas e técnicas clínicas da TE.

Em conclusão, como acontece com qualquer modelo de terapia em desenvolvimento, haverá inevitavelmente inovações técnicas em andamento, bem como avanços conceituais. A gama e a eficiência em expansão das técnicas da TE são promissoras e serão elucidadas ao longo deste livro. Mas também precisamos garantir que a TE mantenha seu *status* de exemplo de integração assimilativa. Em outras palavras, além de realizar estudos de comparação e desmembramento, teremos que estar atentos a uma obrigação simultânea de consolidar nossa base teórica. Esse objetivo será alcançado se restringirmos as definições de termos fundamentais, como EIDs e modos, nos mantivermos a par da pesquisa florescente e de literaturas de desenvolvimento em MIFs e estilos de apego e permanecermos abertos a ideias e técnicas de outras escolas de terapia – sem diluir ou distorcer os elementos centrais do modelo da TE no processo (Flanagan, em preparação).

Castonguay et al. (2015, p. 369) recomendam que "... uma maneira frutífera para melhorar a eficácia da psicoterapia é ampliar as nossas bases conceituais, empíricas e clínicas, abrindo-nos a potenciais contribuições de pesquisadores e profissionais que trabalham em outras comunidades de buscadores de conhecimento". Assim, como psicólogos clínicos responsáveis, precisamos atualizar continuamente nosso conhecimento sobre tópicos relevantes para a prática da TE. Que técnicas devem ser adicionadas a qualquer tratamento específico a fim de melhor lidar com as necessidades de certos pacientes, e por quê? Quanto treinamento adicional os terapeutas devem receber antes de tentar implementar intervenções estranhas à sua orientação de escolha ou primária? Também precisamos garantir que reservemos um tempo para verificar a nós mesmos – para fazer autorreflexões com compaixão – e, ao fazê-lo, permanecer atentos às nossas próprias vulnerabilidades e limitações pessoais, "pontos cegos" e fraquezas humanas. Em outras palavras, manter-nos atualizados com a prática baseada em evidências, cuidando de nós mesmos e priorizando a relação terapêutica em nosso trabalho nos permitirá prosseguir com um nível de otimismo saudável e cautela respeitosa adequada e necessária ao manejo de nossos preciosos encargos – as vidas de nossos pacientes. É para esses temas que nos voltaremos agora.

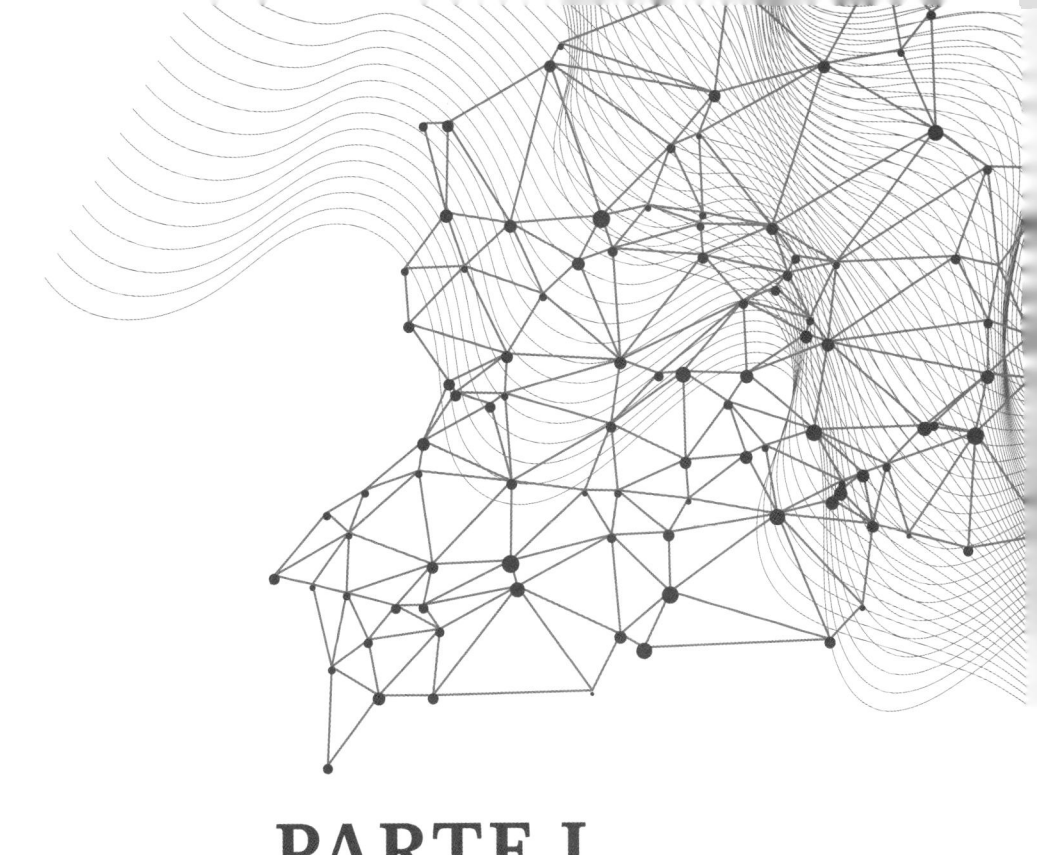

PARTE I
Avaliação, formulação e necessidades básicas

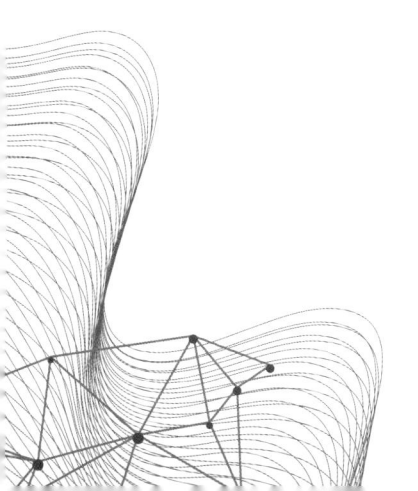

1

Avaliação e formulação na terapia do esquema

Tara Cutland Green
Anna Balfour

INTRODUÇÃO

Uma avaliação hábil e uma conceitualização de casos acurada,[1] desenvolvida colaborativamente, formam a base de uma terapia do esquema (TE) efetiva. Essa fase inicial envolve a construção de um relacionamento significativo com seu paciente[2], envolvendo-o na terapia e orientando-o sobre como a TE traz mudanças.

A TE vê os problemas dos pacientes em termos de necessidades emocionais não supridas (passado e presente)[3], esquemas relacionados[4], estilos de enfrentamento e modos de enfrentamento desadaptativos (daqui em diante, denominados "modos de enfrentamento", "lados" ou "partes"). Você e seu paciente são como detetives, procurando identificar e juntar essas peças do quebra-cabeça para sintetizar uma imagem dos padrões do paciente, para que você possa mapear um caminho a seguir. Isso ocorre por meio do questionamento curioso e da exploração que você usaria em uma avaliação psicológica padrão, mas também observando como seu paciente conta sua história, relaciona-se com você e o que é evocado entre vocês. Atentando para todos os aspectos da experiência do paciente, métodos como as técnicas de imagens e de cadeiras, bem como os inventários da TE, oferecem meios valiosos de coletar informações.

Esse período focado em explorar as experiências precoces e os padrões de vida atuais, e as ligações entre eles, pode por si só fornecer uma metaconsciência que começa a libertar seu paciente de hábitos não saudáveis de pensamento ou comportamentos. Fornecer uma estrutura de compreensão em que o paciente possa dar sentido a si mesmo e sentir-se profunda e precisamente compreendido pode instilar esperança, confiança na sua capacidade de ajudá-lo como terapeuta e motivação para engajar-se na terapia.

Neste capítulo, oferecemos algumas abordagens detalhadas e perspectivas criativas para avaliação e conceitualização de caso, ilustrando-as por meio do caso de Jim e sua terapeuta, Mira.

O PAPEL DA AVALIAÇÃO E DA FORMULAÇÃO

Determinando a adequação para a terapia do esquema

A TE foi originalmente desenvolvida para aqueles cujos problemas são de longa data e têm suas origens na infância ou na adolescência (Young et al., 2003). Alinhados a isso, os ensaios clínicos randomizados (ECRs) de referência da TE (Giesen-Bloo et al., 2006; Bamelis et al., 2014) têm demonstrado bons resultados da TE para os transtornos da personalidade. Além disso, vários autores defendem, em bases teóricas, o uso da TE para problemas menos complexos que requerem terapia de curto prazo e fornecem estudos de caso de apoio (p. ex., Renner et al., 2013; Reusch, 2015 e colaboradores para van Vreeswijk et al., 2012). São cada vez mais emergentes as evidências para apoiar a sua eficácia com problemas menos complexos (p. ex., Carter et al., 2013; Renner et al., 2016; Tapia et al., 2018); no entanto, mais estudos são necessários.

Assim, enquanto os tratamentos recomendados pelo NICE (National Institute for Health and Care Excellence), como a terapia cognitivo-comportamental (TCC), podem ser considerados como uma primeira abordagem para transtornos do Eixo I, a TE também pode ser considerada para aqueles pacientes que não conseguem progredir com os tratamentos-padrão. Um estudo recente no Reino Unido (Hepgul et al., 2016) relata que cerca de dois terços dos indivíduos que procuram tratamento por meio do IAPT – um serviço de tempo limitado para ansiedade e depressão em que predomina a TCC – têm características significativas de transtorno da personalidade, cuja presença está associada a piores resultados de tratamento (Goddard et al., 2015). Particularmente nestes casos mais complexos, a TE pode ser considerada útil.

No entanto, a TE não é adequada para todos os pacientes. As contraindicações originais incluíam psicose ativa e uso crônico ou moderado a grave de álcool ou drogas (ver Young et al., 2003). Contudo, relatórios clínicos sugerem que a formulação de experiências psicóticas como expressões de modos pai/mãe tóxico ou de enfrentamento disfuncionais podem ajudar a apontar para necessidades subjacentes não atendidas, que podem orientar intervenções úteis. Além disso, a TE foi adaptada e avaliada para pacientes dependentes de substâncias, com alguns resultados iniciais encorajadores.[5]

Iniciando o processo de cura

O processo de avaliação e formulação permite uma expressão particular de reparentalização limitada. Semelhante à parentalidade saudável de uma criança pequena, você mostra interesse e está atento ao seu paciente e suas atividades, valida seu mundo interno único e oferece linguagem e conceitos que o ajudam a nomear e dar sentido às coisas. Os pacientes que não tiveram tal parentalidade podem, como resultado, achar essas sessões iniciais curativas por si sós.

Desenvolvendo um roteiro

Uma formulação completa fornece uma compreensão de seu paciente como pessoa, não apenas de seus sintomas. Ela torna-se o roteiro para tudo o que se segue, permitindo-lhe ser sensível às necessidades de seu paciente em qualquer momento e recorrer a uma variedade de métodos de mudança dentro de uma estrutura teoricamente consistente.

> Sempre senti que, se a conceitualização do caso não for bem feita, o tratamento não funciona; ela é realmente central para orientar o que você faz... Se você não entender o que aconteceu na infância e na adolescência de um paciente, você não consegue fazê-lo melhorar; você não consegue fazer isso somente conhecendo os esquemas e modos do seu paciente, você tem que entender como seus problemas começaram.
>
> Jeff Young

AVALIAÇÃO

Exemplo de caso: Jim

Jim, um trabalhador da construção civil de 36 anos, foi encaminhado por seu clínico geral para terapia por depressão; ele também mencionou uma recente explosão violenta que estava preocupando Jim.

Jim pareceu frio e distante e evitou contato visual assim que entrou em sua primeira sessão com sua terapeuta, Mira. Ela percebeu que estava se sentindo um pouco nervosa. Quando ela lhe perguntou o que o levou a ver seu clínico geral, ele olhou para o chão e contou a Mira, em um tom irritado, que algo tinha acontecido com sua namorada, Sarah, e disse: "Eu sei que ela vai me deixar, eu só sei. Se isso acontecer, vou acabar com tudo". Ele disse que não sabia por que estava lá e que "falar com você não vai fazer Sarah ficar comigo." Mira refletiu: "Você está se sentindo sem saída". Jim retrucou: "Não, *é* sem saída". Mira notou uma ligeira angústia de ser atacada, mas envolveu sua empatia, refletindo: "Então, por que estar aqui?". Jim respondeu: "Pois é".

Mira então perguntou: "Como *é* para você estar aqui comigo nesta sala?". Ele disse "desconfortável", e começou a inquietar-se. "Eu nunca vi sentido em falar sobre esse tipo de coisa." Seu rosto corou, sugerindo vergonha. "Me faz sentir patético, fraco". Mira respondeu: "Bem, *eu* não acho que você seja patético ou fraco. Claramente foi necessária muita coragem para vir aqui".

Mira sentiu que ele poderia precisar de um pouco mais de ajuda para se sentir no controle e recuperar o senso de autoestima; preocupava-a que o aparente nível de desconforto dele pudesse desencorajá-lo a voltar para uma segunda sessão. Ela comentou sobre como ele claramente gostava muito de Sarah e fez um palpite de que ele estava arrependido da discussão. Ele começou a se abrir mais, compartilhando que ela estava ficando farta de ele estar tão mal – "e quem pode culpá-la" – e achava que ela estava saindo com outra pessoa. Ele disse que se orgulhava de não deixar as emoções tomarem conta dele, mas havia "estragado tudo" na semana anterior. A caminho de casa do trabalho, ele notou o carro dela em frente a um *pub*; ela disse que iria visitar a mãe naquela tarde. Quando ela chegou em casa mais tarde, ele a acusou de ter um caso, pegou o telefone dela e o quebrou. Neste ponto da sessão, ele colocou a cabeça entre as mãos. Mira disse: "Você parece bem chateado com isso. Fico me perguntando o que você está sentindo agora". Ele respondeu: "O maldito telefone novo custou mais de 3 mil reais!". Mira notou que estava se sentindo rechaçada por ele desviar de sua pergunta e por seu tom irritado. Ela fez uma pausa, refletindo que a raiva dele parecia ser dirigida a ele mesmo, e perguntou: "Parece que você está muito irritado consigo mesmo pelo que fez". Ele respondeu: "Como pude fazer algo tão estúpido – o que há de errado comigo? Ela estava no *pub* apenas para deixar um cartão de aniversário para uma amiga".

Mira passou a perguntar mais sobre seu relacionamento com Sarah. Mira soube que ela reclama que ele é emocionalmente limitado e que, apesar de ela ser adorável, ele não deixa de pensar que ela vai "me ferrar", como as namoradas anteriores e sua ex-mulher fizeram. Ele também disse que foi Sarah quem lhe disse que ele precisava obter ajuda após o incidente, caso contrário ela iria deixá-lo –, mas que ela não tinha se mudado de onde eles vivem juntos e recentemente tinha dito que o amava.

Mira perguntou o que ele quis dizer antes, quando disse que poderia muito bem acabar com tudo se Sarah o deixasse. Ele disse que não poderia suportar viver com outro fracasso, outra rejeição e ficar sozinho novamente. Ele não tinha feito planos específicos, e não o faria enquanto sua mãe ainda estivesse viva, mas que realmente pensava na ponte alta próxima que foi apelidada de "ponte do suicídio".

Antes de a sessão terminar, Mira compartilhou com Jim, "Eu posso ver que você se sente muito mal com o que fez e continua se culpando por isso, além de estar com medo de que Sarah o irá deixar. Eu sei que você está realmente desconfortável quanto a essas coisas, mas eu gostaria de ajudá-lo a se sentir menos mal, ajudá-lo a entender o que o fez perder o controle, a ter uma visão mais gentil de você mesmo e desenvolver outras formas de lidar com momentos como esses. Você claramente gosta profundamente de Sarah, mas se sente inseguro sobre o relacionamento. Eu sei que *você* não pensa assim agora, mas me parece que ela quer que tudo dê certo, e eu acho que posso ajudar com isso. O que você acha de tentar e me consultar de novo?" Ele concordou em "dar uma chance".

Nas primeiras sessões, há muitas camadas para o seu trabalho terapêutico. No trecho anterior, por exemplo, Mira está tentando criar um ambiente seguro para Jim se abrir e refletir, gerar esperança. Ela também está gerenciando seus próprios sentimentos e tentando formular a natureza das dificuldades dele em um nível mais cognitivo.

Características distintivas da avaliação na terapia do esquema

Uma entrevista de avaliação na TE tem semelhanças com uma entrevista clínica padrão. Uma diferença-chave, no entanto, é que em tudo o que você perguntar, seja sobre as metas para a terapia, a história do paciente ou qualquer terapia anterior, você pretende descobrir as necessidades emocionais e relacionais não satisfeitas e as origens e expressões atuais de esquemas e modos. Vocês, então, exploram juntos o que é necessário para gerar as mudanças desejadas. A identificação de necessidades não atendidas também lhe indicará as qualidades particulares de sua reparentalização limitada que possibilitará a cura.

Você ajudará mais prontamente seu paciente a juntar partes relevantes de seu "quebra-cabeça" se tiver uma boa compreensão das necessidades básicas e estiver familiarizado com os 18 esquemas desadaptativos (Young et al., 2003, p. 14-17) e com os modos de esquema prototípicos (ver descrições úteis em Bernstein e colegas [Van den Broek et al., 2011] e *Breaking Negative Thinking Patterns* [Jacob et al., 2015]).

À medida que seu paciente se abre para você, preste atenção especial às emoções que ele menciona (p. ex., medo, solidão, frustração) ou mostra em seu rosto ou corpo (p. ex., olhar para baixo ou balançar o pé), pois isso muitas vezes fornece uma janela para o modo criança vulnerável dele. Ouça mensagens negativas explícitas ou implícitas, autodirigidas, incluindo demandas ou críticas, que possam expressar as mensagens de um modo interno pai/mãe tóxico. Observe as qualidades das interações dele com você e como elas afetam o modo como você se sente, a fim de ajudar a discernir possíveis modos de enfrentamento, como autoengrandecimento, capitulador complacente ou protetor desligado. Finalmente, atente para os sinais do adulto saudável de seu paciente, incluindo pontos fortes[6] – como criatividade ou coragem – e interesses que ele possui, o que pode dar origem a metáforas significativas e interações lúdicas entre você e o paciente.

Imagens para avaliação é uma técnica experiencial poderosa usada na TE para aprofundar a sua compreensão e a de seu paciente sobre o impacto de experiências--chave na infância, a natureza de suas necessidades não satisfeitas, os esquemas e modos relacionados e suas origens. Esse método é detalhado no Capítulo 2 e, portanto, não será descrito aqui.

Conforme Mira refletiu na primeira sessão de Jim, ela criou hipóteses sobre os seguintes esquemas e modos e, assim, começou a formular, mesmo nesta fase inicial.

A evitação de contato visual de Jim, seu rosto corado, seu sentimento de ser fraco e sua ideia de que Sarah não poderia ser responsabilizada por estar farta dele, tudo sugeriu a Mira um esquema de defectividade/vergonha. Ela levantou a hipótese de um modo pai/mãe punitivo, sabendo que isso normalmente acompanha esse esquema e gera mensagens de vergonha. Isto foi consistente com a autofala sugerida de Jim: "Você é patético e fraco"; "Não é de se admirar que Sarah não queira estar com você"; "O que há de errado com você?". Ela observou que é provável que Jim sinta vergonha em seu lado criança, que, muito provavelmente, acreditaria nessas mensagens, como uma criança acreditaria no que um pai/mãe lhe dissesse.

A previsão de Jim de que Sarah iria deixá-lo sugeriu a Mira um possível esquema de abandono. Sua ideia de que ela estava sendo infiel, como as parcerias anteriores haviam sido, e sua visão geral de que os outros o "ferram" apontavam para um possível esquema de desconfiança/abuso. Se presentes, esses esquemas dariam origem a medos e sentimentos de abandono e abuso no Pequeno Jim. Mira pensou consigo mesma que Jim poderia ser propenso a sentir desconfiança em relação a ela e, possivelmente, receoso de desenvolver apego devido ao medo de se sentir abandonado. O comportamento severo e as respostas irritadas de Jim, e seu sentimento de ser afastada por ele, Mira pensou, seriam consistentes com isso, e sugeriram a ela um modo protetor zangado. Ela refletiu que sua angústia de se sentir atacada fazia sentido, dada a natureza passivo-agressiva deste modo.

A visão declarada de Jim de que não havia nenhuma razão para ele consultar Mira, as queixas de Sarah de que ele estava "distante" e seu orgulho em não deixar as emoções "tomarem conta dele", bem como sua evitação geral de emoções na sessão, sugeriram a Mira possíveis esquemas de privação emocional e inibição emocional e um modo protetor desligado. Se ele realmente reprimisse seus sentimentos e medos com frequência, isso, ela pensou, o deixaria propenso a uma explosão emocional.

Mira refletiu que os pensamentos suicidas de Jim e seu pessimismo sobre o relacionamento com Sarah e a utilidade da terapia, potencialmente, indicavam um esquema de pessimismo e de um modo capitulador complacente. No entanto, ela também tinha em mente que isso poderia ser sintomático de sua depressão e situação atual, em vez de serem características permanentes.

Finalmente, Mira notou que, apesar disso, seu adulto saudável havia assumido o comando e o trazido para essa sessão inicial, sugerindo que uma parte dele ainda sentia alguma esperança.

Emoção na sessão

Os momentos em que seu paciente demonstra emoção são particularmente importantes, pois isso trata-se do seu lado criança ou dos aspectos emocionais de um modo de enfrentamento. Você pode, por exemplo, notar que ele se torna choroso, seu rosto enrubesce, há uma oscilação em seu tom de voz, risos subvocais ou um suspiro e as mãos vão para trás da cabeça. A menos que você sinta que é cedo demais – pode parecer inseguro ou intrusivo para alguns pacientes até que eles criem confiança em você – nesses momentos, deixe o conteúdo do diálogo de lado. Desacelere e permita-se tempo para se sintonizar com a experiência dele naquele momento. Você pode intuir o que ele está sentindo e dizer, por exemplo, "Isso foi doloroso" ou "Parece que você sente falta deles". Alternativamente, você pode compartilhar uma observação e perguntar o que ele está sentindo; por exemplo: "Notei que você colocou a mão no coração e desviou o olhar; como você está se sentindo?"; ou "Fico me perguntando o que está acontecendo com você agora; você parece triste". As respostas dele podem fornecer uma rica fonte de compreensão e podem ser mais exploradas.

Considere as seguintes respostas possíveis para a pergunta: "Fico me perguntando... o que você está sentindo agora?" e os esquemas e modos que elas podem sugerir.

1. "Não tenho certeza – é isso que acontece: eu choro, mas não sinto nada."

Sugere a presença de um modo protetor desligado e um esquema de privação emocional, pois o paciente não está sentindo as emoções que são sugeridas fisicamente por meio do choro.

2. "Desculpe (ele respira, senta-se e sorri). Estou bem."

Desculpar-se e tranquilizar o terapeuta dizendo que está tudo bem sugere que ele pode ter medo de que suas emoções vão ser muito intensas para o terapeuta gerenciar, então ele muda seu comportamento. Isso aponta para os esquemas de autossacrifício, privação emocional e/ou subjugação, que tendem a alimentar esse tipo de manifestação de um modo capitulador complacente.

3. (Chorando) "Eu nunca tive ninguém que me dissesse isso, ninguém que entendesse o quão ruim isso era para mim."

O modo criança vulnerável é sentido aqui, expressando a invalidação (uma forma de privação emocional) como sua norma vivenciada.

O Questionário de Esquemas de Young

Normalmente, você convidaria seu paciente para responder o Questionário de Esquemas de Young (YSQ, de Young Schema Questionnaire)[7] no final da primeira sessão, pedindo-lhe para devolvê-lo antes da próxima sessão para lhe dar tempo de revisá-lo e interpretá-lo.[8] As versões mais recentes do YSQ são o YSQ-S3 de 90 itens e o YSQ-L3, mais longo, de 232 itens. Ambos medem os 18 esquemas identificados por Young (Young et al., 2003) e exploram principalmente componentes cognitivos, em vez de afetivos. Existem normas para o YSQ-S3 (Calvete et al., 2013), e uma grade de interpretação acompanha o YSQ-L3, permitindo que os totais para cada subescala dos esquemas sejam identificados como pontuações baixas, médias, altas ou muito altas. Embora o YSQ-L3 ofereça mais informações, a versão curta é adequada e também é uma opção mais realista para os pacientes.

Além de usar os resultados totais das subescalas (ou médias) para identificar a presença e a força dos esquemas (conforme recomendado por Waller et al., 2001), é importante observar itens únicos que atraem pontuações de 5 ou 6, sendo 6 a pontuação máxima para cada item. Young et al. (2003, p. 75) relatam: "Observamos clinicamente que, se um paciente tem três ou mais pontuações altas (classificadas como 5 ou 6) em um esquema específico, esse esquema geralmente é relevante para o paciente e digno de ser explorado".

Interpretando e discutindo os resultados do YSQ

Antes de discutir os resultados do seu paciente, pergunte-lhe como foi responder o questionário, explorando as suas reações, pois isso pode fornecer informações relevantes. Aqui estão algumas maneiras pelas quais você pode dar *feedback* e discutir os resultados do YSQ com seu paciente:

Este questionário sugere que seus esquemas mais fortes são o autossacrifício e os padrões inflexíveis. Estou interessado em saber sobre as maneiras pelas quais você pode se identificar com esses temas.

Alguém com um esquema de autossacrifício normalmente sintoniza e concorda com os sentimentos e preferências dos outros e negligencia os seus próprios. Você se identifica com isso?

Isso pode ser para evitar sentimentos de culpa e egoísmo; ou porque você tem forte empatia pelos sentimentos dos outros; ou pode ser que você acredite que precisa agradar os outros para ser apreciado. Algo disso soa verdadeiro para você – ou você tem outras ideias sobre por que você faz isso?

Quando habitualmente damos mais do que recebemos, é normal ficarmos ressentidos. Você percebe isso às vezes?

Você também pontua muito em padrões inflexíveis. Isso aparece de três formas diferentes:

- *Perfeccionismo;*

- *Altos padrões morais que são impossíveis de cumprir;*
- *Foco na eficiência e em realizar o máximo que puder a cada momento.*

Com qual desses você se relaciona?
Como você acha que isso afeta seus relacionamentos?
Gostaria de saber o que você sente sobre relaxar ou fazer algo apenas por diversão?

Como os exemplos anteriores destacam, é importante conhecer as várias qualidades que um esquema pode ter, visto que isso guia o questionamento que ajuda a provocar entendimentos otimizados dos esquemas de seu paciente e de como eles se manifestam. Atentar às discrepâncias dentro das subescalas também pode ser vital para uma interpretação precisa.

Por exemplo, Sophia teve pontuações de seis em dois itens de vulnerabilidade ao dano: "Eu sinto que um desastre (natural, criminal, financeiro ou médico) pode me atingir a qualquer momento" e "Eu me preocupo em perder todo o meu dinheiro e tornar-me indigente e muito pobre". Ela marcou outros itens nesta subescala com "1". A discussão revelou que seu negócio estava com dificuldades e, simultaneamente, seu telhado exigia reparos caros. Uma maior exploração mostrou que suas pontuações mais altas não apontavam para um esquema, mas sim para uma ansiedade situacional.

Beth deu notas altas (5) apenas para os itens de arrogo/grandiosidade: "Detesto ser constrangida ou impedida de fazer o que quero" e "Tenho muita dificuldade em aceitar 'não' como resposta quando quero algo de outras pessoas". No entanto, em vez de apontar para um esquema de arrogo/grandiosidade, essas respostas refletiram suas memórias dos tempos em que, como assistente humanitária na Síria, teve que passar por entraves e regulamentos, a fim de assegurar suprimentos necessários para refugiados.

Adi, assim como Beth, atribuiu altas pontuações a itens de arrogo/grandiosidade relacionados à aversão a limites impostos externamente e pontuações baixas a itens de arrogo/grandiosidade que apontam para uma sensação de superioridade. A discussão com ele revelou que suas pontuações mais altas representavam uma hipercompensação para seu esquema de subjugação, em vez de um esquema de arrogo/grandiosidade.

Baixas pontuações no YSQ

É importante notar que pontuações baixas em uma subescala do YSQ não significam, necessariamente, a ausência do esquema associado. Existem várias razões possíveis para isso:

- O esquema do paciente pode estar fora de sua vista, porque sua situação de vida atual pode não conter gatilhos, talvez devido as estratégias de enfrentamento evitativas.

- Ele pode estar hipercompensando um esquema e, portanto, não perceber que esquema está conduzindo a tal comportamento; por exemplo, ser dominante em relacionamentos por medo de ser subjugado; ou frequentemente convidar pessoas para jantar para estar no centro das reuniões sociais e, assim, evitar sentir seu esquema de isolamento social.
- Se suas atitudes do esquema e crenças são socialmente indesejáveis (p. ex., crenças de autoengrandecimento, busca de aprovação/reconhecimento e arrogo/grandiosidade), ele pode negá-las ao completar o YSQ.
- Seu estado padrão pode ser altamente desconectado e, portanto, ele pode estar fora de contato com um verdadeiro senso de si mesmo.
- O esquema em si pode influenciar a autoavaliação do seu paciente; isto é particularmente comum com a privação emocional. Esse esquema normalmente se origina em contextos em que o paciente recebe mensagens implícitas de que suas experiências de privação emocional são normais e em que não são reconhecidas como válidas as necessidades, por exemplo, de sintonia ou elogios. O paciente pode, portanto, subestimar até que ponto as necessidades apontadas pelos itens de privação emocional do YSQ permaneceram não atendidas.

Quando Mira perguntou a Jim o que ele achou de preencher o YSQ, ele disse que tinha o feito de forma rápida e pensado o menos possível – sugerindo a estratégia de enfrentamento de evitação. Ele teve uma pontuação muito alta em desconfiança/abuso, pontuação alta em inibição emocional e pessimismo e pontuação baixa em todos os outros esquemas. Jim e Mira discutiram seus temas mais fortes, e Jim sentiu que estes o tocaram. Mira continuou a manter em mente que a defectividade/vergonha, a privação emocional e o abandono também poderiam ser relevantes, pensando que o desdém das emoções que Jim utilizava poderia explicar suas pontuações baixas sobre esses itens no YSQ. Ela o convidou a ler o livro *Reinvente sua vida* (Young & Klosko, 2020) para ver se ele poderia reconhecer esses esquemas em si mesmo por meio da leitura de exemplos de como eles se manifestam.

Inventário de Modos Esquemáticos

O Inventário de Modos Esquemáticos (SMI, de Schema Mode Inventory; Young et al., 2007) pode ser administrado aos pacientes ao mesmo tempo que o YSQ. Ele possui 118 itens e 14 modos de esquema. Pode ser uma ferramenta útil se você ainda está aprendendo sobre os modos de esquema, mas não é seguro para identificar todos os modos de seus pacientes, pois ele só avalia um número limitado de modos. Como mencionado, recomendamos a lista e as descrições de Bernstein e seus colegas (Van den Broek et al., 2011) para lhe orientar sobre uma gama mais ampla de modos. O livro *Breaking Negative Thinking Patterns* (Jacob et al., 2015) descreve uma gama ainda maior de protótipos de modos e, tendo sido escrito para pacientes, pode ser uma maneira melhor para eles identificarem e entenderem seus modos do que o SMI.

Tal como acontece com outros inventários, é o processo de descobrir as respostas com o seu paciente que é valioso. Pergunte sobre histórias específicas que ilustram os seus modos, a fim de compreender as expressões particulares deles. Onde quer que seja adequado, use a linguagem de seu paciente para nomear seu modo: por exemplo, se ele mencionar ser "protegido", você pode fazer considerações com ele, nomeando seu modo protetor desligado de "O Guarda".

As respostas de Jim no SMI foram de altas pontuações para os modos criança vulnerável, protetor desligado e pai/mãe punitivo; pontuações moderadas para os modos criança zangada, criança impulsiva e adulto saudável; e baixas pontuações para os outros modos, confirmando as hipóteses em desenvolvimento de Mira.

História familiar e educacional

Quando perguntar sobre a vida escolar de seu paciente, incluindo discussões dos resultados do Inventário de Estilos Parentais de Young (YPI, de Young Parenting Inventory) (ver a seguir), seu objetivo deve ser adentrar suas experiências sentidas quando criança, em vez de simplesmente reunir fatos. Tente visualizar e sentir um pouco de como foi ser ele, esforçando-se para entender como seu paciente foi afetado de maneira singular por suas experiências. Você pode pedir a ele uma foto de quando era criança e mantê-la por perto para ajudá-los a se conectar com o lado criança do paciente.

Atente para onde as necessidades de infância de seu paciente foram e não foram atendidas e por que ele pode ter desenvolvido certas estratégias de enfrentamento e modos esquemáticos, considerando o temperamento (ver adiante), bem como explorando o que foi modelado ou recompensado pelos pais. Por exemplo, ele pode ter sido elogiado por ter revidado algo na escola ou, alternativamente, pode ter sido ensinado a ficar quieto e fora do caminho dos outros.

Questionar "Eu me pergunto qual foi sua primeira memória" pode ser uma maneira de acessar uma memória precoce e emocionalmente relevante. Perguntas do tipo "Como foi..."; "Eu imagino que tenha sido difícil – como foi para você, como isso lhe afetou?" pode ajudá-los a revelar as suas experiências e dar a você uma oportunidade para validar seus efeitos. Você também pode apontar qualidades positivas que seus relatos demonstram, o que pode ajudar a transmitir sua estima por eles e a combater qualquer voz crítica dos pais internalizada, "apontando" seus pontos fortes em vez de qualquer erro. Observe também se as respostas às suas perguntas se concentram predominantemente em informações externas – por exemplo, como foi para os outros na época – ou em sua própria experiência interna. Isso pode apontar em que medida os pacientes estão sintonizados a sua experiência interna ou se isso reflete uma necessidade não atendida, provavelmente no âmbito da privação emocional.

Explorar as origens de um modo de enfrentamento durante a sessão pode fornecer uma maneira de explorar as experiências formativas da infância.

Quando Jim chegou à quarta sessão, Mira comentou que ele parecia particularmente deprimido. Ele retrucou que sua semana tinha sido "uma droga, como sempre". Sarah tinha saído muito, "aparentemente" com suas amigas; ele pensou que ela estava deliberadamente procurando outro homem, e que ele tinha sido estúpido em começar a ter esperança de que ela ficaria com ele. Mira refletiu em voz alta: "Parece que você tende a esperar o pior, e que quando você consegue ser um pouco mais esperançoso, o seu lado crítico aparece e empurra-o de volta para esperar o pior, como se isso fosse ser menos doloroso de alguma forma".

Jim balançou a cabeça e disse: "Quando não se tem muitas esperanças, não se tem de onde cair". Mira perguntou "Quando você acha que começou a pensar dessa forma? Quantos anos você tinha?". Jim fez uma pausa e disse: "Tem uma coisa que ficou comigo – provavelmente nada. Foi quando eu tinha uns sete anos. Eu tinha feito um castelo de Lego com torres, uma bandeira e salas, e eu estava muito orgulhoso disso. Mamãe passou, olhou para ele e continuou andando. Eu disse: 'Mãe, vem ver o meu castelo!', mas ela retrucou 'Pare de me incomodar!'. Eu fiquei furioso – gritei e esmaguei o castelo. Por um tempo, desisti de fazer coisas com Lego e jurei que nunca mais iria mostrar à minha mãe qualquer coisa que eu fizesse, jamais".

Mira disse que não achava que isso era "nada" e que, certamente, todo menino iria querer que sua mãe ficasse admirada de ver o que ele tinha feito, de vê-la perceber todo o cuidado que ele tinha tido nos detalhes, de dizer quão inteligente ele era em ter descoberto como fazer as torres – talvez até mesmo ajudando-o a fazer tudo isso em uma primeira vez. Os olhos de Jim se encheram de lágrimas, ouvindo o amor e a atenção pelos quais ele ansiava expressos e validados pela postura de reparentalização de Mira. "Não é de se admirar, dado este nível de dor, que você tenha desistido de brincar com Lego por um tempo e de esperar pelo interesse de sua mãe – foi uma maneira de se proteger de ter mais dor." Eles, então, discutiram como o desistir e o não esperar por nada se tornaram uma estratégia mais ampla de autoproteção e a nomearam seu modo "desistente".

O Inventário de Estilos Parentais de Young (YPI)

As perguntas feitas no YPI, de 72 itens (Young, 1994), destinam-se a identificar a parentalidade recebida quando criança, que pode ter contribuído para o desenvolvimento de esquemas.[9] As respostas são dadas com referência a cada pai ou mãe separadamente; se houve outras figuras parentais importantes na infância – digamos, avós ou padrastos – o paciente pode adicionalmente ou alternativamente responder com referência a eles. O YPI normalmente seria completado após a segunda sessão para não sobrecarregar os pacientes com muitos questionários longos logo no início da terapia. O inventário foi concebido como uma ferramenta clínica e, portanto, as subescalas não devem ser somadas, nem as pontuações médias devem ser calculadas. Em vez disso, preste atenção aos itens de pontuação alta – 5 ou 6 – e peça exemplos deles.

Assim como no YSQ, antes de perguntar sobre o conteúdo do questionário, explore como foi para o paciente preenchê-lo. Por exemplo, ele evocou dor ou raiva quando lembranças ruins foram recordadas? Ou culpa por retratar os pais como imperfeitos?

Esse inventário pode ajudar seu paciente a compartilhar experiências de infância que, de outra forma, ele não pensaria em mencionar ou não se voluntariaria para fazê-lo. As discussões dessas experiências podem ser uma oportunidade para explorar necessidades básicas que podem ter sido não satisfeitas ou passado despercebidas.

O pai de Jim deixou a família quando ele era bebê, e sua mãe, posteriormente, teve vários namorados que iam e vinham. Seu último namorado, Tony, foi morar com eles quando Jim tinha seis anos. Portanto, Jim completou o YPI em relação a sua mãe e Tony. Mira tinha recebido respostas gerais e pouco claras às suas perguntas sobre a infância de Jim, então perguntar sobre suas respostas ao YPI ajudou Jim a dar-lhe uma imagem mais clara.

Jim descreveu sua mãe como uma "boa mãe" que cuidava de suas necessidades práticas, mas lhe deu pontuações no YPI que apontavam para a privação emocional. Ele lembrava dela como altamente estressada e irritável, bêbada e barulhenta, ou então preocupada em agradar o homem com quem estava no momento. Jim teve dificuldade para se lembrar dela oferecendo-lhe afeto físico ou elogios, ou mostrando interesse por ele. Ele se isolava, geralmente brincando sozinho e absorvendo-se com o Lego, e repetiu a história dita anteriormente sobre o desinteresse da mãe no que ele havia construído. Ele também se lembrava de chorar e se sentir triste quando estava sozinho em seu quarto.

As respostas de Jim a Mira nas perguntas sobre desconfiança/abuso no YPI levaram-no a revelar o abuso sexual que sofrera de Tony quando tinha entre sete e onze anos. Ele descreveu como, em contraste com os momentos em que outros estavam ao redor, Tony agia de forma carinhosa em relação a ele, e assim Jim achava que sua mãe não acreditaria nele se ele lhe contasse.

Apresentando a terapia do esquema ao seu paciente

À medida que fica claro que a TE pode ser uma boa escolha para o seu paciente, pode ser útil delinear o modelo para ver como ele se sente em relação a isso. Os livros *Reinvente sua vida* (Young & Klosko, 2020 [*Reinventing Your Life,* Young & Klosko, 1994]), que ajuda os pacientes a aprofundar e expandir sua compreensão de esquemas ou "armadilhas de vida" e respostas de enfrentamento, e *Breaking Negative Thinking Patterns* (Jacob et al., 2015), que usa a abordagem de *modos* esquemáticos, também podem ser recomendados para orientá-los ao modelo.

Mira apresentou a TE a Jim dizendo:

"Todos nós temos necessidades básicas quando crianças; além de sermos alimentados e vestidos, precisamos nos sentir seguros, amados e competentes. Quando essas necessidades não são atendidas, o que sentimos e acreditamos sobre nós mesmos e os outros fica distorcido – como óculos coloridos que colorem o modo como vemos e reagimos às coisas. Chamamos esse tipo de óculos de "esquema".

"Quando penso sobre como Tony tratou você, fica claro que as suas necessidades de se sentir seguro e valioso não foram atendidas. Acho que você aprendeu algo como 'não se pode confiar nos outros' e 'eu não tenho valor'.

"Quando crianças, nós fazemos o melhor que podemos para lidar com as situações nas quais nossas necessidades não são atendidas. Não havia ninguém para ajudá-lo com seus sentimentos, e você até foi punido por tê-los; então, uma maneira que você aprendeu de lidar foi desligá-los.

"Normalmente continuamos a lidar com a vida como fazíamos quando crianças; nós não mudamos só porque chegamos aos 15, 25, ou mesmo 40 anos. Porém, muitas vezes as nossas estratégias de enfrentamento perdem sua eficiência ou começam a causar mais problemas do que resolver.

"Então, por exemplo, ao se afastar, você não se aproxima das pessoas, assim elas não podem lhe machucar. Mas, por baixo disso, você se sente solitário, e Sarah se queixa de que você está emocionalmente "distante". Você não quer perdê-la, mas é difícil para você se abrir porque seus esquemas tornam difícil acreditar que ela ama e quer ficar com você. Parece que você tem contido seus medos de que ela o vai trair e deixá-lo, mas estes sentimentos não desaparecem. Então, quando havia sinais suficientes para você concluir que ela estava lhe traindo, você explodiu. E agora você está se atacando por ter perdido o controle.

Eu gostaria de ajudá-lo a abaixar o volume da voz que está atacando você, a perdoar a si mesmo, a expressar melhor o que sente e a se sentir mais seguro com Sarah. A TE foi projetada para ajudar a enfraquecer seus esquemas e fortalecer seu lado saudável para que você possa se sentir seguro, desfrutar de relacionamentos afetuosos e satisfatórios e sentir-se mais feliz em geral."

Temperamento

É importante considerar o temperamento na compreensão de seu paciente, pois ele influencia preferências, valores, formas de enfrentamento, níveis de intensidade emocional vivenciados e assim por diante. Você pode explorar esse aspecto de seu paciente pedindo que ele pergunte a um familiar ou amigo de confiança sobre como ele se lembra de seu paciente quando ele era criança.

Young (Young et al., 2003, p. 86) propôs as seguintes dimensões do temperamento como potencialmente relevantes na aquisição de esquemas:

Lábil <> Não reativo
Distímico <> Otimista
Ansioso <> Calmo
Obsessivo <> Distraído
Passivo <> Agressivo
Irritável <> Alegre
Tímido <> Sociável

Pesquisas sugerem que a sensibilidade dos indivíduos à qualidade da parentalidade que recebem varia (p. ex., Belsky & Pluess, 2009). Indivíduos sensíveis prosperam mais do que suas contrapartes menos sensíveis quando recebem parentalidade excepcional e são mais negativamente impactados por uma parentalidade deficiente. Isso pode explicar por que alguns pacientes com histórias menos traumáticas desenvolvem esquemas graves (Lockwood & Perris, 2012). Tais pacientes podem ser mais propensos a criticar-se pela intensidade de suas reações e gravidade dos seus sintomas, especialmente se, por exemplo, seus irmãos parecem ter sido menos afetados por experiências muito semelhantes na infância. Para esses pacientes, pode ser particularmente importante explicar o efeito de diferenças de temperamento e ajudá-los a apreciar seus pontos fortes e suas qualidades de sensibilidade, por exemplo, a sua vitalidade ou a sua capacidade de conexão com as pessoas.

O temperamento parece influenciar o estilo e os métodos de enfrentamento. Por exemplo, uma criança com um temperamento otimista e sociável pode buscar e conseguir satisfazer necessidades fora de sua família nuclear de uma forma que uma criança distímica e tímida dificilmente faria. Uma criança com um temperamento mais passivo pode tentar aplacar um pai/mãe zangado e desenvolver um modo capitulador complacente, enquanto uma criança com um temperamento mais agressivo pode discutir e desenvolver um modo provocativo/ataque.

Espiritualidade, cultura e diversidade

Fé, classe social, cultura, etnia, sexualidade e outras dimensões da nossa identidade e experiência podem influenciar o desenvolvimento e o conteúdo de esquemas e modos. Por exemplo, ser *gay* em certas culturas pode exacerbar um esquema de isolamento social ou defectividade/vergonha; a prática católica da confissão pode exacerbar o ciclo entre os modos pai/mãe indutores de culpa e confissão compulsivo; uma sensação de Deus como um pai/mãe forte, compassivo e sábio, ou práticas meditativas podem realçar um modo adulto saudável.

Alguns pacientes podem se sentir desconfortáveis sobre mencionar um aspecto de si mesmos se tal aspecto é rejeitado ou ridicularizado na narrativa da cultura dominante, ou se você parece diferente deles a esse respeito, talvez imaginando que você não poderia se identificar com eles. Portanto, pode ser importante que você pergunte de forma proativa: por exemplo, se eles têm uma visão de mundo espiritual ou cultural específica. Para não fazer suposições errôneas, ao trabalhar com alguém que tenha uma característica ou seja de uma cultura que não lhe seja familiar, pode ser importante ter uma postura ainda mais aberta e curiosa do que o habitual. Além disso, em alguns casos, pode ser útil consultar outras pessoas para entender como características de diferença ou expressões espirituais ou culturais podem ser acolhidas emocional e relacionalmente de maneiras saudáveis.

Esquemas do terapeuta e a relação terapêutica

Sintonize seus sentimentos e reações internas quando estiver com seu paciente. Considere como você se sente em relação a ele: conectado a ele? Irritado com ele? Você se sente triste por ele ou indiferente a suas histórias de sofrimento? Você se identifica com parte da história dele e a sente como pessoalmente dolorosa? Que maneiras de ser ele evoca em você – você tem desejo de falar logo sobre soluções, teorizar, flertar, provar seu valor...?

Considere o que suas respostas lhe dizem. Por exemplo, ser indiferente a relatos de sofrimento poderia sugerir que o paciente está habitando um modo protetor reclamão. Além disso, conceituar suas respostas internas em termos dos seus esquemas e modos pode ajudá-lo a descobrir o que seu lado criança precisa para manter a presença de seu adulto saudável. Também pode ajudá-lo a formular o que seu paciente pode evocar nos outros quando ele se expressa de um modo específico, permitindo que você formule hipóteses sobre ciclos de modos dentro dos relacionamentos dele. Por exemplo, um paciente no modo protetor reclamão pode fazer seu/sua parceiro/a desligar-se (ou seja, ele pode desencadear o modo protetor desligado), fazendo o paciente se sentir invalidado e incompreendido, o que, por consequência, pode aumentar seus esforços de protetor reclamão para obter alguma resposta do/a parceiro/a.

Supervisão e terapia pessoal são de valor inestimável quando nossos esquemas são ativados, assim como quando o nosso nível normal de discernimento e flexibilidade caem. Aumentar a consciência de seus esquemas, aprender a gerenciá-los e, idealmente, curá-los, irão permitir-lhe manter uma postura de reparentalização saudável e ampliar a gama de pacientes a quem você pode fornecer uma terapia eficaz. As discussões em supervisão ou terapia podem, alternativamente, levar a um resultado igualmente legítimo de não continuar com um determinado paciente se, por exemplo, os modos de enfrentamento dele lhe são um gatilho muito intenso neste ponto de seu desenvolvimento pessoal.

Na supervisão, Mira explorou como sua angústia de se sentir atacada e afastada por Jim era em parte devida a seus próprios esquemas de subjugação e privação emocional. Ela refletiu que, em cada ocorrência, inicialmente, sentia-se um pouco intimidada; então, esforçava-se para trabalhar mais a fim de agradar e de se reconectar com Jim à medida que seu modo de enfrentamento capitulador complacente era ativado. Mira examinou com seu supervisor o que ela poderia precisar para manter-se firme e em seu modo Mira adulta saudável. Eles também refletiram sobre o que poderia ter sido desencadeado em Jim, uma vez que, em cada caso, seu tom irritado foi precedido pelo foco de Mira em seus sentimentos. Eles levantaram a hipótese de que essa era uma maneira de evitar muito contato com as pessoas para se sentir seguro, porque estar emocionalmente vulnerável poderia desencadear seus esquemas de desconfiança/abuso, defectividade/vergonha ou privação emocional. Eles concordaram que o enfrentamento dele parecia se encaixar em um tipo de modo de enfrentamento protetor zangado. Mira, então, começou a imaginar que isso poderia ser o que Sarah experiencia e um aspecto do seu sentimento de que Jim está "distante". Com base no que ela ouviu sobre Sarah, Mira levantou a hipótese de que sua reação a isso pode ser criticar. Se for assim, isso desencadearia o esquema de defectividade/vergonha de Jim, reforçando a necessidade sentida por ele de manter os outros emocionalmente distantes, e assim um ciclo de esquema-resposta seria posto em ação.

Na próxima vez que Mira notou uma resposta "irritadiça" de Jim, ela perguntou se eles poderiam parar, dar um passo para trás e refletir sobre o que tinha acontecido. Eles analisaram detalhadamente em conjunto como ele realmente sentiu desconforto quando ela se concentrou em suas emoções, mas não tinha estado ciente de ter respondido de forma irritadiça até o momento, quando ela levantou a questão. Ela demonstrou empatia com relação a isso, dados os vários e compreensíveis medos dele, e também compartilhou que se sentia um pouco "espetada" quando queria demonstrar cuidado e que isso a impedia de estar totalmente sintonizada com ele. Ela enfatizou que sabia que ele não tinha intenção de machucá-la, mas simplesmente tinha desenvolvido espinhos como autodefesa. Para ajudar a evitar qualquer sensação de que ela o estava criticando, ela ficou um pouco brincalhona e sugeriu que nesses momentos ele talvez fosse "um pouco como um porco-espinho?" Ele riu. Ela se perguntou em voz alta se Sarah talvez se sentisse ocasionalmente espetada pelas pontas de porco-espinho dele, e que talvez isso fosse parte de ela se sentir "distante" dele.

FORMULANDO

Construindo uma formulação

Uma formulação é um constructo em evolução, aberta à revisão ao longo da terapia à medida que surgem novas informações. No entanto, é útil desenvolver uma conceitualização de caso abrangente no início da terapia. Uma formulação envolve essencialmente fazer ligações entre os primeiros anos de um paciente, quando os esquemas foram formados devido a necessidades não satisfeitas, estilos de enfrentamento desenvolvidos, experiências atuais em que os esquemas são acionados e padrões atuais prejudiciais que se desenvolvem dando origem à disfunção. O Formulário de Conceitualização de Caso em Terapia do Esquema (2ª edição, 2018) fornece um formato que incentiva o pensamento cuidadoso e abrangente sobre seus pacientes e fornece um local para reunir as informações que você coleta ao longo de sua avaliação, dentro de uma estrutura da TE.

Blocos de construção da avaliação e formulação da terapia do esquema

Ao formular com seu paciente, você procura:

- Compreender seus problemas e os objetivos da terapia;
- Identificar esquemas, respostas de enfrentamento e modos ligados aos problemas apresentados;
- Explorar as origens de seus esquemas e modos, incluindo necessidades não atendidas na infância ou adolescência, no contexto de temperamento, fatores sociais, espirituais, culturais e outros fatores de perpetuação/proteção;
- Compreender a dinâmica dos modos na relação terapêutica: o que eles extraem de você e vice-versa;
- Identificar suas necessidades de reparentalização limitada, incluindo confrontação empática;
- Identificar mensagens punitivas, exigentes, indutoras de culpa ou medo dos modos pai/mãe disfuncional e seu impacto sobre os modos criança do paciente;
- Explorar sentimentos ativos e necessidades não satisfeitas nos modos criança vulnerável e zangada do paciente;
- Compreender a natureza, a função, os benefícios e os custos dos modos de enfrentamento;
- Identificar os principais recursos e pontos fortes do adulto saudável;
- Desenvolver um plano de tratamento, com base na compreensão de suas necessidades não atendidas e nas suas aspirações na terapia.

Formulação do esquema

Para a maioria dos pacientes, é útil uma formulação de modos, a qual incorpora esquemas. Entretanto, para pacientes que apresentam padrões de problemas discretos, formular e trabalhar em um nível de esquema pode ser suficiente.

Considere, por exemplo, Orla, cujo único objetivo na terapia é reduzir a procrastinação em seu trabalho como professora. Seus esquemas mais proeminentes são autocontrole insuficiente, fracasso e padrões inflexíveis. Os dois últimos parecem resultar de baixo desempenho na escola, que seus pais de alto desempenho viam na época como falta de capacidade, com sua dislexia só sendo diagnosticada na idade adulta. Pode ser suficiente conceitualizar sua expressão de autocontrole insuficiente que mostrava a evitação na preparação das aulas – até o último minuto – como sendo uma resposta de enfrentamento a um medo de fracassar.

Agora, quando Orla procrastina, isso permite que ela atribua quaisquer falhas a ela "não ter trabalhado o suficiente" em vez de a sua temida incompetência. Seu medo do fracasso parece ter surgido das experiências de infância em que ela se considerava "estúpida" e é mantido pelos padrões irreais que ela tem de seus alunos – que todos tirem notas A e se comportem perfeitamente em sala de aula. O objetivo da terapia e o foco da mudança pode ser formulado suficientemente como a satisfação das necessidades não satisfeitas significadas por seus esquemas de padrões inflexíveis e fracasso: o estabelecimento de objetivos realistas e a experiência de domínio e competência. Uma série de estratégias – por exemplo, reescrita de imagens da infância, técnica das cadeiras e reparentalização – podem ser empregadas para esse fim.

A Tabela 1.1 resume os esquemas de Jim, baseado em entrevistas de avaliação, em discussões de pontuação no YSQ e no YPI e no modo como ele se apresentou e interagiu nas sessões iniciais. Estes foram associados a necessidades não satisfeitas na infância e a qualidades particulares necessárias na reparentalização limitada de Mira.

Formulação de caso integrando esquemas e modos

Não há uma correlação direta entre esquemas e modos; eles não correspondem perfeitamente. Certos esquemas, no entanto, são mais ativados e sentidos na criança vulnerável: por exemplo, abandono, privação emocional e defectividade/vergonha. Outros esquemas aparecem predominantemente nos modos de enfrentamento, por exemplo, inibição emocional (no modo desligado), arrogo/grandiosidade (no modo autoengrandecedor) e autossacrifício (no modo capitulador complacente). Outros esquemas são abarcados em diferentes modos. Por exemplo, o esquema de padrões inflexíveis é expresso nos "deverias", "deves" e na atribuição excessiva de responsabilidade do pai/mãe exigente, sentida na criança vulnerável como inadequação, pressão e/ou culpa; e posta em prática por um tipo de modo de enfrentamento perfeccionista/hipercontrolador que se esforça para atender às exigências excessivas do modo pai/mãe.

A primeira vez que você apresentar o conceito de modo a seu paciente, você pode começar usando seus nomes prototípicos, como aqueles usados no SMI (Young et al., 2007). No entanto, formular modos envolve explorar suas naturezas idiossincráticas, origens, motivos e desvantagens potenciais; nomes de modos idealmente englobam isso. Como mencionado anteriormente, as palavras que seu

TABELA 1.1 Resumo de esquemas, necessidades não atendidas e reparentalização necessária

Esquema	Necessidades não supridas na infância	Necessidades atuais não atendidas e modos mais relevantes	Reparentalização corretiva necessária por parte de Mira
Privação emocional	Mãe e Tony: falta de carinho, afeição, atenção, proteção e orientação. Ausência de outras figuras de vínculos de carinho ou de confiança na família ou na escola.	Senso de segurança, conexão emocional confiável, afeição, atenção, validação, compreensão e capacidade de resposta a sentimentos e necessidades. *(Pequeno Jim, Porco-espinho e Parede)*	Senso de segurança, acolhimento confiável, carinho, empatia, validação e capacidade de resposta aos sentimentos e às necessidades de Jim. Construção de confiança para ultrapassar a Parede e o Porco-espinho e chegar ao Pequeno Jim. Orientação e proteção (p. ex., em técnicas de imagens e trabalho com cadeiras).
Inibição emocional	Mãe: indisponível ou então irritada quando Jim ficava chateado; então, ele trancava seus sentimentos. Tony: nunca expressou sentimentos vulneráveis e disse a Jim que ele era um "bebê chorão" quando demonstrou um medo válido.	Expressão aberta de emoções e necessidades, incluindo ventilação segura da raiva; encorajamento para ser espontâneo e brincalhão. *(Pequeno Jim, Porco-espinho e Parede)*	Incentivo a expressar sentimentos espontaneamente, incluindo seus sentimentos em relação a Mira e ao trabalho que estão fazendo juntos. Modelagem e também ludicidade por parte de Mira.
Desconfiança/ abuso	Tony: abuso sexual, variação entre ser charmoso/ carinhoso e abusivo. Sentimento de ser traído porque sua mãe escolheu Tony em vez dele.	Experiência de pessoas confiáveis que se preocupam com ele e o tratam bem. *(Pequeno Jim e Porco-espinho)*	Genuinidade, confiabilidade, honestidade, abertura.

(Continua)

TABELA 1.1 Resumo de esquemas, necessidades não atendidas e reparentalização necessária *(continuação)*

Esquema	Necessidades não supridas na infância	Necessidades atuais não atendidas e modos mais relevantes	Reparentalização corretiva necessária por parte de Mira
Defectividade	Jim considerou a negligência de sua mãe como sinal de que ele era indigno de amor e sua irritabilidade como sinal de que ele e seus sentimentos eram inaceitáveis. Ele considerou o abuso sexual por Tony como um sinal de que não tinha nenhum valor.	Aceitação e amor por parte daqueles que conhecem suas vulnerabilidades, bem como seus pontos fortes. Postura compassiva em relação a si mesmo. *(Pequeno Jim e Pai/Mãe Punitivo)*	Uma postura compassiva em relação aos erros; elogios e apreciação. Disposição para mostrar imperfeições. Proteção do Pequeno Jim contra o Pai/Mãe Punitivo de Jim.
Abandono	O pai de Jim partiu quando ele era um bebê, e antes de Tony entrar em cena, a mãe de Jim era inconsistentemente disponível, dando prioridade aos namorados.	Figura de apego estável, consistentemente disponível. *(Pequeno Jim, Desistente, Porco-espinho e Parede)*	Confiabilidade, horários regulares das sessões, disponibilidade entre as sessões (dentro dos limites), aviso prévio e atenção às reações ante as pausas na terapia, por exemplo, devido a férias.
Pessimismo	Modelado por atitude sombria da mãe de que "as coisas vão dar errado, o mundo é um lugar difícil." Falta de eventos ou experiências positivas em casa ou na escola quando criança.	Um senso de eficácia, sendo capaz de imaginar um futuro em que as coisas funcionem para ele. *(Pequeno Jim, Pai/Mãe Punitivo, Desistente)*	Modelagem do otimismo saudável. Fazer Jim imaginar e gerar pontos de vista alternativos mais otimistas do que sua postura pessimista, incluindo aqueles em que ele efetua mudanças, em vez de ela mesma fornecer esses pontos de vista.

paciente usa para descrever sua experiência de um modo podem ajudar a gerar nomes emocionalmente ressonantes. Por exemplo, um tipo de modo autoengrandecedor pode ser chamado de "Sou incrível!" se é assim que seu paciente descreve como é estar nele. Da mesma forma, um lado do capitulador complacente pode ser chamado de "Agrada pessoas" ou "Mantenha os outros calmos"; um protetor reclamador pode ser sentido como um modo "Resgate-me!"; um protetor zangado pode ser chamado de "Vá embora"; um modo pai exigente pode ser chamado de "O ditador".

Você pode explorar com seu paciente modos, ou "maneiras de ser", que exibem características de dois protótipos de modos ao mesmo tempo. Nesse caso, você pode pensar nisso como um modo "mesclado" ou "composto". Alguns exemplos são:

Modo *workaholic* = hipercontrolador perfeccionista + autoestimulador desligado
Zangado superior = protetor zangado + autoengrandecedor
Salvador perfeito – capitulador complacente + forma de *self* ideal de autoengrandecedor
Protetor vingativo = criança zangada + provocativo-ataque

Quando Mira guiou Jim pela técnica de imagens para um exercício de avaliação (ver o Capítulo 2 para saber mais sobre esse método), Jim lutou para se conectar e sentir que estava "dentro" das visualizações e abriu os olhos diversas vezes (exibindo distanciamento emocional). Ele relatou estar muito consciente de estar sendo observado por Mira, sugerindo que seu esquema de defectividade/vergonha havia sido acionado. A imagem da infância que apareceu foi de ser repreendido duramente por sua mãe, aos sete anos de idade, quando, após ter reclamado que ela não tinha observado o castelo de Lego que ele havia construído e gritado com ela, ele, por fim, destruiu a sua construção. A imagem atual a que essa imagem da infância estava ligada era esta: ele, imediatamente depois de quebrar o telefone de Sarah, vendo o medo dela e lembrando que ela tinha lhe contado sobre o aniversário de sua amiga. Este exercício apontou para as origens de seus esquemas de privação emocional e defectividade/vergonha e seu modo criança zangada/impulsiva; e para as necessidades não atendidas, incluindo poder expressar seus sentimentos e necessidades antes que eles se intensifiquem, e autocompaixão.

> **Formulando casos que incluem automutilação e suicidalidade**
>
> Se o seu paciente apresentar risco, é essencial incluir isso em sua formulação. Subjacente ao risco, muitas vezes haverá um modo criança em enorme dor. No entanto, pode haver uma série de razões para comportamento de risco, e estes podem ficar em diferentes modos, por exemplo:

Criança vulnerável
- Para sentir-se real, se dissociativo.

Protetor Desligado/Autoaliviador
- Para mascarar a dor emocional com a dor física que parece mais suportável;
- Para uma liberação de endorfina;
- Para bloquear outros sentimentos indesejados/dissociar;
- Para escapar da dor, permanentemente, por meio da morte.

Pai/Mãe Punitivo
- Para punir a si mesmo – uma tentativa de purgar a culpa.

Criança Zangada
- Para punir os outros;
- Para comunicar raiva.

Protetor Zangado
- Para manter os outros longe, tornando-se pouco atraente.

Protetor Reclamão
- Para obter o cuidado de outros, indiretamente;
- Para comunicar queixas enquanto bloqueia a ajuda devido a desconfiança.

Capitulador Desesperançoso
- Para proteger de sentimentos de perda e decepção.

FORMAS CRIATIVAS DE REPRESENTAR FORMULAÇÕES

Mapear a formulação do "panorama geral" de seus pacientes tem várias funções. Reforça a meta-perspectiva deles – isto é, sua consciência de diferentes lados ou partes de si mesmos. Enquanto algumas partes são socialmente indesejáveis, essa visão abrangente enfatiza que as partes menos aceitáveis não refletem *tudo* sobre quem eles são, mas maneiras aprendidas de ser. Por fim, delineia o caminho para a mudança desejada.

Essa conceitualização de "panorama geral" pode se desenvolver de forma incremental, juntando as peças do quebra-cabeça, uma de cada vez com o seu paciente, ou, alternativamente, uma visão completa pode ser representada de uma só vez.

Mapa de modos

Ao usar uma formulação de modo, representá-la visualmente pode ajudar seu paciente a lembrar e reconhecer os modos quando eles surgirem. Também pode ajudá-lo a obter uma noção das relações entre seus modos. Desenhar um "mapa de modos" (Figura 1.1) é uma maneira de fazer isso, e é algo que eles podem levar consigo para consultar entre as sessões.

Ao desenhar modos geradores de problemas, adote uma postura compassiva e curiosa. Por exemplo, ao desenhar modos pai/mãe tóxico com seu paciente, você pode dizer, "Nós fomos projetados para aprender sobre o mundo e sobre nós mesmos com nossos pais. Seria estranho se você não absorvesse mensagens de seus pais sobre si mesmo. O fato de você ter esse seu lado pai/mãe exigente/punitivo mostra que você tem um cérebro que aprende bem. Infelizmente, ele foi alimentado com informações prejudiciais e erradas, e você ficou com isso na cabeça."

À medida que você desenha modos de enfrentamento, tenha cuidado para reconhecer como eles sentiram e ainda sentem que são úteis agora, se for relevante. Crie empatia com o motivo pelo qual eles originalmente se desenvolveram, considerando o contexto de necessidades não atendidas, seu temperamento e o que lhes foi recompensado e modelado, mantendo o respeito às boas intenções desses modos.

Na Figura 1.1, o adulto saudável é colocado no centro, permitindo que as suas diferentes funções em relação a outros tipos de modos sejam facilmente mostradas. No entanto, você pode preferir posicioná-lo em outro lugar: por exemplo, no topo da página, para sugerir que ele governa outros modos (ver, por exemplo, Arntz & Jacob, 2012). Onde quer que seja colocado, visualmente, é importante reconhecer o lado saudável de seu paciente, e explicar que o caminho para as suas mudanças desejadas – alcançar as metas de sua terapia – é fortalecer este lado, o seu lado adulto, em seus vários papéis. Você pode descrever esses papéis como:

- Estar ciente de qual modo está ativo no momento;
- Avaliar a utilidade dos modos de enfrentamento e enfraquecê-los ou contorná-los[10] para permitir a conexão emocional com os modos criança;
- Atender às necessidades expressas pelos modos criança;
- Moderar ou combater modos parentais tóxicos.

Técnica das cadeiras

A organização de cadeiras na sala para simbolizar os esquemas ou modos de seu paciente tem as vantagens de fazê-los presentes e imediatos e de permitir que as relações entre eles sejam representadas.

Se usado com Jim, ele pode, por exemplo, ser convidado a sentar-se em uma cadeira representando seu modo de pai/mãe punitivo e entregar suas mensagens, no tom que ele ouve em sua cabeça, para uma cadeira vazia que representa seu lado

Pai/Mãe Punitivo

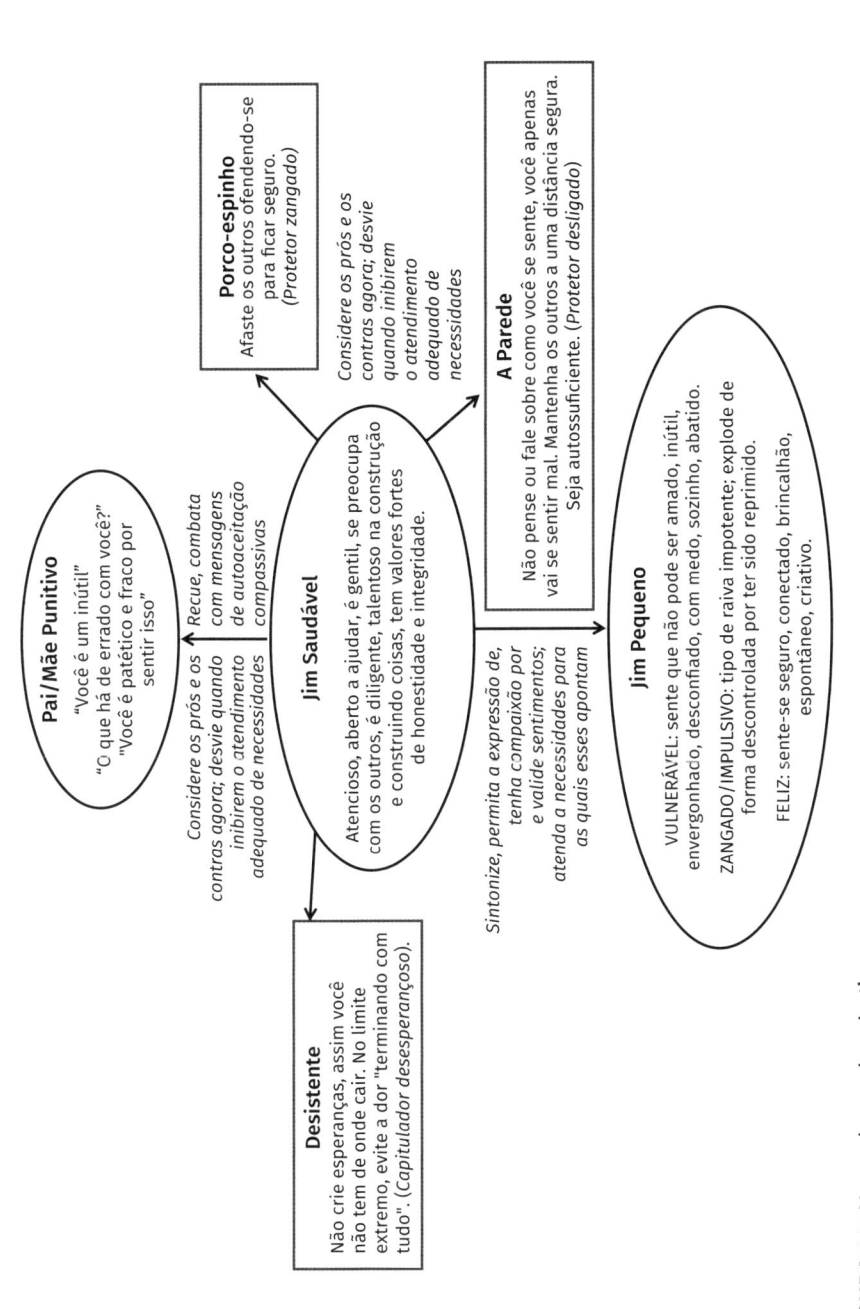

"Você é um inútil"
"O que há de errado com você?"
"Você é patético e fraco por sentir isso"

Porco-espinho

Afaste os outros ofendendo-se para ficar seguro.
(*Protetor zangado*)

A Parede

Não pense ou fale sobre como você se sente, você apenas vai se sentir mal. Mantenha os outros a uma distância segura. Seja autossuficiente. (*Protetor desligado*)

Jim Saudável

Atencioso, aberto a ajudar, é gentil, se preocupa com os outros, é diligente, talentoso na construção coisas, tem valores fortes de honestidade e integridade.

Recue, combata com mensagens de autoaceitação compassivas

Considere os prós e os contras agora; desvie quando inibirem o atendimento adequado de necessidades

Considere os prós e os contras agora; desvie quando inibirem o atendimento adequado de necessidades

Sintonize, permita a expressão de, tenha compaixão por e valide sentimentos; atenda a necessidades para as quais esses apontam

Desistente

Não crie esperanças, assim você não tem de onde cair. No limite extremo, evite a dor "terminando com tudo". (*Capitulador desesperançoso*).

Jim Pequeno

VULNERÁVEL: sente que não pode ser amado, inútil, envergonhado, desconfiado, com medo, sozinho, abatido.
ZANGADO/IMPULSIVO: tipo de raiva impotente; explode de forma descontrolada por ter sido reprimido.
FELIZ: sente-se seguro, conectado, brincalhão, espontâneo, criativo.

FIGURA 1.1 Mapa de modos de Jim.

criança. Jim seria então convidado a passar para a cadeira do "Pequeno Jim", a fim de sentir como é receber essas mensagens e assumir a postura que mostra isso. Ele pode, por exemplo, curvar-se para ficar o mais pequeno possível na cadeira, com a cabeça entre as mãos. Mira poderia então intervir em um papel de adulto saudável para ajudar Jim a experimentar como poderia ser o lado "Jim adulto" dele. Ela pode proteger o Pequeno Jim dizendo para a cadeira pai/mãe punitivo vazia: "Você fala com Jim como se ele fosse um inútil – isso não é verdade e eu não deixarei que você o trate assim." Ela pode até tirar essa cadeira da sala. Ela, então, se voltaria para o "Pequeno Jim" e lhe daria mensagens que fornecem um antídoto direto para as do pai/mãe punitivo. Então, seria explorado o modo como o Pequeno Jim se sente como resultado dessa intervenção.

Outros modos podem ser representados na sala, de maneiras e em posições que expressam suas características. Por exemplo, um modo evitativo pode ser posicionado de frente para a porta, como se quisesse se esconder ou escapar. Colocar uma cadeira simbolizando o modo protetor desligado, como a Parede de Jim, entre as cadeiras criança vulnerável e adulto saudável, pode demonstrar poderosamente como ele impede o lado criança de receber cuidados. O paciente pode ser encorajado a fotografar as posições das cadeiras para que ele tenha um lembrete visual para levar com ele, a fim de ajudar a consolidar esse trabalho.

Adaptações com cadeiras incluem ter diferentes estilos ou cores de cadeiras para representar diferentes esquemas e modos. Por exemplo, ambos os autores usam uma cadeira vertical preta e dura para representar os modos pai/mãe tóxicos, pois evoca instantaneamente uma sensação de presença de mau presságio. Além disso, notas adesivas podem ser colocadas em diferentes cadeiras para rotular o esquema ou modo e as suas mensagens.

Imagens, símbolos e bonecos

Alguns pacientes gostam de desenhar os seus modos de esquema, representando-os, por exemplo, como bonecos palito com balões de fala. Alternativamente, eles podem ser simbolizados com materiais básicos, como pedaços de papel de tamanhos, formas e cores variadas, bonecos de sucata ou fantoches, permitindo a representação de interações de modos. (Ver o Capítulo 9 para símbolos visuais com modos críticos disfuncionais e o Capítulo 11 para obter mais detalhes sobre o uso de símbolos visuais ao trabalhar com modos de enfrentamento.)

Um dos autores, AB, usa bonecas russas que têm cinco bonecas em tamanhos que vão diminuindo encaixadas na maior delas. Se estiver usando essas, você pode sugerir que a boneca maior representa um modo desligado ou protetor e, colocando a boneca menor, a criança vulnerável, dentro da maior, você pode ilustrar sua solidão e isolamento; ela é desconectada das outras e incapaz de satisfazer suas necessidades relacionais. Você pode, então, demonstrar como o grande protetor precisa ser aberto para que o lado criança tenha suas necessidades atendidas; isso pode ajudar o paciente a enfraquecer seu apego a ele como estratégia de enfrentamento. Como alternativa, o terapeuta pode colocar a boneca menor em uma cadeira e pedir ao paciente que se sente em uma cadeira de frente para ela. O paciente pode então ser convidado a ser a voz, por exemplo, de seu pai/mãe exigente. Essa representação visual da vulnerabilidade e impotência de seu lado criança pode ajudar o paciente a experienciar quão irracional é essa voz, fornecendo mais informações e apontando para o que é realmente necessário.

Representações corporais

Às vezes, os esquemas e os modos de um paciente podem ser representados pela forma como ele se expressa e se apresenta não verbalmente. Tomemos, por exemplo, um paciente com um tom respeitoso e calmo e uma postura em que seus ombros se curvam para dentro. Ao observar isso e explorá-lo com seu paciente, você pode identificá-lo como uma representação corporal de seu modo "supressor" – uma forma de capitulador complacente que permite que os outros tenham voz, mas reprime seus próprios desejos e necessidades.

Você pode notar outros esquemas e modos alinhados com partes de seu corpo ou posturas. Por exemplo, um modo de autoengrandecimento, expressando um esquema de arrogo/grandiosidade, pode estar em evidência quando eles colocam as mãos nos quadris ou atrás da cabeça; seu adulto saudável pode estar presente quando estão sentados eretos; e sua criança abandonada e abusada quando em uma postura encolhida. (Ver o Capítulo 3 para formas de trabalhar com o corpo para promover mudanças terapêuticas.)

Como você pode ver, você e seu paciente podem ser criativos e também um pouco brincalhões juntos ao explorar, expressar e simbolizar o mundo interior do paciente.

CONCLUSÃO

A TE fornece uma estrutura relacional e teórica na qual é possível formular colaborativamente os padrões problemáticos do seu paciente. Assim como os membros do corpo são coordenados pela medula espinal e pelo sistema nervoso central, uma formulação precisa orientar o momento e a escolha dos métodos de mudança terapêutica. Da mesma forma como os nervos sensoriais em nossos membros fornecem *feedback* para o sistema nervoso central, uma formulação da TE é desenvolvida e revista à medida que novas informações emergem, e métodos de mudança são pensados e adaptados para melhor atender às necessidades fundamentais do paciente.

Assim, enquanto mantém-se suficientemente adaptável para incorporar novos entendimentos, a formulação proporciona um "roteiro", ou "andaime", para tudo o que se segue. Ela pode marcar o início da passagem de seu paciente de um lugar de dor e caos para onde se sinta contido, compreendido, não mais sozinho e tendo esperança de mudança. Ela valida sua angústia e suas necessidades, e aponta para a satisfação de necessidades adaptativas e a perspectiva de maior bem-estar, força e florescimento.

Dicas para os terapeutas

- Familiarize-se com os 18 esquemas e modos prototípicos, para que você possa identificar prontamente os sinais de sua presença.
- Observe em que modo seu paciente está em um determinado momento e considere isso como algo a ser explorado.
- Mantenha à mão um resumo – ou tenha em mente – das experiências iniciais da vida de seu paciente, incluindo nomes das principais figuras, que ilustram as necessidades não satisfeitas que dão origem a esquemas e modos de enfrentamento.
- Os inventários podem ser ferramentas valiosas para apoiar sua avaliação e formulação emergente. No entanto, as respostas devem ser entendidas à luz das discussões sobre elas e do que você vivencia diretamente com seu paciente.
- Conheça seus próprios esquemas, modos e vulnerabilidades. A terapia pessoal é fundamental para prosperar como terapeuta do esquema.
- A formulação pode ser um processo dinâmico e criativo. Use cadeiras, símbolos e interação lúdica para dar vida a esse processo.

OUTROS RECURSOS

Outros inventários que você pode querer investigar incluem:

- Inventário de Estilos Parentais de Young - Revisado (YPI-R2; Louis et al., 2018a)
- Positive Parenting Schema Inventory (PPSI; Louis et al., 2018b)
- Young Positive Schema Questionnaire (YPSQ; Louis et al., 2018c)
- Schema Mode Inventory for Eating Disorders (SMI-ED; Simpson et al., 2018)

Cartões de imagens ilustrando diferentes modos como personagens de desenhos animados estão disponíveis para compra *on-line* e podem ser úteis se os pacientes acharem difícil identificar e descrever verbalmente seus esquemas, suas necessidades não satisfeitas ou seus modos (ver https://schematherapysydney.com.au/mode-cards/).

Vídeo 1 do *kit* de ferramentas da terapia do esquema: compartilhando um mapa de modos (Elaine) demonstra o compartilhamento de uma formulação completa e pode ser adquirido em www.schematherapytoolkit.com.

NOTAS

1. Os termos formulação e conceitualização de caso serão utilizados alternadamente neste capítulo para se referir a uma compreensão da apresentação de um paciente dentro de um modelo teórico específico, neste caso a TE.
2. O termo "paciente" em vez de "cliente" é usado para consistência entre os capítulos e não implica o uso de um modelo médico, o que os autores não endossam.
3. A TE postula cinco áreas principais de necessidades na infância para o desenvolvimento psicológico saudável (Young & Klosko, 2003): vínculos seguros com os outros; autonomia, competência e senso de identidade; liberdade para expressar necessidades e emoções válidas; espontaneidade e divertimento; e limites realistas e autocontrole.
4. Quando uma ou mais necessidades na infância permanecem consistentemente não atendidas, em interação com o temperamento – e potencialmente outros fatores como a cultura – o indivíduo pode desenvolver esquemas iniciais desadaptativos (abreviados para "esquemas"), definidos como "padrões de vida autodestrutivos de percepção, emoção e sensação física" (Young et al., 2003).
5. Pequenos ensaios clínicos randomizados iniciais mostraram resultados promissores para a terapia do esquema de duplo foco (Ball, 2007; Ball et al., 2005; Linehan et al., 1999, 2002). No entanto, o ensaio clínico de Ball et al. (2011) sugere que terapia de foco único pode ser mais efetiva, indicando a necessidade de uma fundamentação clara para a inclusão de um componente da TE no trabalho com pacientes dependentes de substâncias.
6. Referir-se aos pontos fortes de caráter nos valores em ação (Peterson & Seligman, 2004) pode ajudá-lo a identificar, nomear e afirmar características positivas em seu paciente as quais ele ignora ou minimiza.
7. Para solicitar cópias dos inventários mencionados neste capítulo, visite: www.schematherapy.org. Para uma visão mais abrangente da gama de questionários da TE, ver Sheffield e Waller (2012).
8. Se o seu paciente atender aos critérios para transtorno da personalidade *borderline*, não é aconselhável dar a ele um YSQ, pois é provável que ele tenha uma pontuação alta na maioria dos esquemas (Bach et al., 2015), de forma que preencher esse questionário seria desnecessário e potencialmente desanimador e angustiante.
9. Uma versão revisada, mais curta, com propriedades psicométricas superiores, o Young Parenting Inventory – Revised (YPI-R2; Louis et al., 2018a) estará disponível em breve.
10. Em algumas circunstâncias, um modo de enfrentamento pode concordar com a perspectiva de um adulto saudável. Por exemplo, em certos contextos, um modo hipercontrolador desligado ou perfeccionista pode ser temporariamente a melhor forma de enfrentamento na parentalidade ou ao lidar com responsabilidades de trabalho, respectivamente. A principal diferença é a flexibilidade com que essas estratégias podem ser aplicadas como apropriadas para diferentes contextos.

REFERÊNCIAS

Arntz, A. & Jacob, G. (2012). *Schema Therapy in Practice: An Introductory Guide to the Schema Mode Approach*. Chichester: Wiley-Blackwell.

Bach, B., Simonsen, E., Christoffersen, P. & Kriston, L. (2015). The Young Schema Questionnaire 3 short form (YSQ-S3), psychometric properties and association with personality disorders in a Danish mixed sample. *European Journal of Psychological Assessment*, 33(2), 134–143.

Ball, S.A. (2007).Comparing individual therapies for personality disordered opioid dependent patients. *Journal of Personality Disorders*, 21(3), 305–321. https://doi.org/ 10.1521/pedi.2007.21.3.305

Ball, S.A., Cobb-Richardson, P., Connolly, A. J., Bujosa, C.T. & O'Neall, T.W. (2005). Substance abuse and personality disorders in homeless drop-in center clients: Symptom severity and psychotherapy retention in a randomized clinical trial. *Comprehensive Psychiatry*, 46, 371–379. http://dx.doi.org/10.1016/j.comppsych.2004.11.003

Ball, S.A., Maccarelli, L.M., LaPaglia, D.M. & Ostrowski, M.J. (2011). Randomized trial of dual-focused vs. single-focused individual therapy for personality disorders and substance dependence. *Journal of Nervous and Mental Disease*, 199(5), 319–328. https://doi.org/10.1097/NMD.0b013e3182174e6f.

Bamelis, L.L.M., Evers, S.M.A.A., Spinhoven, P. & Arntz, A. (2014). Results of a multicenter randomized controlled trial of the clinical effectiveness of schema therapy for personality disorders. *American Journal of Psychiatry*, 171(3), 305–322.

Belsky, J. & Pluess, M. (2009). Beyond diathesis stress: Differential susceptibility to environmental influences. *Psychological Bulletin*, 135(6), 885–908.

Calvete, E., Orue, I. & González-Diez, Z. (2013). An examination of the structure and stability of early maladaptive schemas by means of the Young Schema Questionnaire-3. *European Journal of Psychological Assessment*, 29(4), 283–290.

Carter, J.D., McIntosh, V.V., Jordan, J., Porter, R.J., Frampton, C.M. & Joyce, P.R. (2013). Psychotherapy for depression: A randomized clinical trial comparing schema therapy and cognitive behavior therapy. *Journal of Affective Disorders*, 151(2), 500–505.

Giesen-Bloo, J., van Dyck, R., Spinhove, P., van Tilburg, W., Dirksen, C., van Asselt, T. & Arntz, A. (2006). Outpatient psychotherapy for borderline personality disorder. *Archives of General Psychiatry*, 63(9), 649–658.

Hepgul, N., King, S., Amarasinghe, M., Breen, G., Grant, N., Grey, N., Hotopf, M., Moran, P., Pariante, C.M., Tylee, A., Wingrove, J., Young, A.H. & Cleare, A.J. (2016). Clinical characteristics of patients assessed within an Improving Access to Psychological Therapies (IAPT) service: Results from a naturalistic cohort study (Predicting Outcome Following Psychological Therapy; PROMPT). *BMC Psychiatry*, 16(52). doi: 10.1186/s12888-016-0736-6

ISST. (2018). *The Schema Therapy Case Conceptualization Form* (2nd edition). www.schematherapysociety.org/new-conceptualization-form

Jacob, G., van Genderen, H. & Seebauer, L. (2015). *Breaking Negative Thinking Patterns: A Schema Therapy Self-help and Support Book*. Chichester: Wiley-Blackwell.

Linehan, M.M., Dimeff, L.A., Reynolds, S.K., Comtois, K.A., Welch, S.S., Heagerty, P. & Kivlahan, D.R. (2002). Dialectical behavior therapy versus comprehensive validation therapy plus 12-step for the treatment of opioid dependent women meeting criteria for borderline personality disorder. *Drug and Alcohol Dependence*, 67(1), 13–26. https://doi.org/10.1016/S0376-8716(02)00011-X

Linehan, M.M., Schmidt, H. III, Dimeff, L.A., Craft, J.C., Kanter, J. & Comtois, K.A. (1999). Dialectical behavior therapy for patients with borderline personality disorder and drug-dependence. *American Journal on Addictions*, 8(4), 279–292. https://doi.org/ 10.1080/105504999305686

Lockwood, G. & Perris, P. (2012). A new look at core emotional needs. In: M. van Vreeswijk, J. Broersen & M. Nadort (Eds.), *The Wiley-Blackwell Handbook of Schema Therapy: Theory, Research and Practice*. Oxford: Wiley-Blackwell (pp. 41–66).

Louis, J.P., Wood, A.M. & Lockwood, G. (2018a). Psychometric validation of the Young Parenting Inventory – Revised (YPI-R2): Replication and extension of a commonly used parenting scale in Schema Therapy (ST) research and practice. *PloS One*, 13(11), e0205605. 10.1371/journal.pone.0205605.

Louis, J.P., Wood, A.M. & Lockwood, G. (2018b) Psychometric validation of the Young Parenting Inventory-revised (YPI-R2): replication and extension of a commonly used parenting scale in Schema Therapy (ST) research and practice. *PLOS One*, 13(11). https://doi.org/10.1177/1073191118798464 (ISSN 1932-6203).

Louis, J.P., Wood, A.M., Lockwood, G., Ho, M.-H.R. & Ferguson, E. (2018c) Positive clinical psychology and Schema Therapy (ST): The development of the Young Positive Schema Questionnaire (YPSQ) to complement the Young Schema Questionnaire 3 short form (YSQ-S3). *Psychological Assessment.* Advance online publication. 10.1037/pas0000567.

Peterson, C. & Seligman, M.E.P. (2004). *Character Strengths and Virtues: A Handbook and Classification.* New York: Oxford University Press and Washington, DC: American Psychological Association.

Renner, F., Arntz, A., Leeuw, I. & Huibers, M. (2013). Treatment for chronic depression using Schema Therapy. *Clinical Psychology: Science and Practice,* 20(2), 166–180.

Renner, F., Arntz, A., Peeters, F.P.M.L., Lobbestael, J. & Huibers, M.J.H. (2016). Schema therapy for chronic depression: Results of a multiple single case series. *Journal of Behavior Therapy and Experimental Psychiatry,* 51(6), 66–73.

Reusch, Y. (2015). The great temptation: Treating impulsivity and binge eating with schema therapy [Die grosse Versuchung – Impulskontrollstörungen und Behandlungsmöglichkeiten aus schematherapeutischer Slcht am Beispiel der Binge-Eating-Störung]. *Verhaltenstherapie und Verhaltensmedizin,* 36(3), 251–261.

Sheffield, A. & Waller, G. (2012). Clinical use of schema inventories. In: M. van Vreeswijk, J. Broersen & M. Nadort. (Eds.) *The Wiley-Blackwell Handbook of Schema Therapy: Theory, Research and Practice.* Oxford: Wiley-Blackwell (pp. 111–124).

Simpson, S.G., Pietrabissa, G., Rossi, A., Seychell, T., Manzoni, G.M., Munro, C., Nesci, J.B. & Castelnuovo, G. (2018). Factorial structure and preliminary validation of the schema mode inventory for eating disorders (SMI-ED). *Frontiers in Psychology,* 24(9), 600.

Tapia, G., Perez-Dandieu, B., Lenoir, H., Othily, E., Gray, M. & Delile, J.M. (2018). Treating addiction with schema therapy and EMDR in women with co-occurring SUD and PTSD: A pilot study. *Journal of Substance Use,* 23(2), 199–205.

Van den Broek, E., Keulen-de Vos, M. & Bernstein, D.P. (2011). Arts therapies and schema focused therapy: A pilot study. *The Arts in Psychotherapy,* 38(5), 325–332.

van Vreeswijk, M., Broersen, J. & Nadort, M. (Eds.) (2012). *The Wiley-Blackwell Handbook of Schema Therapy: Theory, Research and Practice.* Oxford: Wiley-Blackwell.

Waller, G., Shah, R., Ohanian, V. & Elliott, P. (2001). Core beliefs in bulimia nervosa and depression: The discriminant validity of Young's schema questionnaire. *Behavior Therapy,* 32(1), 139–153.

Young, J.E. (1994). *Young Parenting Inventory.* New York: Cognitive Therapy Center of New York.

Young, J.E. & Klosko, J.S. (1994). *Reinventing Your Life.* New York: Plume.

Young, J.E., Arntz, A., Atkinson, T., Lobbestael, J., Weishaar, M.E. & van Vreeswijk, M.F. (2007). *The Schema Mode Inventory.* New York: Schema Therapy Institute.

Young, J.E., Klosko, J.S. & Weishaar, M.E. (2003). *Schema Therapy: A Practitioner's Guide.* New York: Guilford Press.

2

Técnicas experienciais na avaliação

Benjamin Boecking
Anna Lavender

INTRODUÇÃO E OBJETIVOS DO CAPÍTULO

Uma avaliação psicológica abrangente é fundamental na formulação, no planejamento do tratamento e na avaliação de mudanças terapêuticas. No entanto, pacientes com problemas em nível de personalidade muitas vezes lutam para identificar suas emoções, cognições e problemas-chave, tornando assim difícil ou incompleta uma avaliação precisa por meios puramente discursivos ou por questionários. Além disso, o conteúdo esquemático dos pacientes e os modos de enfrentamento desadaptativos podem interferir na coleta e na interpretação válida das informações obtidas na avaliação.

Para ajudar a contornar algumas dessas dificuldades, a terapia do esquema (TE) faz uso de técnicas experienciais, que os terapeutas aplicam de forma flexível, além de técnicas discursivas, cognitivas e comportamentais ao longo da terapia. Em particular, as técnicas de imagens e o trabalho com cadeiras têm um significado especial durante o processo de avaliação. As técnicas de imagens podem ajudar a identificar padrões cognitivos e emocionais menos acessíveis (isto é, esquemas) que ligam situações desencadeantes a memórias angustiantes da infância e a necessidades não atendidas associadas. A técnica das cadeiras visa avaliar a origem, o impacto e a função dos modos de enfrentamento dos pacientes. Na fase de avaliação, a TE demanda mais tempo do que outras escolas terapêuticas. O princípio norteador do terapeuta é usar todas as informações obtidas de qualquer interação com o paciente, incluindo (tentativas de conduzir) as imagens e a técnica das cadeiras para auxiliar na formulação.

Neste capítulo, descrevemos as principais técnicas de avaliação com as imagens e a técnica das cadeiras, juntamente com "dicas de primeira linha" para dificuldades comumente encontradas.

ESTRATÉGIAS PRINCIPAIS

Avaliação por meio de técnicas de imagens

O uso de técnicas de imagens dentro do processo de avaliação "desloca a compreensão do esquema do domínio intelectual para o emocional" (Young et al., 2003). Os esquemas, que podem ser definidos como temas amplos formados por memórias, cognições, emoções e respostas fisiológicas, podem ser, em grande parte, não verbais e, portanto, de difícil acesso a nível cognitivo. Além disso, experiências importantes que deram origem à formação de esquemas podem ter ocorrido em um estágio de desenvolvimento pré-verbal. Por essas razões, as imagens que desencadeiam esquemas a níveis emocional, fisiológico e cognitivo podem ser uma técnica inestimável para a identificação de material esquemático.

O terapeuta começa a usar as técnicas de imagens para avaliação assim que as informações sobre a história pessoal foram coletadas e as medidas do questionário foram revisadas (ver Capítulo 1). O trabalho com imagens permite então uma avaliação "quente" de experiências infantis e esquemas "ativados" – incluindo as necessidades não atendidas que estão subjacentes a eles em suas origens no desenvolvimento. Fundamentalmente, também permite que o paciente e o terapeuta vinculem o conteúdo esquemático baseado em experiências iniciais às dificuldades atuais do paciente.

Ao introduzir pela primeira vez o conceito de trabalho com imagens, o terapeuta precisa fornecer uma justificativa clínica. Por exemplo: "Eu gostaria de sugerir que tentássemos um exercício de imagens. Lembra como você descreveu que, às vezes, você sabe algo em sua cabeça, mas seus sentimentos dizem algo completamente diferente? Às vezes, isso pode acontecer se os significados de memórias muito emocionais adentram nossa experiência atual sem que percebamos. Exercícios de imagens podem nos ajudar a entender um pouco mais sobre quais memórias significativas podem ser desencadeadas em situações que parecem muito difíceis, e podem nos permitir trabalhar com essas memórias e imagens de maneiras que podem ser úteis. Eles também podem nos ajudar a conectar um pouco mais o que está acontecendo em nossas cabeças e corações. Você gostaria de tentar isso comigo?"

Ao introduzir o conceito de imagens, um paciente pode ficar relutante e assustado. Isso, por si só, pode fornecer informações úteis sobre o conteúdo esquemático: a ideia ativa um esquema de desconfiança/abuso? Isso o leva a se sentir vulnerável ou desamparado? Que modos de enfrentamento possíveis estão "ficando ativados"? Se um paciente estiver relutante, o terapeuta pode garantir que ele permanecerá no controle durante todo o exercício e pode adaptar a configuração para que ele se sinta seguro (p. ex., mantendo os olhos abertos). O terapeuta precisa alocar tempo suficiente dentro de uma sessão para permitir a realização do exercício, *feedback* e discussão. Isso é fundamental para obter informações válidas, compreender o paciente e fortalecer o *rapport*.

O primeiro princípio da condução dos exercícios com imagens é oferecer o mínimo de instrução ou direção possível. Isso permite o surgimento espontâneo do que é mais essencial para o paciente. Clientes mais vulneráveis podem precisar escolher uma imagem com antecedência, mesmo na avaliação, para sentir algum controle/previsibilidade. É fundamental explorar o *significado* das imagens para o paciente – mantendo a mente aberta quanto às origens potenciais da formação do esquema e à criptografia do significado emocional e das necessidades não atendidas ou à possível ativação de um modo de enfrentamento. Não é necessário que um paciente reviva memórias traumáticas centrais durante a avaliação. Por exemplo, se um paciente recuperar uma imagem de um episódio de abuso sexual na infância, é importante pausar a imagem, mover o paciente para imagens de um local seguro (ver a seguir), trazê-lo de volta ao presente e garantir que ele se sinta seguro. O trabalho terapêutico sobre experiências abusivas é realizado mais tarde na terapia.

Um paciente pode dizer que nenhuma imagem lhe vem à mente e que ele "não consegue trabalhar com imagens", o que pode ser uma crença que ele tem e/ou pode indicar a ativação de um modo de enfrentamento. Nesse caso, o exercício do sorvete (Farrell & Shaw, 2012) pode ser útil.

O exercício do sorvete

Terapeuta: "Feche os olhos se estiver tudo bem para você, ou permaneça olhando para o chão. Agora, imagine que nós dois estamos entrando em uma sorveteria. Você está segurando um voucher para sorvete ilimitado. Como você está vendo esta imagem? É um lugar moderno ou mais tradicional? O que você vê? Você está indo até o balcão e olhando todos os diferentes sorvetes. Muitas cores. Muitos sabores. Agora escolha quais sabores você gostaria, quantos quiser. Quer chantili por cima? Quais granulados têm? De arco-íris? De chocolate? Quais você gostaria? Você consegue ver o sorvete na sua mão? Com o que se parece? Todas aquelas cores e sabores diferentes! Você consegue ver os sorvetes? Agora, você pode desfrutar do sorvete. Imagine aquela primeira mordida... a sensação de frescor, a textura nos lábios e na boca e os sabores. Você pode sentir o gosto do sorvete? Do chantili? Dos granulados? Excelente!"

Para indivíduos com transtornos alimentares ou preocupações com o peso, o exercício pode ser adaptado a um ambiente diferente e menos ameaçador, por exemplo, uma loja de utensílios domésticos, um parque ou outro ambiente atraente para o paciente.

Quando introduzidos de forma lúdica, a maioria dos pacientes se engaja nesse exercício, pelo menos até certo ponto, e muitas vezes são capazes de relatar algumas experiências imaginadas. O terapeuta pode então elaborar sobre essa experiência para exercícios futuros. Ocasionalmente, os pacientes podem se sentir um pouco enganados pelo exercício – o que, novamente, fornece informações úteis sobre possíveis esquemas ou mensagens dos modos pai/mãe.

Imagens de lugares seguros

Antes de acessar as memórias relacionadas ao esquema principal usando imagens, é útil introduzir *imagens de lugares seguros* que se concentrem na construção de um lugar seguro imaginário dentro da mente do paciente (Utay & Miller, 2006). Uma vez desenvolvida, o terapeuta e o paciente podem usar a imagem do lugar seguro durante toda a terapia como uma ferramenta de autorregulação emocional e, muitas vezes, ela é usada para encerrar outros exercícios de imagens (ver a seguir). Na avaliação, ela é uma introdução suave à ideia de trabalho com imagens. O Quadro 2.1 fornece um exemplo de diálogo de imagens de locais seguros (Vivyan, 2009).

As observações feitas durante a preparação e a prática de imagens de locais seguros são úteis para coletar informações relevantes para a formulação. A facilidade ou a dificuldade com que o paciente é capaz de encontrar um lugar seguro ajuda o terapeuta a avaliar o grau de dificuldade que ele tem de gerar ou experimentar uma sensação interna de segurança. Alguns pacientes, quando orientados a "pensar em um lugar seguro", dirão prontamente, por exemplo, "na sala de estar da minha avó", que é uma memória real, vivenciada, sugerindo algum grau de capacidade interna de regulação emocional. Outros podem achar-se incapazes de pensar em qualquer lugar real, e podem ser auxiliados a pensar em um lugar imaginário, inventado, como uma clareira ensolarada em uma floresta. Outros podem achar quase impossível gerar um espaço real ou imaginá-

QUADRO 2.1 Imagens de lugares seguros

> *Comece ficando à vontade e reserve alguns minutos para se concentrar em sua respiração. Feche os olhos, perceba qualquer tensão em seu corpo e deixe essa tensão sair a cada expiração... Imagine um lugar onde você possa se sentir calmo, tranquilo e seguro. Pode ser um lugar em que você já tenha estado antes, um lugar para onde você sonha em ir, um lugar do qual você viu uma foto ou apenas um lugar tranquilo que você pode criar em sua mente... Olhe ao seu redor nesse lugar, observe as cores e formas. O que mais você percebe?... Agora observe os sons que estão ao seu redor, ou talvez o silêncio. Sons ao longe e os mais próximos de você. Os que são mais notáveis e os que são mais sutis... Pense em todos os cheiros que você nota neste lugar... Em seguida, concentre-se em qualquer sensação da sua pele em conexão com a terra abaixo de você ou o que quer que esteja apoiando você naquele lugar, a temperatura, qualquer movimento do ar, qualquer outra coisa que você possa tocar... Observe as sensações físicas agradáveis em seu corpo enquanto desfruta deste lugar seguro... Agora, enquanto você está em seu lugar tranquilo e seguro, você pode optar por dar um nome, seja uma palavra ou uma expressão que você pode usar para trazer essa imagem de volta, sempre que precisar... Você pode optar por ficar lá um pouco, apenas curtindo a tranquilidade e a serenidade. Você pode sair quando quiser, apenas abrindo os olhos e estando ciente de onde está agora, e voltando ao estado de alerta no "aqui e agora".*

rio onde possam imaginar sentir-se seguros. Isso sugeriria uma grave necessidade não atendida de segurança em um nível central. Nesse caso, um local seguro pode precisar ser desenvolvido lentamente à medida que a terapia progride.

Acessando memórias relacionadas ao esquema central por meio de imagens: a técnica float back/pontes de afeto

Uma técnica de imagens útil é a técnica *float back*, ou pontes de afeto. Envolve guiar um paciente em imagens do presente para o passado a fim de acessar as origens de seus esquemas centrais e necessidades não atendidas a nível emocional. Na avaliação, os objetivos desta estratégia são (1) trazer à tona quais memórias (relacionais) centrais são acionadas em situações atualmente incômodas, (2) avaliar quais atributos ou comportamentos os cuidadores exibiram em relação ao paciente e qual o efeito destes sobre o paciente, (3) avaliar como os cuidadores reagiam se o paciente expressava seus pensamentos, sentimentos ou necessidades, e (4) ver como tais reações podem ter contribuído para moldar modos de enfrentamento.

Para coletar essas informações, pode ser necessário repetir o exercício a seguir várias vezes, com o paciente direcionado suavemente para cada um de seus cuidadores principais e outras pessoas importantes em seu passado. É importante ter em mente que acessar as principais memórias relacionadas aos esquemas pode ser bastante angustiante para os pacientes. Se este for o caso, cuidados extras devem ser fornecidos dentro e, potencialmente, após a sessão.

Terapeuta: Ok, então vamos começar fechando os olhos ou descansando-os em um ponto no chão, e tentando trazer à mente um momento em que você se sentiu mal na última semana. Talvez um momento com outra pessoa ou pessoas em que você se sentiu realmente chateado – triste, mal consigo mesmo ou talvez com raiva. Conte-me sobre onde você está e quando? Quem está aí? O que você consegue ver e ouvir? Conte-me sobre o que está acontecendo. E como você está se sentindo? (Se o paciente estiver tendo dificuldade para encontrar palavras para suas emoções, estimule-o.) Você se sente com raiva/solitário/rejeitado/perdido/triste? O que está se passando pela sua cabeça? O que você sente no seu corpo? Certo, agora mantenha essa sensação em seu corpo, amplie-a ainda mais e deixe a imagem da situação desaparecer. Agora, apenas deixe sua mente flutuar de volta ao passado, a uma imagem ou memória talvez de um momento com sua mãe ou seu pai que se identifique com as emoções que você está sentindo. As situações não precisam combinar, apenas os sentimentos. Apenas me avise quando você pousar em uma memória.

Ao conduzir o exercício, o terapeuta procura uma memória precoce, idealmente durante a primeira infância, quando os esquemas são mais prováveis de terem sido formados. Se o paciente descreve uma memória da adolescência ou da idade adulta, o terapeuta pode optar por ficar com isso ou pode tentar voltar dessa memória para uma anterior, usando instruções semelhantes às descritas. Se o paciente tem dificuldade para acessar qualquer tipo de memória, um modo protetor desligado pode estar funcionando – tentando proteger a criança vulnerável do paciente de lembrar ou reviver sofrimentos passados. Mesmo assim, pode ser útil tentar continuar esse exercício de imagens, pois ele pode evocar memórias que geralmente não estão disponíveis aos pacientes por meio de seus processos habituais de recuperação. No entanto, um modo protetor desligado forte pode sugerir conteúdos de memória particularmente dolorosos e, portanto, o terapeuta deve agir com sensibilidade e garantir tempo e recursos para apoiar seu paciente após isso.

Se o paciente não permanecer no tempo presente, ou se ele se relacionar com sua experiência na terceira pessoa, um modo protetor desligado pode estar tentando proteger o paciente do afeto associado à imagem. O terapeuta pode querer nomear o modo protetor desligado e, de forma colaborativa, entender sua ativação antes de tentar o exercício novamente. Às vezes, pode ser útil praticar as descrições de tempo presente *off-line* de antemão, por exemplo, descrevendo a situação atual na sala de terapia (o que ele pode ver, ouvir, etc.). Uma vez que o paciente tenha identificado uma imagem ou memória:

Terapeuta: Quantos anos você tem? Onde você está? O que você consegue ver e ouvir? Quem está aí com você? O que está acontecendo? Como você está se sentindo? O que está se passando pela sua cabeça?

Pode não ser imediatamente óbvio porque ou como a imagem pode estar associada à situação desencadeante no presente. Isso pode ocorrer por vários motivos: (1) o paciente não experienciou ativação emocional na técnica de *float back*, (2) uma imagem inicial pode ter sido "bloqueada" e substituída por um modo de enfrentamento ou (3) o paciente pode tentar transmitir uma mensagem ou impressão com base no que ele acredita que o terapeuta quer ouvir ou, de outra forma, para atender às suas necessidades. Alternativamente, a imagem pode codificar informações altamente relevantes de maneira sutil ou simbólica: o terapeuta precisa sintonizar com precisão as experiências do paciente na imagem e indagar sobre possíveis omissões cognitivo-emocionais que podem adicionar informações a uma interpretação da imagem. Por último, a imagem pode ilustrar as necessidades não atendidas do paciente em vez de uma fonte de angústia (p. ex., o paciente relata uma imagem de marcar um gol ao jogar futebol com os amigos – significando uma possível necessidade de aceitação e pertencimento que não é vivenciada em casa).

Terapeuta: Ok, agora deixe essa memória começar a desaparecer e vá para o seu lugar seguro. Apenas descanse lá, respire a calma, a paz e a segurança. Fique lá o tempo que precisar e, quando estiver pronto, volte gentilmente para mim na sessão.

Se o paciente estiver muito angustiado e não puder experimentar uma sensação de segurança no presente, será importante conceituar e validar isso como a criança vulnerável experimentando a dor do passado e conectar isso à formulação emergente. O terapeuta deve usar sua postura de reparentalização limitada para acalmar o paciente e tentar atender sua necessidade de segurança, usando técnicas de aterramento conforme apropriado. Se o paciente não se sentir seguro para sair da clínica até o final da sessão, o terapeuta pode optar por prolongar a sessão, ou sugerir que ele se sente na sala de espera até se sentir forte o suficiente para sair, e acompanhar seu estado com um telefonema mais tarde.

Após a experiência com imagens, o terapeuta pergunta ao paciente como ele experienciou o exercício, o que as imagens significaram para ele e como as memórias conectadas podem se vincular, seja pelo tema ou pela emoção suscitada, à situação angustiante originalmente trazida.

Uma variação da técnica *float back* envolve "flutuar para a frente" ou uma "ponte para a frente" em que o terapeuta e o paciente começam com uma imagem – já ativada – da infância e flutuam para uma imagem atual que ecoa emocionalmente a experiência da infância. Isso pode ser útil quando um paciente participa de uma sessão com uma memória específica que ele sente ser importante para seu estado emocional no aqui e agora.

Avaliação por meio da técnica das cadeiras

A técnica das cadeiras refere-se a exercícios experienciais que envolvem um posicionamento de cadeiras com base lógica e diálogos guiados entre aspectos externalizados do *self* (p. ex., modos criança e de enfrentamento), entre o *self* e as representações internalizadas de outros (modos pai/mãe) ou entre o *self* e os outros no dia a dia do paciente (Kellogg, 2004). As técnicas das cadeiras são ferramentas poderosas para avaliar as cisões cognitivo-emocionais nos sensos de si dos pacientes, ou seja, modos.

Conforme descrito em uma revisão narrativa recente (Pugh, 2017), as intervenções das técnicas de cadeiras foram inicialmente desenvolvidas dentro da escola de psicodrama (Gershoni, 2003), com mais desenvolvimento na Gestalt (Perls et al., 1951) e completamente estabelecidas na TE como uma característica central do repertório terapêutico (Arntz & Jacob, 2017; Kellogg, 2012; Young et al., 2003).

Durante a fase de avaliação, as técnicas de cadeiras visam identificar a "ativação" e o impacto dos modos pai/mãe disfuncional na experiência de si mesmo do paciente e dos outros. Além disso, elas permitem que o terapeuta use técnicas de "entrevista" para avaliar a origem, o desenvolvimento, a função e os "motivos" dos modos de enfrentamento com ênfase em sua natureza originalmente adaptativa que deixou de ser adequada. Para descrições mais detalhadas das técnicas de cadeiras e sua base de evidências atual, consulte a Parte III deste texto, Pugh (2017), Kellogg (2012, 2014) e Arntz e Jacob (2017).

Tal como acontece com as imagens para avaliação (e, de fato, com todos os exercícios experienciais), é importante:

- deixar tempo suficiente para fornecer uma base lógica (p. ex., para colocar diferentes facetas do *self* do paciente em contato umas com as outras e explorar sua origem, funções e necessidades);

- sintonizar com as emoções do paciente a cada momento; e
- deixar tempo suficiente para reunir informações e conectá-las a potenciais *insights* sobre a vida do paciente.

Durante a fase de avaliação, as técnicas das cadeiras podem ser particularmente úteis na avaliação da experiência, expressão, função e impacto dos modos pai/mãe e de enfrentamento.

Técnicas das cadeiras para avaliar a relação entre pai/mãe disfuncional e criança vulnerável

O objetivo do exercício é avaliar (1) o conteúdo das mensagens do modo pai/mãe punitivo (e formular hipóteses sobre sua expressão deslocada no aqui e agora), (2) o impacto dessas mensagens na criança vulnerável/experiência emocional do paciente, (3) as estratégias de enfrentamento que o paciente pode "ligar" quando o pai/mãe punitivo estiver ativado e (4) os recursos do modo adulto saudável para combater o pai/mãe punitivo.

Configuração: Cadeira do terapeuta, cadeira do paciente/cadeira do adulto saudável, cadeira do pai/mãe punitivo, cadeira da criança vulnerável.

Terapeuta: Houve uma situação recente em que você se lembra de se colocar para baixo ou de sentir uma sensação de pressão interna ou exaustão, ou apenas de ter se sentido muito mal consigo mesmo? Você pode descrever brevemente a situação? Onde você estava? O que aconteceu?

Para alguns pacientes, a autocrítica pode ter se tornado uma coisa instintiva, tornando difícil identificar uma situação particular ou, de fato, reconhecer a (oni)presença de um modo pai/mãe punitivo. Nesse caso, o terapeuta deve primeiro rotular e depois apontar sua presença sempre que perceber que ele está *on-line*.

Terapeuta: Eu gostaria de saber um pouco mais sobre seus sentimentos nesta situação. Para fazer isso, talvez pudéssemos tentar um exercício de cadeiras – o que você acha disso? Aqui (aponta para a cadeira do modo pai/mãe punitivo), eu gostaria de colocar a cadeira do pai/mãe punitivo; aqui (aponta) a cadeira da criança vulnerável. Assim que você se sentar na cadeira do pai/mãe punitivo, gostaria que você falasse com a criança vulnerável da mesma forma que seu pai/mãe punitivo faria. Tente falar diretamente com a criança vulnerável e tente usar os mesmos tipos de palavras e tom emocional que o pai/mãe punitivo usaria.

Se o paciente tiver dificuldade para dar voz ao modo pai/mãe, o terapeuta pode perguntar gentilmente, por exemplo: "Nesta situação, o que o pai/mãe punitivo diria a você?" Enquanto o paciente desempenha o papel de seu modo pai/mãe, o terapeuta deve observar de perto os temas de suas mensagens e relacioná-los com as dificuldades atuais e os modos de enfrentamento do paciente. Por exemplo, o modo pai/mãe ataca a imagem corporal do paciente ("Você é tão feio"), as relações interpessoais ("Ninguém amaria você se realmente o conhecesse"); o senso de identidade ("Você é uma piada em forma de homem"), as formas de pensar ("Você é estúpido"), as emoções ("Só perdedores se sentem fracos") ou os comportamentos ("Você se esconde como um animal").

Pacientes que têm muito medo de seu modo pai/mãe punitivo (p. ex., alguns pacientes com diagnóstico de transtorno da personalidade *borderline*) podem ficar sobrecarregados com a perspectiva de sentar-se na cadeira do pai/mãe punitivo. Nesses casos, o terapeuta pode, em vez disso, alocar uma cadeira vazia para esse modo, situada bem longe do paciente, e perguntar ao paciente o que a parte punitiva está dizendo à criança vulnerável, criando assim uma distância segura do modo.

Se os modos protetor desligado ou protetor evitativo estiverem fortes, impedindo a técnica de cadeiras, por conta de o paciente se recusar a se envolver no trabalho ou não ser capaz de "convocar" os modos relevantes a serem trabalhados, esses modos precisam ser avaliados e trabalhados primeiro. Se ocorrerem troca de modos durante a técnica das cadeiras (o que é comum, dado que é uma intervenção poderosa que provoca afeto), expresse a validação e procure reorientar gentilmente a técnica das cadeiras. Durante os estágios posteriores da terapia, adicione mais cadeiras e conduza diálogos de cadeiras conforme aplicável.

Às vezes, a hostilidade do modo pai/mãe pode se fundir com pensamentos críticos ou raivosos que o paciente deseja transmitir indiretamente ao terapeuta ("Você não pode ajudar ninguém"; "Ninguém jamais será capaz de compreendê-lo"; "Outras pessoas podem dizer que você está bem, mas eles estão mentindo"). Se o terapeuta levantar essa hipótese, é importante perguntar sobre isso gentilmente após o exercício de forma validadora e conceitualizar quaisquer medos que possam impedir o paciente de expressar suas preocupações mais diretamente.

Terapeuta (avaliando sentimentos e necessidades da criança vulnerável): Agora vá para a cadeira da criança vulnerável e tente se conectar com a sua criança vulnerável (o paciente troca de cadeira e senta-se). Como é para sua criança vulnerável ouvir isso?

Terapeuta (avaliando dificuldades com autoafirmação ou pensamentos secundários sobre emoções): Quando sua criança vulnerável está tentando expressar seus sentimentos e necessidades, o que seu pai/mãe punitivo diz? Como ele reage? (O paciente passa para a cadeira do pai/mãe punitivo e continua a tarefa na cadeira.)

Terapeuta (avaliando como o pai/mãe punitivo reage às tentativas de autoafirmação modelando o adulto saudável): (agachando-se ao lado da cadeira da criança vulnerável e se dirigindo ao pai/mãe punitivo) Estou farto do seu ódio. Você diz que sabe tudo sobre mim, mas está apenas sendo cruel. Eu não estou mais ouvindo você! (dirigindo-se à criança vulnerável): Como você está se sentindo? O que o pai/mãe punitivo diz (convida o paciente para a cadeira do pai/mãe punitivo)...

O terapeuta pode então conduzir um diálogo de cadeiras em que o paciente se mova entre as cadeiras do pai/mãe punitivo e da criança vulnerável, dando apoio à criança vulnerável conforme necessário. Aqui, o terapeuta monitora as reações do pai/mãe punitivo e da criança vulnerável, enquanto também avalia como o pai/mãe punitivo reage às tentativas da criança vulnerável de expressar suas necessidades, ou de se manifestar contra o modo pai/mãe. O terapeuta pode então trabalhar com o paciente para tentar, em conjunto, trazer *insights* do diálogo de cadeiras para lidar com os problemas apresentados e os comportamentos de enfrentamento desadaptativos.

Muito comumente, os modos pai/mãe podem criticar os pacientes por seus modos de enfrentamento desadaptativos, fechando assim um círculo vicioso na formulação ("É patético usar drogas"; "Você é nojento por comer compulsivamente"; "Você é um covarde por ficar dentro de casa", "Pessoas normais levam uma vida feliz e bem-sucedida", etc.). Neste caso, o terapeuta deve validar o comportamento de enfrentamento e relacioná-lo com a toxicidade dos modos parentais ("Não, você está errado – é perfeitamente compreensível eu ter medo de sair de casa se você continuar me intimidando"). (As desvantagens dos modos de enfrentamento são abordadas a seguir.)

Por último, peça ao paciente que se acomode em sua cadeira "original" e reflita sobre o exercício. O terapeuta deve relacionar as informações com as dificuldades que o paciente apresenta. (Quando o paciente se culpa? Como as mensagens do modo pai/mãe podem refletir as primeiras experiências com os cuidadores? Como o paciente tende a reagir, uma vez que se pressiona? O que torna difícil deixar de lado o pai/mãe punitivo? O que teria acontecido no passado, etc.?)

Alguns pacientes podem se recusar a fazer o exercício, pois podem se sentir culpados ou com medo de "falar mal" de seus cuidadores. Nesse caso, o terapeuta pode destacar que os modos parentais não simbolizam os pais em si, mas são memórias pessoais internalizadas de *aspectos* difíceis ou prejudiciais do comportamento de seus pais. Outros podem se sentir ambivalentes ou confusos sobre o impacto dos modos parentais (p. ex., "Eles têm boas intenções"; "Eles me trouxeram para onde estou agora") – em particular se seus cuidadores os maltrataram supostamente "para o seu próprio bem". Esses pacientes podem achar difícil identificar qualquer impacto negativo dos modos pai/mãe, bem como as emoções da criança vulnerável. Aqui, o terapeuta pode usar as estratégias a seguir.

Técnica das cadeiras para avaliar os gatilhos, a origem, a função e as desvantagens dos modos de enfrentamento

Este exercício é útil quando (1) o terapeuta deseja avaliar a origem e a função de um modo de enfrentamento, (2) observa um modo de enfrentamento ativado na sessão, ou (3) o paciente relata uma situação em que um modo de enfrentamento estava presente.

Configuração: Cadeira do terapeuta, cadeira do paciente/cadeira do adulto saudável, cadeira do modo de enfrentamento.

Às vezes, as próprias características de um modo de enfrentamento podem influenciar sua avaliação. Por exemplo, um capitulador complacente pode estar aparentemente disposto a se envolver no exercício, apenas para expressar o que ele acha que a terapeuta gostaria de ouvir. Um modo evitativo pode se recusar a se envolver por medo de ser exposto, enquanto um modo autoengrandecedor pode tentar criticar ou ridicularizar a natureza ou a configuração do exercício. O terapeuta deve destacar a natureza voluntária do exercício e gentilmente encorajar a tentativa enquanto observa as respostas emocionais do paciente (p. ex., "Eu entendo que isso é desconfortável e seu modo super-homem está sendo crítico, talvez para tentar escapar de falar sobre o seu sentimento; mas acho que outra parte de você quer entender o que está acontecendo").

Uma vez que o terapeuta (ou o paciente) percebe a ativação de um modo de enfrentamento, ele convida o paciente a passar para a cadeira do modo de enfrentamento.

Terapeuta: Gostaria de saber se um exercício de técnica das cadeiras pode nos ajudar a esclarecer isso. Gostaria de convidá-lo a se sentar nesta cadeira e "tornar-se" o modo de enfrentamento por um tempo. Tente entender completamente a perspectiva dele e fale inteiramente do ponto de vista dele. Tudo bem? (O terapeuta começa a entrevistar o modo de enfrentamento – falando como se fosse uma pessoa.) Olá (modo de enfrentamento). (Avaliando os gatilhos): Quando acabei de falar com a criança vulnerável, o que trouxe você à tona? O que aconteceu? Como a criança vulnerável se sentiu, ou o que estava passando pela mente dela? Há momentos em que você está muito presente para ela? Há momentos em que você tem que entrar como uma emergência? (Avaliando a origem): Quando você esteve lá pela primeira vez para a criança vulnerável? Você consegue se lembrar de quando ela costumava precisar de você primeiro? O que aconteceu na época? (Avaliando a função): Por que você tinha que estar lá para ela no momento? O que teria acontecido se você não estivesse por perto? O que aconteceu quando você fez bem o seu trabalho? Como a experiência dela mudou? Como os relacionamentos dela mudaram? Em que você a ajuda? O que você precisaria para recuar um pouco?

Durante a situação de entrevista, é importante ter empatia genuína com os motivos do modo de enfrentamento (p. ex., proteger da dor, motivar o cuidado ou estabilizar o senso de identidade do paciente protegendo sua criança vulnerável). É importante ressaltar que o terapeuta deve tentar obter uma compreensão detalhada de sua função sem pular para suposições simplificadas sobre sua atual falta de adaptação. Por exemplo, um modo protetor zangado pode ser adaptativo se acionado por outras pessoas genuinamente punitivas ou manipuladoras.

Para avaliar a consciência do paciente sobre as desvantagens mais desadaptativas do modo de enfrentamento, o terapeuta pode perguntar, por exemplo: "Sua presença tem alguma desvantagem (para o paciente)? Quando você está por perto, ele tem dificuldade com alguma coisa? Eu entendo que você quer o melhor para ele e que você realmente se importa com ele – e se eu lhe dissesse que ele se sente muito solitário quando você está por perto ou que se torna muito difícil para mim relacionar-me com ele, embora eu genuinamente queira?"

RESUMO E CONCLUSÃO

As técnicas de imagens e de cadeiras são exercícios experienciais fundamentais que podem ser usados de forma flexível para avaliar as origens, os gatilhos e as estratégias de enfrentamento usadas para conter o sofrimento emocional de maneira multimodal. Ao longo da fase de avaliação e, de fato, da terapia, esses exercícios podem ajudar a transpor a dissociação entre "cabeça" e "coração" comumente relatada por pacientes que lutam com dificuldades de regulação emocional (Stott, 2007) e a acessar informações geralmente não disponíveis via meios discursivos ou puramente cognitivos. Esse capítulo introduziu as técnicas de imagens e de cadeiras para avaliação; enfatizando várias diretrizes-chave, como (1) permitir tempo suficiente para os exercícios, a reunião de informações, a reflexão e a contenção, (2) fornecer uma base lógica para cada intervenção, (3) estar em sintonia com a experiência e a ativação emocional de esquemas e modos do paciente de momento a momento, e (4) não assumir funções hipotéticas "prescritas" da experiência, mas curiosamente permitir contradições e complexidades características de todos nós.

Dicas para os terapeutas

1. Dê tempo suficiente para o trabalho experiencial – sessões prolongadas podem ser úteis nesta fase.
2. Concentre-se no *rapport* e não na coleta de informações – um *rapport* forte o ajudará a avaliar o mundo interno do seu paciente com mais precisão.
3. Ouça as ambiguidades, os possíveis símbolos e os significados pessoais para identificar e mapear os modos à medida que avança, seja internamente, para você mesmo, ou com seu paciente.
4. Nunca simplifique demais ou assuma funções de modo – avalie idiossincraticamente e esteja preparado para mudar a formulação quando surgirem novas nuances.
5. Atente para – e separe – modos mesclados (p. ex., modo de enfrentamento mesclando-se com modo pai/mãe) e formule funções (p. ex., autocrítica como uma tentativa de estabilizar o *self*).

REFERÊNCIAS

Arntz, A. & Jacob, G. (2017). *Schema therapy in practice: An introductory guide to the schema mode approach.* Chichester: John Wiley & Sons.

Farrell, J.M. & Shaw, I.A. (2012). *Group schema therapy for borderline personality disorder: A step-by-step treatment manual with patient workbook.* New York: John Wiley & Sons.

Gershoni, J. (2003). *Psychodrama in the 21st century: Clinical and educational applications.* New York: Springer.

Kellogg, S. (2004). Dialogical encounters: Contemporary perspectives on "chairwork" in psychotherapy. *Psychotherapy: Theory, Research, Practice, Training, 41*(3), 310.

Kellogg, S. (2012). On speaking one's mind: Using chair-work dialogues in schema therapy. In M. van Vreeswijk, J. Broersen & M. Nadort (eds) *The Wiley-Blackwell handbook of schema therapy: theory, research, and practice.* Hoboken, NJ: John Wiley & Sons, pp. 197–207.

Kellogg, S. (2014). *Transformational chairwork: Using psychotherapeutic dialogues in clinical practice.* Lanham, MD: Rowman & Littlefield.

Perls, F., Hefferline, G. & Goodman, P. (1951). *Gestalt therapy.* New York: Julian Press.

Pugh, M. (2017). Chairwork in cognitive behavioural therapy: A narrative review. *Cognitive Therapy and Research, 41*(1), 16–30.

Stott, R. (2007). When head and heart do not agree: A theoretical and clinical analysis of Rational-Emotional Dissociation (RED) in cognitive therapy. *Journal of Cognitive Psychotherapy, 21*(1), 37–50.

Utay, J. & Miller, M. (2006). Guided imagery as an effective therapeutic technique: A brief review of its history and efficacy research. *Journal of Instructional Psychology, 33*(1), 40–44.

Vivyan, C. (2009). Relaxing 'safe place' imagery. Retrieved from www.getselfhelp.co.uk/docs/SafePlace.pdf

Young, J.E., Klosko, J.S. & Weishaar, M.E. (2003). *Schema therapy: A practitioner's guide.* New York: Guilford Press.

3

A perspectiva somática na terapia do esquema
O papel do corpo na consciência e na transformação de modos e esquemas

Janis Briedis
Helen Startup

Na terapia do esquema (TE), conceitualizamos os esquemas como padrões cognitivos, afetivos e comportamentais aprendidos, relacionados ao apego e tipicamente formados ao longo do tempo. O que muitas vezes se subestima é a incorporação desses hábitos muito consolidados, que se manifestam como idiossincrasias na postura, nos gestos e nos impulsos (Ogden et al., 2006). Nossa proposta é que, em cada etapa da TE, nosso trabalho possa ser aprimorado com uma maior atenção dada ao mundo somático do nosso paciente. Há momentos em que as experiências de nossos pacientes são amplamente codificadas em um nível somático (como no caso de trauma pré-verbal), necessitando dessas formas de trabalho. Da mesma forma, também acreditamos que, em cada sessão de psicoterapia, a consciência é aprofundada e a mudança clínica é aprimorada por um maior rastreamento e trabalho no nível da experiência somática. Este capítulo delineia os princípios e as técnicas fundamentais para capacitar o terapeuta a trabalhar nesse nível de experiência, trazida à tona por meio de um exemplo clínico.[1]

PRINCÍPIOS GERAIS DO TRABALHO COM O CORPO

Em nossa experiência, a perspectiva de trabalhar com o corpo pode causar ansiedade em muitos terapeutas. Para os pacientes, a mera menção do corpo pode desencadear reações de angústia e vergonha. Assim, priorizar a segurança é de importância crítica. Os princípios gerais descritos a seguir devem orientar o leitor no sentido de estabelecer essas bases necessárias.

Rastreamento e contato

O primeiro princípio do trabalho com o corpo envolve uma mudança de postura em direção à observação ativa dos modos somáticos de ser do paciente, ao mesmo tempo em que gentilmente traz isso à sua atenção. Kurtz (1990) refere-se a esses estágios como "rastreamento" seguido de "declarações de contato". Há essencialmente uma reorientação da atenção do terapeuta, partindo do engajamento com a narrativa em direção à observação atenta dos acompanhamentos não verbais da narrativa. Essas pistas não verbais podem ser explícitas, como fazer gestos com as mãos, virar a cabeça, fazer caretas, fechar os olhos, ficar completamente imóvel, ou mais sutis, como tremores, dilatação das pupilas, sudorese ou alterações no tom da pele (Rothschild, 2000). O terapeuta é demandado a manter a atenção simultaneamente na narrativa manifesta e na narrativa implícita contada por meio de seu corpo, aprofundando a consciência do material do paciente. O terapeuta pode então nomear gentilmente o que rastreou: "Percebo que você se inclinou para trás quando mencionou o nome do seu ex-parceiro" ou "É interessante que seus pés estejam se movendo desde que começamos a falar sobre suas preocupações com o trabalho". O objetivo final do rastreamento corporal e das declarações de contato é aprofundar a compreensão do sentido do material que se desenrola e aumentar a sintonia e senso de conexão entre o terapeuta e o paciente.

Foco nos organizadores centrais

Um princípio fundamental do trabalho baseado nas questões somáticas é ampliar nossa consciência da experiência para acomodar um componente maior da "sensação experienciada". O conceito de "organizadores centrais" de Ogden (Ogden et al., 2006) fornece uma estrutura útil para entender diferentes elementos de nossa experiência, incluindo: *cognições, emoções, sensações corporais internas, movimento e a percepção dos cinco sentidos* (visão, audição, olfato, paladar e tato). Qualquer experiência significativa pode ser o foco, e o terapeuta vai essencialmente "dançar com os organizadores centrais", *rastreando* a experiência do paciente e lhe perguntando: "O que você sente em seu corpo quando pensa em x (onde x é a memória passada)?" (ligando a memória com a sensação corporal); ou "Que sensações surgem em seu corpo quando você se permite sentir a tristeza?" (ligando sensação física e emoção); ou "Se aquele tremor em suas mãos pudesse falar, o que ele diria?" (traçando uma conexão entre sensação e cognição). Um dos objetivos de trabalhar com o corpo é aumentar a consciência do paciente sobre seus processos internos, explorando sua experiência por meio dos organizadores centrais. O estilo de exploração dos organizadores centrais envolve manter uma mente aberta genuína, com curiosidade e atenção plena (ver a seção a seguir), em vez de direcionar os pacientes para qualquer avaliação ou suposição específica sobre sua experiência. O terapeuta adota uma abordagem não diretiva, mantendo-se totalmente presente, sintonizado e engajado com a experiência fenomenológica de seu paciente. Assim, o ritmo é lento e constante.

Trabalhando dentro da janela de tolerância

Trabalhar dentro da janela de tolerância do paciente é fundamental para o trabalho seguro e eficaz com o trauma usando um foco somático (Siegel, 1999). A janela de tolerância se refere à capacidade do paciente de tolerar um afeto e integrar informações de forma adaptativa entre dois limites, além dos quais o indivíduo está hiperexcitado (sentindo-se oprimido pela ansiedade, pânico ou terror) ou hipoexcitado (sentindo-se com pouca energia, confuso, deprimido, entorpecido e dissociado) (ver Figura 3.1).

A "zona de excitação ótima" refere-se ao intervalo entre esses dois extremos onde o paciente é suficientemente regulado para facilitar o processamento de experiências traumáticas (Ogden et al., 2006). Quando o paciente está fora de sua janela de tolerância, ele é considerado "desregulado" e sua capacidade integrativa de acessar e processar informações fica significativamente comprometida. A tarefa do terapeuta é rastrear os aspectos físicos e sensório-motores da experiência de seu paciente enquanto monitora seus níveis de excitação e o ajuda na regulação, conforme necessário e usando os recursos adequados. Pacientes que sofreram traumas significativos

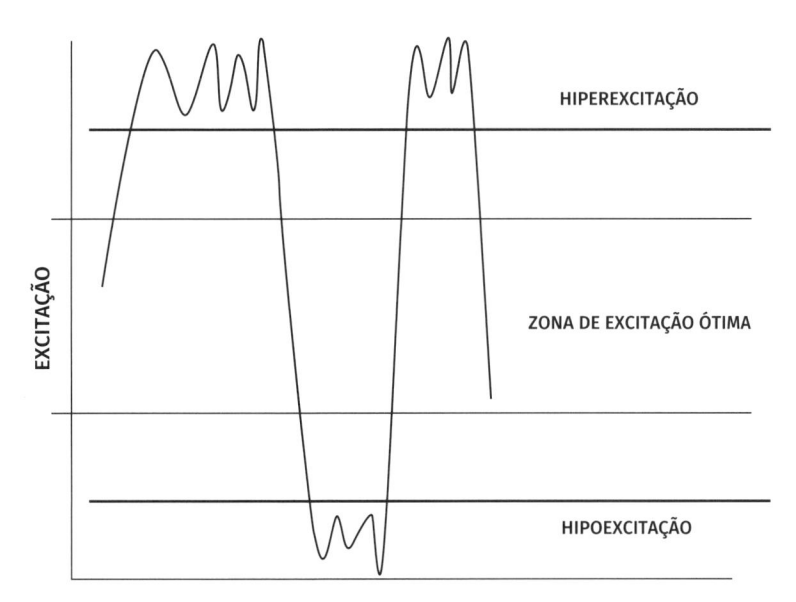

FIGURA 3.1 Janela de tolerância.

na infância provavelmente têm capacidade integrativa reduzida, juntamente com uma janela de tolerância mais estreita. Além disso, focar diretamente no corpo pode causar desregulação, principalmente para pacientes com histórico de trauma físico e/ou sexual, e pode trazer à tona um afeto avassalador que lembra eventos traumáticos do passado, acompanhado de uma esquiva afetiva e comportamental.

No que diz respeito à ativação de modos esquemáticos, o foco no corpo pode desencadear o modo crítico punitivo, que pode, por sua vez, desencadear uma série de "modos de enfrentamento". Isso cria um dilema difícil para o paciente, que fica preso entre um corpo revivendo um trauma passado e um impulso de autoproteção para evitar a experiência aversiva. Isso pode levar à dissociação e a outras respostas de enfrentamento por meio do protetor desligado e do protetor autoaliviador, o que dificultará a integração necessária para que o trauma seja resolvido.

O terapeuta visa direcionar a atenção apenas o suficiente para o corpo do paciente para facilitar o processamento, ao mesmo tempo em que evita a desregulação do afeto e a violação da janela de tolerância pelo paciente. Este trabalho requer acompanhamento, sintonia e um equilíbrio entre a necessidade de processamento do trauma e a necessidade de estabilização. Com pacientes altamente traumatizados, trabalhar com vários organizadores centrais ao mesmo tempo pode ser muito intenso. Pode ser útil restringir o foco a um ou dois organizadores centrais de cada vez (Ogden et al., 2006), mais especificamente, sensações corporais e micromovimentos, quando aspectos traumáticos de uma memória estão sendo processados. Assim, por exemplo, quando o paciente está em contato com uma memória muito dolorosa e traumática, o terapeuta pode notar gentilmente como ele cerra os punhos enquanto fala sobre uma determinada pessoa e mostrar-se curioso sobre outras sensações corporais que podem acompanhar isso, mas também pode orientá-lo a ter em mente que ele não está mais na presença dessa pessoa e a se conectar com suas imagens de lugar seguro se as coisas parecerem muito intensas.

Uma abordagem de baixo para cima *versus* de cima para baixo

Às vezes, o caminho mais seguro para adentrar um trauma é por meio de sensações corporais (abordagem de baixo para cima) em vez da narrativa associada (de cima para baixo). Muitos pacientes com histórico de trauma não são ajudados, e às vezes são prejudicados, por terapias tradicionais de fala em que a narrativa traumática é repetida, levando a uma sensação de desamparo e provocando um afeto angustiante, sem alterar o significado ou a intensidade emocional da memória (Van der Kolk, 1994). Há situações em que simplesmente falar sobre o trauma nunca vai ser suficiente para desfazer seus efeitos.

Atenção plena direcionada

A atenção plena (*mindfulness*), neste contexto, descreve uma observação e uma consciência sem julgamento da experiência à medida que ela se desenrola, e encapsula o estilo que procuramos adotar como terapeutas ao trabalhar com material somático. Quando em estado de atenção plena, as ações são observadas, nomeadas e normalizadas, em vez de "pensadas" ou interpretadas, e isso é alcançado por meio de "um quadro de experiência consciente" (Ogden & Fisher, 2015). Por exemplo, o terapeuta pode pedir que o paciente faça uma pausa no meio da narrativa e amplie sua consciência perguntando: "O que você está sentindo agora enquanto me conta sobre sua experiência com X?", criando tanto contato quanto curiosidade sobre sua experiência naquele momento.

Experimentação

Semelhante à terapia cognitiva, os experimentos no trabalho focado no corpo baseiam-se nos princípios de colaboração, curiosidade e uma "atitude ganha-ganha" (Bennett-Levy et al., 2004). Uma atitude experimental requer espontaneidade e abertura para estudar os hábitos somáticos de um paciente, além de oferecer a oportunidade de desfazê-los com objetivo de gerar gradualmente novos padrões mais adaptativos. Por exemplo, o terapeuta pode sugerir a um paciente com uma postura encurvada para endireitar as costas e observar os efeitos disso em seus principais organizadores, ou a um paciente que se sente "aéreo" para pressionar os pés firmemente no chão e observar os efeitos disso. Os experimentos somáticos são conduzidos, primeiramente, em conjunto com o terapeuta e, mais tarde, podem ser colocados como lição de casa para os pacientes integrarem em suas vidas diárias. Esse tipo de prática regular simples tem o potencial de acabar com hábitos que não eram benéficos e estavam além da consciência.

CONSTRUINDO UMA CAIXA DE FERRAMENTAS DE RECURSOS SOMÁTICOS

Os recursos, nesse contexto, referem-se a estratégias que auxiliam os pacientes a regular seus níveis de excitação dentro de sua janela de tolerância e a expandi-la gradualmente ao longo do tempo. Há uma distinção traçada entre recursos *autorreguladores* (intrapessoais) e *reguladores interativos* (interpessoais) (Schore, 2003), ambos descritos a seguir.

Identificação e desenvolvimento de recursos

É uma prática terapêutica comum ensinar aos pacientes habilidades para regular seu estado emocional, como por meio de exercícios de aterramento, distração, técnicas de respiração, imagens calmantes e incorporação de objetos transicionais (ver Farrell & Shaw, 2012; Farrell et al., 2014). Descobrimos que, com o rastreamento sintonizado da experiência de nossos pacientes, muitas vezes descobrimos estratégias autorreguladoras naturais que podem ser promovidas. Muitas dessas estratégias têm um componente físico que pode ser desenvolvido, como fechar os olhos quando as coisas ficam "intensas demais", respirar fundo, colocar as mãos no peito para se aterrar ou esfregar os joelhos para se "manter em seus corpos" (evitando dissociação). Chamar a atenção para os recursos já existentes e vinculá-los a estados de sentimento estabilizadores pode ser uma validação e um empoderamento para os pacientes, ajudando-os a explorar a sabedoria de seus próprios corpos. Também ajuda a evitar "reinventar a roda" nos casos em que os recursos já estão disponíveis e evoluíram de forma adaptativa com base no histórico e nas necessidades não atendidas dos pacientes. Um recurso somático pode ser chamado à atenção simplesmente perguntando: "Quando você faz x (p. ex., demonstre o movimento) você se sente melhor ou pior?". Se ele se sentir melhor, ainda que apenas um pouco, é provável que seja um recurso positivo em potencial. Esse recurso pode, então, ser elaborado pedindo ao paciente que fique mais tempo com o recurso, continuando a "dança com os organizadores centrais", conforme demonstrado no exemplo a seguir:

TERAPEUTA (T):[2] Notei que você colocou a mão direita no coração enquanto falava sobre aquela perda dolorosa. O que está acontecendo lá agora?
PACIENTE (P): Sim, eu faço isso às vezes quando sinto que preciso de conforto.
T: Ah, tudo bem. Que interessante. Como é repousar a mão aí?
P: É bom. Eu posso sentir o calor da minha própria mão no meu peito.
T: Ótimo. Apenas deixe-se sentir esse calor por um momento, se puder. O que acontece quando você mantém sua mão aí um pouco mais?
P: Parece bastante seguro, na verdade. Como se alguém estivesse lá comigo e eu não estivesse sozinho.
T: Ótimo. Você consegue pensar em alguma imagem enquanto me conta isso?
P: Isso me lembra de visitar minha avó no campo quando eu era criança. Ela morava longe e lembro dela me abraçando toda vez que íamos visitá-la. Eu me sentia muito bem e aquecido.
T: Que interessante. O que acontece em seu corpo quando você me conta isso?
P: Eu sinto o calor se expandindo por todo o meu corpo.

O ritmo da interação apresentada precisa ser lento e deliberado para promover um quadro de experiência consciente, com o objetivo de aprofundar um estado de "ser/sentir" em vez de um estado de "fazer/pensar". A atitude é de experimentação lúdica e exploração gentil. Essas estratégias provavelmente não serão eficazes a menos que o terapeuta e o paciente reservem um tempo para "mergulhar nelas juntos" de modo que a "sensação experienciada" seja aprofundada. Para diminuir o risco de o paciente sentir vergonha, essas práticas são realizadas em conjunto, ou seja, o terapeuta espelha as posturas e os movimentos do paciente.

O terapeuta como recurso ou como gatilho não intencional do medo

Além de técnicas ou intervenções específicas, o terapeuta em si é um recurso importante para seu paciente. Muitos pacientes traumatizados terão uma gama limitada de estratégias autorreguladoras e provavelmente não se sentirão seguros perto de outras pessoas, incluindo o terapeuta. Por causa de suas experiências anteriores de estarem emocionalmente e, muitas vezes, fisicamente inseguros, esses pacientes estão altamente sintonizados com os movimentos e os maneirismos de seu terapeuta, como forma de monitorar uma ameaça potencial. Com isso em mente, o terapeuta precisa estar ciente de que eles podem, involuntariamente, comunicar sinais de perigo e ativar o ramo simpático ou dorsal do nervo vago do paciente (Porges, 2011). Por exemplo, para alguns pacientes, o arregalar de olhos do terapeuta pode implicar a ativação do próprio sistema de defesa do terapeuta e, portanto, por consequência, sinalizar perigo. Para outro paciente, o terapeuta virando levemente para um lado ou interrompendo o contato visual pode ser interpretado como rejeição ou desinteresse. No entanto, para outro paciente, a voz calmante de um terapeuta pode desencadear lembranças passadas de ser seduzido por um agressor. É claro que, embora não seja humanamente possível evitar todos os possíveis "ativadores" de ameaças, a consciência do terapeuta de seu próprio corpo e sua abertura para explorar os gatilhos com seu paciente podem ajudar bastante a manter uma sensação de segurança.

Trabalhando com modos infantis

O trauma na primeira infância e os esquemas associados, provavelmente, são codificados em um nível pré-verbal, manifestando-se como "modos infantis" (Simeone-DiFrancesco et al., 2015). Mais comumente, o material pré-verbal é codificado fisicamente no corpo (Layden et al., 1993). Por exemplo, os pacientes podem relatar a ativação de um esquema de abandono principalmente como uma sensação de vazio ou de um plexo solar oco, ou podem relatar defectividade/vergonha como um formigamento por todo o corpo. Ao trabalhar com esses modos infantis, as cognições tendem a ser em preto e branco, as reações emocionais provavelmente são mais extremas e desreguladas, e a capacidade de mentalizar será limitada (Simeone-DiFrancesco et al., 2015). Um indivíduo em um modo infantil provavelmente se sentirá acalmado se o terapeuta sintonizar com ele ao usar uma voz calma, movimentos lentos previsíveis e expressões faciais suaves, como um sorriso sutil e gentil. Todas essas pistas comunicam somaticamente segurança e conexão, estimulando seu sistema de engajamento social e promovendo um senso de coesão relacional (Porges, 2011). Usar o toque pode ser muito reconfortante, e o terapeuta pode sugerir ao paciente que segure uma ponta de um lenço macio ou um pedaço de barbante enquanto o terapeuta segura a outra, pois isso pode melhorar a experiência de conexão e segurança.

Há muitas maneiras pelas quais as formas de trabalho focadas no corpo melhoram a regulação emocional. O Quadro 3.1 apresenta uma lista com uma seleção de recursos somáticos que suportam tanto os repertórios reguladores quanto os autorreguladores interativos.

QUADRO 3.1 Lista selecionada de recursos somáticos, adaptada de (Ogden et al., 2006)

- *Respiração:* usar diferentes tipos de ritmo respiratório para ativar os estados de excitação parassimpático (p. ex., respiração mais lenta, expirações mais longas, respiração de resistência, suspiros) ou simpático (p. ex., respiração rápida, inspiração ou expiração aguda); usar a respiração para encontrar um ritmo comum com o paciente ("vamos respirar juntos por um momento").
- *Alinhamento:* sentar com as costas retas; alongar a coluna vertebral; mover os ombros em círculo.
- *Centralização:* colocar uma mão no coração e a outra na barriga.
- *Aterramento:* sentir os pés firmes no chão; levantar-se e colocar peso em diferentes partes dos pés – frente, costas, laterais, pés alternados; sentado ou deitado no chão.
- *Movimento:* levantar-se da cadeira e caminhar pela sala; pisar forte com os pés no chão; fazer alongamentos no estilo de ioga e manter posições por um período de tempo; correr sem sair do lugar; mudando de um pé para o outro em velocidade variável; experimentar ritmos e estilos de caminhada variáveis; jogar jogos que envolvam atividades como arremessar, pular, correr.
- *Orientação:* virar a cabeça muito lentamente para um lado e depois para o outro, observando atentamente o ambiente.
- *Definição de limites:* paciente e terapeuta ficam em lados opostos da sala, peça ao paciente que caminhe lentamente em sua direção, peça-lhe para "parar" quando "sentir que é a hora", explore como ele sabe onde é certo traçar o limite, o que sinaliza isso para ele e como é traçar o limite. Em seguida, terapeuta e paciente trocam de papéis, se apropriado; experimente dizer "sim" e "não" com várias entonações e posturas corporais.
- *Conexão relacional:* terapeuta estende uma mão para o paciente, então, faz isso com a outra mão ou ambas as mãos, terapeuta e paciente trocam de papéis e exploram o que isso evoca neles.

Olhando para esquemas e modos através do prisma dos organizadores centrais

A "dança consciente" com os organizadores centrais pode ser uma maneira útil de explorar e construir uma consciência de um modo particular (p. ex., criança vulnerável indefesa entrando no modo criança zangada) que surge repetidamente para o paciente:

TERAPEUTA (T): Consigo perceber muitos sentimentos quando você fala comigo sobre a discussão com sua parceira. O que você sente agora ao descrever isso para mim?

PACIENTE (P): Eu me sinto muito rejeitado por ela. Não tenho certeza se esse relacionamento vai durar muito mais tempo. Continuamos girando em torno das mesmas coisas de novo e de novo.

T: Ouço sua frustração sobre as mesmas coisas acontecendo de novo e de novo. Ao descrevê-lo, o que você sente em seu corpo?

P: Eu me sinto farto e cansado.

T: Onde você sente esse cansaço e a sensação de estar farto em seu corpo?

P: Acho que está no meu peito. Eu sinto que não consigo continuar.

T: O que exatamente você sente em seu peito ao descrever isso para mim agora?

P: É como uma sensação de colapso. Não consigo respirar direito.

T: Percebo que seus braços e ombros caíram um pouco enquanto você descrevia a sensação de colapso. O que está acontecendo nessa área do seu corpo agora?

P: Eu não sei. Eu não percebi isso antes. É como se meu corpo estivesse me dizendo que não aguenta mais.

T: Se seus ombros pudessem falar agora, o que eles diriam? Existem palavras que acompanham o movimento?

P: Acho que estou me sentindo fraco. Eu sei que deveria deixá-la, mas eu não consigo.

T: Parece muito difícil. Como você se sente quando diz essas palavras?

P: Totalmente impotente.

T: É interessante você dizer isso porque seu corpo está inclinado para frente. Existem emoções que acompanham essa inclinação para a frente?

P: Eu me sinto muito triste e sem esperança.

T: Sim. Eu consigo sentir isso também. Esses sentimentos são familiares para você?

P: Ah, sim, são as mesmas coisas dando voltas e voltas.

T: Em que modo você acha que pode estar agora ao dizer isso?

P: Eu não sei. Talvez o lado vulnerável? Estou tão frustrado comigo mesmo! Por que não posso simplesmente me reerguer e fazer o que preciso fazer?

T: Ah, tudo bem, eu consigo sentir alguma energia aí. Que modo é esse?

P: Eu me sinto irritado e frustrado. O zangado?

T: Isso é o que eu ouço também. Há muito sentimento aí. Parece que agora temos uma imagem mais clara do que acontece com seus lados vulnerável e zangado quando uma discussão começa com sua parceira.
(O terapeuta pode, então, sugerir uma intervenção de trabalho com o modo criança vulnerável ou criança zangada.)

Como demonstrado neste exemplo de caso, a ordem em que os organizadores centrais são explorados é menos importante do que o constante "descascar as camadas da cebola" no intuito de se aproximar das experiências centrais dos modos criança, da dor central e das necessidades emocionais não atendidas. A exploração pode começar com qualquer um dos organizadores centrais, geralmente aquele que o paciente articula primeiro, e então a "dança com os organizadores centrais" continua até que haja uma sensação de aprofundamento na experiência e seja reunido material suficiente para definir o foco da sessão e aplicar uma das técnicas padrão da TE. Se um modo de enfrentamento surge no processo, ele é explorado de maneira semelhante com uma atitude de curiosidade e respeito pelas necessidades subjacentes não atendidas. A seguir está um exemplo de como explorar um modo de enfrentamento:

P: [ficando quieto]
T: O que acabou de acontecer?
P: Isso é tão doloroso. Acho que não consigo mais falar sobre isso.
T: Está bem, e acho que precisamos respeitar isso. Que tal respirarmos fundo primeiro? (Pausa) Estou muito feliz que você percebeu quando foi o suficiente para você e você foi capaz de me dizer. O que foi que lhe disse que já bastava?
P: Eu só tive a sensação de que se eu não parasse agora eu iria explodir. Algo em mim se desligou e, para ser honesto, eu queria fugir, apenas sair daqui.
T: Estou muito feliz por você ter notado isso e também por ter ficado na sala. Parece que há algo em você cuidando de você que sabe quando é hora de parar.
P: Sim, é como uma voz que me diz para parar de falar, senão vou explodir.
T: Ah, entendo. Está realmente tentando protegê-lo.
P: Sim. Parece que todo o meu corpo desliga.
T: Entendo. Existem palavras que combinam com essa sensação de desligar?
P: É algo como – Pare! Não vá lá!
T: Isso é muito interessante. Como exatamente você sente esse desligamento em seu corpo?
P: É como uma onda passando pelo meu corpo, quase como um leve choque elétrico, me acordando, me dizendo que se eu não parar agora vai ficar muito ruim.
T: Hum! Há muitas informações úteis aqui. Qual modo você acha que está tentando desligar e proteger você?
P: Bem, tenho certeza de que é a parede isolada sobre a qual falamos, mas – honestamente – parece útil e necessária.

T: Tenho certeza que sim. Você estaria disposto a explorá-la ainda mais juntos?
P: Sim, claro, contanto que você não me peça para me livrar dela.
T: Claro que não. Esses modos de enfrentamento existem por um motivo e precisamos ter o maior respeito por eles, porque eles se desenvolveram em um momento em que você precisava muito deles. No entanto, poderíamos explorar o efeito que eles estão tendo em sua vida agora. Você concorda?

Nesse exemplo, o terapeuta não atribui nenhum julgamento particular a nenhum dos modos e adota a postura de neutralidade, curiosidade e gentileza que, por sua vez, ajuda a criar uma aliança mais forte com o paciente, que tem maior probabilidade de se sentir compreendido e validado. Na verdade, o terapeuta tenta se *aproximar* do modo de enfrentamento, conhecê-lo em um nível mais profundo e "experiencial", antes que qualquer foco na mudança seja considerado. O paciente está, portanto, menos propenso a se sentir ameaçado pelo processo de terapia, por meio dessa comunicação de aceitação e abertura para outras possibilidades.

APRIMORANDO AS TÉCNICAS DA TERAPIA DO ESQUEMA USANDO UM FOCO SOMÁTICO

Muitas técnicas da TE podem ser aprimoradas adicionando-se um foco somático.

Técnica das múltiplas cadeiras

Nos exercícios de diálogo de cadeira, o terapeuta pode pedir para o paciente explorar modos particulares através das lentes dos organizadores centrais. Por exemplo, o terapeuta pode perguntar: "O que você sente (no seu corpo) quando está neste modo/cadeira?". O terapeuta também pode usar suas habilidades de rastreamento e retroalimentar algumas de suas observações sobre a postura corporal do paciente, ou quaisquer micromovimentos e mudanças em sua voz enquanto está sentado em uma cadeira específica representando um modo. Por exemplo, o terapeuta pode dizer: "Perceba como sua voz fica mais baixa e você olha para o chão em vez de olhar para mim quando se senta na cadeira do "capitulador complacente". O terapeuta pode sugerir ainda um experimento para interromper um padrão somático, por exemplo, pedindo a um paciente curvado para alongar a coluna, olhar para cima e fazer contato visual com o terapeuta. Sua experiência subsequente pode ser explorada por meio dos organizadores centrais para permitir a integração de novos hábitos. A ruptura somática de padrões habituais previamente aprendidos (esquemas e modos desadaptatavios) leva, portanto, ao desenvolvimento de novos caminhos neurais e alternativas comportamentais (modo "adulto saudável") (Ogden et al., 2006; Levine, 2015).

Reescrita de imagens

Um exercício de reescrita de imagens pode ser enriquecido fazendo-se perguntas somaticamente orientadas antes da fase de reescrita. Por meio de perguntas como: "Você pode sentir o Pequeno Luke em seu corpo agora?", e pela exploração disso, experiencialmente, por meio dos organizadores centrais, a imagem pode ser elaborada e aprofundada. O modo criança pode ser explorado ainda mais fazendo-se perguntas como: "Como é se sentir tão tenso/adormecido/congelado, etc.?", e "O que esse sentimento está lhe dizendo sobre o que você precisa?", "Existe um impulso que acompanha esse sentimento?", "O que seu corpo quer fazer com esse impulso?". Tais perguntas ajudam a construir conexões entre impulsos, reações passadas, desenvolvimento de modos de enfrentamento/críticos e gatilhos atuais para esquemas e modos.

Quando uma resolução satisfatória é alcançada ao final de um exercício de reescrita de imagens, pode ser benéfico encorajar o paciente a *passar tempo com* o afeto positivo para apoiar a integração de novos caminhos neurais. O afeto positivo pode ser potencializado com um recurso somático, como uma mão segurar a outra, acariciar o braço oposto ou "segurar" a criança nos próprios braços dando-se um autoabraço. Para facilitar uma integração afetiva e somática, o paciente precisa ficar "na companhia" do novo sentimento o maior tempo possível (Dana, 2018). Isso pode ser feito explorando-se o afeto positivo por meio dos principais organizadores. Muitas vezes, os pacientes precisam de estímulo ativo para ficar na companhia desses sentimentos, porque, para alguns pacientes, o afeto positivo não é familiar, provoca ansiedade e é potencialmente aversivo. Muitos pacientes traumatizados têm medo do afeto positivo e, portanto, pode ser preciso acompanhar esse "passar tempo com" uma emoção positiva, bem como explorar os obstáculos a ela. Basear-se nos princípios da exposição gradual da terapia cognitiva pode ser útil aqui. O método de titulação pode apoiar a tolerância do paciente para afetos positivos aumentando gradualmente o tempo gasto na exploração da transformação positiva ao final de cada exercício experiencial.

O mesmo processo de estudo da experiência por meio dos organizadores centrais pode aprimorar o modo adulto saudável (com os olhos fechados ou abertos, o que o paciente preferir, desde que o paciente seja capaz de permanecer atento, em oposição a um estado desligado ou racional):

T: Como você se sente agora no final do exercício?
P: Eu me sinto bem. Realmente não esperava por isso. Tanta coisa saiu. Há muito o que digerir.
T: Com certeza. Você trabalhou muito aqui hoje. O que exatamente lhe diz que você se sente bem agora?
P: Eu me sinto mais relaxado. Como se eu tivesse deixado algo ir. E também sinto esperança no futuro, como se houvesse luz no fim do túnel.

T: Ah, isso é tão bom de ouvir. Onde você sente esse relaxamento e esperança? Você pode localizar isso em algum lugar específico em seu corpo?
P: Não tenho certeza. É meio que por todo o meu corpo. É como se eu tivesse soltado uma tonelada de tijolos que estava sobre meus ombros.
T: Ah, ótimo. E como é isso para você agora?
P: Eu não sentia isso há muito tempo. É um alívio.
T: Maravilhoso. Fique com esse sentimento um pouco mais, se puder. (Pausa) Aproveite. Absorva-o. Faça amizade com ele. Passe o máximo de tempo que puder com ele. (Pausa). É assim que se sente o seu modo adulto saudável, e este é o modo que queremos crescer e fortalecer para você. Quanto mais você praticar estar com esses sentimentos e sensações, mais naturais eles parecerão para você.
P: Ah, tudo bem, isso faz muito sentido. Eu gostaria de poder senti-los com mais frequência.
T: Se você pode senti-los agora, pode senti-los novamente. É uma questão de praticar – gentilmente convidando-os, permitindo-os e ficando na companhia deles. Às vezes, isso pode parecer um pouco estranho, porque você ainda não está muito familiarizado com eles, mas com o tempo eles se tornarão uma coisa instintiva.

Experimentos com sondagens

A psicoterapia sensório-motora utiliza a técnica de sondagens (Kurtz, 1990; Ogden et al., 2006), que se assemelha à técnica de *flashcards* (fichas) na TE, mas com maior foco experiencial. Os *flashcards* na TE são usados para melhorar a perspectiva alternativa, mais adaptativa, do adulto saudável, enquanto combatem as mensagens ou crenças prejudiciais do passado (Arntz & Jacob, 2012). As sondagens podem ser usadas para fortalecer a perspectiva do adulto saudável, mas também para obter e estudar a resposta de um paciente a declarações que contradizem suas crenças. Por exemplo, pacientes que têm um forte esquema de padrões inflexíveis e modos perfeccionista/hipercontrolador e crítico exigente são propensos a ter crenças como "eu sempre tenho que trabalhar duro", "relaxar é uma perda de tempo" e "o trabalho deve sempre vir em primeiro lugar para mim". Para usar as sondagens de forma eficaz, primeiro é necessário identificar as crenças que sustentam esquemas e os modos que requerem intervenção. Posteriormente, o terapeuta sugere um experimento para estudar a reação do paciente a declarações que contradizem suas convicções de longa data. Frequentemente, o trabalho com sondagens é espontâneo, pois o terapeuta sugere uma ou várias declarações enquanto desencoraja o paciente de intelectualizar ou argumentar contra a sondagem. O objetivo do trabalho com sondagens é estudar a ativação do sistema sensório-motor e límbico, em vez do sistema cognitivo-cortical. Se isso for desregulador para o paciente, as sondagens podem ser discutidas cognitivamente primeiro e, antes do experimento, escritas, ou o conteúdo das sondagens pode ser adaptado para torná-las menos evocativas. Experimentos com sondagens, geralmente, formam o foco principal da sessão, em vez de servir como um "complemento" cognitivo após um trabalho experiencial, como geralmente é o caso com os *flashcards*. A seguir está um exemplo de uso de sondagens com um paciente com um modo perfeccionista/supercontrolador forte:

T: Nós conversamos sobre seu esquema de padrões inflexíveis e as crenças relacionadas à importância de trabalhar duro que o acompanham, e que relaxar é uma perda de tempo.
P: Uhum.
T: Gostaria de saber se você estaria aberto a fazer um pequeno experimento comigo hoje para explorar mais essas crenças? O experimento vai funcionar assim: eu vou dizer algumas afirmações que são diferentes de suas crenças e tudo que eu quero que você faça é perceber o que acontece em seu corpo quando eu as digo em voz alta. O objetivo deste experimento não é discutir se você gosta ou não dessas afirmações, mas estudar conscientemente o que acontece em seu corpo e em suas emoções quando você ouve essas palavras. Você concorda?
P: Parece misterioso, mas estou aberto a tentar.
T: Ok, ótimo. Portanto, tudo o que você precisa fazer é tomar quanto tempo for necessário e sintonizar-se a sua experiência interior. Anteriormente, falamos sobre consciência plena, o que significa sair de sua mente intelectual e ir apenas com os sentimentos e com seu corpo. Por você tudo bem?
P: Sim, vou tentar.
T: Certo, a primeira afirmação que quero dizer a você é: (falando devagar e claramente) Você não precisa trabalhar tanto. (Pausa) Você não precisa trabalhar tanto. (Pausa) O que você percebe quando ouve isso?
P: O primeiro pensamento que tenho é: isso é um absurdo!
T: Ok, ótimo que você tenha notado isso. Existe uma emoção que acompanha isso?
P: É realmente desconfortável. É como se você estivesse me contando uma mentira, como se eu não pudesse acreditar em nenhuma palavra. Vai completamente contra quem eu sinto que sou.
T: Ah, tudo bem. Isso é muito interessante. O que exatamente lhe diz isso? Onde você sente esse desconforto? Ele está localizado em algum lugar em particular em seu corpo?
P: Percebo que meu corpo fica tenso, especialmente meus braços.
T: Ah sim, interessante! Eu também notei seus punhos ligeiramente cerrados e seus braços tensos. Se eles pudessem falar, o que eles diriam?
P: Hum, acho que eles podem estar dizendo que eu sempre tenho que lutar pelo que quero.
T: Ah, maravilhoso! Há uma mensagem clara aí, não há? Isso soa como um tema familiar?
P: Ah sim, essa é a história da minha vida!

T: Claro, é algo que você conhece há muito, muito tempo. Que tal eu tentar dizer de novo e ver o que acontece agora?
P: Ok. Não tenho certeza se gosto, mas vamos em frente. Pelo menos é interessante.
T: Tudo bem, mas me diga se for demais. (*Repete a mesma sondagem novamente algumas vezes, muito lentamente, com uma pausa no meio, dando ao paciente bastante espaço para sentir e perceber, enquanto o terapeuta também acompanha de perto o corpo do paciente para ver quaisquer alterações, por exemplo, expressões faciais sutis, movimentos, etc.*) O que acontece agora quando eu digo isso pela segunda vez?
P: Eu me sinto um pouco menos tenso. Eu não sei por que. É estranho.
T: Ok, ótimo que você tenha notado isso. Fique com isso. O que lhe diz que você está menos tenso desta vez?
P: Acho que meus braços estão menos tensos, minha respiração desacelerou um pouco e eu não sinto vontade de brigar com você e me defender tanto.

O objetivo dos experimentos de sondagem é explorar em um nível somático o impacto de uma afirmação que contradiz uma crença antiga e desadaptativa ou reforça uma nova crença. O objetivo do trabalho de sondagem não é coagir o paciente a aceitar uma crença que contradiz sua crença atual ou a mudar de ideia de alguma forma. O trabalho com sondagens pode continuar enquanto for experienciado como útil e produtivo, ou seja, quando algo muda na organização da experiência do paciente. Uma vez que o trabalho de sondagem esteja em andamento, pode ser benéfico pedir ao paciente para ajudar a ajustar a redação da sondagem, ou gerar uma sondagem completamente nova que seja mais adequada, como, por exemplo, algo em que eles gostariam de acreditar em vez da velha crença. Muitas vezes, a resposta inicial dos pacientes às sondagens é "não acredito" ou "eu entendo intelectualmente, mas não parece verdade". O aspecto "não verdadeiro" torna-se mais uma vez parte do material que é objeto de uma exploração mais curiosa, atenta, gentil e não coercitiva.

O terapeuta também pode sugerir que o paciente leia uma lista de sondagens ou leia a mesma sondagem repetidamente como parte de uma atividade de casa, enfatizando ao paciente que o objetivo principal, diferentemente das afirmações usadas em outras formas de terapia, é ganhar consciência de seu *efeito*, e não atingir um estado emocional ou comportamental específico. Semelhante aos *flashcards*, as sondagens podem ser gravadas em áudio e reproduzidas repetidamente, a intervalos regulares. A partir de nossa própria experiência clínica, o efeito típico de conduzir experimentos de sondagem ao longo do tempo é uma diminuição na divisão cognitiva–afetiva–somática e uma redução na intensidade de crenças, esquemas e modos incômodos.

A técnica de sondagem pode ser usada com qualquer esquema ou modo e pode ser especialmente poderosa ao trabalhar com os modos criança, auxiliando no processo de reparentalização limitada. Sondagens como "eu estou aqui com você", "você não está sozinho", "seus sentimentos importam", podem ter um efeito profundo no paciente, que é capaz de absorvê-los por meio de um estado de atenção plena. Pacientes com esquemas fortes do domínio desconexão/rejeição, geralmente, relatam sentir-se comovidos com as afirmações, o que fortalece o vínculo de apego entre paciente e terapeuta. Muitas vezes, os pacientes relatam sentir-se profundamente cuidados e "vistos" pelo terapeuta em um nível relacional. Se o paciente permanece no nível de "eu sei, mas não sinto nada", é provável que um modo de enfrentamento esteja ativo e sua capacidade de se abrir emocionalmente à experiência ainda seja limitada. Retornar ao estudo consciente dos organizadores centrais pode ser útil para entender melhor o que desencadeou um modo de enfrentamento ou o modo crítico, e novas sondagens podem ser experimentadas para "conhecer" e abordar o modo relevante que está sendo desencadeado.

CONCLUSÃO

Neste capítulo, descrevemos várias maneiras de trabalhar com o corpo para aprimorar as técnicas centrais da TE. Essas formas de trabalhar não exigem necessariamente um novo conjunto de habilidades, mas sim uma mudança de orientação e consciência que traz consigo o potencial de aprofundar o trabalho experiencial, aumentar a segurança e a sintonia na relação terapêutica e promover a mudança clínica por meio de uma "rota somática". Para aqueles com histórias de trauma, normalmente codificado em uma forma pré-verbal, o trabalho somático permite que o paciente e o terapeuta façam contato com mais segurança com experiências internas que antes estavam trancadas, dolorosas demais para serem acessadas sem sobrecarregar e desregular o paciente. O terapeuta tem uma gama de opções por meio de seu "*kit* de ferramentas de recursos" para explorar com curiosidade e sintonia o que está "acontecendo" com o paciente no momento, usando o corpo e o relacionamento para ajudar a fundamentar esse trabalho. Nesta pausa experiencial, há uma oportunidade para um nível diferente de compreensão, integração, movimento ou consolidação "sentidos". Essas formas de trabalhar proporcionam um espaço protegido mais seguro para "estar na companhia de" diferentes elementos da experiência do paciente com curiosidade e aceitação; e somente quando parece certo eles podem decidir sobre um movimento ou uma mudança. Nossa esperança é que os terapeutas do esquema abracem o trabalho com o corpo com crescente confiança e entusiasmo e integrem rotineiramente algumas dessas formas de ser e se relacionar em sua prática clínica.

Dicas para os terapeutas

- "O corpo lembra" – os esquemas não são apenas cognitivos, afetivos e comportamentais, mas também possuem padrões e hábitos somáticos que se formam ao longo do tempo e derivam de experiências iniciais. Aprender a ler os corpos

dos pacientes pode acrescentar muito à compreensão do terapeuta e do próprio paciente sobre seus mundos internos.
- É seguro trabalhar com o corpo, desde que o paciente seja apoiado para modular sua ativação dentro de sua janela de tolerância.
- Aprofunde a experiência do seu paciente por meio de uma "dança com os organizadores centrais" – essa é uma estrutura que pode aprimorar todas as técnicas de TE.
- Atreva-se a brincar com a experimentação somática, como por meio de sondagens, para promover a integração de novos hábitos.
- Esteja atento e curioso, valide o mundo interno do seu paciente, e ajude-o a fomentar essa relação consigo mesmo.
- Deixe o paciente *na companhia* do afeto positivo recém-evoluído pelo maior tempo possível para potencializar a formação de novos caminhos neurais.
- Incentive o paciente a confiar na sabedoria de seu corpo e a fazer mais o que traz sensações boas.

NOTAS

1. O foco neste capítulo será nas técnicas somáticas que não requerem contato físico com o paciente.
2. O material apresentado foi redigido de forma a proteger a confidencialidade do paciente, e os exemplos de sessões são compostos de diálogos terapêuticos com vários pacientes.

REFERÊNCIAS

Arntz, A. & Jacob, G. (2012). *Schema therapy in practice: An introductory guide to the schema mode approach.* Chichester: Wiley-Blackwell.

Bennett-Levy, J., Butler, G., Fennell, M., Hackman, A., Mueller, M. & Westbrook, D. (Eds.) (2004). *Oxford guide to behavioural experiments in cognitive therapy*. Oxford: Oxford University Press.

Dana, D. (2018). *The polyvagal theory in therapy: Engaging the rhythm of regulation.* New York: Norton.

Farrell, J., Reiss, N. & Shaw, I. (2014). *The schema therapy clinician's guide: A complete resource for building and delivering individual, group and integrated schema mode treatment programs.* New York: Wiley.

Farrell, J. & Shaw, I. (2012). *Group schema therapy for borderline personality disorder.* New York: Wiley.

Kurtz, R. (1990). *Body-centered psychotherapy: The Hakomi method.* Mendocino, CA: LifeRhythm.

Layden, M.A., Newman, C.F., Freeman, A. & Byers-Morse, S. (1993). *Cognitive therapy of borderline personality disorder*. Needham Heights, MA: Allyn & Bacon.

Levine, P.A. (2015). *Trauma and memory: Brain and body in a search for the living past.* Berkeley, CA: North Atlantic Books.

Ogden, P. & Fisher, J. (2015). *Sensorimotor psychotherapy: Interventions for trauma and attachment.* New York: Norton.

Ogden, P., Minton, K. & Pain, C. (2006). *Trauma and the body: A sensorimotor approach to psychotherapy.* New York: W. W. Norton.

Porges, S.W. (2011). *The polyvagal theory: Neurophysiological foundations of emotions, attachment, communication, and self-regulation.* New York: W.W. Norton.

Rothschild, B.O. (2000). *The body remembers: The psychobiology of trauma and trauma treatment*. New York: W.W. Norton.

Schore, A. (2003). *Affect regulation and disorders of the self*. New York: Norton.

Siegel, D. (1999). *The developing mind: toward a neurobiology of interpersonal experience*. New York: Guilford Press.

Simeone-DiFrancesco, C., Roediger, E. & Stevens, B.A. (2015). *Schema therapy with couples: A practitioner's guide to healing relationships*. Chichester: Wiley Blackwell.

Van der Kolk, B.A. (1994). *The body keeps score: Memory and the evolving psychobiology of posttraumatic stress*. New York: Penguin.

Young, J.E., Klosko, J.S. & Weishaar, M.E. (2003). *Schema therapy: A practitioner's guide*. New York: Guildford Press.

4

Compreendendo e atendendo às necessidades emocionais básicas

George Lockwood
Rachel Samson

INTRODUÇÃO

O objetivo final da terapia do esquema (TE) é que nossos pacientes se relacionem consigo mesmos (por meio da modificação dos modos e da integração e/ou mudanças nos esquemas e estilos de enfrentamento) e com os outros, de maneira que suas necessidades emocionais básicas sejam atendidas. Compreender essas necessidades e o processo relacional pelo qual elas podem ser atendidas (pelo terapeuta, pelo adulto saudável do paciente e por outros) é central para o modelo e para um trajeto rico e multifacetado. Inicialmente, terapeuta e paciente começam a vincular seus problemas atuais a esquemas e modos individuais enquanto descobrem possíveis origens na infância. Parte desse processo envolve o desenvolvimento da consciência sobre as interações pai/mãe-filho primárias que moldaram o mundo interno do paciente e seu estilo de apego aos outros. Para apreciar plenamente as nuances dessas interações, o terapeuta explora sua história e tenta identificar o temperamento do paciente, as características dos pais e a interação entre esses dois fatores. É dada muita atenção às maneiras pelas quais o relacionamento pai/mãe-filho pode ter falhado em atender a certas necessidades emocionais básicas. Além disso, na sessão, o terapeuta se conecta diretamente às necessidades não atendidas do paciente; visando adotar uma postura de reparentalização. Ou seja, o terapeuta visa fornecer (dentro dos limites de um relacionamento terapêutico) experiências emocionais corretivas para necessidades não atendidas na infância que são perpetuadas na idade adulta por meio da manutenção do esquema.

É esse processo de reparentalização limitada que consideramos estar no cerne da TE; no entanto, relativamente pouco foi articulado sobre a melhor forma de fornecer e promover experiências emocionalmente corretivas de cura de esquemas na terapia. Esse é o foco deste capítulo, no qual delineamos o conceito de padrões parentais positivos (PPPs) e descrevemos como eles podem indicar nossa postura de reparentalização em relação aos nossos pacientes. Nós os vemos como os padrões positivos essenciais mais centrais e mais diretamente envolvidos com o atendimento das necessidades emocionais básicas.

PPPS E NECESSIDADES EMOCIONAIS BÁSICAS

Young, Lockwood e colegas estudaram, inicialmente, as possíveis origens parentais associadas aos esquemas iniciais desadaptativos (EIDs) (Lockwood & Perris, 2012; Young et al., 2003). Estes foram identificados a partir do autorrelato dos pacientes sobre as suas memórias da infância e das principais interações parentais negativas associadas a cada um dos EIDs (Young, 1999). Essas memórias foram, então, usadas como base para o desenvolvimento de itens para formar escalas para medir os padrões hipotéticos desadaptativos. Lockwood e colegas então conduziram investigações de análise fatorial da estrutura hipotética desses constructos e correlacionaram os fatores resultantes àqueles que emergiram do Questionário de Esquemas de Young (YSQ) (Sheffield et al., 2005). O estudo mais recente com a base empírica mais forte identificou seis padrões parentais desadaptativos: degradação e rejeição; inibição e privação emocional; punitividade; superproteção e indulgência exagerada; competitividade e busca de *status*; e supercontrole (Louis et al., 2018b).

Tendo estabelecido os principais padrões parentais problemáticos, o grupo de pesquisa realizou uma série de estudos correlacionais e de análise fatorial (Louis et al., 2018a) para identificar os PPPs pensados para atender às necessidades básicas e ter associação com resultados positivos de saúde mental. Sete padrões foram encontrados:

1. Suprimento emocional e amor incondicional.
2. Espontaneidade e abertura emocional.
3. Apoio à autonomia: ter credibilidade e ser visto como capaz de ter sucesso em metas desafiadoras.
4. Concessão de autonomia: ter a liberdade de ser autor da própria vida.
5. Confiabilidade: estar presente de forma confiável e segura no fornecimento de orientação e suporte.
6. Valor intrínseco: fornecer orientação na busca de objetivos de vida intrinsecamente significativos, enquanto se mantém fiel a si mesmo e justo e respeitoso com os outros.
7. Confiança e competência: ser e parecer confiante e competente como pai/mãe.

O suporte empírico para a existência de quatro categorias amplas de necessidades emocionais básicas foi recentemente estabelecido e, em um estudo de acompanhamento (*follow-up*), foram encontradas relações positivas significativas entre essas necessidades e os sete PPPs principais (Louis et al., n.d), apoiando assim uma hipótese central tanto para a TE quanto para o foco deste capítulo.

Um PPP é definido como um tema ou padrão amplo e abrangente que compreende comportamentos, tom de voz, emoções, atitudes, crenças e valores, conforme lembrados pelas memórias de um adulto de suas interações com seu pai/mãe/cuidador, que levam ao atendimento de necessidades emocionais básicas e ao desenvolvimento de um apego seguro, esquemas adaptativos e disposições comportamentais adaptativas.

Neste capítulo, nos concentramos em como os sete PPPs podem indicar o processo dinâmico de reparentalização limitada na terapia, uma vez que esses padrões são definidos, principalmente, pelas experiências positivas que, acredita-se, satisfazem as necessidades básicas de nossos pacientes. Vemos esses sete PPPs como elementos que acrescentam clareza e definição à gama de experiências emocionais corretivas que compõem a estrutura da reparentalização limitada. Uma possibilidade é que esses sete PPPs sejam um primeiro passo na articulação das condições ideais para atender às necessidades básicas iniciais e, em conjunto com os seis padrões parentais desadaptativos (negativos), forneçam orientações valiosas com relação à formação de esquemas adaptativos e desadaptativos precoces do paciente. Outros modelos de parentalidade identificam, no máximo, três qualidades ou estilos parentais positivos um pouco mais gerais – calor emocional, autoridade e envolvimento (Louis et al., 2018a) – enquanto os sete PPPs descritos aqui abrem uma perspectiva mais ampla, mais rica e uma compreensão mais matizada de toda a gama de nutrientes que os pais fornecem para atender às necessidades emocionais básicas.

O PAPEL DO TEMPERAMENTO

O modelo da TE assume que o temperamento desempenha um papel importante na aquisição de esquemas e modos desadaptativos (Young et al., 2003) e, consistente com isso, o formulário de conceitualização de caso, recentemente atualizado (International Society of Schema Therapy, 2018), convida explicitamente à consideração de fatores temperamentais na apresentação do paciente. No entanto, em geral, argumenta-se que muito pouco peso é dado ao temperamento no contexto da psicoterapia (Aron, 2012) e não está claro até que ponto os terapeutas do esquema colocam em prática o conhecimento sobre o temperamento de um paciente durante o tratamento (além da conceitualização). Além disso, como será discutido a seguir, a TE ainda não abordou o papel central que o temperamento provavelmente desempenha no desenvolvimento de esquemas adaptativos (Louis et al., 2018c). Um dos objetivos deste capítulo é reconhecer ainda mais o lado positivo dessa interação entre temperamento-terapia e a melhor forma de aproveitá-la.

As últimas décadas de pesquisa resultaram em um consenso sobre pelo menos quatro dimensões do temperamento adulto: extroversão – introversão, amabilidade – desagradabilidade, conscienciosidade – espontaneidade/flexibilidade, e sensibilidade (neuroticismo) – estabilidade emocional (Zuckerman, 2012). Acreditamos que todas essas dimensões têm um impacto nas necessidades parentais do paciente. Por exemplo, ter um traço de conscienciosidade mais baixo leva a uma maior necessidade de ajuda com a impulsividade; ter um traço mais forte de sensibilidade resulta em uma maior necessidade de apoio emocional sintonizado e vínculos muito estáveis; ser mais introvertido está associado a uma maior necessidade de ajuda para encontrar e proteger o sossego, à solitude e a um número menor de relacionamentos mais profundos. Ter bastante amabilidade está associado a uma maior necessidade de ajuda para defender a si mesmo, enquanto ter pouca amabilidade está associado a uma necessidade de ajuda para levar em consideração as necessidades e sentimentos dos outros e estabelecer reciprocidade.

Traços de alta sensibilidade e alta reatividade emocional também são características definidoras do transtorno da personalidade *borderline* (TPB; Trull & Brown, 2013) e, como tal, altamente relevantes à TE. Um contexto no qual essa alta sensibilidade e reatividade emocional são evidenciadas é a resposta ao estresse. No corpo humano, essa alta reatividade ao estresse é acompanhada por uma série de respostas fisiológicas mais intensas, como aumento da frequência cardíaca, da pressão arterial e do cortisol. No exterior (em um nível fenotípico) isso está fortemente correlacionado a ser muito tímido (Kagan et al., 1988). Em ambientes domésticos ou sociais estressantes, descobriu-se que crianças e adultos com essa característica sofrem de uma quantidade significativamente maior de problemas comportamentais/emocionais e distúrbios médicos (p. ex., doenças infecciosas) e têm maior probabilidade de serem encontrados como inferiores nas hierarquias de dominância (Boyce, 2019). Deste ponto de vista, essa sensibilidade e reatividade é claramente um risco e foi vista exclusivamente nesses termos por décadas do ponto de vantagem do que é chamado de modelo de diátese/estresse. Boyce et al. (1995) foram os primeiros a descobrir que essas crianças mais sensíveis (que ele chamou de crianças "orquídea"), quando criadas em lares muito acolhedores e apoiadores, são, na verdade, mais saudáveis do que as menos sensíveis e mais resilientes crianças "dente-de-leão" (novamente um termo introduzido por Boyce), tendo as taxas mais baixas de doenças infecciosas e de problemas emocionais/comportamentais, mais baixas, inclusive, do que as crianças dente-de-leão criadas em ambientes apoiadores. Crianças e adultos orquídea também são mais propensos a subir ao topo das hierarquias de dominância em ambientes altamente acolhedores (Suomi, 1997; Boyce, 2019). Assim, mais do que a sensibilidade ser um traço que envolve fragilidade, é um traço que está associado, para o bem ou para o mal, a uma maior sintonia e receptividade. De particular relevância para a reparentalização limitada, Belsky (1997a, 1997b, 2005), Belsky e Pluess (2009) e Suomi (1997) estudaram o impacto da parentalidade altamente acolhedora em comparação com a parentalidade normal em populações de primatas e humanos. Descobriu-se que pais excepcionalmente pacientes, amorosos, compreensivos, calorosos e receptivos diante das frequentes crises e lutas emocionais associadas a esse temperamento criam crianças orquídea que desenvolvem apegos excepcionalmente seguros e funcionam em um nível mais alto ao longo de sua vida do que suas contrapartes dente-de-leão. Essas crianças orquídea crescem e se tornam elas mesmas pais/mães altamente acolhedores. As crianças orquídea têm maior capacidade de se beneficiar de uma parentalidade mais acolhedora.

Conforme discutido a seguir, a sensibilidade é, portanto, um dos vários traços que de fato *possibilitam* a mudança e o progresso quando as necessidades específicas associadas ao traço são adequadamente atendidas. Por exemplo, para muitos pacientes com TPB, sua sensibilidade pode contribuir para sua capacidade de se apegar profunda e fortemente por meio da maior capacidade associada de vulnerabilidade e receptividade, qualidades que permitem que a reparentalização limitada tenha um efeito muito forte. Pode-se argumentar que é devido, pelo menos parcialmente, à dimensão da sensibilidade do traço que a TE estabeleceu seus efeitos impressionantes com esse grupo de pacientes (Lockwood et al., 2018). Além do diagnóstico, 15 a 20% da população em geral têm temperamentos mais sensíveis e emocionalmente reativos, e esses indivíduos compõem a maioria daqueles que procuram nossa ajuda na terapia (Boyce, 2019; Aron, 2013). Por esta razão, é um dos grupos que focalizamos em nossos exemplos clínicos na discussão que se segue.

PPPS: HABILIDADES CLÍNICAS E TÉCNICAS

Fornecemos exemplos de casos e discussão para os primeiros quatro PPPs e, devido a limitações de espaço, destacaremos brevemente algumas das características centrais dos três restantes.

Suprimento emocional e amor incondicional

O primeiro PPP, suprimento emocional e amor incondicional, forma a base da reparentalização limitada e é o mais multifacetado dos sete. Este PPP é composto por três subtemas que são detalhados a seguir: suprimento emocional (compreendendo, por sua vez, quatro elementos distintos), amor incondicional e força e orientação.

1. O suprimento emocional envolve:

    Apego profundo: Ter a experiência de se sentir profundamente compreendido, sentir-se livre para falar abertamente e com espaço emocional suficiente para ser você mesmo, ter alguém sábio e tranquilizador e ter tempo compartilhado suficiente.

Afeição: Receber afeição física de forma oportuna e sintonizada (dos pais) de alguém que é caloroso e afetuoso. Dentro de uma relação terapêutica, dadas as complexidades do toque, as expressões de carinho e o afeto não físico são os principais elementos aqui.

Disponibilidade diurna e noturna: Estar confiante de que alguém está disponível para atender às suas necessidades e proporcionar conforto e segurança durante a noite, bem como durante o dia (dos pais). Dentro da terapia, isso se traduz no terapeuta mantendo suas necessidades em mente, além da sessão presencial, e estando disponível em momentos de alto estresse/crise dentro dos limites profissionais apropriados (p. ex., agendar um telefonema adicional, organizar suporte extra, fornecendo um objeto transicional ou fornecendo mensagens de reparentalização por e-mail).

Abertura: Ter alguém emocionalmente aberto, expressivo e que usa a autorrevelação que ajuda a promover a conexão.

2. Amor incondicional: Ter um pai/mãe/terapeuta que é paciente e respeitoso diante dos erros da criança ou do paciente e que, em meio ao conflito com ele, estabelece os limites adequados de forma respeitosa e carinhosa quando necessário e que, prontamente, admite seus próprios erros.
3. Força e orientação: Receber ajuda no estabelecimento de metas e no cumprimento de tarefas, receber conselhos e direção sólidos e ter alguém solidário e encorajador diante dos desafios.

O suprimento emocional e o amor incondicional, em um sentido terapêutico, representam um cuidado multifacetado, espontâneo e genuíno, uma apreciação e um envolvimento emocional profundos, mas diferem do amor romântico, de amizade ou familiar, pois ocorrem dentro de um relacionamento terapêutico limitado. Como pode ser visto, suprimento e amor não são apenas para promover a conexão ou fornecer apoio emocional, mas também envolvem estabelecer limites quando necessário, além de apoiar o surgimento da autonomia. Vemos a integração ideal desses temas manifestando-se em uma resposta inicial sintonizada às necessidades de apego, afeto, disponibilidade e abertura com um foco crescente gradual na autonomia e autorregulação, quando for a hora certa.

Exemplo de caso: Elijah

O exemplo de caso a seguir ilustra os quatro elementos de suprimento emocional, um dos três subtemas descritos anteriormente, conforme eles são expressos por meio do trabalho com um paciente altamente sensível. Elijah, um estudante de filosofia de 20 anos, passou do isolamento emocional extremo para uma conexão profunda durante o tratamento. Ele apresentava ansiedade e depressão graves, desregulação emocional, abuso de álcool, automutilação com necessidade de tratamento médico, era ativamente suicida e acreditava que precisava ser "consertado". Subjacente a esses sintomas estava um temperamento altamente sensível, uma profunda privação emocional e uma sensação de ser fundamentalmente inaceitável, diferente e defeituoso.

Elijah havia sido considerado por seus pais como uma criança altamente sensível e "profunda". Ele disse: "Ninguém parecia ser como eu, ou ser capaz de entender meus medos ou grandes questões existenciais. Mamãe muitas vezes ria disso, como se fosse ridículo para uma criança da minha idade perguntar essas coisas... Eu internalizei tudo isso e acreditei que era um defeito. Eu era muito sensível, muito profundo. Outras pessoas nunca vão me entender. A conexão verdadeira não é possível".

Seu pai raramente mostrava emoções positivas e era indiferente e impaciente. Culpava e rejeitava Elijah quando ele ficava emotivo ou deprimido, e não o entendia ou não sabia como apoiá-lo sem usar punição física em resposta a pequenos delitos. Sua mãe era insensível e intrusiva; ela pressionava por conexão, mas não se sintonizava. Elijah não tinha vínculos seguros e, na metade da adolescência, estava deprimido, altamente suicida e com constantes autolesões.

Ser profundamente compreendido, para Elijah, significava primeiro reconhecer que se sentir altamente ansioso e dissociado não era culpa dele ou algo que ele estava fazendo de errado, mas sim acontecia porque ele havia aprendido, em um nível neurobiológico, por meio de experiências traumáticas repetidas, que o apego era inseguro e altamente ameaçador.

Sua terapeuta compreendeu que ele precisaria de experiências repetidas de sensibilidade, sintonia e segurança, e um entendimento de que seu sistema neurobiológico definiria o ritmo, que não havia como apressar o processo. O processo de mostrar um caminho a ele e ajudá-lo a se sentir seguro em estar juntos de maneiras verbais e não verbais incluiu períodos de silêncio, sorrisos não verbais e contato visual, além do envio, por parte de Elijah, de e-mails com músicas e imagens entre as sessões. Quando Elijah "falhava" em colocar em palavras sua experiência no tempo estipulado, ele tinha vontade de se punir e se autolesionar, então ele recebia um pouco mais de tempo. Isso proporcionou a sensação de espaço necessária para um apego profundo. A terapeuta confiou nesse processo e entendeu que seus silêncios envolviam tanto medo quanto processamento profundo de sua parte. Com o tempo, ele começou a compartilhar com ela o que antes era um processamento solitário.

Álcool e autolesão eram usados para entorpecer sentimentos desregulados. Reduzir esses mecanismos de enfrentamento significava que a terapeuta precisava estar mais acessível e disponível fora da sessão para ajudar a fornecer regulação e apoio durante essa fase. Isso incluiu comunicação, oferecimento de contato por e-mail e alguns telefonemas entre as consultas – um paralelo terapêutico à "disponibilidade diurna e noturna" 24 horas, já mencionada. À medida que o apego crescia, Elijah começou a se sentir menos isolado e a experienciar a conexão como uma fonte de regulação mais profunda, mais poderosa e completa. Paralelamente, sua autolesão, abuso de álcool e tendências suicidas reduziram-se drasticamente.

Uma confiança crescente permitiu que a história de Elijah fosse processada dentro de uma sensação de segurança e sintonia na relação terapêutica. A profundidade da compreensão cresceu e sua narrativa de vida tornou-se mais coerente. Isso o levou a se sentir mais seguro: "Não acontece mais de eu olhar para a minha infância e me sentir defeituoso, agora olho para trás e sinto dor por não ter recebido o que eu desesperadamente precisava. Também sei que existem tantos como eu (orientados para a profundidade, sensíveis) e que sou capaz de acessar essas conexões sempre que preciso".

Espontaneidade e abertura emocional

Vemos o PPP discutido anteriormente, suprimento emocional e amor incondicional, como envolvido principalmente com a minimização do afeto negativo. No entanto, a amplificação do afeto positivo (envolvido no PPP espontaneidade e abertura emocional) também é um elemento-chave do apego seguro (Schore, 2001; Schore & Schore, 2007) e da parentalidade. Este PPP envolve o pai/mãe/terapeuta sendo brincalhão, emocionalmente aberto e espontâneo. Alguns dos itens que o definiram foram: "Conseguiu agir como criança e ser bobo comigo quando quis", "Conseguiu ser livre e expressivo quando quis" e "Foi fácil para ele ser brincalhão quando quis ser".

Um de nossos supervisionados discutiu o trabalho de imagens com uma paciente se imaginando como uma garotinha se escondendo atrás do sofá da sala, desenhando em um pedaço de papel e se sentindo sozinha e assustada. O foco do supervisionado na imagem era conectar-se com a paciente, tentando conversar com ela sobre seus sentimentos de medo e tristeza. Ela não queria o terapeuta perto dela e não tinha vontade de conversar. Sugerimos a ele que se interessasse pelo que ela estava desenhando e se juntasse a ela em seu mundo imaginativo como forma de se conectar de uma maneira mais positiva e lúdica. Adicionar essa dimensão às imagens e, mais amplamente, à terapia, ajudou-a a se abrir, conectar-se com seu terapeuta com mais facilidade e acrescentou um elemento de diversão e prazer em seu trabalho em conjunto. O supervisionado percebeu que, sem se dar conta, ele estava predominantemente no "modo cinto para ferramentas" em seu trabalho com seus pacientes, procurando problemas para resolver e perdendo oportunidades de realizar coisas com mais facilidade e naturalidade, como contornar o modo protetor desligado por meio da diversão e da ludicidade.

O Capítulo 10 deste livro (Shaw) e Lockwood e Shaw (2012) também fornecem uma extensa discussão e exemplos desse tema em ação.

Apoio à autonomia

Este PPP envolve acreditar em alguém e vê-lo como capaz de ter sucesso em metas desafiadoras e valorizadas. Envolve procurar, desenvolver e celebrar forças e capacidades de uma forma positiva e respeitosa. Parte disso significa não perder de vista o potencial do paciente, mesmo durante períodos prolongados e difíceis, quando as coisas parecem estar piorando. Os itens que definem este PPP incluem: "Ficou orgulhoso de mim quando tive sucesso em algo importante", "Me viu como forte e resiliente", "Teve confiança na minha capacidade de resolver problemas que surgiram, assim como outras crianças da minha idade resolveriam" e "Acreditou na minha capacidade de ter sucesso em metas desafiadoras".

O apoio à autonomia é composto por duas facetas:

1. Procurar e ver capacidade (p. ex., acreditar na capacidade de uma pessoa de ter sucesso em metas desafiadoras).
2. Elogio e foco positivo (p. ex., orgulhar-se de alguém quando é bem-sucedido em algo importante, concentrando-se no que alguém fez bem sem precisar apontar erros ou falhas).

Exemplo de caso: Tamara

Tamara era uma mulher solteira de 37 anos com transtorno da personalidade esquiva e um temperamento altamente sensível. Ela tinha feito anos de terapia que teve pouco impacto em sua ansiedade social e medo e evitação de namorar. Esse tratamento incluía tarefas de casa que envolviam se colocar em situações em que ela poderia conhecer alguém e tentar iniciar conversas com homens. Nessas ocasiões, ela invariavelmente sentia uma ansiedade intensa e um desejo de evitar o contato que não conseguia superar. Nas poucas situações em que foi a um encontro real, ela experimentou o que chamou de "bloqueio emocional", que envolvia se sentir congelada, erguer uma parede entre ela e a outra pessoa e contar os minutos até terminar. Os encontros raramente passavam de uma primeira vez, e ela rejeitou os poucos homens que manifestaram interesse.

Ela pesquisou diferentes abordagens terapêuticas e procurou a TE na esperança de que isso a ajudaria a mudar em um nível mais profundo. No início do trabalho com imagens, Tamara se viu, aos seis anos, no vão da porta de um closet enrolada como uma bola e sentindo-se vazia, aterrorizada e sem vontade de falar. Quando adolescente, ela havia desenvolvido um modo protetor desligado intenso, mal-humorado e desdenhoso. Os primeiros meses de tratamento foram focados no desenvolvimento de uma base afetiva e segura (por meio de um foco principal no PPP de suprimento emocional e amor incondicional discutido anteriormente). Com isso, a Pequena Tamara, encontrada inicialmente nas imagens, começou a experienciar um sentimento emergente de amabilidade, confiança, abertura, curiosidade e até mesmo interesse em explorar o mundo e as pessoas ao seu redor.

Seu modo protetor desligado ainda estava sempre presente, mas não dando mais todas as ordens. Ela se viu respondendo a um pedido para participar da festa de despedida de uma colega, sem medo; e, na verdade, percebeu-se gostando espontaneamente de algumas das interações. Essa foi uma experiência nova. No entanto, quando seus pensamentos se voltavam para os homens, ela sentia a mesma forte evitação e ansiedade esmagadora. Ela afirmou que depois de 27 anos tentando e não tendo desenvolvido nenhum relacionamento íntimo sustentável, isso mostrava que ela simplesmente não conseguia fazê-lo. O terapeuta explicou que entendia que ela estava com muito medo, mas que ela também estava em um lugar diferente, em um nível mais profundo. Ela já estava comprometida com uma garotinha aterrorizada internamente, encolhida em uma bola, mas essa garotinha agora sentia-se melhor e mais aberta e aventureira. A Pequena Tamara sabia que seu terapeuta estaria ao lado dela e, com o progresso que ela estava fazendo, esse era um "jogo totalmente novo". Ela sentiu-se incentivada por essa perspectiva e fez um plano para montar um perfil em um site de namoro.

Nesse momento, Tamara lembrou-se de uma experiência que teve com sua sobrinha, Paula, que também tinha um temperamento muito sensível. Aos quatro anos de idade, Paula estava em um parquinho, no meio de uma ponte de corda que balançava e chacoalhava, com outras crianças indo e voltando quando, de repente, ela congelou, com medo de ir adiante ou voltar. Tamara, que estava lá embaixo, podia ver o terror no rosto de Paula. Alguns pais se ofereceram para subir e trazer Paula para baixo. Tamara conhecia bem esse tipo de momento por experiência própria e, instintivamente, sabia o que Paula precisava e disse a ela: "Não há problema em ficar com medo. Você consegue. Estou bem aqui. Eu estarei aqui para você". Tamara reiterou isso algumas vezes e pôde ver o medo dela diminuir. Paula então começou a caminhar lenta e determinadamente pela ponte. Tamara recebeu Paula de braços abertos quando ela desceu da escada do outro lado e pôde ver o orgulho em seu rosto quando ela lhe deu um grande abraço.

Seu terapeuta estava ciente de que, agora que Tamara tinha uma capacidade recém-desenvolvida para lidar com seu medo de namorar e estava em melhor posição para enfrentá-lo e gerenciá-lo, eles estavam na mesma posição em que Tamara esteve, naquele momento, com Paula. Seu terapeuta, sabendo dessa mudança, tinha boas razões para acreditar nela, e Tamara começou a acreditar mais em si mesma. Essa nova crença emergente foi ainda mais fomentada por um diálogo moderado entre a Pequena Tamara, que agora se sentia mais amável, esperançosa e aberta à aventura, e seu protetor desligado, enquanto ela imaginava um primeiro encontro. Teria sido um próximo passo lógico usar imagens e diálogos de modos para enfrentar o processo de desenvolvimento de um perfil de namoro. No entanto, neste caso, ela tinha uma amiga próxima que estava pronta e ansiosa para ajudá-la com isso, e era sua clara preferência por fazer isso com ela (ver Concessão de autonomia, a seguir). Ao trabalhar com Tamara dessa maneira, seu terapeuta incorporou os princípios-chave do apoio à autonomia (e, em segundo lugar, concessão de autonomia) ao acreditar em sua capacidade e criar condições nas quais ela pudesse desenvolver um senso de domínio, o que incluía apoiar e acreditar na Pequena Tamara enquanto ela enfrentava um grande desafio na vida.

Nos estudos de Louis et al. (2018a, 2018b) em que os sete PPPs emergiram, o apoio à autonomia apresentou as correlações mais fortes entre todos os sete, com dimensões de funcionamento adaptativo medidas pela Escala de Bem-estar Psicológico de Ryff (Ryff & Keyes, 1995), que inclui medidas de seis constructos adaptativos: autonomia, domínio do ambiente, crescimento pessoal, relações positivas com os outros, propósito na vida e autoaceitação.[1]

Concessão de autonomia

Este padrão parental envolve o respeito por um indivíduo que faz suas próprias escolhas, por sua privacidade e sua capacidade de navegar e lidar com sua vida sem monitoramento frequente. Vemos uma abertura, interesse e sintonia com uma ampla gama de temperamentos, preferências e escolhas de vida como um aspecto central desse constructo. Um terapeuta experiente neste tema será percebido pelo paciente como aberto, sem julgamentos e receptivo. Este PPP tem grande relevância na terapia. Tocamos brevemente em apenas três exemplos de concessão de autonomia aqui.

> ### Exemplo 1: Experiência emocional
>
> Robin era uma paciente sensível e expressiva, e disse que sempre foi assim, mesmo quando criança. Seu pai era um homem emocionalmente cauteloso e altamente crítico e envergonhado de como ela "mostrava o que sentia" e "exagerava ao menor problema". Ela gostou que seu terapeuta apontou a ela as limitações de seu pai e do fato de ele sentir que ela merecia muito mais. Ela se sentiu profundamente validada e compreendida, e sentiu que não havia nada de errado com a intensidade de seus sentimentos – esse era fundamentalmente problema de seu pai. No entanto, Robin não sentia raiva dele. Seu terapeuta se sentiu em um dilema neste momento, enquanto se perguntava se sua raiva estava sendo suprimida ou inibida. Ele inicialmente a encorajou a tentar se conectar a qualquer raiva nas imagens da infância. No entanto, pelas reações de Robin, ele supôs que o sentimento dela em relação ao pai não era raiva, apesar de ele achar isso um pouco intrigante dadas as circunstâncias. Ele compartilhou suas reações com ela com curiosidade e aceitação, e Robin disse que gostou de ele ter dado espaço para ela sentir as coisas à sua maneira. O terapeuta demonstrou os princípios da concessão de autonomia nesta situação, mantendo-se cuidadoso e envolvido por meio de sua curiosidade e sintonia ativa, ao mesmo tempo em que permitiu que a paciente determinasse seu próprio caminho emocional.

> **Exemplo 2: Escolha da intervenção**
>
> Como terapeutas do esquema, somos encorajados a usar uma série de técnicas experienciais e outras intervenções que são entendidas como facilitadoras da mudança. Algumas técnicas (como a reescrita de imagens) possuem boas evidências empíricas para sua aplicação, sendo necessário trabalhar com os modos de enfrentamento do paciente para entender uma relutância ou recusa em usar uma técnica. Muitas vezes, os terapeutas também têm medo de usar a técnica e precisam de ajuda na supervisão para superar seus medos.
>
> No entanto, defendemos que os princípios da concessão de autonomia também devem ser considerados na escolha de uma intervenção. Alguns pacientes progridem na TE sem o uso de certas técnicas e podem desgostar ativa e persistentemente de um método específico, tornando-o ineficaz. Pode haver uma variedade de razões temperamentais e pessoais para isso, que podem não ser necessariamente "prejudiciais", e está de acordo com os princípios da concessão de autonomia explorar outras maneiras de atender às suas necessidades. Por exemplo, Elijah (o paciente discutido no início do capítulo) preferia experiências imediatas de reparentalização com sua terapeuta em vez de imagens, e ele achou estranha e distrativa a qualidade "como se" das imagens. Sua terapeuta estava curiosa quanto aos modos potenciais em jogo (explorando, por exemplo, os sentimentos do protetor desligado quanto às imagens), mas ela percebeu que esse método em particular não era necessário para atender às necessidades de Elijah e que conceder-lhe maior autonomia na terapia era mais importante.

> **Exemplo 3: Sociabilidade**
>
> Uma sutil falta de concessão de autonomia também pode ocorrer em esforços bem-intencionados para encorajar aqueles com temperamento mais introvertido a se socializar mais, fazer mais amigos ou se tornar parte de um grupo alinhado com as necessidades de um temperamento mais extrovertido. Sem atenção a essas nuances, nossos clientes mais introvertidos podem acabar sentindo como se suas inclinações naturais e saudáveis fossem um defeito.

Confiabilidade

A confiabilidade envolve o terapeuta demonstrar que ele pode ser confiável para não abandonar o paciente; defendê-lo, protegê-lo e advogar por ele quando necessário; ser constante, consistente e responsável; cumprir promessas e tarefas (p. ex., dever de casa); saber quando mantê-lo em mente fora das sessões regulares e estar disponível para fornecer apoio extra; e orientá-lo e apoiá-lo no desenvolvimento de disciplina e controle de impulsos para buscar objetivos centrais de vida, quando necessário. Isso também envolve o desenvolvimento de um "plano de ação" geral para o paciente, associado a uma conceituação de caso clara e completa, em vez de mais de uma abordagem "baseada no instinto" ou de sessão a sessão. Os traços do terapeuta envolvem ser suficientemente consciencioso e comprometido, e a experiência do paciente é a de estar em mãos firmes e sábias.

> **Exemplo: Presença confiável**
>
> Chris, um paciente com um temperamento altamente sensível, estava sendo submetido a uma cirurgia exploratória ambulatorial para verificar se havia um possível câncer. Era provável que ele estaria sozinho quando soubesse do resultado. Seu terapeuta concordou em fazer a comunicação por telefone logo depois de Chris falar com o cirurgião, fornecendo apoio em um momento crítico. Nesse caso, o terapeuta tinha Chris em mente e mostrou que ele podia contar com ele quando mais importava. Esse foi um momento reparador para Chris (que tinha esquema de desconfiança/abuso) e ele se abriu mais plenamente nas sessões subsequentes.

Valor intrínseco

Este PPP envolve ajudar um paciente a aprender a priorizar ser fiel a si mesmo, justo e companheiro – antes (ou pelo menos ao mesmo tempo) de buscar impressionar os outros ou ganhar dinheiro/adquirir *status*. A parte central disso é aprender a funcionar de forma adaptativa dentro das hierarquias de competência nas quais o paciente se encontra ou escolhe participar, engajando-se totalmente na busca do domínio pessoal e sendo tão competitivo com os outros quanto quiser, mantendo-se justo e respeitoso no que diz respeito à busca do que é pessoalmente significativo.

Confiança e competência

Descobriu-se este PPP associado a uma criança que experiencia seu pai/mãe como emocionalmente forte, estável e previsível, é eficaz em terminar as coisas e tem expectativas realistas de si mesmo. Como terapeuta, isso envolve, entre outras coisas, parecer suficientemente seguro, confiante, flexível, aberto e convicto. Curiosamente, esse PPP também envolve estar confortável com e aberto a perguntas ou desafios difíceis de nossos pacientes e, por meio disso, aprender com eles no seu processo de aprendizagem conosco.

RESUMO E CONCLUSÕES

É central para o processo da TE identificar as necessidades emocionais não atendidas de nossos pacientes e, dentro dos limites apropriados, atender a essas necessidades dentro do relacionamento terapêutico por meio de reparentalização limitada. No entanto, até o momento, nossa percepção é de que a reparentalização limitada foi pouco articulada como um constructo, apesar de ser um aspecto central e altamente matizado da terapia. Nosso objetivo é progredir neste domínio, propondo que os sete PPPs principais forneçam uma estrutura potencialmente útil para aumentar nossa consciência, sintonia e eficácia dentro de nosso papel limitado de reparentalização. Apresentamos uma descrição das características relacionais que podem funcionar como antídotos para algumas das necessidades emocionais centrais não atendidas de nossos pacientes. Esperamos que isso possa ajudar os terapeutas a aprimorar seu estilo de reparentalização, bem como fornecer uma visão geral útil dos principais processos relacionais para novos terapeutas ou terapeutas em transição de outros modelos de trabalho menos relacionais.

Obviamente, não presumimos que tenhamos fornecido uma lista exaustiva ou mesmo abrangente de PPPs. Em vez disso, pretendemos fornecer um trampolim para o desenvolvimento de uma linguagem compartilhada para descrever e traduzir o ingrediente crítico da reparentalização limitada dentro da TE. A pesquisa descrita até agora seria aprimorada ainda mais por projetos de estudos prospectivos explorando se a sintonia e o comportamento do terapeuta de acordo com o PPP proposto predizem melhores resultados terapêuticos.

Dicas para os terapeutas

1. É valioso ter em mente os sete PPPs como uma estrutura para aprimorar nossas habilidades de reparentalização em um contexto de TE.
2. Todos esses sete padrões estão envolvidos em atender a necessidades de conexão e autonomia.
3. Esses sete PPPs ajudam a definir as capacidades centrais do terapeuta sobre as quais todos os aspectos técnicos (p. ex., reescrita de imagens, técnica das cadeiras, diálogos de modo, trabalho corporal) da TE estarão idealmente enraizados.
4. Acreditamos que uma base sólida a partir dessas estruturas relacionais de reparentalização limitada dará vida ao uso de ferramentas terapêuticas, diminuindo a necessidade de uma abordagem mais roteirizada, uma vez que as técnicas fluem naturalmente do senso de conhecimento sentido e tácito associado à incorporação desses padrões.

NOTA

1. Embora sejam sugestivas de paralelos com a reparentalização limitada, é importante ter em mente que essas correlações não se baseiam em estudos de pacientes e terapeutas, mas em memórias de adultos de suas experiências de parentalidade conforme elas se correlacionam com medidas de funcionamento adaptativo e desadaptativo.

REFERÊNCIAS

Aron, E. (2012). Temperament in psychotherapy: Reflections on clinical practice with the trait of sensitivity. In M. Zentner & R. Shiner (Eds.), *Handbook of Temperament* (pp. 645–670). New York: Guilford Press.

Aron, E. (2013). *The Highly Sensitive Person*. New York: Citadel Press.

Belsky, J. (1997a). Variation in susceptibility to rearing influences: An evolutionary argument. *Psychological Inquiry*, 8: 182–186.

Belsky, J. (1997b). Theory testing, effect-size evaluation, and differential susceptibility to rearing influence: The case of mothering and attachment. *Child Development*, 68: 598–600.

Belsky, J. (2005). Differential susceptibility to rearing influences: An evolutionary hypothesis and some evidence. In B. Ellis & D. Bjorklund (Eds.), *Origins of the Social Mind: Evolutionary Psychology and Child Development* (pp. 139–163). New York: Guilford Press.

Belsky, J. & Pluess, M. (2009). Beyond diathesis stress: Differential susceptibility to environmental influences. *Psychological Bulletin*, 135(6): 885–908.

Boyce, W.T. (2019). *The Orchid and the Dandelion: Why Some Children Struggle and How all can Thrive*. New York: Alfred Knopf.

Boyce, W.T., Chesney, M., Alkon, A. et al. (1995). Psychobiologic reactivity to stress and childhood respiratory illnesses: Results of two prospective studies. *Psychosomatic Medicine*, 57(5): 411–422.

International Society of Schema Therapy (2018). Schema therapy case conceptualization form, 2nd edition, Version 2.22, d.edwards@ru.ac.za or office@isstonline.com

Kagan, J., Reznick, J.D. & Snidman, N. (1988). Biological bases of childhood shyness. *Science*, 240(1998): 167–171.

Lockwood, G. & Perris, P. (2012). A new look at core emotional needs. In M. van Vreeswijk, J. Broersen & M. Nadort (Eds.), *The Wiley-Blackwell Handbook of Schema Therapy: Theory, Research and Science* (pp. 41–66). West Sussex, UK: Wiley-Blackwell.

Lockwood, G. & Shaw, I. (2012). Schema therapy and the role of joy and play. In M. van Vreeswijk, J. Broersen & M. Nadort (Eds.), *The Wiley-Blackwell Handbook of Schema Therapy: Theory, Research and Science* (pp. 209–227). West Sussex, UK: Wiley-Blackwell.

Lockwood, G., Samson, R. & Young, J. (2018, May). Sweeping life transformations: The farther reaches of schema therapy. Workshop, International Society of Schema Therapy convention, Amsterdam, Netherlands. www.schematherapysociety.com/ Sweeping-Life-Transformations

Louis, J.P., Davidson, A.T., Lockwood, G. & Wood, A.M. (n.d.). Schema Therapy Personality Theory (STPT): Do perceptions of parenting relate to the fulfillment of theorized core emotional needs? Under review.

Louis, J.P., Wood, A. & Lockwood, G. (2018a). Development and validation of the Positive Parenting Schema Inventory (PPSI) to complement the Young Parenting Inventory (YPI) for Schema Therapy (ST) assessment. DOI: 10.1177/ 1073191118798464

Louis, J.P., Wood, A.M. & Lockwood, G. (2018b). Psychometric validation of the Young Parenting Inventory – Revised (YPI-R2): Replication and extension of a commonly used parenting scale in Schema Therapy (ST) research and practice. *PLoS ONE*, *13*(11). DOI: 10.1371/journal.pone.0205605

Louis, J.P., Wood, A.M., Lockwood, G., Ho, M.-H.R. & Ferguson, E. (2018c). Positive clinical psychology and schema therapy (ST): The development of the Young Positive Schema Questionnaire (Ypsq) to complement the Young Schema Questionnaire (Ysq-S3). *Psychological Assessment*, *30*(9): 1199–1213. DOI: 10.1037/pas0000567

Ryff, C.D. & Keyes, C.L.M. (1995). The structure of psychological well-being revisited. *Journal of Personality and Social Psychology*, *69*(4): 719–727.

Schore, A.N. (2001). The Seventh Annual John Bowlby Memorial Lecture, Minds in the Making: Attachment, the self-organizing brain, and developmentally-oriented psychoanalytic psychotherapy. *British Journal of Psychotherapy*, *17*: 299–328.

Schore, J.R. & Schore, A.N. (2007). Modern attachment theory: The central role of affect regulation in development and treatment. *Clinical Social Work Journal*, *36*(1): 9–20. DOI: 10.1007/s10615-007-0111-7

Sheffeld, A., Waller, G., Emanuelli, F., Murray, J. & Meyer, C. (2005). Links between parenting and core beliefs: Preliminary psychometric validation of the young parenting inventory. *Cognitive Therapy and Research*, *29*(6): 787–802. DOI: 10.1007/ s10608-005-4291-6

Suomi, S. (1997). Early determinants of behaviour: Evidence from primate studies. *British Medical Bulletin*, *53*: 170–184.

Trull, T. & Brown, B. (2013). Borderline personality disorder: A five factor-model perspective. In T. Widiger & P. Costa *Personality Disorders and the Five-Factor Model of Personalty* (Third edition, pp. 119–132). Washington, DC: American Psychological Association.

Young, J.E. (1999). Young Parenting Inventory (YPI) (on-line). New York: Cognitive Therapy Centre. www.schematherapy.com

Young, J.E., Klosko, J. & Weishaar, M. (2003). *Schema Therapy: A Practitioner's Guide*. New York: Guilford Press.

Zuckerman, M. (2012). Models of adult temperament. In M. Zentner & R. Shiner, *Handbook of Temperament* (pp. 41–66). New York: Guilford Press.

PARTE II

Métodos criativos usando imagens mentais

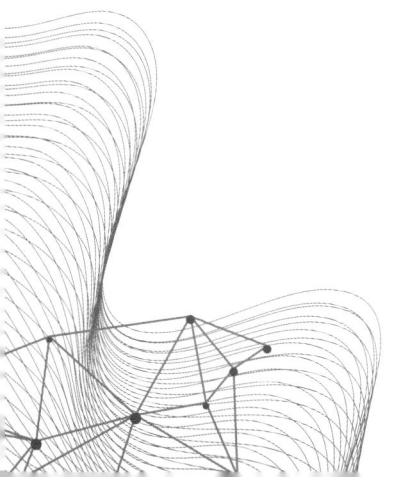

5
Princípios fundamentais das imagens mentais

Susan Simpson
Arnoud Arntz

INTRODUÇÃO E JUSTIFICATIVA

Um crescente conjunto de pesquisas indica que as imagens mentais facilitam o acesso mais direto às emoções, proporcionando assim uma oportunidade única de mudança. De fato, as imagens mentais têm um impacto maior nas emoções negativas e positivas do que o processamento verbal da mesma informação (Cuthbert et al., 2003; Holmes et al., 2006). Assim, as imagens mentais atuam como um "amplificador emocional" na presença de estados afetivos positivos e negativos (Holmes & Mathews, 2010). Na terapia do esquema (TE), as imagens mentais desempenham um papel fundamental em todos os níveis: avaliação, conceituação e prática. A reescrita de imagens (RI) é um mecanismo poderoso para facilitar a transição terapêutica do *insight* intelectual para a mudança experiencial por meio de experiências emocionais corretivas. O poder da RI baseia-se na capacidade humana de processar informações de forma mais eficaz na presença de afeto. O trabalho baseado em imagens mentais é particularmente eficaz como um mecanismo para desafiar esquemas iniciais desadaptativos (EIDs) de longa data e pervasivos ligados a necessidades não atendidas e traumas durante a infância (Young, Klosko & Weishaar, 2003).

A NATUREZA TRANSDIAGNÓSTICA DAS IMAGENS MENTAIS

Desde a década de 1990, tem havido um crescente reconhecimento da ligação entre uma série de transtornos emocionais e imagens mentais intrusivas "indesejadas" em excesso, assim como a ausência de imagens adaptativas. De fato, as imagens negativas desempenham um papel fundamental na manutenção do sofrimento psicológico em uma série de apresentações (p. ex., Harvey, Watkins & Mansell, 2004). As imagens mentais se manifestam de várias maneiras entre os grupos diagnósticos. No transtorno de estresse pós-traumático (TEPT), estas assumem a forma de pesadelos recorrentes e imagens multissensoriais de "*flashback*" associadas a momentos passados de ameaça ou perigo. O conteúdo das imagens intrusivas reflete variações nas ameaças percebidas entre os transtornos, incluindo: passar vergonha em público (fobia social); catástrofe iminente associada à perda de controle ou colapso (transtorno do pânico); ser incapaz de lidar ou escapar de um desastre iminente, por exemplo, ficando preso, sendo humilhado (agorafobia); cenas egodistônicas ligadas à contaminação ou sentimento de responsabilidade por ferir os outros (transtorno obsessivo-compulsivo [TOC]); memórias negativas significando fracasso, humilhação (depressão); percepção corporal distorcida ligada a autoavaliação negativa (transtornos alimentares); ser ameaçado ou atacado (psicose) (p. ex., Hackmann, Bennett-Levy & Holmes, 2011; Holmes & Hackmann, 2004). Embora as imagens intrusivas focadas em eventos futuros sejam muitas vezes de natureza catastrófica, elas também podem assumir a forma de "soluções" que trazem alívio de curto prazo, como na forma de imagens visuais de si mesmo verificando o TOC, imagens de suicídio que trazem alívio de problemas atualmente insolúveis ou desejos visuossensoriais de substâncias que provocam vícios (May et al., 2008).

Por meio do trabalho direto com imagens para alterar seu tom e significado de afeto, a RI tornou-se cada vez mais uma intervenção central em uma ampla gama de modelos terapêuticos (Arntz, 2012; Holmes & Hackmann, 2004), e tem sido uma técnica experiencial central utilizada na TE desde a sua criação (Young, 1990, 1999). A seção a seguir fornece uma visão geral do crescimento em termos de teoria e de descobertas experimentais neste campo em desenvolvimento, bem como alguns dos benefícios já identificados do trabalho com imagens mentais em uma variedade de aplicações clínicas.

TEORIA DE BASE: MECANISMOS DE OPERAÇÃO EM IMAGENS MENTAIS

Imagens mentais: teorias de operação

As imagens mentais incluem não apenas aspectos visuais, mas toda a gama de experiências sensoriais, incluindo cheiros, sons e sensações (Kosslyn, Ganis & Thompson, 2001), fazendo com que pareçam reais, ou uma "experiência proximal" (Conway, 2001). Por exemplo, uma imagem mental de estar em uma praia pode incluir não apenas a visão do mar e do céu azul, mas também a sensação de pés descalços na areia, sol na pele, cheiro e sabor de sal e sons de gaivotas e ondas.

As imagens mentais foram conceitualizadas como uma representação "fraca" da percepção sensorial (Pearson et al., 2015). Estudos de imagens cerebrais indicam que quando fechamos os olhos e imaginamos um evento ou uma ação, são ativadas praticamente as mesmas representações neurais de quando eventos ou ações são percebidos diretamente em tempo real, inclusive no córtex visual primário (Kosslyn, Ganis & Thompson, 2001; Pearson et al., 2015). Essa mesma sobreposição na atividade neural foi encontrada entre percepção direta e imagens visuais (sonhos) durante o sono (Horikawa et al., 2013). Imagens mentais focadas em eventos desagradáveis, sejam eles reais ou imaginários, ativam consistentemente um nível mais alto de afeto negativo do que versões verbais ou baseadas em linguagem do mesmo material (p. ex., Holmes, Arntz & Smucker, 2007; Holmes & Mathews, 2005; Holmes et al., 2006). A teoria da "equivalência funcional" propõe que, assim como a percepção direta da ameaça resulta na ativação de respostas corporais, como aumento da adrenalina e da frequência cardíaca, as imagens mentais baseadas em ameaças operam por meio de processos neurais equivalentes e estimulam reações fisiológicas paralelas (Kosslyn, Ganis & Thompson, 2001). Assim, as imagens têm um impacto direto na emoção por meio dos aspectos fisiológicos/corporais da experiência emocional. As imagens podem fornecer uma rota para os componentes sensoriais e de memória de um EID profundamente enraizado (representado por imagens de memórias, sensações corporais, cognições e emoções) e, assim, fornecer uma oportunidade de mudar o significado codificado no evento inicial que contribuiu para o desenvolvimento do EID. Por exemplo, a RI pode ser usada para acessar um EID de desconfiança/abuso codificado em uma memória precoce de abuso, acessando a imagem do comportamento violento de um dos pais, o som de seus gritos, o cheiro de álcool em seu hálito e a sensação visceral de coração acelerado e peito apertado, juntamente com pensamentos de perigo iminente. Onde a estrutura completa do medo é acessada, apresenta-se a possibilidade de mudança emocional e cognitiva via reescrita de imagens mentais.

Armazenamento e recuperação de esquemas codificados visualmente

Memórias emocionais, incluindo fragmentos de trauma não processados, parecem ser estabelecidas e evocadas principalmente na forma de imagens visuossensoriais (Arntz, De Groot & Kindt, 2005; Conway, 2001; Willander, Sikström & Karlsson, 2015). Elas parecem ser mais imediatas e diretamente acessíveis e mais propensas a dominar a percepção consciente, em comparação com o material verbal (Holmes & Mathews, 2005). Além disso, as imagens emocionais parecem estar preferencialmente ligadas a memórias de eventos semelhantes, que, ao longo do tempo, formam "bancos de memória de esquemas" específicos. Um evento que desencadeia um EID no presente (p. ex., alguém sendo convidado a se reunir com seu gerente, desencadeando assim um esquema de fracasso) provavelmente ativará o banco de memória da pessoa que é composto de imagens anteriores que evocaram emoções semelhantes (p. ex., reprovação em provas na escola, expressões faciais desaprovadoras dos pais, ser repreendido por um professor, ser provocado pelos colegas). Na RI, é possível acessar diretamente o banco de memórias de esquemas relevantes por meio da "ponte de afeto". A pessoa é convidada a reimaginar uma experiência recente e, então, se concentrar nos sentimentos em seu corpo e permitir que sua mente volte para uma memória de infância com sentimentos semelhantes – apresentando assim uma oportunidade de reescrita a fim de mudar o significado do EID em um nível de sensação profundo.

Trabalhando o conhecimento implícito por meio de imagens

De acordo com a teoria dos subsistemas cognitivos interacionais (SCI) (Teasdale & Barnard, 1993), o conhecimento implícito é uma integração de imagens, informações sensoriais, pensamento conceitual e experiência incorporada, o qual opera em um nível intuitivo de sensação.

Em contraste, acredita-se que o sistema de conhecimento proposicional baseado no conteúdo verbal opera principalmente em um nível intelectual, pelo qual podemos saber que algo é verdadeiro factualmente, mas não necessariamente isso equivale a sentir algo como verdadeiro. No caso do trauma, um evento pode ser armazenado como conhecimento implícito ou como memórias situacionalmente acessíveis, por meio das quais a pessoa pode ter memórias em *"flashback"* do evento traumático, uma sensação de insegurança e uma sensação corporal de tensão e hipervigilância, sem acesso direto ao seu sistema de memórias verbalmente acessível que contém a narrativa do evento (Brewin, Dalgleish & Joseph, 1996; Ehlers & Clark, 2000). No contexto de intervenções terapêuticas, o questionamento cognitivo verbal direto pode abordar esquemas em um nível intelectual, enquanto em um nível implícito eles permanecem intactos (p. ex., "eu entendo que não sou inútil, mas ainda parece verdade"). Da mesma forma, uma pessoa que sofreu um trauma ainda pode se sentir insegura no nível da sensação corporal, mesmo que possa entender sob uma perspectiva racional que não está mais em perigo.

Os EIDs são vivenciados em grande parte como conhecimento "implícito" e perpetuados por padrões de enfrentamento disfuncionais que reforçam essa visão de mundo. Por exemplo, o esquema de isolamento social, que diz "eu não me encaixo, eu sou diferente", pode ser armazenado como dados implícitos (p. ex., imagens de ser excluído, uma sensação de ser solitário e diferente dos outros, pensamentos e expectativas de ser julgado pelos outros) e perpetuado por um enfrentamento evitativo que reduz a exposição a novas informações que poderiam desafiar essas suposições e oferecer oportunidades de mudança (p. ex., Barnard, 2009).

Dado o papel substantivo das imagens mentais em *flashback* na geração do sofrimento associado às experiências de trauma não processadas, parece lógico que isso possa ser abordado de forma mais eficaz trabalhando diretamente com a modificação dessas imagens (Holmes, Arntz & Smucker, 2007). Além disso, mesmo quando os pacientes não relatam imagens em *flashback*, as evidências sugerem que as técnicas baseadas em imagens fornecem um dos meios mais poderosos de abordar esquemas codificados a nível implícito, reduzindo assim seus efeitos disfuncionais (Arntz, 2012; Pearson et. al., 2015).

Técnicas de imagens aplicadas em ambientes clínicos

As técnicas baseadas em imagens mentais mais comumente aplicadas em ambientes clínicos incluem aquelas baseadas em exposição imagística (EI) e RI. A maioria das pesquisas sobre os efeitos terapêuticos das imagens mentais tem se concentrado na redução de imagens negativas. A EI (ou evocação) é uma das técnicas mais estabelecidas em cenários de terapia cognitivo-comportamental (TCC), com boas evidências para transtornos baseados no medo em termos de estimulação do processamento emocional e redução do sofrimento (Ehlers & Clark, 2000; Foa & Kozac, 1986). Em contraste, a RI tem sido aplicada em vários cenários como forma de extrair novos significados associados a imagens baseadas em memórias ou eventos imaginados, bem como de desenvolver novas imagens positivas (Casement & Swanson, 2012; Hunt & Fenton, 2007; Morina, Lancee & Arntz, 2017). Enquanto, em alguns casos, a RI compreende um tratamento completo (p. ex., TEPT e pesadelos), em outros casos (p. ex., TE, TCC), a RI forma um componente de uma abordagem psicoterapêutica abrangente.

Estudos preliminares sugerem que a RI pode ser mais eficaz do que a EI no direcionamento de imagens que evocam emoções primárias que não são baseadas no medo (p. ex., raiva, culpa, vergonha) (Arntz, Tiesema & Kindt, 2007; Grunert et al., 2007), embora os achados sejam mistos (Langkaas et al., 2017). Em um estudo em que uma condição de EI foi comparada com EI mais RI, os resultados do tratamento dos sintomas de TEPT foram geralmente equivalentes, mas na última condição a taxa de abandono foi menor, e houve mudanças mais significativas nas emoções não baseadas no medo, como raiva, culpa e vergonha. Além disso, os terapeutas expressaram uma preferência por RI, juntamente com sentimentos reduzidos de desamparo (Arntz, Tiesema & Kindt, 2007).

TÉCNICAS DE TERAPIA BASEADAS EM IMAGENS: TEORIAS DE OPERAÇÃO

As técnicas baseadas em imagens mentais fornecem um contexto poderoso para o processamento cognitivo-emocional. Várias teorias possíveis foram propostas para explicar os mecanismos pelos quais o processamento baseado em imagens se manifesta.

- *Mudança espontânea por meio de evocação*: Uma série de teorias propõem que mudanças espontâneas no significado e no sofrimento baseados em esquemas podem ocorrer simplesmente a partir da exposição a novas informações. Essas mudanças podem ocorrer por meio da habituação às imagens temidas ou da integração espontânea de imagens mais adaptativas ou memórias previamente esquecidas (Hackmann, Bennett-Levy & Holmes, 2011), facilitando assim o desenvolvimento de uma narrativa mais integrada da memória do trauma (Ehlers & Clark, 2000). Além disso, as técnicas baseadas em imagens mentais podem facilitar a integração dos piores medos relacionados aos traumas da pessoa com fatos e resultados reais (Ehlers & Clark, 2000), bem como fornecer uma oportunidade de aprender que os medos associados à reexperiência de memórias (como medo de perder o controle, de enlouquecer) não são corroborados pela realidade (Foa & Kozac, 1986; Jaycox & Foa, 1998).
- *Redução de imagens mentais negativas por meio da competição na memória de trabalho*: Pesquisas recentes sugerem uma função em adicionar atividades visuoespaciais ao processamento baseado em imagens mentais, as quais competem pela carga cognitiva na memória de trabalho. Por exemplo, a respiração atenta (Van den Hout et al., 2011), jogar jogos de computador (Engelhard et al., 2011), *complex spatial tapping* (Andrade, Kavanagh & Baddeley, 1997) e movimentos oculares (Gunter & Bodner, 2008) que são executados concomitantemente com a recordação de imagens angustiantes podem reduzir a vivacidade da imagem angustiante ao sobrecarregar a memória de trabalho visuoespacial, proporcionando, assim, potencial para uma série de efeitos terapêuticos (Lilley et al., 2009). Esse também pode ser um mecanismo pelo qual a terapia de dessensibilização e reprocessamento por meio dos movimentos oculares (EMDR, de *eye movement dessensitisation and reprocessing*) atua no tratamento de imagens de trauma, em que o aumento da carga cognitiva sobre a memória de trabalho parece interferir na codificação das memórias, facilitando a transmissão de informação de sistemas de memórias episódicos para sistemas semânticos/explícitos, bem como a integração de novas informações saudáveis (Shapiro, 2014). Isso tem implicações para o papel potencial da incorporação de exercícios visuoespaciais no contexto de RI, uma área que hoje não é investigada devidamente.
- *Desafiando ativamente o significado esquemático por meio da RI*: As técnicas terapêuticas de imagens mentais operam pela ativação de imagens "quentes" armazenadas na memória, fornecendo assim uma abertura para reflexão sobre o que realmente aconteceu e facilitando o reprocessamento com base em novas informações corretivas. No caso da RI, o terapeuta desempenha um papel mais ativo ao estimular intencionalmente a reestruturação do significado. A partir da ativação de imagens mentais carregadas de emoção, os significados esquemáticos tornam-se mais facilmente acessíveis e passíveis de reavaliação. A RI ofe-

rece oportunidades para o desenvolvimento de novas e poderosas perspectivas por meio da criação de realidades imaginárias alternativas. Da mesma forma, a visualização de novas imagens mentais positivas "do zero" é utilizada em uma variedade de abordagens, incluindo a TE, como um meio de cultivar uma autocompaixão saudável (Lee, 2005; Van der Wijngaart, 2015). Muitos pacientes com histórico de negligência e/ou abuso relatam pouco ou nenhum acesso à autocompaixão no início da terapia. Na TE, isso é parcialmente desenvolvido pela internalização de imagens de "reparentalização" e da sensação de ter as necessidades atendidas (p. ex., por meio de sintonia, afeto, empatia, proximidade) no contexto de RI.

Pesquisas indicam que as imagens mentais operam por meio de vários mecanismos. Mais pesquisas são necessárias para esclarecer os benefícios diferenciais da RI em várias populações clínicas, particularmente em comparação com a EI. No entanto, pesquisas preliminares sugerem que a RI é uma técnica poderosa para a transformação do significado esquemático e a redução do sofrimento emocional associado a memórias traumáticas intrusivas e não intrusivas. A RI tem sido um princípio central da TE desde o seu início, fornecendo uma plataforma poderosa para acessar e desafiar os EIDs profundamente arraigados, associados a traumas complexos, transtornos da personalidade e outras dificuldades de longa data. Na próxima seção, destacamos os princípios-chave para capitalizar o poder transformador da RI.

APLICAÇÕES DE RI EM AMBIENTES TERAPÊUTICOS

As imagens-alvo para RI podem ser acessadas focando-se diretamente em uma situação de trauma infantil conhecida ou começando-se com uma imagem problemática baseada na vida atual do paciente e, em seguida, usando-se uma "ponte de afeto" para facilitar o acesso a uma memória de infância que se conecta ao mesmo EID (Figura 5.1). Certifique-se de que haja emoção adequada acessada na imagem da vida atual antes de utilizar uma ponte de afeto para acessar uma imagem da infância. Se surgir uma imagem positiva, o paciente pode ser orientado a encontrar uma imagem que cause uma sensação "oposta". Uma imagem de um local seguro também pode ser usada, especialmente ao lidar com imagens de traumas graves, tanto como ponto de partida quanto como ponto final após a reescrita. A chave é identificar as primeiras memórias ligadas às figuras centrais da infância dos pacientes e provocar emoções ligadas ao seu EID. Além disso, os pacientes podem ser encorajados a manter um registro de sonhos e/ou pesadelos carregados de afeto, muitas vezes representativos de esquemas, que constituem um alvo importante para o trabalho de RI (Young, Klosko & Weishaar, 2003).

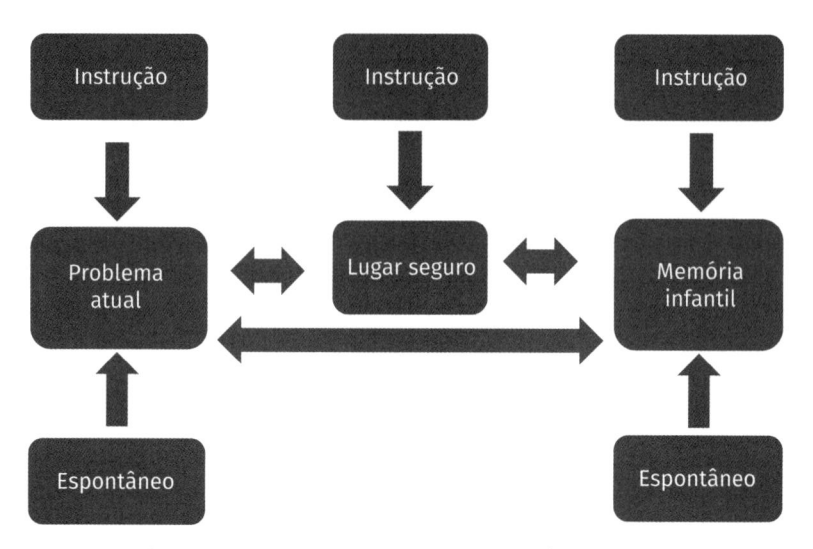

FIGURA 5.1 Caminhos para as memórias da infância (de Arntz & van Genderen, 2009).

Reescrita imagística de imagens da infância – protocolo de três etapas

Arntz e Weertman (1999) desenvolveram um protocolo de RI com três fases principais.

- (1) *Recordação da memória da infância*: O paciente recorda uma memória da infância ligada aos seus EIDs e a descreve em detalhes da perspectiva da criança. O paciente é solicitado a experienciar a memória de forma perceptiva e emocionalmente, descrevendo a situação como a criança na primeira pessoa do presente (tempo verbal). No caso de trauma grave, isso geralmente se restringe ao tempo que antecedeu o abuso/trauma. Por exemplo, "Em sua mente, veja-se como aquela criancinha naquela situação inicial e descreva o que está acontecendo. Agora que seu tio está no topo da escada, pause a imagem... O que você está sentindo? O que está acontecendo em seu corpo? No que você está pensando? De que você precisa?".
- (2) *Reescritas de imagens mentais pelo adulto saudável*: O paciente entra em uma imagem de trauma a partir da posição do modo adulto saudável e é instruído a observar a criança na imagem. Ele então reescreve a imagem para proteger a criança do agressor e proporcionar conforto à criança. Alternativamente, uma outra pessoa importante (p. ex., pessoa de apoio, policial, terapeuta) pode inicialmente assumir este papel ou pode fornecer treinamento adicional para o *modo* do adulto saudável do paciente. Por exemplo: "Traga seu adulto saudável

para a imagem... O que você vê acontecendo? Como você pode manter a criança segura? Como você se sente sobre a criança sendo tratada dessa maneira? O que você quer fazer ou dizer? Você precisa se tornar maior na imagem para gerenciar isso? Vá em frente e faça isso... O que acontece a seguir? Como você pode ajudar a criancinha a se sentir compreendida e cuidada?".

- (3) *A criança reexperiencia a reescrita de imagens mentais*: O paciente reexperiencia a imagem mental reescrita da perspectiva da criança, percebendo como se sente ao ser protegido e cuidado pelo adulto, e é encorajado a imaginar quaisquer mudanças adicionais necessárias para garantir que a imagem reescrita atenda às suas necessidades (ou seja, para aumentar sua sensação de segurança, pertencimento, apego e assim por diante). Do ponto de vista da criança, o paciente então experiencia a imagem com componentes adicionais (p. ex., o agressor é levado pela polícia, a criança é abraçada e tranquilizada). Por exemplo: "Agora volte para quando seu adulto saudável entrou na imagem e veja-o lidando com seu tio... e agora veja-o cuidando de você. Ouça sua voz e suas palavras. Como você sente isso? Há mais alguma coisa de que você precisa? Peça isso ao seu adulto saudável."
- *Questionamento/feedback*: Deve-se deixar tempo no final das sessões de RI para reunião de informações e regulação das emoções do paciente. As sessões terminam com reforços ao paciente pelo trabalho e progresso que fez e validação das suas reações emocionais durante/após as imagens. Esse protocolo tem demonstrado eficácia tanto em relação à transformação de imagens mentais traumáticas baseadas na infância (Weertman & Arntz, 2007), quanto na vida adulta (Arntz, Tiesema & Kindt, 2007; Arntz, Sofi & van Breukelen, 2013; Raabe et al., 2018). Esses achados demonstram o poder da RI na redução da traumatização, ao mesmo tempo em que altera o significado codificado nas memórias traumáticas, incluindo a culpabilização, a sensação de estar errado ou "ser ruim" e a impotência.

Reescrita de imagens mentais – pontos-chave para implementação

- *Ativação de "pontos cruciais" da memória*: Dê tempo suficiente para garantir que o paciente esteja "na" imagem e a experienciando plenamente, pedindo-lhe para descrevê-la em detalhes, na primeira pessoa do presente (tempo verbal), prestando atenção a aspectos perceptivos e sentidos da experiência. Para que o aprendizado ocorra, é essencial que as imagens mentais da situação baseada no esquema sejam suficientemente vívidas para evocar uma resposta emocional (Lang, 1977). Isso exige que o terapeuta encontre um equilíbrio na ativação suficiente de um afeto a partir da exposição à imagem, enquanto minimiza o risco de uma retraumatização. No caso de memórias de abuso grave, a memória é pausada, e a reescrita ocorre no momento anterior ao abuso real. De fato, a eficácia da RI depende da ativação suficiente dos "pontos cruciais" da memória. A reescrita da memória sem a amplificação concomitante de um afeto/emoção será insuficiente para provocar a mudança esquemática. Além disso, as situações traumáticas podem ter vários "pontos cruciais", e cada um deles pode precisar ser abordado (p. ex., o abuso sexual em si, bem como a resposta de rejeição/acusação de um dos pais, posteriormente, quando a criança tentou abordá-los pedindo ajuda). Cada um desses componentes provavelmente terá seu próprio significado esquemático e precisará ser reconhecido.

- *Busca de recursos para superar o antagonista*: O terapeuta (ou o adulto saudável do paciente) deve reescrever a imagem de tal forma que lhe permita "vencer" a interação com o antagonista, e pode recrutar ajudantes, "armas" ou escudos de defesa (p. ex., uma bolha de segurança) até que a criança esteja segura e se sinta satisfeita em suas necessidades. O terapeuta diz à criança o que ele está fazendo para intervir e instrui a criança para perceber isso.
- *Reparentalização por meio da corregulação*: O terapeuta (e, eventualmente, o próprio adulto saudável do paciente) também é responsável por acolher a criança e fornecer um "antídoto" para o EID, por meio da correção de mal-entendidos que fazem com que a criança acredite ser culpada ou de alguma forma responsável pelo adulto (antagonista). O terapeuta deve recorrer ao seu próprio modo adulto saudável para decidir como reagir. Também pode ser útil para os terapeutas fecharem os olhos e identificarem suas próprias inclinações que surgem ao imaginar a situação.
- *Transição do terapeuta para o paciente no papel de adulto saudável*: A RI pode ser adaptada para atender às necessidades emocionais individuais do paciente e à força de seu *modo* adulto saudável (compassivo). Se o lado adulto saudável do paciente estiver suficientemente bem desenvolvido, ele é convidado a entrar na imagem para reagir ao antagonista e atender diretamente às necessidades da criança. Alternativamente, para pacientes com transtornos da personalidade, que podem ter um adulto saudável fracamente desenvolvido, o terapeuta inicialmente assume a liderança e realiza a reescrita, enquanto o paciente permanece dentro da perspectiva da criança. Por meio da modelagem repetida em RI, o paciente começa a internalizar seu próprio adulto saudável (compassivo) e é gradualmente encorajado a assumir o papel de protetor e nutridor interno saudável do terapeuta. Assim, ele aprende a intervir em suas próprias imagens, parando, confrontando e corrigindo o antagonista, bem como se sintonizando com seu *self* da criança vulnerável. Essa transição para o paciente desenvolver seu próprio lado adulto saudável é essencial para todos os pacientes, mas pode exigir mais estímulos e encorajamento para aqueles pacientes com EID de dependência. Com o tempo, essas imagens transformadas e os significados esquemáticos tornam-se o modelo para o autorrelacionamento compassivo na vida cotidiana.

Imagens mentais positivas: Além de reduzir imagens, cognições e afetos negativos e intrusivos, demonstrou-se também que as imagens mentais positivas funcionam como um mecanismo poderoso para gerar esquemas e afetos positivos de forma mais eficaz do que o processamento cognitivo, fornecendo um mecanismo importante para promover uma maturação emocional saudável. A introdução de imagens compassivas e curativas facilita o desenvolvimento emocional saudável e as oportunidades de crescimento, e é potencialmente um componente importante de qualquer tratamento psicológico que vise cultivar mudanças positivas (Gilbert & Irons, 2004; Holmes, Arntz & Smucker, 2007; Lee, 2005). Por exemplo, um paciente que desenvolveu um EID de defectividade e se considera "ruim" por consequência de abusos na infância pode ser orientado a usar todos os cinco sentidos para desenvolver uma imagem e uma sensação visceral de seu próprio "lado sábio" (adulto saudável) que é capaz de prover acolhimento e proteção. Essa imagem pode emergir gradualmente pela internalização da compaixão por parte do terapeuta e de outras pessoas importantes, ou ser desenvolvida de forma mais consciente e sistemática. Os pacientes podem aprender a usar uma "âncora" (p. ex., colocar a mão por cima do coração) para evocar seu adulto saudável em momentos de dificuldade, para acessar a autocompaixão.

As imagens mentais positivas também podem ser usadas para desenvolver uma imagem que represente o *self* de como a pessoa deseja ser no futuro, como alternativa à autoimagem negativa, para fortalecer o modo adulto saudável. A imagem positiva pode ser simbólica, desde que facilite o desenvolvimento de um *self* internalizado compassivo que possa atender às necessidades emocionais do paciente (p. ex., Müller-Engelmann, Hadouch & Steil, 2018). Por exemplo, ela pode assumir a forma de uma figura de fantasia, de um ancestral, de um ser sagrado (p. ex., um anjo da guarda) ou de um aspecto da natureza (p. ex., uma montanha ou árvore) (Schwarz et al., 2017).

A reescrita de imagens mentais como um caminho para o ensaio comportamental e a mudança

Evidências sugerem que imaginar um evento futuro pode aumentar a impressão de que esse evento possa ocorrer, e potencializa a probabilidade dos indivíduos de promoverem mudanças de comportamentos (Holmes & Mathews, 2010). As imagens mentais adaptativas podem ser usadas terapeuticamente para desenvolver um enfrentamento saudável, reduzindo, ao mesmo tempo, padrões de comportamento disfuncionais. O ensaio mental de enfrentar uma situação temida de maneira calma e com compostura pode levar tanto à redução da ansiedade quanto ao aumento da autoeficácia (Mathews, 1971; Moran & O'Brien, 2005). Em TE, as imagens mentais desempenham um papel importante no ensaio de mudanças comportamentais, bem como na identificação de "pontos de estagnação" e em modos que interferem na mudança saudável. Os diálogos de modos podem ser realizados dentro da RI para facilitar a compreensão e permitir que os pacientes ultrapassem os obstáculos para aprender maneiras mais saudáveis de atender às suas necessidades emocionais no dia a dia. Terapeuticamente, as imagens mentais de antecipação podem ser usadas para reverter comportamentos associados à perpetuação do esquema; por exemplo, uma pessoa com EID de negatividade/pessimismo pode se imaginar dançando ou contando uma piada; uma pessoa com EID de inibição emocional pode se visualizar falando sobre sentimentos com outra pessoa de confiança; e alguém com uma subjugação pode ser orientado a ensaiar visualmente a definição de limites para um colega exigente. Isso pode ser seguido por diálogos imaginários de modos esquemáticos quando a voz do esquema (ou o crítico interno/vozes internalizadas) bloqueia o novo comportamento (p. ex., uma conversa em que o paciente interpreta o papel da internalização – "você não merece felicidade" – e o terapeuta refuta isso a partir da forte postura compassiva da voz saudável). As imagens também podem ser usadas para dialogar com modos de enfrentamento evitativos que bloqueiam o trabalho terapêutico experiencial, dificultam a conexão interpessoal ou conduzem ao enfrentamento disfuncional (p. ex., adições). Por exemplo, o paciente pode ser orientado a imaginar ser convidado para uma "saída" com amigos e, em seguida, desempenhar o papel do modo protetor evitativo como um outro "personagem" na imagem que não acha uma boa ideia desistir do uso indevido de álcool e, por fim, responder da perspectiva do adulto saudável.

Alguns princípios terapêuticos para a implementação da RI são descritos ao final do capítulo.

CONCLUSÕES

A abundância de pesquisas sobre os efeitos terapêuticos das imagens mentais nos últimos anos destacou a importância da avaliação e do tratamento focados nestas técnicas para transtornos psicológicos com um componente emocional significativo. A eficácia da RI aproveita a capacidade humana de processar a informação de forma mais eficaz na presença de afetos. A RI é um mecanismo poderoso para transformar o significado esquemático por meio da experiência emocional corretiva, facilitando a transição do *insight* intelectual para a mudança experiencial. Na TE, a RI constitui um mecanismo central que facilita o acesso a crenças de nível mais profundo que são codificadas não apenas na forma de cognições, mas também em memórias, afeto e experiências somáticas. O crescimento da pesquisa neste campo é uma prova do crescente reconhecimento do potencial das técnicas baseadas em imagens mentais para reduzir a angústia e o sofrimento, bem como para facilitar o desenvolvimento de esquemas positivos e saudáveis.

Dicas para os terapeutas

1. *O paciente está muito distante/desconectado*: Certifique-se de que a RI esteja ocorrendo em um ritmo razoável e na primeira pessoa do presente para manter o afeto "quente" (ativação emocional do paciente). O terapeuta deve verificar frequentemente o nível de afeto do paciente e a ativação dos modos esquemáticos em toda a RI para garantir que o indivíduo ainda esteja envolvido com a experiência sensorial completa da imagem mental.
2. *A ativação excessiva leva à dissociação*: Garanta controle adicional sobre o processo para o paciente e incorpore um sinal que indique a necessidade de retornar ao local seguro. Além disso, use uma abordagem graduada e incorpore métodos que facilitem um papel de "observador atento" (p. ex., imaginar-se assistindo à imagem em preto e branco ou do fundo de um cinema). Um pedaço de lã ou outro material também pode ser usado: o terapeuta e o paciente seguram cada um uma extremidade do fio, e o terapeuta o puxa suavemente sempre que o paciente começa a desconectar-se ou dissociar-se emocionalmente.
3. *O paciente não consegue encontrar uma memória*: Desacelere o processo e explore as possíveis razões para isso. Para aqueles com um forte modo protetor desligado, pode ser útil a introdução de sessões de RI espontaneamente, a fim de evitar ansiedade e evitação antecipadas. Os pacientes podem ser encorajados a construir gradualmente sua tolerância para focar em imagens angustiantes por meio da alternância entre essas imagens e imagens de locais seguros.
4. *Lealdade ao antagonista*: Quando um paciente acha difícil aceitar proteção devido à lealdade excessiva aos pais (cuidadores), explique (1) a diferença entre lealdade adaptativa e desadaptativa; (2) o valor de sobrevivência que a lealdade tem para as crianças; (3) que a RI é direcionada a partes do comportamento do cuidador (em vez de todo seu *self*); (4) que a RI é direcionada aos pais (cuidadores) como eles eram no passado (não agora); (5) que o paciente pode escolher posteriormente como se relacionar com o cuidador pessoalmente (em sua vida adulta atual).
5. *O paciente tem medo de consequências futuras*: Pergunte sobre medos potenciais; incorpore medidas para lidar com perigos futuros no contexto da RI (p. ex., colocar o agressor na prisão; levar a criança para um local seguro; dar à criança um *pager* para trazer o terapeuta de volta à imagem conforme necessário). Após a RI com memórias graves de trauma/abuso, prepare um *flashcard* de áudio no *smartphone* do paciente com a definição de limites que terapeuta coloca no modo punitivo (crítico interno/ vozes internalizadas). Verifique como está o paciente por telefone mais adiante na semana.
6. *O paciente teme que vá agir por raiva*: Reassegure-o que as evidências até o momento indicam o contrário, ou seja, a RI pode estar associada a um melhor controle da raiva, mesmo após intervenções de reescrita de imagens mentais violentas

(Arntz, Tiesema & Kindt, 2007). Intervenha na RI como terapeuta e modele formas apropriadas de expressar a raiva. Reconheça e apoie a criança no processamento de sentimentos de raiva na RI e concentre-se igualmente em quaisquer sentimentos vulneráveis subjacentes à raiva.

REFERÊNCIAS

Andrade, J., Kavanagh, D. & Baddeley, A. (1997). Eye-movements and visual imagery: a working memory approach to the treatment of post-traumatic stress disorder. *British Journal of Clinical Psychology, 36*, 209–223. http://dx.doi.org/10.1111/j.2044-8260.1997.tb01408.x

Arntz, A. (2012). Imagery rescripting as a therapeutic technique: Review of clinical trials, basic studies, and research agenda. *Journal of Experimental Psychopathology, 3*(2), 189–208.

Arntz, A., De Groot, C. & Kindt, M. (2005). Emotional memory is perceptual. *Journal of Behavior Therapy and Experimental Psychiatry, 36*(1), 19–34. http://dx.doi.org/ 10.1016/j.jbtep.2004.11.003

Arntz, A. & van Genderen, H. (2009). *Schema therapy for borderline personality disorder*. Chichester: Wiley.

Arntz, A., Sofi, D. & van Breukelen, G. (2013) Imagery rescripting as treatment for complicated PTSD in refugees: A multiple baseline case series study. *Behaviour Research and Therapy, 51*, 274–283. http://dx.doi.org/10.1016/j. brat.2013.02.009

Arntz, A., Tiesema, M. & Kindt, M. (2007). Treatment of PTSD: A comparison of imaginal exposure with and without imagery rescripting. *Journal Behaviour Therapy Exprimental Psychiatry., 38*(4), 345–370.

Arntz, A. & Weertman, A. (1999). Treatment of childhood memories: Theory and practice. *Behaviour Research and Therapy, 37*, 715–740.

Barnard, P. (2009). Depression and attention to two kinds of meaning: A cognitive perspective. *Psychoanalytic Psychotherapy, 23*(3), 248–262.

Brewin, C., Dalgleish, T. & Joseph, S. (1996). A dual representation theory of posttraumatic stress disorder. *Clinical Psychology Review, 103*, 670–686.

Casement, M.D. & Swanson, L.M. (2012). A meta-analysis of imagery rehearsal for post-trauma nightmares: Effects on nightmare frequency, sleep quality, and posttraumatic stress. *Clinical Psychology Review, 32*(6), 566e574.

Conway, M. (2001). Sensory-perceptual episodic memory and its context: Autobiographical memory. *Philosophical Transactions of the Royal Society of London Series B-Biological Sciences, 356*, 1375–1384.

Cuthbert, B., Lang, P., Strauss, C., Drobes, D., Patrick, C. & Bradley, M. (2003). The psychophysiology of anxiety disorder: Fear memory imagery. *Psychophysiology, 40*(3), 407–422.

Ehlers, A. & Clark, D. (2000). A cognitive model of posttraumatic stress disorder, behaviour, research & therapy. *Behaviour, Research & Therapy, 28*, 319–345.

Engelhard, I., Van den Hout, M., Dek, E., Giele, C., Van der Wielen, J., Reijnen, M. & Van Roij, B. (2011). Reducing vividness and emotional intensity of recurrent "flashforwards" by taxing working memory: An analogue study. *Journal of Anxiety Disorders, 25*(4), 599–603.

Foa, E. & Kozac, M. (1986). Emotional processing of fear: Exposure to corrective information. *Psychological Bulletin, 99*, 20–35.

Gilbert, P. & Irons, C. (2004). A pilot exploration of the use of compassionate images in a group of self-critical people. *Memory, 12*, 507–516. https://doi.org/10.1080/ 09658210444000115

Grunert, B., Weis, J., Smucker, M. & Christianson, H. (2007). Imagery rescripting and reprocessing therapy after failed prolonged exposure for post-traumatic stress disorder following industrial injury. *Journal of Behavior Therapy & Experimental Psychiatry, 38*, 317–328.

Gunter, R. & Bodner, G. (2008). How eye movements affect unpleasant memories: Support for a working-memory account. *Behaviour Research and Therapy, 46*(8), 913–931.

Hackmann, A., Bennett-Levy, J. & Holmes, E.A. (2011). *Oxford guide to imagery in cognitive therapy*. Oxford: Oxford University Press.

Harvey, A.G., Watkins, E. & Mansell, W. (2004). *Cognitive behavioural processes across psychological disorders: A transdiagnostic approach to research and treatment*. New York: Oxford University Press.

Holmes, E., Arntz, A. & Smucker, M. (2007). Imagery rescripting in cognitive behaviour therapy: Images, treatment techniques and outcomes. *Journal of Behavior Therapy & Experimental Psychiatry, 38*, 297–305.

Holmes, E. & Hackmann, A. (2004). A healthy imagination? Editorial for the special issue of memory: Mental imagery and memory in psychopathology. *Memory, 12*(4), 387–388.

Holmes, E., Mathews, A., Dalgleish, T. & Mackintosh, B. (2006). Positive interpretation training: Effects of mental imagery versus verbal training on positive mood. *Behavior Therapy, 37*, 237–247.

Holmes, E.A. & Mathews, A. (2005). Mental imagery and emotion: A special relationship? *Emotion, 5*(4), 489–497.

Holmes, E.A. & Mathews, A. (2010). Mental imagery in emotion and emotional disorders. *Clinical Psychology Review, 30*(3), 349–362.

Horikawa, T., Tamaki, M., Miyawaki, Y. & Kamitani, Y. (2013). Neural decoding of visual imagery during sleep. *Science;, 340*(6132), 639–642. 10.1126/ science.1234330

Hunt, M. & Fenton, M. (2007). Imagery rescripting versus in vivo exposure in the treatment of snake fear. *Journal of Behavior Therapy and Experimental Psychiatry, 38*, 329–344.

Jaycox, L. & Foa, E. (1998). Post-traumatic stress disorder. In A.S. Bellack & M. Hersen (Eds.), *Comprehensive clinical psychology* (Vol. 6, pp. 499–517). Amsterdam: Elsevier.

Kosslyn, S.M., Ganis, G. & Thompson, W.L. (2001). Neural foundations of imagery. *Nature Reviews Neuroscience, 2*, 635–642.

Lang, P. (1977). Imagery in therapy: An information processing analysis of fear. *Behavior Therapy, 8*(5), 862–886.

Langkaas, T.F., Hoffart, A., Øktedalen, T., Ulvenes, P.G., Hembree, E. & Smucker, M. (2017). Exposure and non-fear emotions: A randomized controlled study of exposure-based and rescripting-based imagery in PTSD treatment. *Behaviour Research and Therapy, 97*, 33–42.

Lee, D. (2005). The perfect nurturer: A model to develop a compassionate mind within the context of cognitive therapy. In I.P. Gilbert (Ed.), *Compassion: Conceptualisations, research and use in psychotherapy* (pp. 326–351). London: Routledge.

Lilley, S.A., Andrade, J., Turpin, G., Sabin-Farrell, R. & Holmes, E.A. (2009). Visuospatial working memory interference with recollections of trauma. *British Journal of Clinical Psychology, 48*(3), 309–321.

Mathews, A. (1971). Psychophysiological approaches to the investigation of desensitisation and related processes. *Psychological Bulletin, 76*, 73–91.

May, J., Andrade, J., Kavanagh, D.J. & Penfound, L. (2008). Imagery and strength of craving for eating, drinking and playing sport. *Cognition and Emotion, 22*, 633–650.

Moran, D.J. & O'Brien, R.M. (2005). Competence imagery: A case study treating emetophobia. *Psychological Reports, 96*, 635–636.

Morina, N., Lancee, J. & Arntz, A. (2017). Imagery rescripting as a clinical intervention for aversive memories: A meta-analysis. *Journal of Behavior Therapy & Experimental Psychiatry, 55*, 6–15.

Müller-Engelmann, M., Hadouch, K. & Steil, R. (2018). Addressing the negative self-concept in posttraumatic stress disorder by a three-session programme of cognitive restructuring and imagery modification (CRIM-PTSD): A case study. *Journal of Behavioral and Brain Science, 8*(05), 319–327.

Pearson, J., Naselaris, T., Holmes, E. & Kosslyn, S. (2015). Mental imagery: Functional mechanisms and clinical applications. *Trends in Cognitive Sciences, 19*(10), 590–602.

Raabe, S., Ehring, T., Marquenie, L., Arntz, A. & Kindt, M. (2018). Imagery rescripting versus STAIR plus imagery rescripting for PTSD related to childhood abuse: A randomized controlled trial. In preparation.

Schwarz, L., Corrigan, F., Hull, A. & Ragu, R. (2017). *Comprehensive resource model: Effective therapeutic techniques for the healing of complex trauma*. New York: Routledge.

Shapiro, F. (2014). The role of eye movement desensitization and reprocessing (EMDR) therapy in medicine: Addressing the psychological and physical symptoms stemming from adverse life experiences. *Perm Journal, 18*(1), 71–77.

Teasdale, J. & Barnard, P. (1993). *Affect, cognition and change: Re-modelling depressive thought*. Hove: Lawrence Erlbaum.

Van den Hout, M.A., Engelhard, I.M., Beetsma, D., Slofstra, C., Hornsveld, H., Houtveen, J. & Leer, A. (2011). EMDR and mindfulness: Eye movements and attentional breathing tax working memory and reduce vividness and emotionality of aversive ideation. *Journal of Behavior Therapy and Experimental Psychiatry, 42*, 423–431. http://dx.doi.org/10.1016/j.jbtep.2011.03.004

Van der Wijngaart, R. (2015). Ways to strengthen the healthy adult. *The Schema Therapy Bulletin, 1*, 7–10.

Weertman, A. & Arntz, A. (2007). Effectiveness of treatment of childhood memories in cognitive therapy for personality disorders: A controlled study contrasting methods focusing on the present and methods of focusing on childhood memories. *Behaviour Research & Therapy, 45*, 2133–2143.

Willander, J., Sikström, S. & Karlsson, K. (2015). Multimodal retrieval of autobiographical memories: Sensory information contributes differently to the recollection of events. *Frontiers in Psychology, 6*(e73378), Article no. 1681.

Young, J., Klosko, J. & Weishaar, M. (2003). *Schema therapy: A practitioner's guide*. New York: Guilford Press.

Young, J.E. (1990, 1999). *Cognitive therapy for personality disorders: A schema-focused approach* (revised edition). Sarasota, FL: Professional Resource Press.

6

Reescrita de imagens para memórias da infância

Chris Hayes
Remco van der Wijngaart

Acredita-se que as experiências adversas da infância, em interação com o temperamento da criança e as respostas dos cuidadores, compõem as origens dos esquemas iniciais desadaptativos, modos e respostas de enfrentamento (Arntz & van Genderen, 2011). A reescrita de imagens aproveita o poder emocional da visualização mental para ajudar a mudar o significado e o legado de tais experiências negativas da infância.

Historicamente, o trabalho com imagens em psicoterapia assumiu muitas formas diferentes (Edwards, 2011) e há evidências crescentes que apoiam a reescrita de imagens como um tratamento eficaz para uma série de condições psicológicas, incluindo transtorno de estresse pós-traumático, transtorno de ansiedade social, transtorno obsessivo-compulsivo e vários transtornos alimentares (Morina, Lancee & Arntz, 2017). A intervenção sob enfoque da terapia do esquema (TE) concentra-se principalmente na mudança do significado de memórias autobiográficas que podem ter contribuído para o desenvolvimento de esquemas e modos. Os pacientes são convidados a ativar memórias e imagens de eventos da infância ligados a esquemas e modos e a imaginar um final mais favorável e sintonizado com as necessidades da criança (Arntz & Jacob, 2012). Essa abordagem contrasta com outras abordagens baseadas em imagens, nas quais a imagem permanece inalterada, como a exposição imagística (Foa & Rothbaum, 1998), em que o paciente é solicitado a visualizar e "encenar" uma experiência emocionalmente dolorosa sem alterar o resultado. Existem vários protocolos de reescrita de imagens; no entanto, para os propósitos deste capítulo, a reescrita de imagens é definida pelos protocolos descritos por Arntz e Weertman (1999) e Arntz (2014).

A reescrita de imagens é uma ferramenta clínica valiosa por várias razões. Primeiramente, ela fornece uma estrutura para contornar os modos de enfrentamento que normalmente bloqueiam afeto, memórias e cognições. Isso ocorre à medida que o processo de visualização mental ajuda o paciente a se conectar mais facilmente com eventos emocionalmente significativos (Holmes & Mathews, 2010). Como resultado, os sentimentos centrais e o material traumático podem ser acessados e trabalhados diretamente. Em segundo lugar, os pacientes são aptos a fazer conexões mais claras e a ter uma melhor compreensão das origens dos seus esquemas iniciais desadaptativos, modos e problemas de vida do que apenas por meio de discussão (Hackmann, Bennett-Levy & Holmes, 2011). Em terceiro lugar, o terapeuta (e mais tarde o paciente) é capaz de fornecer uma experiência emocional corretiva dentro da reescrita de imagens. O processo de reescrita de imagens não trata apenas de acessar memórias e imagens dolorosas e perturbadoras da infância; também trata de mudar a imagem e proporcionar um novo resultado e significado. Como consequência, os pacientes são capazes de experienciar emoções mais favoráveis e restauradoras que podem ajudar na mudança cognitiva (Arntz, 2011; Holmes, Arntz & Smucker, 2007). Além disso, as intervenções de imagens também são pensadas para ajudar a criar memórias alternativas que são mais facilmente acessadas pelos pacientes (Brewin, 2006; Brewin, Gregory, Lipton & Burgess, 2010).

PRINCÍPIOS FUNDAMENTAIS DA REESCRITA DE IMAGENS

Apego e vínculação

Dentro da reescrita de imagens, os princípios centrais da TE de reparentalização limitada e intervenções experienciais convergem para fornecer um efeito sinérgico. Aqui, o paciente pode experienciar a sintonia do terapeuta e a capacidade de atender às suas necessidades dentro do processo de imagem, proporcionando uma poderosa experiência emocional corretiva. Em contraste com algumas outras intervenções baseadas em reescrita de imagens em que o paciente é encorajado a mudar a imagem por conta própria (Smucker, Dancu, Foa & Niederee, 1995), a reescrita de imagens dentro de um contexto de TE, inicialmente, encoraja o terapeuta a reescrever a imagem, permitindo que o paciente experiencie algumas de suas necessidades emocionais sendo atendidas pelo terapeuta. Ao fazê-lo, o paciente experiencia um apego saudável e forte ao terapeuta. Além disso, o processo fornece modelos para o paciente sobre como responder aos antagonistas e gerenciar situações emocionalmente carregadas da infância. Dessa forma, os pacientes frequentemente relatam ter internalizado ou se inspirado na postura e capacidade de seu terapeuta. Por exemplo, dizendo que pensaram no que o terapeuta faria ou diria em determinada situação. Conforme se avança no tratamento (semelhante a uma criança à medida que cresce), o paciente é encorajado a assumir o papel principal na reescrita, com o terapeuta desempenhando cada vez mais um papel de apoio.

Atender às necessidades do paciente

Transtornos da personalidade e problemas emocionais crônicos são frequentemente associados a negligência, trauma e privação das necessidades da infância (Johnson et al., 1999). Na reparentalização, o conceito de um terapeuta atender às necessidades emocionais centrais é um princípio fundamental e é visto como um antídoto para um passado de privação. O atendimento das necessidades no trabalho com imagens também atua como princípio orientador, conduzindo as intervenções do terapeuta em cada etapa da reescrita. Em circunstâncias difíceis, em que o terapeuta não tem certeza de como proceder, identificar a necessidade da criança na imagem é um método útil para garantir um resultado corretivo.

PROCESSO DE REESCRITA DE IMAGENS

Selecionar imagens significativas

Às vezes, pode ser um desafio identificar imagens potenciais para reescrever. Alguns pacientes relatam dificuldade em lembrar-se de situações específicas de sua infância (às vezes devido a evitação de esquemas ou trauma pré-verbal). Em contraste, outros têm uma visão limitada do impacto emocional de suas primeiras experiências e não relatam memórias específicas, considerando-as irrelevantes em relação a seus problemas atuais ou ao progresso no tratamento. Existem várias maneiras de identificar imagens significativas da infância para reescrita de imagens.

As informações obtidas a partir do processo de avaliação e uso de inventários, como o Inventário de Estilos Parentais de Young (YPI, de *Young Parenting Inventory*; Young, 1996), podem fornecer eventos significativos específicos e imagens para reescrever. Além disso, os pacientes podem acessar as imagens por meio de uma ponte de afeto (ou "*float back*") a partir de um evento desencadeante recente. Aqui, o terapeuta pede para o paciente acessar uma imagem ativadora recente, identificar sentimentos e pensamentos provocados por essa experiência e, em seguida, vincular isso a um evento infantil com sentimentos semelhantes. "Então, esse sentimento de tristeza, como se você não importasse, como se passasse despercebido e como se ninguém estivesse interessado? Agarre-se a esse sentimento e à sensação de que você não importa e tente obter uma imagem da infância em que você se sentiu da mesma maneira."

Um método alternativo para ajudar a acessar imagens significativas para reescrever é o "Google Imagens" ou a "técnica do mecanismo de busca" (de Jongh, Ten Broeke & Meijer, 2010), uma abordagem frequentemente usada em um contexto de dessensibilização e reprocessamento por meio dos movimentos oculares (EMDR, de *eye movement dessensitisation and reprocessing*). Aqui, o terapeuta sugere ao paciente que eles estão "buscando na memória" do seu "mecanismo de busca" mental uma crença ou esquema específico. Por exemplo, uma "pesquisa no Google" de um paciente da crença "eu sou inútil, ruim" (o componente cognitivo de um esquema de defectividade) pode resultar em uma lista de memórias relacionadas que ele anteriormente não havia conectado a esse tema. Semelhante aos mecanismos de busca da internet, os pacientes são incentivados a sugerir várias memórias que podem fazer parte de sua "pesquisa", sendo a "postagem" do topo a mais vinculada à busca desejada. O terapeuta pode encorajar o paciente a completar tal tarefa no seu próprio ritmo como atividade de casa e usar o exercício para preparar o trabalho de imagens ou para fazer ligações ao longo da sessão. Essas memórias-chave podem então ser usadas para futuros trabalhos de imagens.

Existem dois estágios principais de reescrita de imagens. No estágio 1, o terapeuta fornece a reescrita e é o principal agente de mudança. O terapeuta atua como um modelo interno para o paciente e visa proporcionar experiências emocionalmente corretivas, atendendo às necessidades centrais da criança na imagem. O estágio 2 é quando o paciente reescreve a imagem. Isso normalmente ocorre quando o modo adulto saudável do paciente é forte o suficiente para ter compaixão, *insight* e alguma capacidade emocional de responder às necessidades da criança na imagem. Alguns pacientes também podem optar por imaginar personagens carinhosos significativos em sua vida entrando na imagem e auxiliando na reescrita (p. ex., um avô que teve um impacto positivo no paciente). No estágio 2, o paciente e o terapeuta também podem trabalhar juntos para atender às necessidades da criança na imagem.

Existem vários pontos de entrada para o trabalho de reescrita de imagens (Figura 6.1). Os pacientes que ficam apreensivos com as imagens ou são mais desregulados podem se beneficiar ao completar, inicialmente, imagens para criar um "lugar seguro" (ponto inicial A) (ver Parte I, Capítulo 2). Em seguida, "alvos de imagem" específicos para reescrita podem ser acessados a partir de eventos gatilhos recentes (ou estados emocionais dentro da sessão), como uma discussão recente com um parceiro ou um sentimento tenso na sessão com o terapeuta (ponto inicial B). Aqui, o terapeuta usa uma ponte de afeto para identificar eventos iniciais marcantes da infância, nos quais o paciente experienciou sentimentos semelhantes. Alternativamente, o terapeuta pode procurar acessar diretamente imagens especificamente significativas que tenham sido identificadas na avaliação como pertinentes ao desenvolvimento do esquema (ponto inicial C). Por exemplo, um paciente com esquema de subjugação pode identificar uma memória em que se sentiu intimidado e controlado quando criança (com a reescrita começando com esta imagem).

Estágio 1: terapeuta reescreve a imagem histórica

Ao contrário das terapias de exposição, a reescrita de imagens não exige que o paciente visualize os aspectos mais traumáticos da experiência. Em vez disso, o terapeuta visa reescrever a imagem no momento em que a criança precisa que a expe-

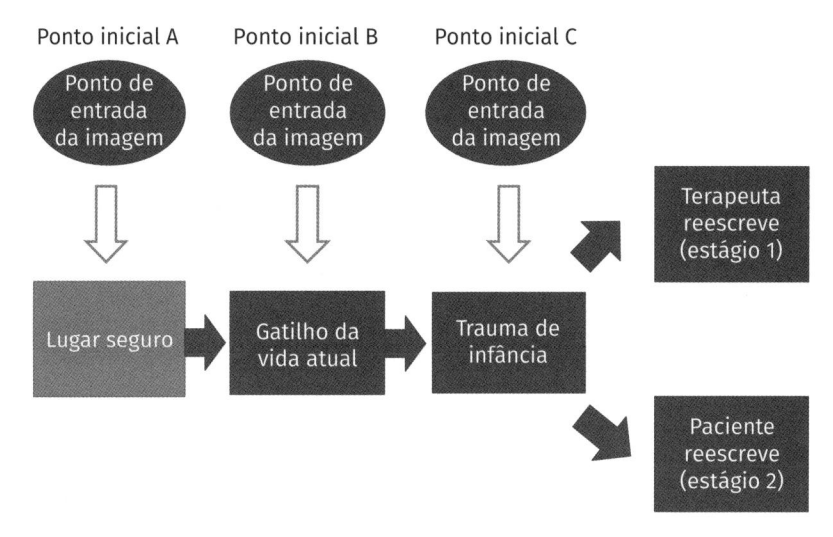

FIGURA 6.1 Reescrita de imagens – estágios 1 e 2 do processo

riência corretiva ocorra. Como resultado, o terapeuta procura acessar algumas das experiências do paciente na cena angustiante sem sobrecarregá-lo ou fazê-lo reviver um evento altamente traumático. Para auxiliar na determinação desse ponto, os terapeutas podem se perguntar: "Se essa fosse uma situação real envolvendo uma criança sob meus cuidados, quando eu interviria?". Esse processo requer um equilíbrio entre entrar muito cedo (e, como resultado, ter acesso limitado aos sentimentos e necessidades da criança na situação) e entrar muito tarde, arriscando que o paciente se sinta sobrecarregado e novamente traumatizado. Normalmente, o terapeuta entra na imagem pouco antes do trauma acontecer na imagem e impede que ele ocorra.

Uma vez na imagem, o terapeuta faz o que for necessário para validar as necessidades básicas da criança. Isso pode significar abordar um antagonista na imagem, retirar a criança da situação, oferecer segurança, conforto ou expressar apreço e cuidado. A reescrita do terapeuta pode ser guiada em parte por seu conhecimento dos esquemas do paciente. Por exemplo, se o paciente tem um forte esquema de subjugação, o terapeuta pode destacar a necessidade de empoderamento e autonomia: "Tudo bem falar o que pensa, eu gostaria muito de ouvir como você está se sentindo, e nada de ruim acontecerá se você expressar seus pensamentos e me contar do que precisa". Em contraste, se um esquema de defectividade for dominante, o terapeuta pode destacar a necessidade de aceitação e apreço: "Acho excelente o que você está dizendo. Não há nada de errado com você por ter esses sentimentos. Qualquer um nesta situação sentiria o mesmo. O que aconteceu aqui não foi sua culpa".

O terapeuta pode avaliar regularmente como o paciente está se sentindo em resposta à sua reescrita: "Como é ter alguém do seu lado?", "Como é me ouvir falando com sua mãe assim?". Essas perguntas oferecem um *feedback* valioso sobre a melhor forma de atender às necessidades da criança na imagem e permitem que o terapeuta adapte sua reparentalização para tornar a imagem mais segura se o paciente estiver angustiado ou sobrecarregado.

Depois que o terapeuta tiver atendido às necessidades da criança na imagem, e o paciente relatar que se sente apoiado e seguro, o terapeuta pode perguntar à criança na imagem: "O que você gostaria de fazer agora?, O que seria bom para você?, Podemos sair para brincar, dar um passeio ou simplesmente nos sentarmos juntos. O que seria melhor para você?". Por exemplo, "Que tal fazermos algo menos intenso, o que você gostaria de fazer agora em vez de ter que lidar com isso? Onde você gostaria de ir agora? Talvez pudéssemos ir brincar lá fora?". Esse processo de conclusão auxilia o paciente a regular seu estado emocional, contrastando emoções intensas com atividades prazerosas e descontraídas. Além disso, esse componente do processo de reescrita incorpora o princípio de reescrita de que a reparentalização do terapeuta (na qual a criança está segura e cuidada) continua além da cena original reescrita.

Estágio 2: o paciente reescreve a imagem histórica

Mais tarde no tratamento, quando o modo adulto saudável do paciente estiver fortalecido, o terapeuta o encoraja a ter um papel mais ativo na reescrita. Aqui, o terapeuta convida o paciente, já adulto, a reescrever a imagem e responder às necessidades da criança. Existem três fases para este estágio: (1) a configuração da imagem, (2) as reescritas do adulto saudável, e (3) a criança vulnerável experiencia a reescrita.

Fase 1 – configuração da cena (paciente na imagem quando criança)

TERAPEUTA: O que está acontecendo com o Pequeno Peter, quantos anos ele tem?
PETER: Tenho sete anos, meu pai chegou em casa e está bravo, está gritando com minha mãe, perguntando onde estou.
TERAPEUTA: Onde você está?
PETER: Estou na lavanderia, assustado, esperando que ele me encontre.

Uma vez que o paciente tenha definido a cena e seus sentimentos e necessidades não atendidas estejam "ativos" na imagem, o terapeuta então passa para a Fase 2.

Fase 2 – o paciente reescreve a imagem (paciente na imagem como adulto)

TERAPEUTA: Quero que você pause a imagem e quero trazer seu lado forte de adulto saudável, você como um adulto, para a imagem com o Pequeno Peter. Seja o adulto saudável agora, talvez sente-se do jeito que o adulto saudável faz. Então agora te-

mos o Pequeno Peter, você adulto e seu pai. Como adulto, como você se sente sobre o que está acontecendo? O que você, como adulto, quer fazer pelo Pequeno Peter?
PETER: Estou farto disso. Está errado! Sinto por aquele garoto, ele não merece isso.
TERAPEUTA: O que você quer fazer ou dizer?
PETER: Eu quero proteger o Pequeno Peter. "Pai, eu não vou mais deixar você tratar o Pequeno Peter assim, não vou tolerar isso. Você está lidando comigo agora!"
TERAPEUTA: Diga isso de novo para ele.
PETER: "Você está lidando comigo agora. O que você está fazendo é errado e eu não vou mais deixar você importuná-lo."

O paciente procede com a reescrita, respondendo às necessidades da criança e proporcionando segurança, cuidado, orientação e apoio e, por fim, prevalecendo sobre a troca.

Fase 3 – perspectiva infantil da reescrita (o paciente na imagem como criança)

TERAPEUTA: Agora quero que você rebobine a fita para o início da imagem, quando o Peter adulto chega, e agora seja o Pequeno Peter – o que você vê...
PETER: Eu estou na lavanderia, estou com medo e me escondendo do meu pai, então o eu adulto entra.
TERAPEUTA: O que acontece agora?
PETER: O eu adulto está enfrentando meu pai, dizendo que está cansado de como ele me trata, que não vai mais aguentar isso e que é com ele que meu pai está lidando agora.
TERAPEUTA: Como é sentir, ouvir e ver isso?
PETER: Incrível, ninguém fala assim com ele.

O terapeuta continua a representar a imagem como antes, perguntando à criança do que ela precisa. Se a criança expressar necessidades adicionais (como cuidado, abraço, etc.), o terapeuta a encoraja a pedir ao seu adulto saudável que atenda às suas necessidades.

TERAPEUTA: Do que você precisa agora? (como o Pequeno Peter)
PETER: Preciso de um abraço.
TERAPEUTA: Você pode dizer isso a ele?
PETER: "Peter Adulto, pode me dar um abraço?" Ele está me abraçando, dizendo que vai ficar tudo bem. Isso é tão bom.

Esse tipo de imagem ajuda o modo criança vulnerável do paciente a se sentir capaz de "conversar" com seu adulto saudável e pedir o que ele precisa nas situações atuais do dia.

REESCRITA DE IMAGENS – TIPOS DE ANTAGONISTAS

Na reescrita, as necessidades emocionais da criança devem atuar como um princípio orientador na determinação do que acontece na imagem, e o terapeuta e o adulto saudável do paciente são livres para fazer o que for necessário a fim de atender às necessidades da criança. Em essência, a reescrita oferece uma oportunidade para a criança na imagem experienciar o que deveria ter acontecido, mas não aconteceu. Normalmente, isso envolve que o terapeuta ou o adulto saudável do paciente tenha um nível de força e influência que não é estritamente realista, no sentido literal, mas incorpora o que a criança precisava no momento e, portanto, é emocionalmente credível e geralmente apreciado pelo paciente. Por exemplo, o terapeuta ou o adulto saudável pode colocar uma figura abusiva sob custódia ou insistir que um pai ou uma mãe negligente ouça como a criança se sente.

Dentro do processo de reescrita, o terapeuta pode encontrar uma série de diferentes circunstâncias e "personagens" que estão associados ao desenvolvimento de um ou mais dos esquemas do paciente.

Antagonistas punitivos

Os antagonistas punitivos são acusadores, abusivos e perniciosos, e o terapeuta precisa tomar uma ação enérgica e direta para proporcionar segurança e cuidado à criança vulnerável. Ao trabalhar com tais antagonistas, o terapeuta "pausa" a imagem, interpõe-se entre a criança e o antagonista e faz o que for necessário para criar uma sensação de segurança, e de poder e gerar um senso de reatribuição. Para que a reescrita seja credível, o terapeuta deve responder de forma determinada, confiante, firme e rigorosa, que mostre que ele, e não o antagonista, é o responsável pelo que acontece.

Exemplo de caso

Quando criança, Sandra foi vítima de um pai violento que frequentemente xingava e batia nela por erros e "mau comportamento". Durante a reescrita de imagens, Sandra descreve a seguinte imagem:

SANDRA: Estou com medo, muito medo; ele está parado na porta, ele está tão bravo, está dizendo que eu sou uma cadelinha estúpida porque derrubei um pouco da minha bebida (paciente ficando chorosa e triste).
TERAPEUTA: Sandra... (Pausa a imagem) quero que você me veja na imagem com você, de pé entre você e seu pai, você consegue me ver aí?

SANDRA: Sim, eu posso te ver lá... estou com medo, não quero que ele (pai) me machuque.
TERAPEUTA: Como é eu estar lá?
SANDRA: É bom, um pouco mais seguro ter você por perto quando meu pai está assim.
TERAPEUTA: Você se sente segura comigo lidando com ele, ou você acha que eu preciso ser maior ou preciso de algo extra para ajudar?
SANDRA: Sim, talvez um pouco maior, porque ele está com tanta raiva...
TERAPEUTA: Ok, então, eu sou maior, mais alto do que ele e estou falando com seu pai agora, Pequena Sandra... (Tom de voz – forte, determinado, rigoroso) "Greg (pai), você pode parar por aí – você está assustando Sandra, ela é uma boa garota. É seu papel fazê-la se sentir segura e você não está fazendo isso, então estou assumindo agora para garantir de que esteja seguro para ela. Eu quero que você vá embora agora". Como ele está respondendo?
SANDRA: Ele não acredita que alguém o esteja enfrentando.
TERAPEUTA: (continua em tom de voz forte e rigoroso). "Você está lidando comigo agora e eu não vou mais deixar você descontar seus problemas em Sandra, agora você está dançando ao nosso ritmo – saia agora daqui. (Estou tirando seu pai da imagem.). "Estou me voltando para você agora, Pequena Sandra. Você não merece tudo isso, é só uma caixinha de bebida. Você é uma boa garota, e ele é o único que tem problemas". Como é ter alguém ao seu lado para protegê-la?
SANDRA: Ninguém nunca fez isso antes, é bom (chorosa).

Antagonistas exigentes/hiperdemandantes

Antagonistas exigentes/hiperdemandantes pressionam para *performance* e conquistas além do que é considerado realista, equilibrado ou dentro dos recursos do paciente. Não há tempo para relaxar, ele deve trabalhar duro o tempo todo e ter sucesso no que faz (p. ex., "só quero que você seja a melhor versão de si mesmo"). Esses cuidadores desejam que seu filho tenha sucesso na vida e sentem que um alto nível de realizações é uma condição necessária para esse sucesso. Enfrentar essas mensagens exigentes requer uma abordagem diferente em comparação com o combate a mensagens punitivas. Aqui, o terapeuta adota uma abordagem mais persuasiva e orientada para a discussão, na qual serão apresentados argumentos sobre porque o relaxamento, a espontaneidade e o lazer são necessidades básicas das crianças.

Exemplo de caso

Ben foi criado por pais amorosos, mas que trabalhavam duro, que nunca tiveram tempo para descansar e relaxar. Ben experienciou uma clara pressão para ter um bom desempenho. Durante um exercício de reescrita de imagens, o pai de Ben está atrás de Ben, que tem 12 anos e está fazendo a lição de casa. Ben está trabalhando há uma hora e gostaria muito de ir brincar lá fora, mas seu pai o pressiona a continuar trabalhando. O terapeuta se dirige ao pai na imagem, reconhecendo suas boas intenções enquanto faz um forte argumento para permitir que Ben tenha tempo para relaxar e brincar: "Apesar de eu entender que você quer o melhor para seu filho, a maneira como você está tentando cuidar dele agora está deixando o Ben exausto. Toda bateria precisa ser recarregada de tempos em tempos, para evitar que acabe. Acho que nós dois queremos que Ben possa olhar para trás, daqui a alguns anos, e ver uma vida feliz e equilibrada, cheia de experiências de amor, conexão e diversão. Não quero que ele olhe para trás e veja uma vida que não era nada além de prazos e trabalho duro".

Antagonistas indutores de culpa

Os antagonistas indutores de culpa exibem desapontamento, tristeza, retraimento ou outras formas de comunicação indireta. Isso é frequentemente usado como uma forma de desencorajar a autoexpressão, a autonomia, a espontaneidade e lazer ou como uma forma indireta de castigar a criança. Tais mensagens são muitas vezes experimentadas como punitivas ("eu sou uma pessoa ruim por deixar minha mãe triste em casa") e, muitas vezes, são passadas de forma indireta, que induz culpa. Em alguns casos, nos quais o antagonista tem problemas de saúde mental ou está socialmente isolado, pode haver uma tentativa desesperada, mas equivocada, de fazer com que a criança satisfaça suas próprias necessidades emocionais e permaneça muito próxima, às custas da necessidade de autonomia da criança.

Em seu desafio aos pais, o terapeuta deve identificar diretamente a comunicação indireta e sutil e chamar atenção para o impacto na criança. Em seguida, a mensagem punitiva não dita deve ser claramente (embora com menos força do que com pais punitivos) refutada e desafiada. O paciente também pode receber educação psicológica sobre a diferença entre lealdade saudável e senso de responsabilidade. Além disso, o terapeuta pode precisar fornecer "ajuda" e apoio ao antagonista (p. ex., o terapeuta pode dizer que irá buscar apoio para cuidadores mentalmente doentes).

Exemplo de caso

Elsa cresceu com uma mãe deprimida e exausta. Ela se apresenta com mau humor crônico e dificuldades em fazer com que suas necessidades sejam atendidas por outras pessoas.

ELSA: Estou em casa com minha mãe.
TERAPEUTA: O que você vê? Quantos anos você tem?
ELSA: Tenho cerca de oito anos. Estou no quarto dela. Eu vim porque quero ir com meu amigo até a loja da esquina comprar alguns lanches – estamos nas férias escolares.

TERAPEUTA: Como ela está na imagem?
ELSA: Ela está deitada na cama. São cerca de três da tarde. Ela está calada, parece cansada e tem olhos tristes.
TERAPEUTA: Como você está se sentindo?
ELSA: Estou triste (começando a chorar), sou um estorvo e não deveria incomodá--la.
TERAPEUTA: Elsa, eu vou falar com sua mãe... "Eu entendo que você se sinta mal, e sinto muito por você. No entanto, você ainda é a mãe de Elsa e deveria cuidar de sua filha – e não o contrário. Eu sei que você se sente mal e precisa de ajuda, mas não é certo colocar o peso em Elsa. Posso providenciar a ajuda de um dos meus colegas mais confiáveis, se você quiser. Mas eu não quero que você sobrecarregue Elsa com sua dor dessa maneira". O terapeuta diz a Elsa: "Quero que você olhe para mim agora em vez de olhar para sua mãe, porque toda vez que você olha para ela, você se sente responsável e culpada. Fico feliz em buscar ajuda para ela, mas não é certo que você tenha que se preocupar com ela. Quero que você simplesmente aproveite a vida e seja uma criança, então você pode ir comprar algo para você mesma agora".

Cuidadores negligentes ou ausentes

Alguns pacientes cresceram em uma atmosfera de negligência emocional e solidão, em que os cuidadores estavam fisicamente e/ou emocionalmente ausentes. Embora os sentimentos punitivos possam ser limitados, o paciente internalizou tais experiências de privação com a mensagem: "Suas necessidades não importam e você não é importante ou passível de ser amado". Em tais situações, o terapeuta pode precisar se concentrar nas necessidades da criança sem a presença de um cuidador. Nesses diálogos, o terapeuta usa a reparentalização limitada para atender às necessidades da criança e validar seus sentimentos. Muitas vezes, a presença, o envolvimento e o desejo do terapeuta de passar um tempo com a criança na imagem fornecem um antídoto para sua solidão e para a sensação de que não importam. Em situações com cuidadores fisicamente ausentes, o terapeuta também pode precisar "trazer à tona" o cuidador nocivo, permitindo uma troca dentro das imagens. Nos diálogos com os cuidadores negligentes, o terapeuta valoriza explicitamente a criança, destaca suas necessidades emocionais e aponta as responsabilidades do cuidador.

Exemplo de caso

John descreve uma imagem em que ele tem nove anos e está sentado sozinho em seu quarto. Seus pais estão fora; ele não sabe onde eles estão ou quando estarão em casa; ele teve que vir sozinho da escola e entrar. O terapeuta entra na imagem e conforta a criança triste e solitária. Ele então pede à mãe de John para se juntar a eles e defende suas necessidades.

TERAPEUTA: Você pode me ver lá com você e sua mãe?

JOHN: Sim, eu posso ver vocês dois lá, você está na minha frente e minha mãe está do lado.

TERAPEUTA: Estou me voltando para sua mãe. "Mary, John é uma criança fantástica e ele precisa de você, ele precisa que você o note, que esteja do lado dele. Ele sente que você não liga para ele e isso não é legal." (voltando-se para John) Como ela está respondendo?

JOHN: Ela parece confusa, dizendo que precisa trabalhar.

TERAPEUTA: (para Mary) "Eu sei que você precisa trabalhar, mas você precisa pensar em John e deixar que ele saiba que você se importa com ele, esse é o seu papel enquanto mãe..." (para John) Como ela está respondendo?

JOHN: Ela está dizendo: "Preciso ir trabalhar". Ela é quase como um robô.

TERAPEUTA: (para Mary) "Mary, eu sei que é difícil para você, mas ignorar seu filho assim o está prejudicando. Não vou ficar parado e não fazer nada. Vou dizer para John que ele é importante e que você tem sorte de tê-lo." (Para John) Como é eu estar lá, sabendo que você não está sozinho?

JOHN: (choroso) Bom...

TERAPEUTA: Estou tirando sua mãe da imagem agora; você consegue me ver lá com você? "Pequeno John, eu me importo com você, você é muito importante para mim, você é muito importante, eu sinto muito por você estar aqui sozinho... Estou tendo tempo para você." Como você se sente comigo estando lá?

JOÃO: Muito bem.

A reescrita não chega a manipular as reações emocionais do antagonista de nenhuma maneira. No caso apresentado, um pai ou mãe negligente não é visto como arrependido (a menos que seja assim que o paciente pensa que o pai ou mãe reagiria). Em vez disso, o terapeuta e o adulto saudável fazem o que for necessário para reparentalizar a criança na imagem. Isso é emocionalmente credível porque o paciente está ciente dos sentimentos de cuidado e compaixão que tanto ele quanto o terapeuta têm pela criança na imagem.

Alguns eventos da infância podem estar inevitavelmente associados a grandes perdas ou tristezas (p. ex., a morte de um ente querido) e pode não ser possível resolver completamente a situação para a criança. O terapeuta é capaz, no entanto, de validar e apoiar a criança e fornecer uma ajuda vital e uma presença profundamente carinhosa que muitas vezes faltava no momento do evento. Dessa forma, o terapeuta tem empatia pela perda inevitável na situação, sem deixar a criança sozinha para lidar com sua dor.

EMOÇÕES NO TRABALHO COM IMAGENS

A reescrita de imagens é projetada para acessar o componente emocional dos esquemas. Como resultado, o terapeuta visa desencadear uma resposta emocional em imagens. No entanto, os terapeutas muitas vezes estão preocupados em não inundar o paciente com um afeto excessivo ou em falhar ao acessar emoções suficientes. Aqui, o modelo da Janela de Tolerância (Siegel, 2015) pode ser uma estrutura útil para o terapeuta entender o melhor nível de experiência emocional para o cliente. O modelo da Janela de Tolerância descreve uma zona de excitação emocional ideal para o trabalho psicoterapêutico, sugerindo que a excitação emocional pode variar entre um estado de hiperexcitação (experiência emocional excessiva ou avassaladora) e hipoexcitação (experiência emocional hipoativa, como se "anestesiado"). Entre tais estados, existe uma "janela" de experiência emocional que permite um processamento eficaz (Ogden, 2009). De acordo com esse modelo, os limites da janela são idiossincráticos para cada indivíduo, com alguns pacientes tendo maior capacidade e disposição para experienciar emoções do que outros. Os fatores que influenciam o alcance da "janela" podem incluir experiências de trauma na infância, temperamento, crenças sobre emoções e fatores ambientais.

Como resultado, o terapeuta do esquema deve levar em conta a Janela de Tolerância ao acessar o material emocional. Inundar e sobrecarregar (e possivelmente traumatizar novamente) o paciente não é o objetivo da intervenção. Por sua vez, o terapeuta também precisa tomar medidas ativas para acessar o modo criança vulnerável quando o paciente estiver desconectado do material emocional.

As seguintes estratégias podem ser usadas para modificar o nível de intensidade emocional nas imagens.

Pacientes lembrando e não experienciando

Alguns pacientes descrevem o que está acontecendo na imagem de uma maneira um tanto distante, como se estivessem observando de longe, em vez de se sentirem parte da cena. Por exemplo, o paciente pode estar se lembrando de um evento da infância em vez de ter uma experiência visual/perceptiva ("Meu pai chegava em casa bêbado e gritava comigo por não ter ido bem na escola"). Aqui, o terapeuta encoraja o paciente a estar na primeira pessoa do tempo presente ("Eu estou voltando da escola, estou um pouco atrasado, meu pai está no portão bêbado, tropeçando e gritando comigo... dizendo que sou patético"). Além disso, o terapeuta se concentra nos aspectos experienciais (particularmente visuais) da experiência (terapeuta: "O que você vê? O que você consegue ouvir ao seu redor?"). Isso ajuda o paciente a vivenciar seus sentimentos e necessidades mais intensamente na imagem, pois sente que está "lá" e isso permite que a reescrita tenha um impacto mais poderoso.

O terapeuta usa sua influência ou fantasia no uso de imagens para gerenciar um afeto (Janela de Tolerância)

Os pacientes geralmente acessam emoções fortes e intensas durante a reescrita de imagens e, às vezes, podem se sentir sobrecarregados. Nessas situações, o terapeuta pode manejar aspectos visuais da cena para ajudar o paciente a se sentir mais seguro, no controle e menos sobrecarregado. Por exemplo, o terapeuta pode usar uma estratégia de "controle remoto" para "avançar rapidamente" ou "rebobinar" experiências específicas. Em alguns casos, os principais antagonistas podem precisar ser removidos, ou recursos de segurança, como uma parede de vidro ou cela de prisão, podem ser usados para conter o caráter aversivo. O terapeuta também pode usar a fantasia para obter uma sensação de segurança e proteção para o paciente na imagem. Por exemplo, o terapeuta pode aumentar de tamanho, entrar na imagem com assistência extra (como a polícia ou protetores de crianças que se tornam figuras adultas imaginadas como seguras, fortes e protetoras).

Em contraste, antagonistas específicos podem não estar na imagem e podem precisar ser "convocados" para que haja uma reescrita eficaz. Por exemplo, um paciente que tem um pai ou mãe ausente pode não ter prontamente muitas lembranças em que o antagonista estivesse interagindo ativamente com ele. Nesses casos, o terapeuta pode precisar trazer o antagonista para a cena a fim de permitir uma interação terapeuta-antagonista. Por exemplo, um pai que tenha abandonado a família pode precisar ser "trazido de volta" para que o terapeuta proporcione uma reescrita.

Sintonizando com a experiência do paciente

O terapeuta visa equilibrar a sintonia à experiência do paciente com a estruturação do processo, para que as necessidades da criança sejam finalmente atendidas na imagem. O terapeuta visa "obter" e mostrar ao paciente sua compreensão das necessidades da criança, em vez de meramente prosseguir com o processo técnico de reescrita. O terapeuta visa sintonizar-se ao conteúdo emocional (Como você está se sentindo enquanto ele diz isso?), a cognições relacionadas ("O que está se passando pela sua mente agora?") e à sensação física ("Onde você percebe isso em seu corpo?"). Além disso, resumos curtos e esclarecimentos em imagens podem aumentar a intensidade da experiência do paciente ("Então, é como se não houvesse nada que você pudesse fazer, certo? Você está com tanto medo e tem a sensação de que vai ter sua cabeça arrancada por ele, não importa o que você faça?").

Para alguns pacientes, a reescrita de imagens pode parecer muito desafiadora. Por exemplo, um paciente pode se sentir sobrecarregado, temer ser controlado ou exposto, ou estar convencido de que a técnica não o ajudará. Se um paciente se recusa a completar o trabalho de imagens, o terapeuta precisa honrar e respeitar sua posição. O terapeuta pode perguntar sobre suas preocupações e encorajar o paciente a dar voz à parte dele que não está disposta a fazer uso de imagens. Isso permite que o paciente avalie os prós e os contras de não se envolver com o trabalho de imagens. Os diálogos de modo também podem ser conduzidos para explorar e lidar com a ambivalência do paciente. Por exemplo, o terapeuta pode ouvir da criança vulnerável do paciente e adaptar as imagens para lidar com seus medos de estar inseguro, ou o adulto saudável do paciente pode responder ao modo pai/mãe punitivo sobre o medo do paciente de estar fazendo papel de bobo ou de cometer erros.

CONCLUSÃO

A reescrita de imagens oferece uma maneira criativa, envolvente e flexível de obter *insights* profundos sobre as origens dos principais esquemas e modos. Também oferece uma oportunidade única para o paciente receber experiências emocionais corretivas que estavam ausentes na infância e são essenciais para o seu crescimento e bem-estar. Além disso, o processo proporciona um fórum para que o adulto saudável se fortaleça e assuma um papel mais central, pois o paciente pratica o atendimento às necessidades de sua criança vulnerável em cada reescrita. Tais intervenções podem proporcionar ao paciente experiências únicas, com a obtenção de resultados poderosos.

O processo pode, no entanto, ser limitado pela vontade e capacidade do paciente de experienciar conteúdo emocional baseado em imagens. Dada a sua intensidade emocional, alguns pacientes podem sentir medo ou desconfiança das imagens e podem procurar evitá-las. Nesses casos, os terapeutas devem perguntar sobre tais preocupações que vêm de uma "parte" deles que não quer fazer uso de imagens. Muitas vezes, as preocupações dos modos de enfrentamento podem ser compreendidas e acomodadas para permitir a reescrita de imagem, às vezes com adaptações criativas ao processo.

A reescrita de imagens pode ser um desafio. O terapeuta pode não saber necessariamente o que vai acontecer com o paciente, ou pode não ter consciência de experiências de infância altamente angustiantes que são reveladas inesperadamente. Dois princípios orientadores que podem oferecer assistência ao terapeuta em circunstâncias tão desafiadoras são: "O que um bom cuidador faria neste momento?" e "Do que a criança precisa e como posso atender diretamente a essa necessidade na imagem?". Dessa forma, o terapeuta sintoniza-se com as necessidades centrais do paciente, e o paciente sente a oportunidade de experienciar algo diferente e mais positivo para o seu *self* futuro.

Dicas para os terapeutas

1. *Ganhe a interação tirando o antagonista da imagem.* Os terapeutas geralmente enfrentam antagonistas hostis ou dominadores. O terapeuta pode finalmente "ganhar a interação" removendo o antagonista; por exemplo, "Veja seu pai saindo da sala agora, então é só você e eu. Ele não está mais no comando".
2. *Tom de voz do terapeuta.* Altere o tom de voz e a linguagem para ser consistente com o personagem que está sendo abordado. Por exemplo, quando o terapeuta está se dirigindo ao paciente como uma criança, é útil para o terapeuta usar linguagem e tom apropriados para a idade ("Ei, Jô, eu sinto muito que esses caras estejam lhe dando tanto trabalho, você pode confiar em mim, eu vou dar um jeito nisso"). Essas mudanças no tom de voz adicionam uma qualidade mais natural ao diálogo e ajudam o paciente a sentir a presença e a sintonia do terapeuta.
3. *Posição do terapeuta.* Os pacientes podem sentir subconscientemente que as trocas combativas são direcionadas a eles mesmos. Para lidar com esses problemas, é útil que o terapeuta mude sua posição corporal para longe do paciente ao falar com o antagonista, voltando em pontos-chave para verificar como o paciente está se sentindo e do que ele precisa.
4. *Ritmo.* O ritmo é semelhante ao de andar de bicicleta: se for muito lento, a bicicleta/processo trava, se muito rápido, o participante não consegue absorver a experiência. É importante que a velocidade da reescrita das imagens não seja muito lenta e prolongada, pois a descrição excessiva tem o efeito de distrair do conteúdo emocional. Se a cena se desenrolar muito rapidamente, não permitirá que o paciente experiencie totalmente a imagem e faça contato com suas necessidades e emoções.
5. *Instrução limitada.* O terapeuta também deve limitar a quantidade de instrução nas imagens e geralmente resistir a dizer diretamente ao paciente o que ele está vendo (p. ex., "Então, você pode me ver – estou entrando pela janela para ajudar" *versus* "Me coloque na imagem, onde você me vê, onde estou?"). Uma orientação útil é que o terapeuta ajude na criação de uma imagem com a menor quantidade de instruções possível, permitindo que o paciente guie o processo.
6. *Entre e saia da imagem.* Prolongar a reescrita por muito tempo pode resultar no paciente reexperienciar outras memórias relacionadas, deixando o terapeuta com um dilema sobre qual cena ele deve reescrever. Como orientação geral, uma vez que a necessidade tenha sido atendida, o terapeuta deve procurar concluir o processo das imagens o mais rápido possível.
7. *"Tenho medo de que eles me machuquem quando você deixar a imagem..."* Os pacientes podem se sentir seguros com o terapeuta protegendo e defendendo-os e, em seguida, se sentem vulneráveis e expostos quando a imagem chega ao fim, temendo que o antagonista retorne ou retalie. O terapeuta pode usar a imagem de alarmes pessoais ou *pagers*, dizendo que ele(a) voltará e cuidará das coisas sempre que necessário.

REFERÊNCIAS

Arntz, A. (2011). Imagery rescripting for personality disorders. *Cognitive and Behavioral Practice, 18* (4), 466–481.

Arntz, A. (2014). Imagery rescripting for personality disorders: Healing early maladaptive schemas. In Thomas, N. & McKay, D. (Eds). *Working with Emotion in Cognitive-Behavioral Therapy Techniques for Clinical Practice* (pp. 203–2015). New York: Guilford Press.

Arntz, A. & Jacob, G. (2012). *Schema Therapy in Practice: An Introductory Guide to the Schema Mode Approach.* Chichester: Wiley-Blackwell.

Arntz, A. & van Genderen, H. (2011). *Schema Therapy for Borderline Personality Disorder.* New York: John Wiley & Sons.

Arntz, A. & Weertman, A. (1999). Treatment of childhood memories: Theory and practice. *Behaviour Research and Therapy, 37* (8), 715–740.

Brewin, C.R. (2006). Understanding cognitive behaviour therapy: A retrieval competition account. *Behaviour Research and Therapy, 44* (6), 765–784.

Brewin, C.R., Gregory, J.D., Lipton, M. & Burgess, N. (2010). Intrusive images in psychological disorders: characteristics, neural mechanisms, and treatment implications. *Psychological Review, 117* (1), 210.

de Jongh, A., Ten Broeke, E. & Meijer, S. (2010). Two method approach: A case conceptualization model in the context of EMDR. *Journal of EMDR Practice and Research, 4* (1), 12–21.

Edwards, D. (2011). From ancient shamanic healing to 21st century psychotherapy: The central role of imagery methods in effecting psychological change. In Hackmann, A., Bennett-Levy, J. & Holmes, E. A. (Eds). *Oxford Guide to Imagery in Cognitive Therapy* (pp. XXIV–XLII). Oxford: Oxford University Press.

Foa, E.B. & Rothbaum, B.O. (1998). *Treating the Trauma of Rape: Cognitive-Behavior Therapy for PTSD.* New York: Guilford Press.

Hackmann, A., Bennett-Levy, J. & Holmes, E.A. (2011). *Oxford Guide to Imagery in Cognitive Therapy.* Oxford: Oxford University Press.

Holmes, E.A., Arntz, A. & Smucker, M.R. (2007). Imagery rescripting in cognitive behaviour therapy: Images, treatment techniques and outcomes. *Journal of Behavior Therapy and Experimental Psychiatry, 38* (4), 297–305.

Holmes, E.A.& Mathews, A. (2010). Mental imagery in emotion and emotional disorders. *Clinical Psychology Review, 30*(3), 349–362. http://dx.doi.org/10.1016/j.cpr.2010.01.001

Johnson, J.G., Cohen, P., Brown, J., Smailes, E.M. & Bernstein, D.P. (1999). Childhood maltreatment increases risk for personality disorders during early adulthood. *Archives of General Psychiatry, 56* (7), 600–606.

Morina, N., Lancee, J. & Arntz, A. (2017). Imagery rescripting as a clinical intervention for aversive memories: A meta-analysis. *Journal of Behaviour Therapy and Experimental Psychiatry, 55,* 6–15.

Ogden, P. (2009). Modulation, mindfulness, and movement in the treatment of trauma-related depression. In M. Kerman (Ed.). *Clinical Pearls of Wisdom: 21 Therapists Offer Their Key Insights* (pp. 1–13). New York: Norton Professional Books.

Siegel, D.J. (2015). *The Developing Mind: How Relationships and the Brain Interact to Shape Who We Are* (2nd edn). New York: Guilford Press.

Smucker, M.R., Dancu, C., Foa, E.B. & Niederee, J.L. (1995). Imagery rescripting: A new treatment for survivors of childhood sexual abuse suffering from posttraumatic stress. *Journal of Cognitive Psychotherapy, 9,* 3–17.

Young, J.E. (1996). Young Parenting Inventory (YPI). Retrieved from the New York Cognitive Therapy Center: www.schematherapy.com

7

Trabalhando com memórias traumáticas e transtorno de estresse pós-traumático complexo

Christopher William Lee
Katrina Boterhoven de Haan

INTRODUÇÃO

O transtorno de estresse pós-traumático (TEPT) complexo é entendido como o resultado de experiências traumáticas muitas vezes prolongadas, repetidas e com início na infância. É tipicamente associado a traumas de natureza interpessoal, como abuso infantil ou tortura (Herman, 1992), enquanto o TEPT simples está associado a traumas de evento único, como um acidente industrial ou uma agressão física pontual.

Embora o conceito de TEPT complexo tenha atraído muita discussão e debate (ver Bisson, Roberts, Andrew, Cooper & Lewis, 2013), permanece uma falta de consenso em relação ao que é considerado o "padrão ouro" em termos de tratamento psicológico baseado em evidências. Talvez sem surpresa, uma metanálise recente de intervenções psicológicas para TEPT em pessoas que sofreram abuso na infância relatou que intervenções individuais focadas no trauma (como terapia cognitivo-comportamental [TCC] focada no trauma e dessensibilização e reprocessamento por meio dos movimentos oculares [EMDR, de *eye movement dessensitisation and reprocessing*]) foram mais eficazes do que abordagens não focadas no trauma (como tratamentos adaptados à TCC que se concentram no enfrentamento, segurança e gerenciamento da ansiedade) (Ehring et al., 2014). Assim, há suporte para intervenções que abordam diretamente o processamento do trauma.

COMPONENTES-CHAVE DAS INTERVENÇÕES PARA PROCESSAMENTO DE TRAUMA

Há, ainda, debates sobre quais são os componentes necessários dessas abordagens focadas no trauma. A International Society for Traumatic Stress Studies defendeu uma abordagem baseada em fases para trabalhar com trauma complexo que identifica a importância de uma fase inicial de estabilização para melhorar a tolerância ao sofrimento dos pacientes, antes de se envolver no processamento do trauma (Cloitre et al., 2012). No entanto, não está claro se essa abordagem em fases melhora os resultados, ou se é um componente necessário da terapia focada no trauma (de Jongh et al., 2016).

A reescrita de imagens (RI) tem sido proposta como uma técnica eficaz no tratamento de traumas infantis ou apresentações de TEPT mais complexas. Há evidências crescentes para apoiar a RI como uma intervenção eficaz para o tratamento de apresentações complexas de TEPT (Morina, Lancee & Arntz, 2017). A RI envolve a reescrita das experiências aversivas do paciente na infância e fornece uma experiência emocional corretiva, na qual as necessidades do paciente são atendidas a partir do seu *self* infantil. O componente-chave da RI não é apenas que ela altera o significado do trauma, mas também que a natureza experiencial do tratamento permite que os pacientes realmente experienciem o novo significado conforme estabelecido na reescrita, integrando ainda mais as mudanças nas crenças centrais (Arntz & Weertman, 1999).

Os modelos para o tratamento do TEPT há muito enfatizam a importância de abordar os processos cognitivos durante as intervenções (Brewin & Holmes, 2003), e uma série de estudos apoiam uma possível ligação entre trauma, gravidade do esquema e TEPT. Pesquisadores descobriram que níveis elevados de esquemas iniciais desadaptativos (EIDs) estão associados a pontuações mais altas de TEPT em mulheres abusadas sexualmente quando crianças (Harding, Burns & Jackson, 2011). Da mesma forma, Ahmadian et al. (2015) relataram a diferença na gravidade do esquema entre pacientes com TEPT agudo e crônico. Em particular, eles encontraram um comprometimento elevado dos processos cognitivo-emocionais (esquemas) em indivíduos com TEPT crônico. Os esquemas também foram mais agudos em veteranos de guerra com TEPT do que naqueles sem TEPT (Cockram, Drummond & Lee, 2010). Curiosamente, enquanto se descobriu em estudos prospectivos que os eventos adversos na infância aumentaram o risco de TEPT em soldados que entram em zonas de guerra (Berntsen et al., 2012), também se descobriu que os EIDs mediam a relação entre os eventos adversos na infância e a chance de um veterano de guerra desenvolver TEPT (Cockram, 2009). Em um estudo, verificou-se que programas de tratamento de TEPT que usam uma abordagem de esquemas levaram à maior redução de sintomas do que uma abordagem tradicional de TCC (Cockram, Drummond & Lee, 2010). Em conjunto, há boas razões para aplicar o modelo de esquemas ao trabalhar com indivíduos com formas complexas de TEPT.

O ENSAIO IREM

Neste capítulo, descrevemos os métodos usados em um ensaio controlado randomizado realizado recentemente, incorporando algumas novas adaptações ao tratamento de TEPT complexo (Boterhoven de Haan et al., 2017). Os dados para o ensaio devem ser publicados em outro lugar e, portanto, não são relatados neste capítulo. No entanto, há pontos do aprendizado clínico que foram capturados a partir da experiência do estudo que compartilhamos aqui. No ensaio, comparamos dois tipos de terapias focadas no trauma, RI e EMDR, para pessoas com TEPT resultante de experiências de trauma na infância. Ambos os tratamentos foram administrados sem estabilização prévia. Esse ensaio, chamado IREM, recrutou participantes, por meio de serviços de saúde mental e especializados em trauma na Austrália, Alemanha e Holanda, que sofreram trauma na infância antes dos 16 anos de idade e tiveram diagnóstico primário de TEPT. Os participantes foram alocados aleatoriamente para a condição de tratamento, onde participaram de 12 sessões, duas vezes por semana, durante um período de seis a oito semanas. A maioria dos participantes tinha extensas histórias de trauma com diagnósticos de comorbidades, como depressão e ansiedade. Avaliações foram realizadas em vários momentos, desde o pré-tratamento, processo, e até o pós-tratamento, com duas avaliações de *follow-up* após oito semanas e uma avaliação um ano após o fim do tratamento. O tratamento com EMDR foi baseado no protocolo desenvolvido por Shapiro (2001), e a RI foi baseada no modelo proposto por Arntz e Weertman (1999). Os terapeutas foram avaliados quanto à adesão ao protocolo de tratamento. Foram realizadas entrevistas qualitativas com os terapeutas e os participantes do estudo para investigar sua experiência dos tratamentos focados no trauma (Boterhoven de Haan, 2018). As entrevistas foram realizadas em cada um dos locais de tratamento, e uma abordagem de análise temática foi usada para explorar os dados. Este capítulo concentra-se na descrição e revisão de alguns dos principais métodos e técnicas clínicas usadas com sucesso neste estudo para aprimorar o reprocessamento de traumas.

Implicações clínicas do estudo IREM

Sugerimos que o processamento de experiências traumáticas para TEPT complexo pode ser melhorado compartilhando-se com o paciente um modelo amplo baseado em esquemas. Fornecer aos pacientes uma justificativa clara ajuda a facilitar o envolvimento no tratamento e a disposição para abordar o material traumático.

Pesquisas mostraram que quando os pacientes recebem uma explicação de como os esquemas e os estilos de enfrentamento relacionados contribuem para vários sintomas, eles são mais propensos a sentir o terapeuta sintonizado com eles e a se sentirem compreendidos. Além disso, relatam um aumento na sensação de serem capazes de compreender a si mesmos. Essa maior autocompreensão estava relacionada a uma melhora no otimismo que, por sua vez, estava associada a melhores resultados no tratamento (Hoffart, Versland & Sexton, 2002).

Neste capítulo, destacamos o uso de um mapa do trauma como uma forma de conceitualização de caso que foi desenvolvida a partir de modelos de processamento de informações de trauma e baseada na Teoria do Esquema. Descrevemos a abordagem de RI para o tratamento de TEPT complexo, incluindo a preparação dos pacientes e as estratégias para melhorar o processamento do trauma. Essa abordagem é ilustrada com um exemplo de caso (Jane) que foi tratado com RI como parte do estudo IREM.

Exemplo de caso

Jane é uma operadora de caixa de banco de 54 anos de idade que procurou terapia para tratar de seu histórico de abuso infantil. Jane apresentava mudanças de humor que variavam de humor deprimido a explosões de "raiva extrema". Ela se sentia distante dos outros e tinha dificuldade em confiar nas pessoas. Além disso, Jane relatou hipervigilância à ameaça e dificuldades para dormir. Ela confirmou que havia sofrido desses sintomas por muito tempo; no entanto, eles haviam aumentado, quando 18 meses atrás, seu marido a deixou depois que ele teve um caso. Ela descreveu fortes crenças negativas sobre si mesma e sobre o mundo, como "não tenho valor", "estou em pedaços" e "não se pode confiar em ninguém".

Jane descreveu um histórico de trauma significativo que começou quando ela foi colocada em acolhimento familiar aos quatro anos de idade. Os eventos traumáticos incluíam abusos físicos, sexuais e emocionais sofridos quase diariamente e que continuaram até que ela fugiu, aos 15 anos de idade.

Jane e Frank estavam casados há 36 anos e tinham um filho, Tanner, de 34 anos de idade. Jane descreveu Frank como solidário; no entanto, ela sentia que tanto Frank quanto Tanner tinham "se voltado contra ela" desde a separação, em particular, Tanner culpando Jane por Frank ter um caso. Jane havia falado recentemente com Frank sobre tentar uma reconciliação, embora não tivesse certeza de como se sentia sobre isso e se era o que ela queria.

Jane tinha um grupo de amigos que via socialmente, mas ela afirmou que eles não eram amigos íntimos, já que ela não gostava de falar sobre si mesma porque isso a fazia se sentir exposta. Ela disse que não havia tido contato próximo com ninguém desde sua separação, pois não queria incomodar ninguém.

MAPEANDO TRAUMAS: IMPLICAÇÕES DOS MODELOS DE PROCESSAMENTO DE INFORMAÇÕES DO TRAUMA PARA A CONCEITUALIZAÇÃO DE CASO DE ESQUEMA

Uma parte importante do processamento do trauma é compartilhar uma conceitualização de caso com o paciente. Para isso, sugerimos o uso de um mapa do trauma, que pode ser utilizado para auxiliar na identificação de memórias específicas de traumas. O mapa pode consistir em uma série de eventos que resultaram em TEPT; e/ou experiências emocionais que, por si só, não resultariam em TEPT, mas cujo efeito cumulativo contribuiu para o desenvolvimento de EIDs, como ser continuamente reprimido por um dos pais. O processo de mapeamento ajuda a construir uma compreensão compartilhada de como as experiências de trauma moldaram os processos de pensamento e os padrões comportamentais do indivíduo. Ao desenhar o mapa do trauma, o paciente normalmente senta-se ao lado do terapeuta, e o diagrama é construído em papel colocado sobre uma mesa de centro. O paciente trabalha metaforicamente e literalmente lado a lado com o terapeuta para compilar a lista dessas experiências centrais. Esse processo é necessariamente conduzido pela experiência do paciente. No entanto, às vezes o terapeuta é mais diretivo ao reconhecer traumas que podem ter sido minimizados ou descartados e os adicionará ao mapa: por exemplo, abuso sexual ou *bullying* na escola. O momento de adicionar esses eventos ao mapa precisa ser escolhido com sensibilidade, e sua inclusão deve ser potencialmente revisitada quando o paciente tiver uma noção melhor de sua relevância.

Embora existam diferentes modelos de processamento de informações de traumas, eles também compartilham características comuns (Schubert & Lee, 2009). Uma característica comum fundamental de vários modelos é que cada memória é codificada com três componentes distintos: informações sobre o estímulo; informações sobre a resposta emocional associada, o que inclui afeto, sensações fisiológicas e comportamentos; e informações sobre seu significado. O componente de significado para alguém com uma apresentação complexa de trauma será, na maior parte das vezes, um EID. Esses três componentes que precisam ser avaliados para cada memória são a base do mapa do trauma.

No caso de Jane, apresentado anteriormente, ela descreveu o abuso sexual de seu pai adotivo como a mais angustiante de suas experiências traumáticas. Jane conseguiu identificar uma memória específica relacionada ao abuso sexual, e a imagem associada a isso era a sua, no quarto principal de seu lar adotivo. Ao relembrar essa memória, Jane foi capaz de descrever os aspectos sensoriais, incluindo ver a luz pelas frestas da porta e ouvir passos subindo as escadas. Ao descrever esse evento, ela relatou sentimentos de vergonha e nojo e um aperto no peito. Ela acrescentou que esses sentimentos de vergonha também acompanhavam a resposta de querer se esconder. Quando questionada sobre seus pensamentos relacionados a essa cena e a esses sentimentos, ela descreveu a sensação de inutilidade e de estar danificada, o que é indicativo de um esquema de defectividade/vergonha. Para ajudar Jane a entender sua experiência de trauma, desenhamos esse evento e seus componentes como pedaços de uma torta; a parte da esquerda representa os detalhes do episódio, a parte de baixo representa os sentimentos e as respostas, e a parte da direita é o significado associado ao evento (ver o círculo do meio da Figura 7.1).

Para apresentações complexas de TEPT, devido à natureza e à gravidade das experiências de trauma, notamos que alguns pacientes têm dificuldade de identificar memórias específicas devido às semelhanças entre as experiências. Nessas situações, pedimos ao paciente que identifique as memórias mais angustiantes ou as imagens de suas memórias traumáticas que mais frequentemente atrapalham sua vida cotidiana. Dessa forma, não é necessário que o paciente se lembre de todas as experiências de trauma; em vez disso, trata-se de identificar possíveis alvos representativos para processamento posterior no tratamento. Em alguns casos, percebemos que, para pacientes que têm histórias de trauma, mas têm dificuldade para identificar memórias específicas de traumas maiores, o foco em memórias de outras

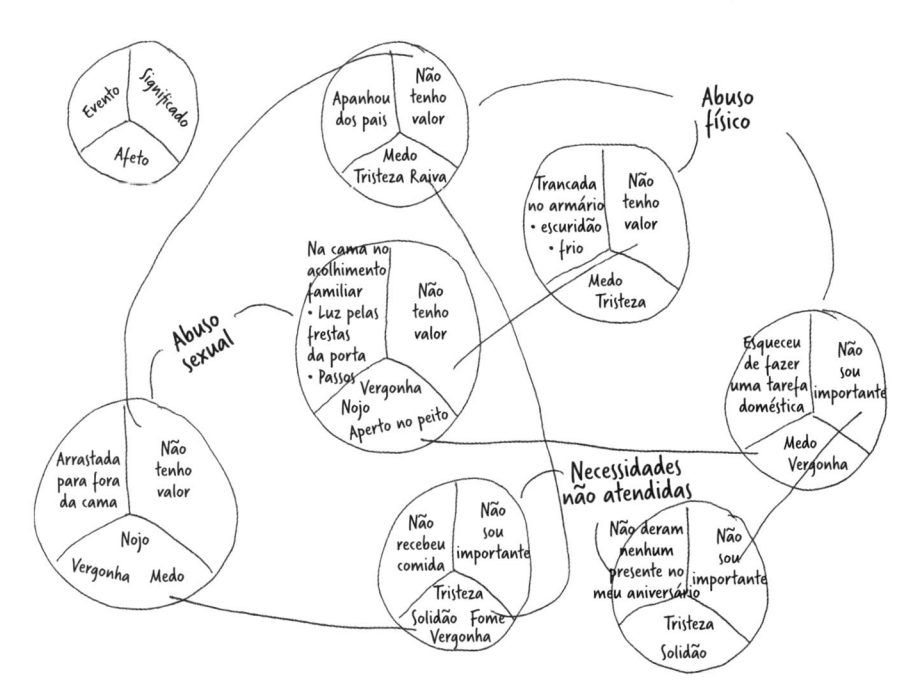

FIGURA 7.1 Um exemplo de mapeamento de trauma com linhas indicando semelhanças nos componentes das experiências traumáticas de Jane.

experiências reconhecidas, relacionadas a esquemas que sejam menos angustiantes, pode ser mais bem tolerado. Quando esses pacientes experienciam um bom resultado para esses traumas menores, eles podem se sentir prontos para progredir para os traumas mais significativos ou os eventos mais angustiantes.

A segunda característica compartilhada de modelos de processamento de informações de traumas é que as memórias traumáticas são associativas e ligadas a outras experiências na rede da memória. Durante o processo de mapeamento do trauma de um paciente, ilustramos as ligações entre as experiências traumáticas da pessoa, porque elas envolvem eventos semelhantes, estados de sentimento semelhantes ou significados semelhantes. Nesse ponto, o terapeuta pode chamar atenção para outras memórias no mapa, as quais anteriormente o paciente pode não ter visto como relevantes. No caso de Jane, foram feitas ligações entre memórias de natureza semelhante, como quando ela não teve suas necessidades atendidas (ou seja, não recebeu comida ou presentes em seu aniversário), ou que envolviam esquemas semelhantes, como acreditar que ela mesma era defeituosa ou sem valor. Esses links podem ser vistos pelas linhas conectadas na Figura 7.1.

Depois de fazer conexões entre o conteúdo das memórias traumáticas, fazemos ligações entre os sintomas de um paciente e suas experiências traumáticas. As experiências negativas acumuladas pelo paciente são a base etiológica do esquema e, em teoria, presumimos que os sintomas da pessoa resultam de uma interação entre seu estilo de enfrentamento e seu esquema (Figura 7.2).

As perguntas que podem facilitar esse processo incluem: Como suas experiências afetaram a maneira como você pensava sobre si mesmo (ou os outros, ou o mundo)? A maneira como você pensa agora é influenciada pelo que aconteceu com você no passado? Como suas experiências moldaram a maneira como você vive sua vida agora? Esse tipo de ligação é muito semelhante às declarações de impacto do trauma usadas na terapia de processamento cognitivo (Resick, Monson & Chard, 2017).

FIGURA 7.2 Um modelo de processamento de informações de trauma baseado em esquema mostrando como a rede de memórias traumáticas dá origem a esquemas que, por sua vez, são mantidos por estilos de enfrentamento que, quando combinados, interferem nos objetivos do adulto saudável.

Quanto mais o paciente responde aos estilos de enfrentamento de rendição, evitação ou hipercompensação, mais ainda essas crenças são fortalecidas por meio de experiências contínuas (Figura 7.2). Isso, por sua vez, interfere no sucesso do paciente em atingir metas do adulto saudável apropriadas e em obter um senso positivo de si mesmo. Isso inclui ter um senso de ser competente/capaz, um senso de conexão estável (amável/simpático) e um senso básico de segurança. Assim, no caso de Jane, ela tendia a se render ao seu esquema de defectividade/vergonha ao permitir que marido e filho a maltratassem e abusassem dela verbalmente, inclusive o filho a culpando pela traição do pai e pela separação conjugal. Ela também usou estratégias de evitação que a impediram de receber informações incompatíveis. Por exemplo, quando Jane escolheu sair socialmente, ela foi dançar com um grupo de pessoas com as quais ela poderia facilmente se safar de falar, não dando a ela mesma a oportunidade de compartilhar qualquer informação pessoal e descobrir que ela era valiosa e poderia ser ouvida. Um exemplo da hipercompensação de Jane era sua reação com extrema raiva quando se sentia criticada ou rejeitada.

A subjugação era outro esquema relevante para Jane. Algumas de suas experiências consistentes com esse esquema incluíam ser espancada quando tentava falar por si mesma ou por outras crianças adotivas. Por meio das experiências em seu lar adotivo, Jane aprendeu que se ela se submetesse a seus agressores, poderia evitar mais punições ou espancamentos. Ao se render a esse esquema, Jane permitiu que o marido tomasse todas as decisões em seu relacionamento. No caso da separação recente, foi o marido que a traiu e foi dele a decisão de sair de casa, mas, recentemente, ele havia falado sobre reconciliação. Jane relatou estar preocupada por achar que não conseguiria dizer não a ele. Sua evitação do esquema de subjugação significava que Jane não atendia a telefonemas ou se escondia das pessoas para evitar conflitos.

O efeito do esquema e dos estilos defensivos é que eles também interferem na obtenção de um senso positivo de si mesmo. Assim, enquanto Jane continua a repetir qualquer um dos comportamentos citados, suas chances de se sentir realmente valiosa diminuem. Outro exemplo, no caso de Jane, é que ela continuou a falar com o marido regularmente, apesar de ter se separado dezoito meses antes. Durante esses telefonemas, ele frequentemente a criticava e a colocava para baixo.

Um mapa do trauma é algo que implementamos na prática clínica fora do IREM. Acreditamos que desenhar as experiências associadas ajuda a preparar o indivíduo para a mudança de esquema. Em primeiro lugar, a criação de um mapa do trauma fornece o reconhecimento visual das experiências de trauma de um paciente e de como elas tiveram impacto sobre ele. Em alguns casos, embora possa ser desafiador para os pacientes, o mapa também parece ajudá-los a se distanciar de suas experiências e, portanto, facilitar a compreensão das origens de seu esquema. Além disso, ao fazer um mapa que mostra explicitamente as conexões entre os diferentes eventos, o paciente está sendo incidentalmente preparado para o processamento do trauma, pois as informações estão mais facilmente acessíveis.

Muitas vezes é útil concluir a sessão do mapa do trauma fazendo ligações entre as experiências de trauma passadas do indivíduo, o processo de terapia e suas formas atuais de pensar, sentir e estar no mundo. Ao explicar como os esquemas conduzem as dificuldades atuais e ao lembrar ao indivíduo que os esquemas se desenvolvem por causa de eventos que aconteceram, em grande parte na infância, e estão além de seu controle, há uma explicação normalizada e não indutora de culpa para suas dificuldades atuais. Além disso, instila-se a esperança de que novos esquemas possam trazer novas formas de pensar, sentir e estar no mundo. "Devido a essas experiências, você começou a acreditar que (inserir esquema) era verdade. Embora você possa saber que logicamente isso não é verdade, em um nível emocional, ainda pode parecer verdade. Embora não possamos mudar o que aconteceu, podemos mudar como essas experiências são armazenadas em sua mente e como você pensa sobre esses eventos. Isso, por sua vez, pode ajudar a mudar como você se sente. Então, a ideia é que (inserir crença positiva oposta ao esquema) começará a parecer mais verdadeiro e, portanto, será mais fácil para você se comportar de maneira a atender suas necessidades." (Em seguida, dê ao paciente um exemplo específico relevante para seu objetivo de saúde mental).

PREPARAÇÃO PARA O TRATAMENTO

Em qualquer tratamento focado no trauma, a preparação é importante. Nossa impressão é que o processo de mapeamento do trauma ajuda a fornecer aos pacientes uma linha lógica para o tratamento por meio das conexões entre suas experiências passadas, autocrenças negativas e comportamentos atuais. Assim, mesmo neste estágio inicial de conceitualização, os pacientes estão preparados para começar a abordar suas memórias traumáticas. Sugerimos que o processo de mapeamento normalmente leve uma ou duas sessões, após as quais o trabalho do trauma começa.

Também é importante para a preparação fornecer uma justificativa para o uso da RI, explicando, por exemplo, que esse tratamento funciona para ajudar as pessoas a mudar o significado de suas experiências de trauma na infância, reescrevendo o evento com um final diferente para que aprendam a se sentir diferentes sobre elas mesmas. No IREM, utilizamos o modelo proposto por Arntz e Weertman (1999), em que, primeiramente, o terapeuta reescreve e depois o paciente o faz. No primeiro estágio da reescrita, o terapeuta é capaz de modelar uma resposta corretiva para a parte infantil do paciente traumatizado. Muitas vezes, os pacientes com experiências de trauma na infância ou TEPT complexo vêm de origens de privação, de forma que raramente tiveram suas necessidades atendidas e, portanto, (compreensivelmente) não sabem como atendê-las por si mesmos quando adultos. O segundo estágio da reescrita é importante para a construção da autoeficácia. O terapeuta ajuda o paciente a entrar na imagem como seu *self* adulto e faz o que for necessário para atender às necessidades da criança nessa memória. Em seguida, o paciente volta à imagem como seu *self* infantil, com seu *self* adulto ao lado respondendo de maneira a atender às suas necessidades. Esse terceiro estágio ajuda a integrar informações corretivas, permitindo que o paciente comece a atender a suas próprias necessidades no presente. (Arntz, 2011).

REESCRITA DE IMAGENS: REPROCESSANDO MEMÓRIAS TRAUMÁTICAS

A fim de construir uma sensação de segurança e motivação para os métodos, um exercício inicial útil pode ser uma reescrita-piloto com uma memória menos aversiva. Sempre que possível, a memória-piloto não deve estar relacionada ao trauma principal para que não haja risco de ativação de material traumático por meio de redes de memória associadas antes que o paciente se sinta pronto.

Após as memórias traumáticas terem sido mapeadas e o paciente estar suficientemente preparado para o tratamento, uma formulação de esquema pode ajudar a determinar a memória-alvo para processamento. Uma memória prototípica do esquema ou a mais angustiante são os melhores alvos. Em geral, também é melhor escolher as primeiras memórias ligadas ao esquema do que as experiências posteriores em que o esquema foi reforçado. Isso às vezes é descrito como a escolha da primeira ou pior experiência de trauma. No caso de Jane, a pior lembrança que ela identificou foi a de abuso sexual retratada por uma imagem de estar na cama de seu pai adotivo. A crença que ela tinha ligada a essa memória era a de não ter valor. Solicitou-se que Jane se concentrasse em todos os aspectos da experiência para ativar a memória traumática, que foi então reprocessada com RI.

Um ingrediente-chave dos modelos de processamento de informações para intervenção no trauma é que o indivíduo esteja conectado com informações que sejam incompatíveis com o significado do trauma (Brewin & Holmes, 2003). Na RI, isso é feito sobrepondo-se o conteúdo do trauma com uma nova imagem relacional de suas necessidades sendo atendidas. Essas novas memórias relacionais são incompatíveis com as mensagens negativas codificadas no momento do trauma. Por exemplo, ao trabalhar com um paciente com esquema de defectividade/vergonha, em uma cena em que a criança foi punida por ter cometido um erro, o terapeuta entra em cena e mostra compaixão pela criança e, portanto, facilita que o paciente desenvolva mais compaixão por seu modo criança vulnerável. Esse trabalho também inclui abordar comportamentos relacionados ao esquema ou respostas de enfrentamento. Por exemplo, Jane, durante seu trabalho com o trauma, recebeu uma experiência emocional corretiva que reforçou a crença positiva de que ela era valiosa e importante. Durante o processamento do trauma de Jane, ela queria fugir nas imagens. Para lidar com seu comportamento de evitação, Jane foi encorajada, durante a reescrita, a confrontar os perpetradores e a defender-se, atitudes que estavam ligadas a seus objetivos de tratamento de querer aprender a lidar com seus problemas de frente e não fugir de situações difíceis.

Durante o tratamento, o terapeuta deve estar ciente de que a RI pode desencadear o modo pai/mãe punitivo do paciente, a partir do qual as mensagens punitivas internalizadas do abuso ou trauma original ressurgem. Esse modo geralmente relaciona-se a esquemas como defectividade/vergonha e postura punitiva, nos quais o paciente sente que é fundamentalmente falho ou "ruim" e que mereceu o que aconteceu na memória original do trauma. O terapeuta precisará se envolver com o modo, ou uma representação dele, para garantir que o paciente se sinta seguro e protegido, e reatribuir quaisquer mensagens punitivas ao modo pai/mãe punitivo, em vez de ficar com essas mensagens como "fatos" negativos sobre seu caráter.

Se o senso do paciente de seu modo pai/mãe punitivo estiver intimamente associado ao genitor ou agressor real, isso pode ser abordado na reescrita normal. Em outros casos, as imagens podem ser usadas para manipular o modo punitivo de uma maneira que reduza seu poder para o paciente. Isso pode ser como colocar uma focinheira em um cachorro ou, no caso de Jane, encolher o modo punitivo para o tamanho de uma formiga e soprá-la para longe dela. Dependendo da gravidade do modo, o terapeuta pode ter que guiar o paciente para fora da imagem e usar outras técnicas, como a técnica das cadeiras, a reparentalização limitada ou a psicoeducação como forma de ajudar o paciente a se conscientizar de como esse modo punitivo se relaciona às suas dificuldades contínuas.

Uma vez que uma memória específica tiver sido reprocessada, o terapeuta e o paciente revisam o mapa do trauma, e o paciente é convidado a considerar quais das outras experiências continuam associadas ao sofrimento. Essa memória torna-se então o próximo alvo para o processamento do trauma. No estudo IREM, normalmente processamos quatro ou cinco memórias traumáticas em um programa de 12 sessões. Nem sempre é possível processar todas as memórias no mapa, por isso é importante focar naquelas que causam mais sofrimento. Além disso, devido à natureza associativa da rede de trauma, quatro ou cinco memórias-alvo parecem suficientes para a mudança de esquema.

Exemplo de caso: progresso e resultado do tratamento

Jane marcou 55 pontos na Escala de Impacto de Eventos Revisada (IES–R – Impact of Events Scale-Revised; Weiss & Marmar, 1997) antes de iniciar a terapia. As pontuações na IES–R variam de 0 a 88; uma pontuação de 55 estaria na faixa clínica grave para TEPT. Inicialmente, foi difícil envolvê-la no tratamento. Ela relatava dificuldades em marcar as consultas e, muitas vezes, evitava se envolver no processo terapêutico. As dificuldades de Jane foram exploradas, e ela reconheceu que estava preocupada em errar, "como todo o resto". Suas dificuldades foram explicadas no contexto de sua formulação de esquemas, ligando-as a seu comportamento problemático e seus objetivos de tratamento. Jane também teve dificuldades para expressar seus sentimentos e necessidades na reescrita: em particular, ela teve dificuldades para expressar raiva. Para ajudá-la a aprender a se expressar, Jane foi encorajada a pensar em todas as coisas que ela gostaria de incluir em uma declaração para explicar como suas experiências traumáticas causaram impacto nela e na sua vida. Foi nesse ponto do tratamento que Jane recebeu a tarefa de intervir em sua própria reescrita da memória traumática. Ela foi encorajada a pensar sobre a declaração que havia escrito e então imaginar o que ela diria ou faria a seus pais adotivos para que eles soubessem o quanto a machucaram. Foi após a sexta sessão, em que Jane se permitiu expressar sua raiva em relação aos pais adotivos, que ela viu sua pontuação na IES–R cair para 39, o que indicaria que ela estava na faixa moderada e ainda atendia aos critérios para TEPT.

Durante o tratamento, Jane e o marido decidiram finalizar a separação; no entanto, semanas depois, ela relatou que seu marido havia ligado e queria se reconciliar. Durante essa conversa, Jane relatou raiva de seu marido por "tentar me intimidar até que eu mudasse de ideia". Ela reconheceu que, no passado, teria se sentido pressionada e acabaria por acatar a vontade do marido. No entanto, pela primeira vez em muito tempo, Jane se defendeu e colocou suas necessidades em primeiro lugar. Experiências como essa contribuíram diretamente para sua crescente sensação de que ela era importante e valiosa. Essa experiência de falar por si mesma se refletiu na sua pontuação de 14 na IES-R da sessão 10, o que sugeria que Jane estava na faixa leve e não preenchia mais os critérios para TEPT. Depois disso, Jane percebeu que queria continuar solteira e estava se sentindo livre pela primeira vez na vida. A pontuação de Jane em sua última sessão foi 5, o que significa que ela estava na faixa subclínica para TEPT. Embora estivesse programada para 12 sessões, Jane sentiu que após 11 sessões ela havia tratado adequadamente seu histórico de trauma. O terapeuta decidiu que, como parte da reparentalização de seu esquema de subjugação, era importante recompensá-la por expressar suas necessidades, então foi acordado que o tratamento seria encerrado naquele momento.

RESUMO

Estudos recentes demonstraram que é possível tratar o TEPT complexo com intervenções focadas no trauma (Ehring et al., 2014; Van Woudenberg et al., 2018). Simultaneamente, também houve um maior reconhecimento da importância do tratamento do trauma como uma abordagem de intervenção de primeira linha. No IREM, entrevistamos 16 terapeutas que participaram do estudo. Um dos temas emergentes das entrevistas qualitativas foi que, desde seu envolvimento no estudo, e independentemente de qual abordagem de tratamento, a maioria trataria primeiro o TEPT e depois abordaria outras questões, conforme necessário.

Uma limitação da generalização do estudo foi que todos os participantes deviam relatar sintomas de TEPT desde a infância, concordar em tentar um tratamento de trauma e estar preparados para se comprometer com as 12 sessões. Descobrimos, em nossa prática clínica, que aqueles pacientes que apresentam histórico de trauma, mas não são claros sobre apresentarem ou não sintomas de TEPT e/ou não estão dispostos a se comprometer com o tratamento de suas memórias traumáticas não se beneficiam inicialmente de uma abordagem de trauma e precisam de mais ênfase no desenvolvimento da relação terapêutica e na capacidade de tolerar emoções negativas.

Apresentamos uma justificativa para a compreensão do impacto do trauma nos esquemas de um paciente por meio de um mapa do trauma e explicamos como o uso dessa ferramenta pode facilitar o envolvimento do paciente em um tratamento focado no trauma. Isso inclui estabelecer ligações entre as várias experiências de trauma de um paciente e seus esquemas, comportamentos atuais e estilos de enfrentamento de rendição, evitação e hipercompensação. Em seguida, identificamos esquemas positivos e relacionamos isso com os objetivos de tratamento do paciente. Depois que todas essas informações são coletadas, a formulação do esquema é usada para ajudar a determinar a memória a ser abordada no tratamento.

Uma vez que o reprocessamento do trauma começa, recomendamos que a memória inicial focalizada seja a *primeira memória* relacionada ao esquema (p. ex., a primeira vez que o abuso ocorreu), a *pior memória* (a memória associada ao maior sofrimento) ou a memória que é *mais representativa do esquema*. A razão para usar essas memórias é que elas são as mais críticas para a rede do esquema e, portanto, uma vez tratadas, produzem a maior mudança emocional. Além disso, elas também aumentam a chance de os efeitos do tratamento nas sessões iniciais se generalizarem para outras memórias relacionadas ao esquema. Ocasionalmente, a memória inicial escolhida pode não ser a primeira ou a pior, mas aquela que parece melhor encapsular o esquema. Após o processamento inicial de uma memória, o mapa é útil para guiar a terapia para a próxima memória traumática mais relevante a ser processada. Isso pode aumentar a eficácia de intervenções focadas no trauma, como EMDR e RI.

Em suma, o mapa do trauma funciona como uma estrutura para que paciente e terapeuta compreendam o impacto do trauma em muitas áreas da vida do paciente e no senso de si mesmo (seus esquemas, suas estratégias de enfrentamento e suas dificuldades atuais). O mapa ilustra por que o paciente é afetado de forma tão profunda e abrangente e por que seus esquemas continuam a ser desencadeados e perpetuados em sua vida atual. Também dá um sentido a como a RI pode ajudar a curar os esquemas do paciente de maneira contida e propositalmente, permitindo que tanto o paciente quanto o terapeuta se sintam mais corajosos em seus esforços para enfrentar, em vez de evitar, memórias dolorosas e angustiantes. Na RI, inicialmente o terapeuta, e depois o paciente, tem a oportunidade de dar à criança traumatizada o que ela precisava, mas nunca teve e, como tal, iniciar um processo de cura do esquema muito necessária. O mapa então permite que o terapeuta e o paciente se reagrupem após cada reescrita e que o paciente integre experiências emocionalmente corretivas em uma compreensão mais ampla de si mesmo e de seus esquemas. Uma vez que as principais experiências de desenvolvimento tenham sido reescritas, o paciente apresenta menos probabilidade de sofrer com gatilhos e tem um adulto saudável internalizado mais forte para atender às suas necessidades na vida cotidiana.

Dicas para os terapeutas

- Uma conceitualização de caso de esquema fornece uma base inicial importante para preparar pacientes com trauma complexo para o trabalho interventivo. Essa conceitualização de caso compartilhada identifica memórias traumáticas que devem ser abordadas e, assim, orienta eficazmente o tratamento.
- Recomenda-se que, em geral, a primeira memória, a pior memória ou aquela que seja mais representativa do esquema seja utilizada como alvo para a reescrita.
- No entanto, os terapeutas precisam ser sensíveis à janela de tolerância do paciente e à relutância em abordar algumas memórias. As memórias não centrais são, portanto, ocasionalmente escolhidas como alvos de prática, antes da abordagem às memórias de trauma centrais.
- Incentivamos um modelo escalonado e de desenvolvimento para pacientes complexos. O terapeuta modela a resposta apropriada de reparentalização para o paciente antes que ele use seu *self* adulto para suprir suas necessidades.
- Durante o processamento, os terapeutas devem estar atentos ao esquema que está sendo visado e às mensagens de antídoto que serão necessárias para permitir a cura do esquema.

REFERÊNCIAS

Ahmadian, A., Mirzaee, J., Omidbeygi, M., Holsboer-Trachsler, E. & Brand, S. (2015). Differences in maladaptive schemas between patients suffering from chronic and acute posttraumatic stress disorder and healthy controls. *Neuropsychiatric Disease and Treatment*, 11, 1677-1684. doi:10.2147/NDT.S85959

Arntz, A. (2011). Imagery rescripting for personality disorders. *Cognitive and Behavioral Practice*, 18(4), 466-481. doi:10.1016/j.cbpra.2011.04.006

Arntz, A. & Weertman, A. (1999). Treatment of childhood memories: Theory and practice. *Behaviour Research and Therapy*, 37(8), 715-740. doi:10.1016/S0005-7967(98)00173-9

Berntsen, D., Johannessen, K.B., Thomsen, Y.D., Bertelsen, M., Hoyle, R.H. & Rubin, D.C. (2012). Peace and war: trajectories of posttraumatic stress disorder symptoms before, during, and after military deployment in Afghanistan. *Psychological Science*, 23(12), 1557-1565. doi:10.1177/0956797612457389

Bisson, J.I., Roberts, N.P., Andrew, M., Cooper, R. & Lewis, C. (2013). Psychological therapies for chronic post-traumatic stress disorder (PTSD) in adults. *Cochrane Database Systematic Reviews*, 12, CD003388. doi:10.1002/14651858. CD003388.pub4

Boterhoven de Haan, K.L. (2018). What therapists and adult patients tell us about treating their PTSD from childhood trauma. Presentation to 49th European Association for Behavioural and Cognitive Therapies, Bulgaria.

Boterhoven de Haan, K.L., Lee, C.W., Fassbinder, E., Voncken, M.J., Meewisse, M., Van Es, S.M. ... Arntz, A. (2017). Imagery rescripting and eye movement desensitisation and reprocessing for treatment of adults with childhood trauma-related post-traumatic stress disorder: IREM study design. *BMC Psychiatry, 17*(1), 165.

Brewin, C.R. & Holmes, E.A. (2003). Psychological theories of posttraumatic stress disorder. *Clinical Psychology Review, 23*(3), 339–376. doi:10.1016/S0272 7358(03)00033-3

Cloitre, M., Courtois, C., Ford, J., Green, B., Alexander, P., Briere, J. ... Spinazzola, J. (2012). *The ISTSS Expert Consensus Treatment Guidelines for Complex PTSD in Adults.* Retrieved from www.istss.org/

Cockram, D. (2009). Role and treatment of early maladaptive schemas in Vietnam Veterans with PTSD. From Murduch University Research Repository http://researchre pository.murdoch.edu.au/id/eprint/1309

Cockram, D.M., Drummond, P.D. & Lee, C.W. (2010). Role and treatment of early maladaptive schemas in Vietnam veterans with PTSD. *Clinical Psychology & Psychotherapy, 17*(3), 165–182.

de Jongh, A., Resick, P.A., Zoellner, L.A., van Minnen, A., Lee, C.W., Monson, C. M. ... Bicanic, I.A.E. (2016). Critical analysis of the current treatment guidelines for complex PTSD in adults. *Depression and Anxiety, 00*, 1–11. doi:10.1002/da.22469

Ehring, T., Welboren, R., Morina, N., Wicherts, J.M., Freitag, J. & Emmelkamp, P.M.G. (2014). Meta-analysis of psychological treatments for posttraumatic stress disorder in adult survivors of childhood abuse. *Clinical Psychology Review, 34*(8), 645–657. doi:10.1016/j.cpr.2014.10.004

Harding, H.G., Burns, E.E. & Jackson, J.L. (2011). Identification of child sexual abuse survivor subgroups based on early maladaptive schemas: Implications for understanding differences in posttraumatic stress disorder symptom severity. *Cognitive Therapy and Research, 36*(5), 560–575. doi:10.1007/s10608-011-9385-8

Herman, J.L. (1992). Complex PTSD: A syndrome in survivors of prolonged and repeated trauma. *Journal of Traumatic Stress, 5*(3), 377–391. doi:10.1002/jts.2490050305

Hoffart, A., Versland, S. & Sexton, H. (2002). Self-understanding, empathy, guided discovery, and schema belief in schema-focused cognitive therapy of personality problems: A process–outcome study. *Cognitive Therapy and Research, 26*(2), 199–219. doi:10.1023/a:1014521819858

Morina, N., Lancee, J. & Arntz, A. (2017). Imagery rescripting as a clinical intervention for aversive memories: A meta-analysis. *Journal of Behavior Therapy and Experimental Psychiatry, 55*(Supplement C), 6–15. doi:10.1016/j.jbtep.2016.11.003

Resick, P.A., Monson, C.M. & Chard, K.M. (2017). *Cognitive Processing Therapy for PTSD: A Comprehensive Manual.* New York: Guilford Press.

Schubert, S. & Lee, C.W. (2009). Adult PTSD and its treatment with EMDR: A review of controversies, evidence, and theoretical knowledge. *Journal of EMDR Practice and Research, 3*(3), 117–132.

Shapiro, F. (2001). *Eye Movement Desensitization and Reprocessing: Basic Principles, Protocols, and Procedures* (2nd ed.). New York: Guilford Press.

Van Woudenberg, C., Voorendonk, E.M., Bongaerts, H., Zoet, H.A., Verhagen, M., Lee, C.W. ... De Jongh, A. (2018). Effectiveness of an intensive treatment programme combining prolonged exposure and eye movement desensitization and reprocessing for severe post-traumatic stress disorder. *European Journal of Psychotraumatology, 9*(1), 1487225. doi: 10.1080/20008198.2018.1487225

Weiss, D. (1997). The Impact of Event Scale–Revised. In J. Wilson & T. Keane (Eds.), *Assessing Psychological Trauma and PTSD* (168–189). New York: Guilford Press.

8

Imagens mentais da vida atual

Offer Maurer
Eshkol Rafaeli

INTRODUÇÃO

Este capítulo aborda uma variedade de técnicas de imagens focadas em cenas do passado recente, presente ou futuro que podem ser pensadas como adaptações da reescrita de imagens clássicas (RI). O que é único nas técnicas apresentadas neste capítulo é que elas direcionam a atenção do paciente (e do terapeuta) para situações carregadas de emoção nos dias atuais, facilitando assim a compreensão, o processamento, o ensaio e/ou a reescrita de situações "ao vivo", que às vezes ainda estão se desdobrando.

Para a maioria dos pacientes, uma combinação de imagens da infância e da vida atual ao longo da terapia é o ideal. Enquanto as técnicas de imagens focadas na infância ajudam os pacientes a entender as origens de seus esquemas e necessidades não atendidas, as técnicas descritas a seguir oferecem aos pacientes a oportunidade de trabalhar com seus esquemas e modos conforme eles operam em sua vida atual.

A proximidade imediata, a vivacidade e a relevância das experiências atuais criam uma arena particularmente atraente para trabalhar e efetuar mudanças. Em particular, isso pode levar a um de vários benefícios, incluindo a conscientização sobre (e a diferenciação entre) os modos, fortalecendo o modo adulto saudável do paciente (e, particularmente, a capacidade adaptativa desse modo de reparentalizar os modos criança), e ensaiando a mudança de comportamento.

Até o momento, poucos estudos exploraram empiricamente o valor dos métodos focados na atualidade. No entanto, um estudo encorajante de Weertman e Arntz (2007) sugeriu que a terapia cognitiva focada em esquemas poderia progredir desde um foco nas memórias do presente para as memórias do passado, ou vice-versa, com benefícios iguais. Além disso, alguns métodos de imagens atuais demonstraram ser componentes produtivos de intervenções baseadas em evidências (incluindo técnicas de imagens positivas: Hackmann, Bennett-Levy & Holmes, 2011; protocolos de tratamento breve de ansiedade, por exemplo, Prinz, Bar-Kalifa, Rafaeli, Sened & Lutz, 2019; e redução do estresse baseada em *mindfulness*: Grossman, Niemann, Schmidt & Walach, 2004).

O capítulo está organizado em três seções, descrevendo técnicas de imagens relativas a cenas do passado recente, presente imediato e futuro. Ele conclui com algumas recomendações relevantes em todas essas técnicas.

REESCRITA DE IMAGENS MENTAIS DO PASSADO RECENTE

Muitos terapeutas familiarizados com RI usam experiências atuais como ponto de partida para acessar memórias muito anteriores. Nesses casos, o terapeuta pode dar um *zoom* em um evento recente carregado de emoção relatado pelo paciente (p. ex., um conflito com um familiar ou colega; a experiência de uma perda ou rejeição, etc.) e convidar o paciente a fechar os olhos e trazer essa cena à mente da forma mais vívida possível. Uma vez que a cena é vívida o suficiente, o terapeuta dirige a atenção do paciente para sua experiência emocional e sensação corporal nesta situação, e pede ao paciente que deixe os outros aspectos (mais externos) da cena se dissiparem. A partir de um foco em suas emoções e sensações físicas, o paciente é solicitado a atravessar uma "ponte de afeto" (Watkins, 1971) ligando esse evento recente a algum evento anterior por meio das emoções e sensações compartilhadas. A seguir está uma vinheta exemplificando tal trabalho (clássico) de RI.

Exemplo de caso

Adam, um paciente de 29 anos, entrou na sessão sentindo-se defeituoso, envergonhado e sem esperança, tendo por pouco não sofrido um acidente de carro por não ter visto um sinal de pare. Na imagem do dia atual, ele se conectou com um sentimento de desânimo sobre sua capacidade prejudicada de dirigir e sobre o que isso significaria tanto para seu trabalho quanto para sua vida amorosa. O uso de uma ponte de afeto permitiu que Adam e seu terapeuta vissem a semelhança emocional entre essa cena e muitos exemplos anteriores de humilhação. Uma memória saliente que se tornou o foco da RI (clássica, focada na infância) foi a experiência repetida de ser castigado por seu pai quando ele estava aprendendo a andar de bicicleta entre os seis e sete anos.

Uma adaptação simples do trabalho da RI envolve o uso dessa técnica para reescrever eventos recentes carregados de emoção sem buscar uma ligação com um evento anterior da infância. Um terapeuta pode escolher essa estratégia por várias razões. Em primeiro lugar, dada a relutância de muitos pacientes em se envolver com material histórico, o terapeuta pode optar por utilizar um trabalho focado no passado recente nos estágios iniciais da terapia como um trampolim para um trabalho mais tradicional de RI focado na infância mais tarde na terapia, uma vez que o paciente tenha visto a utilidade do trabalho experiencial/de imagens e a própria relação terapêutica pareça mais segura. Um foco no presente também pode ser indicado quando o evento recente é particularmente angustiante e o terapeuta determina que a regulação negativa da emoção, em vez da intensificação de um afeto mais típico da RI clássica, é a prioridade. Finalmente, um foco em eventos do passado recente pode ser apropriado quando eles fornecem uma oportunidade boa o suficiente para fortalecer o adulto saudável, acessar a vulnerabilidade ou simplesmente diferenciar entre vários modos ativados em uma cena. A seguir, ilustramos como Adam e seu terapeuta inserem esse trabalho em uma sessão típica.

ADAM (A): Eu tive uma semana muito difícil – terça foi o pior dia! Quando eu estava no trabalho e estava saindo do elevador, minha "chefona" passou por mim, nem mesmo dando conta da minha existência. Você acredita nisso? Na verdade, tentei murmurar algum tipo de cumprimento, "bom dia" ou algo assim... mas na verdade foi apenas um murmúrio. Seu rosto estava totalmente congelado, quase com raiva, olhando através de mim, direto nos meus olhos.

TERAPEUTA (T): Uau... Que experiência horrível. Você pode tentar me dizer – o que você estava sentindo? O que estava se passando pela sua cabeça?

A: Por um momento me senti magoado, chocado, enfurecido. Mas na hora eu estava simplesmente inundado de ansiedade... De repente, senti 100% de certeza de que seria demitido! E também que é tudo culpa *minha*...

T: Que situação dolorosa... sentimentos tão difíceis... E também, estou pensando... que é tão relevante para tudo o que temos falado recentemente, especialmente o esquema de abandono. Você estaria disposto a fazer algum trabalho de imagens usando essa cena que você acabou de descrever? (Usando a experiência recente como ponto de partida para imagens.)

A: Claro. Foi tão intenso... Ainda consigo sentir a sensação trêmula que tive enquanto tudo acontecia.

T: Com certeza. Parece uma situação muito perturbadora. Você estaria disposto a fechar os olhos por um minuto e obter uma imagem do que viu bem ali, do lado de fora do elevador? (Adam fecha os olhos) Tente entrar na situação e me diga o que está acontecendo...

A: Eu estava saindo do...

T: Você pode tentar me dizer como se estivesse acontecendo agora... então, "estou saindo do elevador"?

A: Sim... Tudo bem. Então, eu estou saindo do elevador no meu andar, e daí, ao me virar lá vem a "chefona"... Estou tentando chamar sua atenção – falar, dizer "bom dia" ou algo assim... ela está passando por mim, minhas palavras ficam meio arrastadas ou talvez se transformam em um murmúrio... e eu fico tipo – essa &%$^# está me ignorando totalmente!

T: Entendo... Vamos diminuir o ritmo dessa cena. Tente imaginar tudo em câmera extremamente lenta, talvez começando com o momento em que você percebe que ela está lhe ignorando... O que está acontecendo com você agora? O que você está sentindo?

A: Estou *muito* magoado! E estou furioso! Como ela ousa! Que tipo de comportamento é esse? Que pessoa horrível.

T: Você está magoado, você está muito bravo.

A: Sim..., mas mais ainda, estou preocupado... estou preocupado que *ela* esteja com raiva de *mim*... estou pensando comigo mesmo que devo ter feito algo para irritá-la e é por isso que ela não me olha nos olhos. E então, numa fração de segundos, eu me vejo relembrando todas as minhas ações no trabalho e estou começando a ver tudo como um grande fracasso... Ela vai me demitir! Ela vai me demitir! O que vou fazer? Tenho contas a pagar, tenho uma hipoteca a pagar! Eu tenho compromissos... O que vai acontecer a seguir?! Estou sozinho. É tipo, "Fim de jogo".

T: Vamos desacelerar um pouco mais as coisas, então. Quero ajudá-lo a encontrar um lugar seguro, um lugar onde você possa ficar sozinho por alguns momentos... Você poderia se imaginar entrando em seu escritório e fechando a porta atrás de você? Imaginar-se sentado junto à mesa? (Tentando regular a emoção do paciente, e também entrar em um espaço – ainda que imaginado – em que o trabalho de reescrita possa ser realizado.)

A: Sim.

T: Ok... Estaria tudo bem se eu falasse com alguns dos modos que parecem estar surgindo agora?

A: Claro, tudo bem.

T: Ótimo. Eu gostaria de começar dizendo algo para a sua parte assustada, o modo com o qual você está tão fortemente em contato agora...

A: Sim?

T: Ei... eu entendo você, amigo... Eu posso sentir como você está abalado. Foi realmente uma situação muito desagradável lá fora... Diga-me como você está agora...

A: Eu só estou apavorado que ela vá me demitir... é isso. Não consigo ver além desse medo agora.

T: Eu estou ouvindo você, eu realmente estou ouvindo. Posso trazer outra parte agora? Eu gostaria de tentar entrar em contato com outra parte de você...

A: Sim..., qual?

T: Eu estava pensando nessa sua parte raivosa, a parte que foi ativada pela primeira vez quando sua chefe não disse oi... Estou certo?

A: Sim..., mas, hummm..., mas não estou tão em contato com ele agora...

T: Eu sei..., mas você *poderia* tentar retroceder um pouco, e voltar àqueles pensamentos e sentimentos que você teve *bem* quando percebeu que ela não estava fazendo contato visual?
A: Ok, um pouco, eu acho...
T: Você falaria a partir deste lado de você? O que você acha? O que você sente?
A: Bem, ela é uma idiota, isso é certo. Quer dizer, eu trabalhei como louco para deixar todas as coisas prontas para a reunião de final do trimestre na semana passada. E agora ela nem *me vê*? Isso é *muito desagradável*. Nada legal.
T: Ok... bom... Tenho a sensação de que você está um pouco mais nesse modo agora, certo?
A: Pode apostar que estou... Quem diabos ela pensa que é? Não, sério! Estou lhe perguntando!
T: Agora vamos trazer mais uma parte para o escritório... Mas espere... Onde você colocaria cada um dos lados de que falamos até agora na imagem que você tem em sua mente? Você pode olhar para a parte assustada e me dizer onde você o vê agora? E também, onde está a parte com raiva?
A: O assustado está embaixo da mesa (*rindo um pouco, parece confuso*). O zangado está de pé perto da mesa.
T: Isso é *incrível*. Agora, por favor, traga seu *self* adulto, a parte de você que vê o quadro geral também... Onde ele vai estar?
A: Eu acho que talvez... eu estaria sentado normalmente junto à mesa.
T: Ótimo. Você poderia agora *ser* esta parte de você, sentado à mesa, olhando para as outras duas? A parte assustada debaixo da mesa, e também a parte zangada perto dela? (Acessando e fortalecendo o adulto saudável, ajudando o paciente a diferenciar entre os vários modos.)
A: Sim...
T: Tente ver se você pode dizer algo para cada uma delas... Tente refletir sobre cada uma de suas reações e do que elas precisam... Vamos fazer isso de forma tranquila e lenta.

Como esta vinheta ilustra, as imagens podem ser adaptadas para trabalhar com eventos recentes carregados de emoção sem necessariamente buscar uma ligação com eventos anteriores da infância. Essa imagem também não exigia "reescrita" no sentido de alterar quaisquer eventos externos na cena; em vez disso, foi usada para convocar o adulto saudável do paciente a ajudá-lo em suas reações orientadas por esquemas. Um dos principais benefícios desse trabalho é que ele fornece acesso vívido aos modos ativados em situações recentes e, assim, possibilita um trabalho de modo eficaz que parece "vivo" para o paciente, pois ele é levado de volta a toda a gama de emoções, pensamentos e sentimentos nele evocados. Muitas vezes, isso contorna as narrativas mais isoladas ou controladas do paciente sobre a situação, que podem não considerar sua vulnerabilidade subjacente e suas necessidades centrais.

TÉCNICAS DE IMAGENS FOCADAS NO PRESENTE

As técnicas de imagens também podem ser usadas para focar na experiência imediata do paciente – ou seja, no próprio momento presente. Esse foco muitas vezes assume a forma de convidar o paciente a fazer contato com uma sensação de seu modo criança vulnerável, de convocar uma consciência das qualidades e pontos fortes de seu modo adulto saudável e de estabelecer um diálogo sintonizado, acolhedor e reparador entre os dois.

Para se conectar com a criança vulnerável por meio de imagens mentais, o terapeuta pode simplesmente convidar o paciente a fechar os olhos e a imaginar ou ser o seu lado mais jovem, seja na *primeira* pessoa (Você pode ser o lado mais jovem de si mesmo agora?) ou na *terceira* pessoa (Você pode ver esse lado mais jovem de si mesmo, talvez sentado ao seu lado?). O terapeuta pode aproveitar um momento oportuno em que tristeza, medo ou alguma outra angústia esteja presente e perguntar ao paciente se ele estaria disposto a entrar nisso mais profundamente. O paciente então verbalizaria o que ele (como aquela parte mais jovem) está experienciando, sentindo e pensando. Por exemplo, o terapeuta de Adam pode dizer: "Adam, você pode fechar os olhos e ser, por um momento, a parte de você que se sente mais vulnerável ou magoada, agora? Seja a parte emocional de você, a parte que está se sentindo muito mais jovem, que não é necessariamente racional, que não tenta estar no controle. Como você está se sentindo agora?"

Alternativamente, o terapeuta pode pedir ao paciente para observar ou "ver" sua criança vulnerável e retransmitir suas observações em vez de personificar essa criança. Isso pode ser útil quando o paciente é menos hábil em expressar vulnerabilidade de maneira direta – por exemplo, quando o paciente é muito novo na terapia, não se sente seguro o suficiente para chorar ou está sujeito a ficar sobrecarregado nesse caso específico. "Consigo sentir sua tristeza agora... Você pode fechar os olhos e ver o Pequeno Adam sentado ao seu lado? Como ele é? Como você se sente em relação a ele? Você consegue descobrir o que está acontecendo dentro dele? Como ele está se sentindo? Há algo que ele queira nos dizer? Do que ele precisa?"

Em ambos os casos (ou seja, imagens mentais em primeira ou terceira pessoa), o foco está em fazer com que o paciente – e o terapeuta – tenha uma sensação mais clara e pungente da dor central do paciente e do que ele precisa naquele momento. Isso tende a ajudar os pacientes a desenvolverem compaixão por sua criança vulnerável, pois eles ouvem sua voz de uma forma mais natural e sem censura, bem diferente dos diálogos internos típicos, em que essa voz tende a ser mascarada à medida que o paciente alterna entre diferentes modos. De fato, os pacientes muitas vezes expressam pensamentos e sentimentos inesperados nesses momentos, que podem ter sido descartados ou subjugados por outros modos. O paciente tem a chance de desempacotar sentimentos e aprender qual (ou quais) soam verdadeiros em um nível "profundo". Essa clareza pode ser um objetivo em si; como Greenberg (2015,

p. 99) bem colocou, "não podemos deixar um lugar (ou uma emoção) antes de chegarmos lá primeiro". O trabalho com imagens desse tipo nos ajuda a fazer isso – ou seja, "chegar" totalmente a esse lugar emocional.

Para ilustrar isso, considere Gabriella, uma paciente de trinta e poucos anos de idade entrando em uma sessão e dizendo que se sente sem esperança e fraca. O terapeuta a convida a se concentrar nesse sentimento e localizá-lo dentro de seu corpo. Gabriella nota a sensação de estar curvada, assim como ela se lembra de si quando criança, com idades entre 8 e 10 anos. Ela localiza a sensação de fraqueza em sua coluna – e, especificamente, em sua sensação de que ela não tem uma coluna forte e também sente que não tem "retaguarda" estável – nenhum apoio da família ou de amigos.

Chegar à emoção mais profunda e descompactá-la pode preparar o terreno para um trabalho reparador em imagens, em que o terapeuta se oferece como uma figura reparentalizadora ou convoca o próprio adulto saudável de Gabriella. O terapeuta pode falar diretamente com a criança vulnerável de Gabriella, perguntando-lhe do que ela mais precisa e/ou sugerindo algumas ações – por exemplo, imaginar que seu *self* mais velho e mais forte está logo atrás da criança mais fraca, deixando-a inclinar-se para trás e sentir-se apoiada. Ela poderia pedir a Gabriella para alternar entre as duas partes – relatando o que ela está fazendo e vendo como o adulto saudável, e então o que ela sente e percebe como a criança vulnerável, e assim por diante.

TERAPEUTA (T): Você sente que poderia entrar na cena e ser um apoio para o seu *self* mais jovem – para a Pequena Gabriella?... Ou ajudaria se eu fizesse isso também?

GABRIELLA (G): Sim, acho que preciso de você. Eu meio que consigo me imaginar atrás de mim..., mas ajudaria se você estivesse lá também.

T: Claro! Acho que nós duas podemos apoiar a Pequena Gabriella. O que você acha que a ajudaria mais?

G: Não sei. Parece muito físico, essa coisa de estar curvada. Talvez eu possa colocar as duas mãos nas costas dela?

T: Isso parece perfeito. Experimente... tente realmente se ver fazendo isso... Como se sente?

G: Muito bem, eu sinto que estamos realmente juntas, como se eu a estivesse ajudando.

T: E podemos perguntar à Pequena Gabriella como é para ela?

G: Ela está gostando, é reconfortante para ela.

T: Posso ouvir isso diretamente dela? Você pode ser a Pequena Gabriella agora, nos dizendo como é?

Nessa situação, o adulto saudável da paciente está ativo e sintonizado no atendimento das necessidades da criança na imagem. Em outras situações em que o paciente se sente mais inseguro ou inibido, o terapeuta pode oferecer alguma orientação ou guia para ajudá-lo a entrar em seu papel de adulto saudável na imagem. Por exemplo, na sessão de Gabriella descrita anteriormente, se o adulto saudável se mostrar incapaz de atender às necessidades da Pequena Gabriella, o terapeuta pode ser trazido à imagem para modelar uma postura compassiva em relação à criança vulnerável como um passo intermediário.

G: Não sei. Parece muito físico, essa coisa de estar curvada. Mas não sei o que fazer com isso.

T: Isso é um começo...você está percebendo que é realmente físico para ela. Podemos tentar algo? Talvez possamos perguntar à Pequena Gabriella do que ela precisa?

G: Hã?

T: (Falando com a voz mais suave): Estou falando com você agora, Pequena Gabriella; estamos aqui juntas, seu *self* mais velho e sábio, junto comigo, e realmente queremos saber o que pode ajudar agora.

G: (Respondendo espontaneamente como a criança vulnerável): Eu realmente preciso de um abraço, ou que você fique atrás de mim e me apoie... Eu me sinto um espaguete molhado.

T: (Falando em tom regular, voltada para o adulto saudável emergente): Ok... acho que ela pode ser nossa guia aqui, ela está nos dizendo do que ela mais precisa. Você acha que poderia tentar fazer isso?

A implementação de imagens desse tipo focadas no presente tende a ser relativamente breve e normalmente visa acessar a criança vulnerável, recrutar o adulto saudável e criar um diálogo produtivo entre os dois. No entanto, as imagens focadas no presente também podem envolver a convocação de outros modos – incluindo a criança zangada ou impulsiva, os modos de enfrentamento ou os críticos internos disfuncionais – conforme necessário. Por exemplo, no caso apresentado, Gabriella pode ser convidada a reconhecer o modo de rendição que ela normalmente usa quando se sente fraca. Para isso, seria solicitado que ela voltasse sua atenção para dentro, reconhecesse os sentimentos e pensamentos desse modo de enfrentamento, visualizasse mentalmente a perspectiva desse modo e falasse a partir dela.

T: Acho que estamos ouvindo esse lado que começamos a conhecer – o lado desistir, ou a Gabriella desesperançada. Posso lhe pedir para tirar um minuto e ver o que esse lado está sentindo... e então falar da perspectiva desse lado?

G: (Depois de uma pausa): Sim...

T: (Falando em um tom um pouco diferente, para marcar a mudança): Então, eu estou falando com você, esse lado desistir, e quero começar expressando meu respeito por você, meu apreço pela maneira como você esteve lá ajudando e protegendo a Pequena Gabriella daquilo que, muitas vezes, parecia um destino muito pior... de mais mágoa ou decepção...

O terapeuta, então, passaria algum tempo nas imagens para conhecer esse modo e responder a ele com empatia, de forma que pudesse ser persuadido a permitir que o adulto saudável do paciente interviesse e liderasse o caminho para fornecer respostas novas e diferentes à sua própria criança vulnerável ou a situações externas.

Mais amplamente, as imagens atuais podem ser usadas para ajudar os pacientes a aprofundar sua capacidade de acessar e usar seu modo adulto saudável. Por meio do processo das imagens, os pacientes têm a chance de "se apropriar" de disposições ou inclinações que ocorrem naturalmente, bem como aquelas que são introduzidas ou modeladas pelo terapeuta. Essas podem assumir a forma de autocompaixão, autorregulação, comunicação interpessoal adaptativa, tolerância ao sofrimento e confronto assertivo com figuras externas ou vozes internas, para citar apenas algumas.

TÉCNICAS FOCADAS NO FUTURO

Outro grupo de intervenções de RI são aquelas focadas em eventos ou cenas futuras. Elas envolvem imagens que ajudam o paciente a ensaiar cenários como alcançar um objetivo desejado, preparar-se para uma situação desafiadora (p. ex., um encontro, uma entrevista de emprego ou um confronto necessário) ou desenvolver alternativas saudáveis para comportamentos de risco ou problemáticos (p. ex., automutilação, tentativas de suicídio, abuso de substâncias, etc.).

Às vezes, as imagens focadas no futuro podem ser usadas simplesmente para permitir que um paciente treine um comportamento específico ou ensaie uma habilidade específica. Como Kosslyn et al. (2001) observaram, as mesmas estruturas neurais são usadas quando se imagina uma habilidade e quando se está realmente realizando essa habilidade. Assim, guiar os pacientes pelo processo de simular mentalmente aquela conversa difícil que eles estão adiando, a atividade física que estão postergando, ou os passos específicos que os levarão adiante em direção a algum objetivo importante de vida aumenta a probabilidade de que isso realmente aconteça. Como todas as atividades relacionadas a metas, essa simulação tende a ser mais eficaz quanto mais específicas, realistas e concretas forem as metas/comportamentos/habilidades. É importante ressaltar que, como Beck (2011) e Hackmann et al. (2011) observam, as imagens focadas no futuro realmente ajudam a tornar os objetivos mais específicos.

Por exemplo, considere Sophie, uma mulher de 50 anos quase terminando uma etapa de terapia na qual ela vem lidando com um padrão contínuo de tentar exercer controle excessivo em situações que provocam ansiedade. Por exemplo, ela tendia a "assumir o controle" ao jantar fora com amigos, dominando o processo de pedir comida e fazendo com que os outros se sentissem invadidos. O terapeuta de Sophie pediu que ela imaginasse uma situação futura em que toda a sua família se reuniria em um restaurante local para comemorar o aniversário de seu marido. Como ela havia se conscientizado da (e queria mudar) sua resposta habitual, o terapeuta pediu que ela experienciasse e descrevesse toda a cena na imagem[1] – desde cumprimentar seus familiares no estacionamento, até sentar-se à mesa e pedir comida, que é quando ela geralmente se sente mais ansiosa e tende a exercer controle excessivo. O terapeuta pediu a Sophie que se imaginasse nesses momentos, convidando outros membros da família a pedirem os itens que quisessem sem fazer nenhum comentário sobre essas escolhas e sem fornecer diretrizes para dividir a comida ou dividir os pratos com qualquer pessoa na mesa. Em vez de agir como antes, ela é convidada a simplesmente pedir suas próprias entradas e continuar conversando com a pessoa ao seu lado – ou mesmo a se imaginar dizendo em voz alta "não tenho certeza do que pedir; o que devo pedir?" O objetivo desse exercício era fazer com que Sophie realizasse a mudança de comportamento desejada – primeiro na imaginação e depois (como lição de casa) no passeio em família que estava por vir.

Alguns trabalhos com foco no futuro (p. ex., o ensaio de Sophie da cena no restaurante) são simples de implementar e podem resultar em mudança de comportamento sem muita dificuldade. No entanto, muitos objetivos são mais difíceis de atingir e exigem uma abordagem mais envolvente. Dentro das "imagens para quebra de padrões" de Young (Young, Klosko, & Weishaar, 2003, p. 146), o terapeuta orienta seu paciente a imaginar um comportamento desejado, mas difícil de realizar (p. ex., ir a uma festa do escritório; iniciar uma conversa com um estranho atraente). Ela então pediria ao paciente para realizar um diálogo entre aqueles esquemas ou modos que bloqueiam o comportamento (p. ex., um esquema de fracasso, um modo evitativo, um hipercontrolador) de um lado, e o adulto saudável do paciente, que o encoraja a entrar na situação ou permanecer nela, de outro lado. O objetivo deste trabalho é ajudar o paciente a desenvolver a capacidade de superar a evitação guiada pelo esquema (ou guiada pelo modo) e de se envolver nos comportamentos, mesmo que sejam difíceis.

Vamos ilustrar essa ideia voltando ao caso de Sophie. Como observamos anteriormente, Sophie tende a se tornar hipercontroladora quando se sente estressada ou ansiosa em situações sociais (ou seja, quando sua criança vulnerável e seus esquemas de fracasso e defectividade/vergonha são ativados). Se essa resposta de enfrentamento for muito forte, ela pode não estar pronta a princípio para embarcar no ensaio comportamental descrito. Em vez disso, a sessão pode começar com um trabalho de imagens destinado a superar os esquemas ou modos disruptivos e fortalecer o modo adulto saudável. Após esse trabalho, uma vez que Sophie e seu terapeuta tenham determinado que os obstáculos para comportamentos mais adaptativos foram resolvidos, a sessão idealmente progrediria para o estágio de ensaio comportamental.

Tanto a teoria quanto a prática das imagens de quebra de padrões são consistentes com a pesquisa sociocognitiva sobre autorregulação e com as técnicas que se mostraram eficazes para perseguir objetivos ou comportamentos mais difíceis relacionados à saúde. Há fortes evidências para a hipótese de que a simulação mental detalhada (ou seja, as imagens) de um resultado desejado e dos passos envolvidos para alcançar o resultado são eficazes em evocar emoção e desejo, motivar a ação e desenvolver soluções para múltiplos objetivos (para revisão, ver Oettingen & Mayer, 2002; Oettingen & Reininger, 2016; Taylor, Pham, Rivkin & Armor, 1998). É importante ressaltar que esta pesquisa aponta para uma profunda diferença entre simples "fantasias positivas" de resultados desejados, que podem ser contraproducentes, e simulações eficazes de imagens, que normalmente levam a resultados mais efetivos.

A chave para uma simulação de imagens eficaz parece estar na combinação de dois processos. O primeiro processo, referido como *contraste mental* (CM; p. ex., Oettingen & Reininger, 2016), envolve convidar o paciente a justapor fantasias positivas sobre o futuro com os possíveis obstáculos realistas à realização dessas fantasias. O segundo processo, referido como *intenção de implementação* (II; p. ex., Gollwitzer, 1999), envolve encorajar o paciente a considerar os passos comportamentais específicos que ele daria se encontrasse os obstáculos identificados por meio do contraste mental.

Como o exemplo de caso a seguir ilustra, os processos de CM (contraste mental) e II (intenções de implementação) são fáceis de traduzir nos termos da terapia do esquema. David, um homem de 35 anos deprimido e evitativo, concordou, a princípio, que se matricular em algumas aulas de arte em um centro comunitário seria de seu interesse, mas continuou adiando essa decisão. Para ajudar nesse processo, sua terapeuta (Anna) iniciou um exercício de imagens que começou com imaginar vividamente o resultado desejado (fazer um novo amigo ou dois; ter um motivo para sair de casa nos fins de semana). Enquanto David se imaginava participando da aula de arte, Anna perguntou se ele sentiu ou notou alguma coisa, e David notou que se sentia um pouco energizado pela camaradagem de sentar-se na frente de um cavalete ao lado de outros pintores e talvez conversar um pouco com eles. Anna então orientou David a imaginar a execução das ações específicas necessárias para atingir esse estado final desejado (p. ex., consultar o site do centro comunitário; ligar para perguntar sobre a disponibilidade de aulas). Invariavelmente, imaginar esses passos de ação levou David a antecipar vários obstáculos externos e internos. Primeiramente, imaginou encontrar uma resposta impaciente ou descortês da secretária do centro, e sentiu-se despreparado para lidar com isso. Então, ele notou um sentimento emergente de pessimismo e esvaziamento sobre o resultado final ("eu nem vou gostar da aula de arte mesmo").

Anna identificou esse sentimento como uma expressão do protetor desesperançoso/evasivo de David e o convidou a assumir esse modo de enfrentamento na imagem. Ela convidou o protetor a expor suas preocupações e escrúpulos, e a falar sobre os obstáculos previstos. Ela respondeu com empatia a isso, e então pediu ao protetor que articulasse seus objetivos; no papel do protetor, David foi capaz de dizer "estou apenas tentando salvá-lo da dor de ser desapontado novamente". Isso permitiu que Anna continuasse com um processo de confrontação empática, no qual ela encorajou o protetor a manter o objetivo emocional de proteger David, mas a considerar os benefícios de fazê-lo por outros meios – como o de permitir que David perseguisse o objetivo desejado de se matricular em aulas de arte.

Notadamente, essa confrontação empática pode ser realizada de várias maneiras. Se possível, Anna poderia ter pedido ao adulto saudável de David para falar com o protetor desesperançoso, enquanto ela escutava e dava algumas dicas. Alternativamente, ela mesma poderia ter falado com o protetor, modelando esse papel para o modo adulto saudável. Por fim, se nenhum modo adulto saudável estivesse acessível no momento, Anna poderia ter pedido permissão a David para entrar na imagem e realizar o diálogo como participante da cena imaginada, que então seria localizada em um determinado tempo e lugar. Por causa da evitação tenaz de David e do alto nível de ansiedade nessa situação, essa foi a abordagem escolhida aqui.

Anna explorou com o lado desesperançoso outras maneiras pelas quais eles, juntos, poderiam proteger David, e esse lado concordou em se afastar para experimentá-las. Então, Anna, novamente, convidou David a imaginar os passos comportamentais envolvidos na mudança desejada (ou seja, telefonar para o centro comunitário, conversar com a secretária mal-educada, etc.). Ela também o ajudou a formular frases do tipo "se – então" nas quais ele antecipou o ressurgimento de obstáculos (e, especificamente, do protetor) e apresentou respostas específicas. Por exemplo, eles formaram colaborativamente a seguinte frase, que pareceu certa para David: "*Se* eu começar a sentir desesperança e futilidade em frequentar aulas de arte, *então vou* pegar minha velha paleta de tintas e olhar para ela, para me lembrar do quanto eu realmente aprecio essas aulas de arte".

RESUMO, REFLEXÕES E CONCLUSÕES

As técnicas revisadas neste capítulo podem ser pensadas como adaptações das RI clássicas focadas no passado. Então, com algumas exceções, usá-las envolve aderir às diretrizes habituais para o trabalho com imagens. Por exemplo, assim como nas RI habituais, imagens de locais seguros podem às vezes ser autorizadas nas RI focadas no presente para ativar uma sensação de segurança ou serenidade emocional antes ou depois do trabalho na cena principal. Além disso, assim como nas RI focadas no passado, um terapeuta que iniciasse as RI focadas no presente convidaria o paciente a imaginar a cena da forma mais vívida possível para aprofundar a emoção vivenciada nela. Para fazer isso, o terapeuta normalmente instruiria o paciente a adotar uma perspectiva de primeira pessoa do tempo verbal presente, em vez da perspectiva de um observador externo mais distante. Além do mais, como nas RI focadas no passado, o terapeuta deve estar atento ao momento e à duração do trabalho experiencial focado no presente e dar tempo suficiente para processar esse trabalho tanto na mesma sessão quanto na(s) subsequente(s).

Além dessas recomendações gerais, algumas considerações adicionais merecem atenção especial ao implementar técnicas que abordam questões da vida atual. Uma delas é a necessidade de cuidado especial ao trabalhar com imagens em cenas próximas ao presente, que podem facilmente (e, às vezes, muito facilmente) se traduzir em ação no mundo real. A liberdade oferecida pelo trabalho de imagens muitas vezes nos permite (pacientes e terapeutas) ir muito longe na expressão de emoções intensas e comportamentos – mesmo aqueles que contêm reações socialmente inaceitáveis, como retaliação ou vingança. Como regra geral, isso não é motivo de preocupação. De fato, como Arntz et al. (2007) observaram, descobriu-se que, na verdade, as RI reduzem a raiva e aumentam o controle da raiva (em comparação, por exemplo, com a simples exposição prolongada no tratamento do TEPT). No entanto, a proximidade temporal (e muitas vezes física) de outras pessoas emocionalmente significativas – que podem estar presentes tanto na realidade quanto nas imagens de pacientes raivosos – justifica cuidados adicionais.

Por exemplo, ao realizar um trabalho com imagens focadas no passado recente, um paciente pode trazer à tona um confronto com um colega de trabalho ou chefe. Na formação das imagens, o paciente pode se conectar com emoções profundas e difíceis, e pode sentir que o melhor curso de ação (imaginado) seria revidar ou atacar a pessoa que o tratou injustamente. Na realidade, tal comportamento pode ser imprudente, ilegal ou até perigoso. O terapeuta desse paciente precisará garantir que o paciente possa distinguir entre as ações que devem ser somente imaginadas e aquelas que são realisticamente de seu interesse. Uma maneira possível de fazer isso envolveria repetir as imagens duas vezes: primeiro, com o modo de criança zangada do paciente atacando ou retaliando, e depois, já tendo devidamente explorado a primeira resposta, com o adulto saudável assumindo e ensaiando uma resposta mais moderada. Ainda assim, para pacientes que apresentam dificuldades com a raiva e a impulsividade, seria importante usar uma série de técnicas além das imagens (p. ex., intervalos, técnicas de respiração, desabafos seguros e diálogos de modo) para ajudar a garantir que eles ajam por conta própria em seu melhor interesse.

Resumindo, as técnicas discutidas neste capítulo enriquecem a caixa de ferramentas dos terapeutas do esquema e têm o potencial de melhorar a percepção do modo, facilitar a cura do esquema e promover a mudança comportamental. Elas visam expandir (em vez de substituir) as técnicas clássicas de RI focadas no passado, e têm o potencial de serem particularmente úteis para o estabelecimento de metas, o desenvolvimento de habilidades e a resolução de problemas. Além disso, elas podem servir como um ponto de entrada para a introdução de técnicas de imagens com alguns pacientes, os quais podem inicialmente relutar com o trabalho clássico de RI, com seu foco inerente em aspectos dolorosos de seu passado. Finalmente, esse tipo de imagem permite que os pacientes experimentem e explorem mudanças que muitas vezes escaparam deles, fazendo com que sua criança vulnerável seja ouvida, seu adulto saudável fique mais forte e seus modos de enfrentamento sejam compreendidos. Por meio desse trabalho, os pacientes podem ver e praticar novas possibilidades em seus relacionamentos e em suas vidas em geral, criando maior flexibilidade e oportunidade.

Dicas para os terapeutas

1. As imagens da vida atual podem aumentar a conscientização sobre (e a diferenciação entre) os modos, fortalecer o modo adulto saudável do paciente (e particularmente a capacidade adaptativa desse modo de reparentalizar os modos criança) e ensaiar a mudança de comportamento.
2. Você pode optar por usar essa abordagem como um primeiro passo no trabalho de imagens, se seu paciente estiver relutante em se envolver com material histórico, ou se o evento recente for particularmente angustiante e exigir reescrita.
3. Assim como em outras formas de trabalho de imagens, quando os pacientes têm dificuldade para expressar vulnerabilidade, os terapeutas podem pedir que observem ou "vejam" sua criança vulnerável e transmitam suas observações, em vez de encarnar essa criança. Isso pode dar uma sensação mais clara e pungente da dor central dos pacientes e do que eles precisam naquele momento.
4. Uma grande qualidade do uso do trabalho de imagens com foco no presente ou no futuro é a capacidade de aproveitar o poder do trabalho com modos para efetuar uma mudança comportamental na vida presente de maneiras que ecoam recomendações recentes da psicologia motivacional. Com efeito, o trabalho com modos que ocorre dentro das imagens segue a lógica do contraste mental.

NOTA

1. Como em outros tipos de técnicas de imagens, o terapeuta orienta Sophie para a perspectiva em primeira pessoa no tempo presente: "Estou entrando no restaurante e posso ver que está lotado, me sinto ansiosa..."

REFERÊNCIAS

Arntz, A., Tiesema, M. & Kindt, M. (2007). Treatment of PTSD: A comparison of imaginal exposure with and without imagery rescripting. *Journal of Behavior Therapy and Experimental Psychiatry*, 38(4), 345–370.

Beck, J.S. (2011). *Cognitive therapy for challenging problems: What to do when the basics don't work*. New York: Guilford Press.

Gollwitzer, P.M. (1999). Implementation intentions: Strong effects of simple plans. *American Psychologist*, 54(7), 493–503.

Greenberg, L.S. (2015). *Emotion-focused therapy: Coaching patients to work through their feelings*, 2nd ed. Washington, DC: American Psychological Association.

Grossman, P., Niemann, L., Schmidt, S. & Walach, H. (2004). Mindfulness-based stress reduction and health benefits: A meta-analysis. *Journal of Psychosomatic Research*, 57(1), 35–43.

Hackmann, A., Bennett-Levy, J. & Holmes, E.A. (2011). *Oxford guide to imagery in cognitive therapy*. Oxford: Oxford University Press.

Kosslyn, S.M., Ganis, G. & Thompson, W.L. (2001). Neural foundations of imagery. *Nature Reviews Neuroscience*, 2(9), 635–642.

Oettingen, G. & Mayer, D. (2002). The motivating function of thinking about the future: expectations versus fantasies. *Journal of Personality and Social Psychology*, 83(5), 1198–1212.

Oettingen, G. & Reininger, K.M. (2016). The power of prospection: mental contrasting and behavior change. *Social and Personality Psychology Compass*, 10(11), 591–604.

Prinz, J.N., Bar-Kalifa, E., Rafaeli, E., Sened, H. & Lutz, W. (2019). Imagery-based treatment for test anxiety: A multiple-baseline open trial. *Journal of Affective Disorders*, 244, 187–195.

Taylor, S.E., Pham, L.B., Rivkin, I.D. & Armor, D.A. (1998). Harnessing the imagination: Mental simulation, self-regulation, and coping. *American Psychologist*, 53(4), 429–439.

Watkins, J.G. (1971). The affect bridge: A hypnoanalytic technique. *International Journal of Clinical and Experimental Hypnosis*, 19, 21–27.

Weertman, A. & Arntz, A. (2007). Effectiveness of treatment of childhood memories in cognitive therapy for personality disorders: A controlled study contrasting methods focusing on the present and methods focusing on childhood memories. *Behaviour Research and Therapy*, 45(9), 2133–2143.

Young, J.E., Klosko, J.S. & Weishaar, M.E. (2003). *Schema therapy: A practitioner's guide*. New York: Guilford Press.

PARTE III

Métodos criativos usando a técnica das cadeiras, diálogos de modos e ludicidade

9

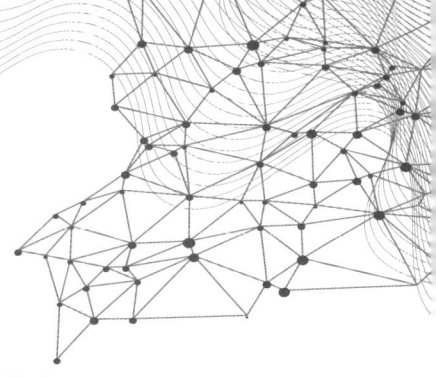

Uso criativo dos diálogos de modos com os modos criança vulnerável e crítico disfuncional

Joan Farrell
Ida Shaw

INTRODUÇÃO

Este capítulo descreve o uso dos diálogos de modos na terapia do esquema (TE) para fornecer experiências emocionais corretivas para o modo criança vulnerável e para diminuir o controle dos modos críticos disfuncionais. Na TE, o modo criança vulnerável é definido como a parte do *self* que sente a dor das necessidades fundamentais não atendidas na infância (Young et al., 2003). A experiência emocional do modo criança vulnerável pode ser principalmente tristeza, temor ou solidão, acompanhada de memórias da infância e sensações físicas relacionadas. Os modos críticos disfuncionais (também conhecidos como modos pai/mãe disfuncional) são definidos como a internalização de experiências negativas relacionadas às necessidades não atendidas na infância, que toma a forma principalmente de mensagens negativas sobre si ou de regras disfuncionais sobre necessidades e sentimentos (Young et al., 2003). Neste capítulo, focamos em dois tipos principais: o punitivo, com foco em como as regras são aplicadas, e o exigente, focando nas normas e regras em si, não em sua aplicação. Os modos críticos disfuncionais podem ser punitivos, exigentes/hiperdemandantes ou podem combinar ambos os elementos.

Seja realizado na TE individual ou em grupo, o uso criativo dos diálogos de modos pode aumentar a consciência a respeito dos efeitos dos modos disfuncionais sobre o modo criança vulnerável e proporcionar experiências emocionais corretivas significativas para os pacientes com qualquer diagnóstico. Descrevemos o uso de vários tipos de diálogos de modos individuais e em grupo que visam o modo criança vulnerável e os modos críticos disfuncionais. Duas ressalvas são necessárias para este capítulo: (1) os diálogos de modos da TE não são a mesma intervenção da "técnica das cadeiras" da psicoterapia Gestalt. Incidentalmente usamos cadeiras como marcadores para os modos, mas poderíamos facilmente ter pacientes de pé; (2) substituímos as palavras "pai"/"mãe" por "crítico" para descrever com mais precisão a internalização de mensagens derivadas de experiências infantis nas quais as necessidades básicas não foram atendidas por uma gama de figuras significativas, além dos pais – por exemplo, treinadores, professores, *bullies*/valentões. Este rótulo mais amplo evita desencadear respostas de lealdade familiar em nossos pacientes, as quais interferem no trabalho para diminuir esses modos disfuncionais.

DIÁLOGOS DE MODOS PADRÃO

Diálogos de modos são conversas entre dois ou vários modos de uma pessoa. A versão padrão dessa intervenção foi desenvolvida por Young (Young et al., 2003) para TE individual. Em diálogos de modos, o paciente é solicitado a se mover entre seus vários modos e falar a partir dessa parte. Exemplo: quando, numa sessão, o paciente descreve uma situação no presente em que os modos foram acionados, ele seria solicitado a se conectar e, em seguida, expressar verbalmente os modos críticos disfuncionais relacionados à situação. Em seguida, ele seria convidado a passar para uma segunda posição para se conectar com o modo adulto saudável e desafiar a precisão e a utilidade do modo crítico. Neste exercício, o terapeuta pode apoiar, encorajar ou até mesmo falar pelo modo adulto saudável do paciente, dependendo de sua força (p. ex., "Não queremos ouvir mais de você, você não é útil"). Frequentemente, um terceiro passo é fazer com que o paciente se conecte com o modo criança vulnerável para expressar as necessidades presentes. O terapeuta também pode falar pelo modo criança vulnerável (p. ex., "Estou com medo, preciso de ajuda"). Finalmente, o paciente se deslocaria para o modo adulto saudável e falaria ou agiria para atender à necessidade expressa pelo modo criança vulnerável. A teoria é que esse exercício facilita a conscientização dos modos desadaptativos, suas mensagens disfuncionais e suas interferências no atendimento às necessidades do modo criança vulnerável. Assim como o trabalho de imagens, ele pode fornecer ao paciente no modo criança vulnerável uma experiência emocional corretiva de ter sua necessidade atendida. Essa experiência corretiva permite que uma nova mensagem saudável seja desenvolvida, por exemplo: "Minhas necessidades são normais e eu posso atendê-las". O trabalho preparatório para usar diálogos de modos inclui a compreensão do conceito de modo e a capacidade de identificar seus modos, de permitir a experiência do modo e de expressá-los verbalmente. É necessária segurança suficiente na relação terapêutica para que o paciente acesse seu modo criança vulnerável e tenha confiança de que o terapeuta será capaz de proteger o modo criança vulnerável dos modos críticos disfuncionais. No início do processo de utilização de diálogos de modos, o paciente pode querer que o terapeuta se sente ao lado, ou mesmo na frente dele, quando o modo crítico disfuncional é abordado. Uma imagem de lugar seguro ou bolha de segurança pode ser usada para proteção adicional (Farrell & Shaw, 2012).

Variantes criativas dos diálogos de modos

Fazendo os modos parecerem mais "reais": efígies para representar o modo crítico disfuncional

Em resposta aos relatos dos pacientes de se sentirem bobos quando solicitados a dialogar com uma cadeira vazia ou de que a experiência não parecia real, criamos as efígies dos modos (Farrell et al., 2014). Usando uma peça retangular de musselina ou outro tecido barato de cerca de 10 por 15 cm, criamos com o paciente (ou pacientes do grupo de TE) um desenho do modo crítico disfuncional com marcadores. A relutância inicial em participar se dissolve quando o terapeuta se envolve no processo. Em diferentes culturas, percebemos que os pacientes não desenham seus pais, mas sim, alguma forma de monstro ou demônio. Essa caracterização é útil, pois a figura não parece humana, reforçando a questão de que esses modos são a internalização seletiva apenas dos aspectos negativos dos cuidadores, não da pessoa como um todo. A efígie é usada como uma tela para os pacientes escreverem suas mensagens do modo crítico disfuncional. O terapeuta participa com pelo menos uma mensagem do modo crítico disfuncional. As mensagens escritas na efígie tornam-se o roteiro do modo crítico disfuncional no diálogo. Na aplicação do diálogo de modos na TE individual, a efígie é colocada sobre uma cadeira para adicionar realismo. Na TE em grupo, a efígie é usada como uma máscara para a pessoa que interpreta o modo crítico disfuncional em diálogos de modos múltiplos, para que a "energia" do modo crítico disfuncional seja removida com a máscara após o término do exercício, e não deixada com o paciente que desempenhou o papel.

As efígies do modo crítico disfuncional evocam muita emoção, medo, raiva e tristeza, o que descobrimos intensificar a experiência emocional corretiva dos diálogos de modos. Ter essa representação concreta dos modos críticos disfuncionais oferece a oportunidade de jogá-los para fora da sala em trabalho experiencial. Após o término do diálogo, a efígie pode ser pisoteada, rasgada ou guardada em um arquivo. Nós a mantemos disponível para trabalho adicional, mas fora de vista. Essas ações demonstram e sublinham a falta de presença real dos modos críticos disfuncionais hoje e a importância da escolha em manter ou não suas mensagens vivas.

DIÁLOGOS DE MODOS MÚLTIPLOS

Na TE em grupo, os diálogos de múltiplos modos são uma intervenção particularmente poderosa para reduzir a intensidade ou a frequência dos modos críticos disfuncionais. Um grupo de adultos saudáveis pode ser mais poderosamente desafiador para os modos críticos do que um paciente que se sente como uma criança pequena apenas com o seu terapeuta. Na TE em grupo, há pacientes adicionais para assumir os papéis dos vários modos de um único membro em vez de usar cadeiras vazias.

A interpretação do relacionamento entre os modos em um indivíduo permite que todos os membros do grupo sintam e vejam os papéis dos vários modos interrelacionados. Além disso, os membros são convidados a refletir sobre sua experiência nos diversos modos. A experiência tangível da força coletiva do grupo efetivamente combatendo e diminuindo o poder do modo crítico disfuncional pode ter efeitos poderosos.

Descobrimos que os pacientes estão mais dispostos a dialogar com outras pessoas do que com uma cadeira vazia e relatam que parece mais "real" para eles. Evitamos que qualquer terapeuta faça o papel do modo crítico punitivo e só o fazemos se não houver outra opção. Como muitos pacientes com transtorno da personalidade estão no nível operacional concreto do desenvolvimento emocional, eles são mais capazes de se beneficiar de experiências tangíveis e concretas do que de intervenções mais abstratas.

O nascimento dos modos

Desenvolvemos um diálogo de modos múltiplos chamado "o nascimento dos modos" (Farrell et al., 2014), que demonstra experiencialmente a origem dos modos desadaptativos e como eles funcionam no presente. Pacientes e terapeutas desempenham os papéis dos modos, tendo assim uma experiência tanto do modo que desempenham quanto de como é interagir com os outros modos em um formato de diálogo. O grupo ou o paciente individual desenvolve roteiros curtos para cada modo. Os pacientes são convidados a representar os vários grupos de modos. Um terapeuta de grupo desempenha o modo adulto saudável e direciona a ação para deixar claro que o modo adulto saudável realmente comanda as ações dos modos. O outro terapeuta desempenha o papel de bom pai/mãe do modo adulto saudável, que está tentando ir até o modo criança vulnerável para proteger, tranquilizar e sossegá-la. Dependendo do tamanho do seu grupo, outros pacientes assumem os papéis de ajudantes para os terapeutas ou recebem funções específicas de observadores (ver Farrell et al., 2014 para roteiros de terapeuta, instruções mais detalhadas e diagramas deste exercício).

Damos aos atores do modo crítico disfuncional uma efígie para se cobrirem ao dizerem seu roteiro para que eles não sejam vistos como o papel que desempenham. Os pacientes nos papéis do modo crítico disfuncional geralmente não relatam dificuldades para desempenhá-los, pois estão familiarizados com eles, mas nos dizem que pode ser doloroso quando eles veem o efeito no modo criança vulnerável. Essa experiência ajuda a construir compaixão pelo modo criança vulnerável. Todos têm um papel, mesmo que seja um papel observacional com uma tarefa específica, para que eles permaneçam conectados ao grupo.

Começamos com uma demonstração das etapas do desenvolvimento dos modos:

1. As necessidades básicas da infância não são atendidas, os esquemas iniciais desadaptativos se formam e o modo criança vulnerável experiencia dor, ansiedade

e sofrimento. O modo criança vulnerável diz sua fala sobre suas necessidades básicas e sentimentos – não há resposta.
2. O modo criança zangada se desenvolve como uma resposta inata às necessidades que não são atendidas. O modo criança zangada diz sua fala – não há resposta
3. A criança internaliza a reação negativa de outras pessoas significativas às suas necessidades, o abuso ou a negligência, as avaliações negativas e as interpretações do significado de necessidades não atendidas (p. ex., "estou muito carente", "minhas necessidades estão erradas", "eu não sou importante") levando ao desenvolvimento dos modos críticos disfuncionais. O modo criança vulnerável, o modo criança zangada e os modos críticos disfuncionais dizem suas falas ao mesmo tempo.
4. Para sobreviver às suas necessidades não atendidas, desenvolvem-se os modos de enfrentamento desadaptativos. Seu grupo escolherá uma variante. Agora, os modos de enfrentamento desadaptativos dizem suas falas ao mesmo tempo que os demais.

Após cada etapa no diálogo, é perguntado ao modo criança vulnerável se suas necessidades foram atendidas. Quando todos os modos falam ao mesmo tempo, ninguém é ouvido, e nenhuma das necessidades do modo criança vulnerável é atendida. O modo adulto saudável e o bom pai/mãe não são ouvidos com o barulho. Deixe o caos que se seguiu continuar por alguns minutos e depois pare a ação e discuta o que aconteceu. A discussão se concentra nas seguintes questões:

1. A necessidade do modo criança vulnerável foi atendida?
2. O modo criança zangada foi ouvido?
3. Como os modos de enfrentamento desadaptativos afetaram o modo criança vulnerável?
4. O bom pai/mãe foi capaz de alcançar o modo criança vulnerável?

A resposta para todas as perguntas é "não". A questão é que é assim que os modos vieram a ser e é assim que eles operam agora. O resultado de hoje é que as necessidades do modo criança vulnerável não são atendidas, e os modos saudáveis não conseguem alcançar o modo criança vulnerável.

O diálogo de modos múltiplos continua:

5. O modo adulto saudável tira a efígie dos modos críticos disfuncionais dizendo: "Você não está ativo agora – você pertence ao passado. No entanto, você deixou essas mensagens negativas para trás". (Os modos críticos disfuncionais saem de cena, e a efígie é deixada para trás no chão.)
6. O modo adulto saudável explica aos modos de enfrentamento desadaptativos que eles fizeram um excelente trabalho de sobrevivência na infância, mas agora, com o poder dos modos críticos disfuncionais diminuído, eles não têm que trabalhar tão duro e estão impedindo os terapeutas e membros do grupo seguro

de ajudar o modo criança vulnerável e o modo criança zangada. Eles se afastam da interação com o entendimento de que estarão disponíveis para emergências.
7. Agora, o modo criança vulnerável, o modo criança zangada e o bom pai/mãe dizem suas falas do roteiro. O bom pai/mãe se aproxima e inicia um diálogo com o modo criança zangada, ouvindo, validando a raiva e encorajando o desabafo.
8. Quando o modo criança zangada se sente ouvido, o bom pai/mãe se aproxima do modo criança vulnerável. O modo adulto saudável pede que todos os pacientes se conectem com seu modo criança vulnerável para receber o que o bom pai/mãe vai dizer. O bom pai/mãe tranquiliza e conforta o modo criança vulnerável, valida seu medo e desconfiança, identifica suas necessidades e as atende em reparentalização limitada.

Nossa observação é que o diálogo de múltiplos modos tem efeitos poderosos nos pacientes. Ele permite que os pacientes experienciem o papel original dos diversos modos, seu impacto na vida atual e a forma com que os modos desadaptativos limitam sua capacidade de fazer uso da TE. Eles frequentemente observam que agora eles "entendem" alguns dos modos que eles não tinham entendido anteriormente. Eles experienciam a entrada do bom pai/mãe, proporcionando uma experiência emocional corretiva para o seu modo criança vulnerável. Esse exercício pode ser adaptado ao trabalho individual usando gravações de voz dos vários modos, com o paciente representando o modo criança vulnerável.

Diálogos históricos de múltiplos modos

Nesse tipo de diálogo de modos, o foco começa com uma experiência central da infância relacionada aos esquemas do paciente. O evento é descrito, e os modos envolvidos são identificados. Outros pacientes são atribuídos ou selecionam os vários modos para encenar, e são desenvolvidos os roteiros para eles. O paciente protagonista encena seu modo adulto saudável com instrução de um dos terapeutas. O diálogo é reproduzido como aconteceu na infância do paciente. Os prós e os contras dos diversos modos são discutidos à medida que se relacionam com as necessidades do protagonista sendo atendidas. O diálogo é reproduzido novamente, mas desta vez o protagonista, no modo adulto saudável, interage com cada um dos modos para atender às necessidades do modo criança, afastar os modos de enfrentamento desadaptativos e limitar os modos críticos disfuncionais. O objetivo do modo adulto saudável é atender às necessidades do modo criança vulnerável. Esse diálogo termina com o protagonista-paciente sentado no centro, e cada um dos outros caminhando até ele, colocando uma mão em seu ombro e dando ao modo criança vulnerável uma mensagem de bom pai/mãe.

Uma versão reduzida concentra-se em um diálogo entre o protagonista-paciente (Cl.1) em seu modo adulto saudável e seu modo crítico disfuncional, interpretado por outro paciente (Cl.2) usando a efígie como máscara. Esse diálogo é organizado cuidadosamente para que todos os pacientes se sintam seguros. O Cl.1 é questionado sobre qual tipo de suporte deseja do terapeuta, que pode ser desde o terapeuta agir a partir do modo adulto saudável, assumindo o papel desse modo, ou até esperar instruções para agir. O Cl.1 também é questionado sobre o apoio que deseja de outros membros do grupo. Os modos adulto saudável de apoio e do protagonista são organizados na distância que eles desejam do Cl.2. O Cl.2 também recebe o apoio de um ou dois membros do grupo, não para fortalecer o modo crítico disfuncional, mas para apoiar emocionalmente o Cl.2 conforme necessário. Outros membros do grupo são designados como observadores com tarefas específicas (p. ex., para anotar falas saudáveis do modo adulto saudável [Cl.1]).

Exemplo

Karen, em uma sessão de grupo, perguntou se poderia banir seu modo crítico punitivo, que ela identificou como sua mãe. Com a efígie do modo crítico punitivo do grupo, outra paciente interpretou seu modo crítico punitivo com o apoio de um segundo membro do grupo. Estabelecemos o apoio que Karen queria e organizamos outro paciente de cada lado dela para apoio e instrução. Karen fez um forte trabalho de seu bom pai/mãe ao dizer a seu modo crítico punitivo (mãe) que ela estava errada em culpá-la pelo abuso infantil de seu padrasto, que ela deveria tê-la protegido, que não precisava mais dela, etc. Ao final desse diálogo, a terapeuta pegou a efígie da paciente que interpretava o modo crítico punitivo e entregou-a a Karen para que fizesse com ela o que quisesse. Karen a amassou e a jogou fora pela porta da sala do grupo. Ela pareceu aliviada, e Joan comentou sobre isso. Karen disse que pela primeira vez ela se sentiu livre de sua "mãe má". Ela também disse que pela primeira vez sentiu que o abuso sexual que sofreu aos 12 anos de idade não foi culpa dela.

Um efeito posterior desse diálogo de modo foi que Karen não foi mais atormentada pela voz que ela costumava ouvir repreendendo-a e culpando-a. Ela não tinha identificado isso anteriormente como a voz de sua mãe, mas após o diálogo em grupo ela tomou conhecimento disso e, um *insight*, Karen e o grupo viram que se livrar do modo crítico punitivo tinha eliminado essa voz. Sua voz de "mãe má" não tinha voltado quando verificamos pela última vez, nove meses depois. Esse exemplo demonstra o impacto na mudança de modo que o trabalho experiencial em TE pode ter.

Diálogos de múltiplos modos na terapia do esquema individual

Um limite potencial para a gama de diálogos de modos a serem usados na TE individual é nossa relutância, como terapeutas, em representar o modo crítico disfuncional do paciente. Na reparentalização limitada, trabalhamos para sermos vistos como o bom pai/mãe, então representar o crítico disfuncional tem o potencial de ser muito confuso para os pacientes quando estão nos modos criança. Pode haver ocasiões em que representaríamos o crítico exigente/hiperdemandante, mas não o crítico punitivo. Uma maneira de contornar essa limitação é fazer com que o paciente registre seu modo crítico disfuncional, idealmente em vídeo (p. ex., em seu telefone), coloque o reprodutor de vídeo/áudio na posição designada para o crítico disfuncional e reproduza a gravação. O paciente pode então ter a experiência de estar no modo criança vulnerável e ouvir seu modo crítico disfuncional em sua própria voz. Essa mesma abordagem pode ser estendida para permitir que as outras categorias de modo estejam presentes por meio de outras gravações do paciente representando esses modos. Pode ser particularmente útil gravar um paciente em seu modo criança vulnerável e, em seguida, reproduzir a gravação para ele quando estiver em seu modo crítico disfuncional. Ver seu modo criança vulnerável dessa forma também pode afetar seu modo adulto saudável e incentivar que ele proteja e combata os modos críticos disfuncionais.

Possibilidades de aprendizagem vicária em diálogos de múltiplos modos

Muitos pacientes, em particular aqueles que foram abusados, ficam aterrorizados a respeito de seu modo crítico disfuncional, mas precisam desesperadamente reduzir o poder desse modo em sua vida adulta. Os diálogos de múltiplos modos podem criar oportunidades progressivas de aprendizagem vicária para contornar o que pode ser um medo paralisante. Um paciente com um modo adulto saudável subdesenvolvido e com muito medo de confrontar, mesmo simbolicamente, seu ainda poderoso modo crítico disfuncional internalizado pode iniciar o processo de diálogos de modos apenas observando um diálogo como o descrito no exemplo de Karen. Dependendo do medo, os pacientes podem se posicionar atrás do terapeuta por segurança, podem fazer parte do grupo que apoia o paciente no modo adulto saudável, ou podem estar diretamente com o paciente na função do modo adulto saudável. Enquanto observa, o paciente deve estar em qualquer que seja o grau de segurança de que ele precise – por exemplo, uma bolha de segurança, encoberto, segurando a mão de um coterapeuta ou de outro membro, etc. Em grupo, a experiência de testemunhar a força coletiva efetivamente combatendo e finalmente expulsando o modo crítico disfuncional tem efeitos potentes na diminuição da intensidade e do poder deste modo. Vimos pacientes começarem com medo, assimilarem a força do grupo e, na mesma sessão, moverem-se para confrontar seu modo crítico disfuncional em um diálogo a partir de seu modo adulto saudável. Isso também pode ser verdadeiro no trabalho individual, já que o terapeuta pode se juntar ao paciente para apoiar e dar força.

Aprendizagem vicária para aumentar a conscientização sobre o modo crítico punitivo

Uma de nossas pacientes, Jane, era muito resistente à ideia de ter um modo crítico disfuncional, apesar do terrível abuso por parte de seus pais adotivos. Seu estilo de enfrentamento era minimizar experiências negativas da infância, manter os outros afastados com um modo protetor zangado e evitar qualquer contato com seu modo criança vulnerável. O grupo fez um diálogo de modo no qual outra paciente representou seu próprio modo crítico punitivo e Joan interpretou o bom pai/mãe defendendo o modo criança vulnerável. Depois de uma interação curta e intensa, Joan disse: "É hora de você sair, sua velha vadia. Saia daqui e deixe a Diana em paz!" (essa linguagem e abordagem foram adequadas para a experiência da paciente e para o grave abuso de sua mãe adotiva). O resto do grupo aplaudiu, e a paciente representando seu modo crítico punitivo acenou com a cabeça, sorrindo. Ida perguntou a ela: "O que você mais gostou do que Joan disse em sua defesa?" Jane, que estava sentada na borda de sua cadeira enquanto o diálogo estava acontecendo, saltou imediatamente: "Eu amei quando você disse 'saia daqui, sua velha vadia'". Depois falou sobre como ela desejava poder fazer isso com sua mãe, mas tinha medo de fazê-lo. Diana disse: "Eu entendo; eu estava com medo no início. Gostei de tudo o que Joan disse a ela, e a 'velha vadia' foi o melhor porque é isso que ela realmente é. Estou cansada de viver com ela na minha cabeça; quero ela fora para sempre". No decorrer da sessão, Jane compartilhou mais algumas informações sobre seu abuso quando criança, as quais nem o grupo nem os terapeutas tinham ouvido antes, e foi capaz de reconhecer a existência de seu modo crítico punitivo.

Aprendizagem vicária 2: o paciente observa um diálogo histórico de múltiplos modos de sua vida

Exemplo

Sara, uma paciente muito evitativa, com dependência de álcool, voluntariou-se a contar, em uma discussão sobre as mensagens que tinham ouvido dos pais, que seus pais tinham lhe dito: "você nunca será feliz". Ela teve uma infância de abuso sexual e extrema negligência e, consequentemente, não foi uma criança muito feliz. Em vez de ver isso como uma indicação de que algo estava errado, sua mãe atribuiu a infelicidade a ela. Sara estava disposta a permitir que outros membros do grupo e terapeutas representassem seus modos em um diálogo entre seu modo crítico punitivo e o bom pai/mãe de seu modo adulto saudável, mas não se sentia capaz de representar nenhum dos modos ela mesma. Ela queria sentar-se com um colega de cada lado e longe da encenação do diálogo, enquanto ela ocorresse. A terapeuta, representando o bom pai/mãe, disse muitas coisas positivas sobre Sara e explicou ao modo crítico punitivo (sua mãe estava proeminente aqui) que era um problema se ela não estava feliz agora – algo estava errado, suas necessidades não estavam sendo atendidas, e ela merecia ser feliz no futuro. Ela disse ao crítico que ele estava fazendo um trabalho incrível de proteger e acolher Sara. Quando o crítico reclamou sobre o que o bom pai/mãe estava dizendo, o bom pai/mãe o fez sair e disse-lhe para não enviar esse veneno para Sara.

No final do diálogo, Sara parecia muito afetada e disse, com muita emoção: "Eu não sei onde eu estaria ou como eu me sentiria hoje se tivesse ouvido aquelas mensagens do bom pai/mãe quando eu estava crescendo".

Respostas como a de Sara sugerem os efeitos terapêuticos de apenas observar diálogos de modos.

Um próximo passo poderia ser uma versão dos diálogos históricos de múltiplos modos descritos anteriormente com a adaptação de que o evento vem da vida de um paciente que observa, e não representa, o modo adulto saudável. O observador-paciente pode absorver os efeitos da definição de limites por seus pares que representam o modo adulto saudável, bem como o encorajamento e o conforto deles em relação a seu modo criança vulnerável.

Aprendizagem vicária por meio de diálogos de modos na terapia do esquema individual

Pacientes com transtornos da personalidade graves ou traumas complexos muitas vezes têm um modo criança vulnerável muito temeroso, modos de enfrentamento desadaptativos fortes e modos adulto saudável pouco desenvolvidos, com pouca influência acessível do bom pai/mãe. Eles têm dificuldade para se conectar com seu modo criança vulnerável ou seu modo adulto saudável usando diálogos de modos. Descobrimos que oportunidades de aprendizagem vicária a partir da posição de um observador podem ajudá-los a iniciar esse processo de mudança de modo.

Oportunidades de aprendizagem vicária na TE individual podem ser construídas pelo terapeuta inicialmente representando os modos do paciente. Young (2003) inclui essa opção em diálogos de modos padrão, e nós a expandimos. Com o modo criança vulnerável abusada ou temerosa, o terapeuta pode precisar fornecer distância física e proteção contra os modos críticos disfuncionais. Quando um paciente sente que não consegue acessar seu modo criança vulnerável, ou rejeita essa parte e não tem compaixão por ela, ou tem tanto medo do seu modo crítico disfuncional que não dialogar com ele, criamos um diálogo no qual o terapeuta desempenha o modo criança vulnerável do paciente.

Exemplo de "A tenaz Susie"

Susie é uma paciente com transtorno da personalidade *borderline* que tem um histórico de abuso grave, pouca consciência de seu modo criança vulnerável e robustos modos de enfrentamento protetor zangado e provocativo e ataque. Ela era muito hábil em representar seu modo crítico punitivo e tinha um modo adulto saudável fraco. Decidi tentar alcançar seu modo criança vulnerável representando esse modo em um diálogo, com ela falando a partir de seu modo crítico punitivo.

TERAPEUTA COMO MODO CRIANÇA VULNERÁVEL: Estou com tanto medo, você é tão má, e não há ninguém aqui para conversar.
SUSIE COMO MODO CRÍTICO PUNITIVO: Pare de reclamar, cale-se, sua pirralha.
TERAPEUTA-MODO CRIANÇA VULNERÁVEL: (fazendo barulhos e gemidos de choro) Eu sou apenas uma garotinha, não fiz nada de errado, não posso fazer nada se você não gosta de mim.
SUSIE-MODO CRÍTICO PUNITIVO: Eu não me sinto bem dizendo essas coisas para você. Você provavelmente era uma boa garotinha, diferente de mim.

Neste ponto, a terapeuta interrompe a ação para discutir como Susie era uma garotinha normal, assim como o modo criança vulnerável que ela estava representando, e como Susie também merece compaixão e apoio. Ela pede a Susie para mudar de posição para o bom pai/mãe (parte do modo adulto saudável) e conversar com a terapeuta no modo criança vulnerável.

SUSIE BOM PAI/MÃE: Não sei o que fazer com ela. Ela está muito triste. Eu não gosto disso.
TERAPEUTA: Deixe-me me juntar a você a partir do meu bom pai/mãe e falar com a pequena Susie. Susie, você é uma garotinha adorável, deixe-me ninar e protegê-la. Eu estarei aqui do seu lado – você não fez nada de errado. Você é uma garotinha saudável com necessidades normais – você é muito jovem para cuidar de si mesma.
SUSIE: Gosto do que você está dizendo, nunca ouvi nada assim quando criança. Posso pegar a cadeira do modo criança vulnerável por um minuto – você vai dizer essas coisas de novo para mim?

Experienciando a terapeuta interpretar a pequena Susie, a paciente aumentou a consciência e compaixão por essa parte de si mesma. Em essência, Susie sentiu compaixão pela terapeuta no papel do modo criança vulnerável e transferiu isso para seu próprio modo criança vulnerável. Ela também começou a desenvolver habilidades de bom pai/mãe para cuidar de seu modo criança vulnerável.

DIÁLOGO DE MODO QUE INCLUI UMA TAREFA

Às vezes, os pacientes têm a ideia de que os modos críticos disfuncionais e até mesmo a punição são necessários, senão eles não realizariam nada, pois foi isso que lhes foi dito enquanto cresciam. Nesse caso, precisamos demonstrar os efeitos do modo crítico disfuncional de forma experiencial por meio de um diálogo de modo modificado. Essa é uma situação em que o terapeuta, brevemente, representa o modo crítico disfuncional. Esse exercício também é usado na TE em grupo. Dizemos ao paciente que alternaremos o modo crítico disfuncional e o bom pai/mãe do modo adulto saudável apenas para explorar como os diálogos com cada um afetam seu desempenho em uma tarefa simples. A tarefa é equilibrar uma vara de madeira na palma da mão. Usamos uma vara larga o suficiente para que a tarefa possa ser cumprida, mas é um pouco difícil. Primeiro, reproduzimos o modo crítico disfuncional, repreendemos o paciente e prevemos que ele não conseguirá realizar a tarefa enquanto estiver tentando. Inevitavelmente, ele não tem sucesso. Ele relata que tudo o que conseguiu ouvir foi o modo crítico disfuncional e que isso foi muito perturbador. Ele também diz que acha a tarefa impossível. Em seguida, pedimos a ele que repita a tarefa e assumimos o papel de bom pai/mãe. Nós o encorajamos dizendo que está indo bem, que sabemos que ele consegue fazê-lo, etc. Muitas vezes ele consegue e, se assim for, nós o elogiamos. Se ele não conseguir fazê-lo, nós lhe permitimos mais tentativas até que ele tenha sucesso, ou dizemos a ele o quão próximo ele estava, pois sabemos que ele só precisa de prática como qualquer um precisaria, etc. É claro que o diálogo com o bom pai/mãe o faz se sentir muito melhor e é mais eficaz para aumentar sua motivação de continuar tentando e ter sucesso. Discutimos a aplicação desta experiência à sua visão da função do modo crítico disfuncional.

RESUMO

Nós adaptamos o formato padrão para atender às necessidades de pacientes com criança vulnerável fraca ou modos críticos disfuncionais fortes, adicionamos efígies de modo a fazer o diálogo parecer mais real e desenvolvemos diálogos de múltiplos modos para a TE em grupo. Como em outras intervenções experienciais, é essencial que as demandas e o ritmo correspondam à capacidade do paciente de se sentir seguro e conectado a você. A flexibilidade em relação a quem desempenha as funções de modo pode produzir etapas menores e mais gerenciáveis para o paciente seguir.

O diálogo de modo padrão desenvolvido por Young pode ser ampliado em diálogos de múltiplos modos para a TE em grupo. Diálogos de múltiplos modos permitem que os pacientes experienciem uma variedade de modos em ação e comecem este trabalho observando enquanto outros representam seus modos. Esse uso da aprendizagem vicária pode ter efeitos poderosos sobre a mudança de atitude em relação ao modo criança vulnerável e uma compreensão diferente das desvantagens do modo crítico disfuncional. Em TE individual, uma forma de aprendizagem vicária pode ser implementada, com o terapeuta representando diferentes modos do paciente.

O uso de uma efígie para representar o modo crítico disfuncional pode fazer com que os diálogos em TE individual sejam mais reais e críveis, e a efígie pode atuar como uma máscara para o paciente que representa o modo crítico disfuncional nos diálogos da TE em grupo. O terapeuta que se mantém atento ao paciente e flexível e criativo na implementação de diálogos de modos leva à promoção dos objetivos da TE de alcançar e curar o modo criança vulnerável e de diminuir o poder do modo crítico disfuncional.

Dicas para os terapeutas

1. Certifique-se de verificar a prontidão, a segurança e a conexão dos pacientes para trabalhar com o modo criança vulnerável ou o modo crítico disfuncional e a segurança antes de sair da sessão. Crie planos de segurança se eles tiverem preocupações relacionadas. Termine a sessão com um retorno à imagem do lugar seguro ou à bolha de segurança que inclua a instrução de que os modos críticos disfuncionais estão longe e seguramente trancados.
2. Permita etapas no enfrentamento dos modos críticos disfuncionais que correspondam à força do modo adulto saudável do paciente. No início, forneça seu apoio, enquanto bom pai/mãe, ao modo adulto saudável.
3. Não represente o modo crítico punitivo. Você pode usar uma gravação do paciente nesse modo. Seja flexível com outros modos que podem ser úteis para você representar (p. ex., o modo criança vulnerável).
4. Ancore os aspectos experienciais do trabalho com alguma quebra de padrão comportamental – por exemplo, lembrete em *flashcard* da experiência, declarações do bom pai/mãe.
5. Em diálogos de múltiplos modos em grupo, dê a todos um papel a cumprir. Inclua em suas instruções um lembrete para que os pacientes reflitam sobre o que podem aprender com sua experiência no modo de outra pessoa e leve para o modo criança vulnerável deles qualquer coisa que o bom pai/mãe disser no exercício.
6. Permita que os pacientes saiam do sentimento de medo em seu próprio ritmo, identificando etapas gerenciáveis para eles na construção de diálogos de modos. Considere a possibilidade de criar experiências de aprendizagem vicária no início da TE.

REFERÊNCIAS

Farrell, J.M., Reiss, N. and Shaw, I.A. (2014) *The Schema Therapy Clinician's Guide: A Complete Resource for Building and Delivering Individual, Group and Integrated Schema Mode Treatment Programs*. Oxford: Wiley-Blackwell.

Farrell, J.M. and Shaw, I.A. (2012). *Group Schema Therapy for Borderline Personality Disorder: A Step-By-Step Treatment Manual with Patient Workbook*. Oxford: Wiley-Blackwell.

Young, J. E., Klosko, J. S. and Weishaar, M.E. (2003) *Schema Therapy: A Practitioner's Guide*. New York: Guilford Press.

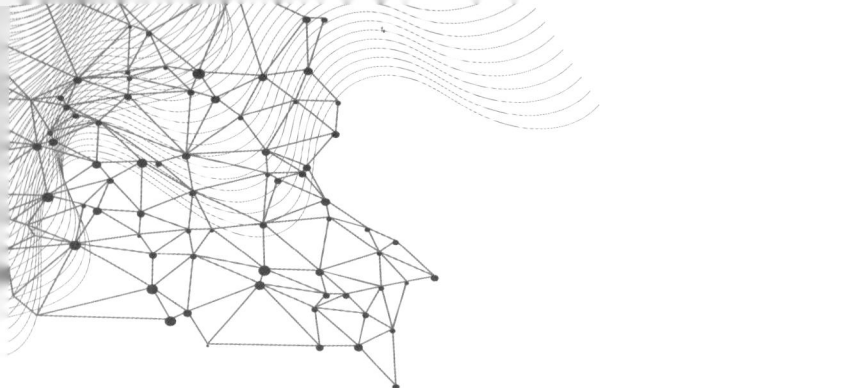

10

Espontaneidade e brincadeiras na terapia do esquema

Ida Shaw

A IMPORTÂNCIA DA BRINCADEIRA

Muito já se escreveu sobre a importância do brincar na infância e como isso contribui para o desenvolvimento de uma criança. Na terapia do esquema (TE), a brincadeira é uma ferramenta poderosa e um aspecto da reparentalização limitada que ajuda pacientes que sofreram abuso e que são emocionalmente carentes a romper os blocos de desconfiança e medo, proporcionando experiências seguras em que eles possam sentir algo além de dor emocional e aprender a confiar (Lockwood & Shaw, 2012). Muitas habilidades são adquiridas a partir da brincadeira e são vitais para a saúde mental e psicológica. Brincar é "trabalho", no sentido do papel de desenvolvimento que tem. A brincadeira tem muitas funções importantes: ela nos desafia a sermos criativos, nos ensina a resolver problemas, e nela aprendemos a ser espontâneos e a comunicar desejos e necessidades. São habilidades importantes para a vida. Wadley (n.d.) resume bem no trecho a seguir de seu poema, "Apenas brincando":

> Quando você me pergunta o que eu fiz na escola hoje,
> E eu digo: "Apenas brinquei".
> Por favor, não me entenda mal.
> Porque, veja, estou aprendendo enquanto brinco.
> Estou aprendendo a gostar e a ter sucesso no meu trabalho,
> Estou me preparando para o amanhã.
> Hoje, sou uma criança e meu trabalho é brincar.

As implicações da privação da brincadeira são substanciais, pois o brincar é essencial para o bem-estar social, emocional, cognitivo e físico das crianças, desde a primeira infância. Mesmo antes de o Alto Comissariado das Nações Unidas para os Direitos Humanos citar a brincadeira como um direito de toda criança, filósofos e psicólogos, como Platão, Piaget e Friedrich Froebel, reconheceram a importância do brincar no desenvolvimento infantil saudável (Milteer & Ginsburg, 2012). Geralmente, nosso paciente não teve um ambiente infantil que o apoiasse a ser feliz ou brincalhão. Isso pode ter ocorrido devido a negligência, a um ambiente emocional empobrecido, ou a um ambiente em que a realização e o trabalho são priorizados e o brincar é considerado frívolo e sem propósito. Esses ambientes podem levar a adultos que não sabem o que gostam de fazer ou não têm tempo para o prazer e podem não ter desenvolvido *hobbies* ou atividades recreativas. Brincar também é uma oportunidade para desenvolver e explorar o lado criativo das crianças. A brincadeira é nossa primeira experiência de conectar, negociar, conhecer e formar amizades com os outros. Quando a brincadeira é proibida, ou pouco desenvolvida, as pessoas perdem essa experiência básica de desenvolvimento.

BRINCADEIRAS E ESTÁGIO DE DESENVOLVIMENTO

Parten foi a primeira a descrever a importância do brincar para as fases de desenvolvimento da infância. Ela afirma que a brincadeira das crianças muda à medida que se desenvolvem, passando por seis estágios distintos que geralmente, mas nem sempre, correspondem à idade das crianças. Essas etapas também dependem do humor e do ambiente social. São, por ordem de desenvolvimento: brincadeira desocupada (0 a 2 anos – este é um importante cenário de definição para a futura exploração e o desenvolvimento de brincadeiras); brincadeira solitária (2 a 3 anos – a brincadeira solitária é comum em uma idade mais nova porque as habilidades cognitivas, físicas e sociais ainda não se desenvolveram totalmente. Esse tipo de brincadeira é importante porque ensina as crianças a se entreterem); brincadeira de espectador (comum nos 2,5 a 3,5 anos, ocorre em qualquer idade); brincadeira paralela (comum nos 2,5 a 3,5 anos – a brincadeira paralela é importante como um estágio transitório para o desenvolvimento da maturidade social, que é fundamental para estágios posteriores da brincadeira); brincadeira associativa (esse tipo de brincadeira, geralmente, começa por volta dos 3 ou 4 anos, estendendo-se até a idade pré-escolar. É uma etapa importante do brincar porque desenvolve habilidades necessárias, como cooperação, resolução de problemas e desenvolvimento de linguagem); e brincadeira cooperativa (período pré-escolar tardio, entre quatro e seis anos, reunindo em ação todas as habilidades aprendidas em etapas anteriores, dando à criança as habilidades necessárias para interações sociais e em grupo). As dificuldades que nossos pacientes adultos têm com a inclusão da brincadeira em suas vidas ocorrem, mais provavelmente, devido a experiências perdidas ou incompletas nessas fases do brincar durante a infância, que resultam em lacunas de desenvolvimento. Essas lacunas cognitivas e emocionais podem ser remediadas na psicoterapia, ao introduzir a importância do brincar e, em seguida, se engajando em brincadeiras com o terapeuta nas sessões. Pacientes adultos que têm pouca experiência com brincadeiras desde a infância têm dificuldade em ser brincalhões. Sem brincadeira, nossa alegria é limitada.

Brincar, por definição, deve ser divertido, mas para muitos pacientes adultos, até a ideia de brincar pode produzir ansiedade. Esquemas iniciais desadaptativos (EIDs), crenças centrais e estilos de enfrentamento podem ser ativados quando convidamos os pacientes para brincar. Por exemplo, podemos ouvir o modo crítico punitivo em declarações de pacientes como: "Isso é estúpido, é uma perda de tempo", ou "Eu não mereço me divertir e, além disso, brincar é para criancinhas". Eles reviram os olhos para os outros, balançam a cabeça com um olhar de nojo ou fazem comentários de desaprovação, como: "Você está agindo de modo muito imaturo, se você pudesse ver o quão bobo você parece, não estaria fazendo isso". Alguns pacientes nos dizem que inicialmente tinham medo de se envolver em atividades lúdicas porque temiam que outros vissem que não sabiam brincar, e então seriam julgados e se sentiriam um fracasso, aumentando os sentimentos de defectividade. É imprescindível discutir a importância e o valor do brincar com o grupo, confrontar e trabalhar os EIDs envolvidos e incentivar e celebrar seu crescimento na descoberta da alegria e dos benefícios do brincar. Para a maioria dos pacientes, essa conversa diminui a interferência do modo crítico punitivo, pois o brincar também tem muito apelo intrínseco para todos nós. Para alguns pacientes, passam-se meses antes que haja liberdade suficiente dos modos críticos disfuncionais para permitir sua participação em brincadeiras. Nesses casos, ter paciência, aceitar onde eles estão e sugerir que eles tentem se imaginar (em seu lugar seguro) participando sem seu crítico disfuncional gritando com eles pode ser benéfico.

Acessar a alegria do modo criança feliz pode destruir a crença dos pacientes de que eles são "inteiramente maus", o esquema de defectividade/vergonha. Brincar é uma experiência agradável tanto para o terapeuta quanto para o paciente, pois é uma maneira segura de atender às necessidades da criança vulnerável, da criança zangada e da criança feliz. Quando nos conectamos ao nosso modo criança feliz, sentimos versões de ser amado, contente, conectado, satisfeito, realizado, protegido, elogiado, valorizado, nutrido, guiado, compreendido, validado, autoconfiante, competente, apropriadamente autônomo ou autossuficiente, seguro, resiliente, forte, no controle, adaptável, otimista e espontâneo. Se estamos nesse modo, nossas necessidades emocionais básicas são atendidas no momento. Young rotulou este modo de criança contente (Young, Klosko & Weishaar, 2003), mas preferimos focar nos aspectos lúdicos e alegres deste modo, então nos referimos a ele como modo criança feliz. Aprender mais sobre e desenvolver o modo criança feliz dará ao seu adulto saudável uma sensação necessária de brincadeira e diversão.

Um objetivo central do brincar na TE é a amplificação do afeto positivo para evocar o modo criança feliz. O brincar abrange uma variabilidade infinita. A forma que a brincadeira toma e seu conteúdo, em vez de ser livre e aberto, é determinado pelas necessidades do paciente. O brincar em uma sessão pode acabar sendo livre e aberto se a necessidade do paciente for de liberdade e espontaneidade. Alternativamente, com base nas necessidades de apego, pode ter a ver com proteção, afeto, amor, mutualidade e autenticidade ou com sentir competência (p. ex., a construção de uma casa de bonecas). Um objetivo secundário é contornar modos de enfrentamento desadaptativos (p. ex., o modo protetor desligado). O brincar pode, muitas vezes, passar pelos modos de enfrentamento mais rápido do que o trabalho direto com esses modos. No entanto, quase sempre levará ao acionamento de um modo de enfrentamento desadaptativo ou a um modo crítico desadaptativo. Consequentemente, é importante observar isso e/ou verificar diretamente o modo ativado.

EXEMPLOS DE TRAZER A BRINCADEIRA PARA A SESSÃO DE TERAPIA DO ESQUEMA

Lego

Brincar com Lego em sessões de terapia foi um ponto de virada para meu paciente de 19 anos com depressão grave. Eu estava atrasada e não tive tempo de juntar o Lego que havia usado na sessão anterior. Assim que Danny entrou na sala e viu o Lego na mesa, seu rosto iluminou de empolgação, notei uma mudança positiva em sua energia: seus olhos estavam brilhando e o início de um sorriso estava presente. Após ele se sentar, no entanto, voltou para o seu *self* retraído, derrotado, sem contato visual, não comunicativo. Eu rapidamente perguntei se ele já tinha brincado com Lego antes, e outra vez seu rosto se iluminou e o sorriso voltou. Ele respondeu que tinha. Eu perguntei: "Pode me mostrar o que você sabe fazer com o Lego?" Seu sorriso cresceu ainda mais e, sem mais estímulos, ele fez um trem admirável, com vagões e trilhos. O mais emocionante foi que, enquanto brincava com o Lego, ele começou a falar e compartilhar coisas e até fez contato visual ocasional comigo. Depois do meu elogio genuíno à sua criação, ele sentou-se e durante o resto da sessão falou de seu amor por Lego, as coisas que ele podia criar e como ele se sentia bem quando as estava construindo. Ele falou da dor que sentiu quando tinha 12 anos, e sua mãe jogou fora todos os seus brinquedos, incluindo seu Lego, dizendo que ele era "velho demais para brinquedos". Esta sessão foi fundamental na construção de confiança, segurança e conexão. Nos meses seguintes, ele começou cada sessão criando algo novo com o Lego, enquanto compartilhava coisas sobre sua semana. Depois de dez minutos de "brincadeira com Lego" ele passava para o trabalho de terapia relaxado e presente. Eu passei a ver isso como sua maneira de se reconectar comigo, regular sua ansiedade inicial e estar presente. Passamos a nos referir a esse processo como "pouso". Um dia ele entrou no consultório animado e orgulhoso, compartilhando que ele tinha comprado um conjunto de Lego. Então ele disse: "Agora posso recriar em casa os sentimentos de felicidade que eu experiencio aqui". Abrir espaço para brincar nas sessões de terapia contribuiu para a cura do seu modo criança vulnerável e para o fortalecimento de seu adulto saudável. Em sua última sessão, Danny me deu um cardeal incrível que ele fez de Lego e disse que ele estava "agora livre para voar e aproveitar a vida".

Fantoches para todas as idades

Uso fantoches com crianças e adolescentes para explicar o modelo dos modos. Eles se divertem escolhendo fantoches que representam seus diferentes lados. Por exemplo, Billy, de oito anos de idade, escolheu Billy Triste (criança vulnerável), ou Willy Desconectado (protetor desligado), William Sábio (modo saudável), Bill Castigador (modo crítico) e Billy Feliz (criança feliz). Usar os fantoches com Billy foi uma maneira eficaz de trabalhar com seus modos para lidar com sentimentos e necessidades.

Christine, de 12 anos, foi capaz de escolher rapidamente seus lados/partes. Primeiramente, ela pegou o fantoche da rainha e disse: "Este é o meu 'modo diva', eu ando e falo como uma estrela de cinema e quero muitos elogios" (modo de enfrentamento autoengrandecedor). Em seguida, ela escolheu o fantoche garota pirata, declarando: "Esta é a minha parte 'senhorita louca malvada' (criança zangada). Eu grito e grito porque as coisas não são justas, e então minha mãe grita e diz 'vá para o seu quarto senhorita'. Esta é a minha 'Christine Triste e Solitária' (a marionete fofa de filhote de leão). Sinto medo e solidão às vezes (modo criança vulnerável)". Ela escolheu o fantoche de dragão para seu modo crítico disfuncional, e o chamou de "seja melhor, ou então...". Para o modo criança feliz ela escolheu o fantoche de sapo, porque ele pula de emoção. E para seu modo saudável de mente sábia, ela escolheu a coruja. Durante uma das sessões da família, ela mostrou aos pais como usar os fantoches a ajudou a identificar seus sentimentos e necessidades, e contou a eles sobre as coisas para as quais ainda precisava de ajuda, especialmente se ficasse travada. Depois de sua apresentação, seu pai pegou três fantoches, sua garota pirata, um garoto pirata e o fantoche do pai e disse: "Quando você me mostra esse seu lado, eu entro no meu pirata e grito e grito mais alto, mas o que eu realmente preciso fazer é entrar nesse, o fantoche do pai, que pode ajudá-la, e não gritar com você". Christine estava ouvindo e observando seu pai muito atentamente e, quando ele terminou, ela disse: "Uau! Você tem personagens também. E você, mãe? Venha e me mostre seus lados". A mãe dela me ligou algumas noites depois para me dizer o quanto estava feliz por Christine ter uma nova maneira de falar com eles sobre seus sentimentos e necessidades, e que ela pedia ajuda quando estava com raiva, mas, acima de tudo, sua mãe a via como uma criança feliz novamente.

Imagens mentais de regulação lúdica: a mochila

Os pacientes frequentemente entram na sessão parecendo que carregam o mundo nos ombros: suas questões, preocupações, sentimentos de desesperança, desamparo e frustração. Depois da saudação inicial, pergunto ao paciente qual é a sua cor favorita. Então, peço-lhes para fechar os olhos ou olhar para baixo e visualizar uma imagem apenas da cor. (Para muitos pacientes, sua cor favorita lhes dá uma sensação de segurança e paz). Então eu digo: "Imagine que estou lhe dando uma mochila nova na sua cor favorita. Olhe para todos os compartimentos de tamanhos diferentes que ela tem. Agora, encha-a com todas as questões, preocupações, sentimentos e frustrações que você tem carregado a semana toda. Você precisa de uma pausa de tudo isso. Continue enchendo a mochila. Sinta o peso da sua mochila, que fardo pesado ela é. Coloque sua mochila cheia debaixo da cadeira e respire fundo. Sinta a liberação da tensão quando a carga é removida. Agora, respire fundo e volte para a sala".

As respostas a esse exercício são frequentemente: "Me sinto mais leve, relaxado", "exausto, quieto e calmo", "inteiro, confortável", "assustado, inseguro", "sem dor, esperançoso", etc. O objetivo geral aqui é reforçar a mensagem do bom pai/mãe de que eles nem sempre precisam estar trabalhando em questões pesadas, mas precisam ter atividades que equilibrem suas dores. Eles precisarão de orientação e estratégias para desacelerar e respirar um pouco, e de formas de se reconectar ao modo adulto saudável, que os apoiará a fazer uma pausa, até mesmo para se envolver em uma atividade lúdica, para se reenergizar e experienciar algo mais do que a dor. Uma vez que o equilíbrio é restaurado, você pode tirar uma coisa da mochila e explorar os sentimentos e necessidades ligados ao item selecionado. Com a ajuda do seu modo adulto saudável, você pode então se concentrar em técnicas ou estratégias para validar seus sentimentos e em maneiras saudáveis de atender às suas necessidades.

Jogo "Jornada através do Vale dos Modos"

Jogos de tabuleiro, jogos de cartas, esportes, *hobbies*, viagens, leitura, fantoches, colorir, a lista é infinita, e tudo pode ser usado para alcançar e curar o modo criança vulnerável e fortalecer o modo adulto saudável. Um novo jogo de tabuleiro para crianças, feito por Galimzyanova, Kasyanik e Romanova (2019), "Jornada através do Vale dos Modos", traz o brincar para a educação em TE. No jogo, pode-se pousar no "Deserto do Distanciamento" ou na "Caverna da Autocrítica", ou aprender maneiras de se desprender no "Vulcão da Raiva". Ela costurou os conceitos, as teorias e os objetivos da TE de uma forma eficaz e que produz identificação neste jogo de tabuleiro que é divertido, mas também educa as crianças sobre sentimentos, necessidades, modos, esquemas e escolhas. Uma versão para adultos desse jogo está em andamento.

BRINCAR NA SUPERVISÃO: O FEIO, ESCAMOSO E ASSUSTADOR, DRAGÃO NEGRO

Ao fazer supervisão no Skype com novos supervisionandos, não é incomum ouvir seus modos crítico punitivo ou exigente/hiperdemandante quando eles descrevem suas sessões com pacientes. "Eu deveria ter feito isso ou dito algo diferente. Eu fiz tudo errado, eu estraguei tudo, tenho medo de não poder fazer terapia do esquema", etc. Eu, gentilmente, ressalto que seu crítico é duro e exigente e que ficar preso nesse modo pode interferir em sua conexão com o paciente e em estar presente. Às vezes, palavras ou explicações não são suficientes para resolver esse bloqueio. Nessas situações, eu puxo meu grande fantoche de dragão preto. O dragão mede um metro de asa a asa, tem uma boca grande com presas e uma língua vermelha saliente, afiada e ardente, e todo o corpo está coberto de escamas que terminam em sua grossa cauda pontuda. Quando um supervisionando entra no seu modo crítico, eu coloco o fantoche e encho a tela com o dragão negro feio, escamoso e assustador. Isso evoca muitas reações diferentes dos supervisionandos: riso nervoso, gritos e olhares de medo ou nojo. Com o tempo, eles sorriem ao ver o dragão e fazem comentários como: "é tão feio que é fofo". Adicionar esse elemento visual da brincadeira, bem como gestos lúdicos, ou humor leve, ajuda-os a estar cientes de que seu crítico exigente/hiperdemandante e/ou punitivo está sendo ativado e, no fim das contas, funciona para diminuí-lo (Farrell & Shaw, 2018).

EXEMPLOS DE ATIVIDADES LÚDICAS PARA GRUPOS DE TERAPIA DO ESQUEMA

O jogo do rosto

Cada membro do grupo recebe um balão para encher e canetas de feltro macias. Eles são instruídos a desenhar um rosto no balão mostrando como eles se sentem. Antes de nomearem como se sentem, os outros membros do grupo tentam adivinhar. Essa é uma maneira divertida e segura de começar a falar sobre sentimentos, por que os temos e como podemos atender às necessidades subjacentes a eles.

Construindo um esconderijo

Após uma discussão em grupo sobre formas de cuidar do modo criança vulnerável, um membro do grupo disse aos demais que ela tinha uma imagem de um esconderijo seguro e cheio de amor para o qual ela leva seu filho pequeno. Vários membros gostaram muito da ideia de um esconderijo seguro e comentaram sobre como seria bom ter um lugar assim. "Todas nós poderíamos construir um em nossa imaginação e compartilhar como o decoramos", concordou uma. "Ei, por que não construímos uma casa de bonecas juntas e a chamamos de nosso esconderijo?", disse outra. Essa ideia se transformou na construção real de uma casa de bonecas e foi uma experiência de aprendizado maravilhosa para todas. As mulheres aprenderam a trabalhar juntas, usar ferramentas, seguir um projeto, lidar com questões de *design*, aprenderam a lidar com gostos e desagrados, delegaram trabalhos como lixamento e pintura e escolheram qual quarto iriam decorar. Elas aprenderam a trabalhar seguindo um orçamento, mas, o melhor de tudo, compartilharam risos, alegrias e um senso de orgulho e domínio em sua contribuição para a construção do "esconderijo seguro".

Levando o brincar para uma unidade hospitalar de pacientes internados: as Olimpíadas

Uma noite, em uma unidade de internação onde tínhamos um programa de TE para pacientes com transtorno da personalidade *borderline*, os pacientes reclamaram de estarem entediados, porque nada estava passando na televisão além das Olimpíadas. Eu disse: "Vamos realizar nossas próprias Olimpíadas". Logo, o entusiasmo se espalhou, as ideias nasceram e foram feitos planos para colocar em prática nossos próprios jogos para o público espectador (a equipe de enfermagem). Depois de trabalharmos juntos por duas noites fazendo cartazes, bandeiras e fantasias, estávamos prontos para começar com nossa cerimônia de abertura. Um terapeuta atuou como mestre de cerimônias anunciando cada país (representado por um paciente) quando eles entraram no salão. "Aí vem o Canadá, usando um belo chapéu de alce, agitando sua bandeira com folha de bordo; em seguida está a Itália, ostentando uma jaqueta adorável em branco, vermelho e verde, espere um minuto, o que é aquilo na cabeça dela – sim, é um prato de espaguete." Cada país foi apresentado dessa maneira e foi recebido com aplausos e saudações. O hino "Crianças do Mundo" (do original *Children of the World*) foi cantado, e os jogos foram declarados abertos. Os países competiam em esqui alpino, usando caixas de sapatos nos pés e carregando um ovo em uma colher, e os participantes tiveram que manobrar em torno de vários obstáculos até a linha de chegada. O mesmo recurso foi usado para o trenó de luge: foi memorável vê-los deitados no chão em caixas de papelão rasgadas usando suas mãos e pés para impulsão. Muitos esportes aconteceram ao longo da noite e cada um foi recebido com risos compartilhados, alegria e um senso de pertencimento. As cerimônias de encerramento terminaram com chocolate quente e rosquinhas. Os pacientes falaram sobre essa experiência compartilhada muitas vezes e sempre com grandes sorrisos de orelha a orelha e olhos cintilantes.

ATIVIDADES LÚDICAS PARA A CRIANÇA VULNERÁVEL

Recordações, caixas de memória e conexão

Tivemos a ideia de fazer uma caixa de modo criança vulnerável que os pacientes pudessem usar em casa, especialmente, nos momentos em que o modo criança vulnerável era ativado. Usamos caixas de sapato e as decoramos com papéis coloridos e ornamentais. Adesivos, recortes, botões, fitas e vários outros materiais também foram usados para enfeitar as caixas. Os pacientes foram encorajados a coletar coisas que os lembrassem que sua criança vulnerável estava segura e era cuidada e valiosa. Coisas como uma pequena pedra lisa da praia, ou lápis de cor, chiclete, fotos, etc. O terapeuta escreveu afirmações positivas em cartões. Os pacientes faziam coisas uns para os outros, como fitas de música relaxante e marcadores de página, que funcionavam como objetos transitórios. Eles relataram que nunca souberam como confortar sua criança vulnerável antes, mas que agora eles abrem a caixa e leem para a criança, dizem de onde vieram os objetos, leem as mensagens, ouvem as fitas, sopram bolhas de sabão, etc. Eles descobriram que, fazendo essas coisas, eles estavam se tornando um adulto saudável cuidando de sua criança vulnerável. Essa atividade também tem como alvo intervir sobre o esquema de privação emocional.

Bonecas

Tivemos um efeito terapêutico drástico com uma paciente internada com transtorno dissociativo de identidade. Ann, como um de seus jovens *alter egos*, falou sobre sua mãe ter destruído sua boneca como punição. Decidi dar uma boneca para Ann como presente de aniversário. Ela ficou muito tocada e valorizava muito a boneca. Nós a mantivemos no meu consultório, pois Ann temia que ela não pudesse mantê-la segura na ala hospitalar. Nas sessões de terapia, seu jovem *alter ego* (que interpretamos como seu modo criança vulnerável) pedia para pegar a boneca e brincar com ela. Meu apoio para ela ter a boneca e brincar comigo foi um avanço para que ela permitisse a participação de seu *alter ego* do modo criança vulnerável nas sessões. A confiança e a segurança aumentaram porque mantive a boneca segura. Sua boneca desempenhou um papel importante em algumas reescritas de imagens posteriores, pois passou a representar a criança muito jovem que ela sentiu ter perdido por causa do abuso sexual que sofrera.

BRINCADEIRAS NAS IMAGENS MENTAIS

A loja de brinquedos

Usamos essas imagens mentais principalmente na TE em grupo, mas elas podem ser adaptadas ao trabalho individual.

"Todos respirem fundo e ouçam atentamente a minha história. Permita-se tornar-se parte da atividade como se fosse uma criança de seis anos. Preste muita atenção às minhas instruções e aos seus sentimentos enquanto participa." Comece o exercício: "Oh, é tão bom ver todos vocês hoje. Tenho uma grande surpresa para todos vocês. Estamos embarcando numa aventura para uma enorme loja de brinquedos, a maior do mundo. Uau! Vejo que ficaram muito animados. Eu também estou animada. Assim que chegarmos à loja, cada um terá três minutos para escolher dois brinquedos que sempre quis. Vocês não têm que se preocupar em pagar por isso porque eu ganhei na loteria e quero presentear a todos. Ok, o tempo começa agora, e o primeira sala em que entramos é a sala de animais de pelúcia. Ah, meu Deus! Olhe para o tamanho daquele urso panda, ele quase parece real! Ursos de pelúcia de todos os tamanhos e eles são muito macios, girafas, cãezinhos e gatinhos, há tantos tipos e tamanhos diferentes de animais macios aqui. Só temos mais dois minutos para vocês escolherem seus brinquedos. Vejo alguns de vocês correndo para a sala de jogos e posso ouvir muitas gargalhadas e risadinhas. Ah, olha! Há uma sala de bonecas com bonecas grandes e pequenas – Barbies, bonecas de porcelana em trajes antigos, Madame Alexander – de todos os tipos. Há uma sala de Transformers, carros movidos a bateria, aviões e caminhões, *kits* de ciência, truques de mágica e tantos livros. Alguém acabou de sair correndo para a sala da Disney. Falta um minuto. Rápido, rápido! Uau!! Parece que todos tiveram sucesso em selecionar dois brinquedos. Vamos voltar para nossa sala de grupos e falar sobre o que vocês escolheram, por que e que sentimentos vocês tiveram. Aconteceu alguma mudança de modo?"

Você pode adicionar quantas aventuras divertidas quiser nas imagens mentais, seguindo o formato apresentado. Incluímos um exercício de imagens mentais em cada uma das sessões da criança feliz. Queremos que os pacientes tenham imagens positivas para evocar quando precisarem delas para compensar memórias dolorosas. Nós lhes damos a tarefa terapêutica de praticar a evocação de imagens positivas.

BRINCANDO COM A RAIVA

A raiva é muito assustadora para muitos pacientes, particularmente aqueles com o esquema de desconfiança/abuso. Eles associam trauma, abuso, dor e medo com a simples menção de raiva. Eles são muitas vezes pouco conscientes de seu modo criança zangada. Pedir-lhes para se envolverem em brincadeiras para lidar com a raiva é recebido com grande hesitação, medo e ceticismo. No entanto, brincadeiras como fazer cabo de guerra e pisotear e estourar balões são uma maneira segura e eficaz de liberar a raiva. Os pacientes começam a perceber que mover-se e brincar são boas ferramentas para liberar a raiva, e que isso é muito melhor do que afastá-la e ficar insensível. Brincar de fazer sons, como competir sobre quem consegue fazer o melhor som de vaca ou os ruídos mais altos de porco é um jogo seguro e divertido. Pode ser o passo inicial para os pacientes reivindicarem sua voz. A capacidade de dizer "pare" e "não" quando eles estão sentindo raiva pode ser ensinada por meio do uso de brincadeiras. O paciente também descobre que nada de ruim acontece quando eles ficam com raiva e que eles podem controlá-la.

Em resumo, o uso do brincar para acessar o modo criança feliz na TE tem muitos benefícios terapêuticos. Pode ser uma maneira segura de começar a sentir, de se conectar aos modos criança e de atender à necessidade de espontaneidade e brincadeira do modo criança vulnerável ou zangada. Brincar com o terapeuta pode começar a romper blocos de evitação, desconfiança e medo. Proporciona experiências em que os pacientes podem começar a sentir e aprender a confiar com segurança. Brincar é uma experiência agradável tanto para o terapeuta quanto para o paciente. A alegria compartilhada e o prazer das brincadeiras na relação terapêutica podem fornecer evidências sentidas contra a crença de que eles são indignos. Pode ser uma maneira eficaz de começar a trabalhar no banimento do crítico punitivo (exercício do Dragão). O brincar pode se tornar uma das maneiras pelas quais a parte do bom pai/mãe do modo adulto saudável atende às necessidades do modo criança vulnerável.

Dicas para os terapeutas

- Engajar os benefícios potenciais do brincar com os objetivos da TE requer a capacidade do terapeuta de ser alegre, espontâneo e brincalhão e, ao mesmo tempo, de acompanhar e responder aos esquemas ativados e aos modos que são acionados. Isso requer que o modo criança feliz e o modo adulto saudável do terapeuta sejam acessíveis. Desfrute de sua própria espontaneidade e brinque e compartilhe os benefícios de se envolver no brincar.
- Ao contar uma história ou brincar, o entusiasmo do terapeuta é importante. Os pacientes tendem a ficar envolvidos com a história. A palavra "entusiasmo" é importante de ser notada. Como terapeutas, quando podemos ser abertos e genuínos em compartilhar nosso prazer e nosso lado brincalhão do modo criança feliz em um exercício que lideramos é mais fácil para os pacientes se envolverem na emoção também. É como se tivéssemos chamado sua criança feliz para brincar e o "jogo" parece divertido.
- Ser capaz e estar disposto a investir nossa própria emoção em nossas interações como terapeutas é crucial para uma brincadeira ser eficaz. Assim como os terapeutas do esquema têm muitas diferenças de personalidade, temperamento e perfil de esquema, existem muitas maneiras diferentes de se engajar com os pacientes.

O que é crítico é que você seja genuíno e fiel a si mesmo. Claro, você também deve estar ciente dos momentos em que seus esquemas e modos são ativados.
- Às vezes, um paciente diz que não merece participar da brincadeira. A resposta para isso é que o terapeuta pensa que sim, ou não o teria convidado. A questão é não nos determos com respostas negativas e não ficarmos presos ou tentarmos convencer o paciente de algo que ele não sente.
- Os pacientes podem ter dificuldade tanto em se engajar em diversão quanto em outros exercícios experienciais. Os modos críticos disfuncionais podem ser acionados, assim como os modos de enfrentamento desadaptativo. Quando isso acontece, é importante discutir sobre a questão e intervir para banir o crítico dessa sessão ou contornar o modo de enfrentamento desadaptativo. O trabalho com a criança feliz pode envolver lidar com modos de interferência, bem como configurar a diversão.
- Aproveite as oportunidades para incluir o brincar nas sessões e acessar o seu modo criança feliz e o do paciente.
- Tenha alguns fantoches ou animais de pelúcia que possam representar modos (p. ex., dragões, piratas) e jogos em seu consultório.
- Esteja ciente da força do seu modo criança feliz. Se for fraco, tente trabalhar nisso buscando oportunidades para brincar por si mesmo.
- Paciência e aceitação de onde os modos criança de um paciente se encontram do ponto de vista do seu desenvolvimento é fundamental. Brincar com imagens pode funcionar como um primeiro passo. Eles podem imaginar que estão brincando com você em sua imagem de lugar seguro e colocar o modo crítico exigente/hiperdemandante fora da imagem e até mesmo mandá-lo para longe em uma bolha. Nossos grupos, geralmente, faziam cartazes para a porta da sala do grupo que anunciava "Proibido críticos – crianças brincando".

REFERÊNCIAS

Farrell, J.M. & Shaw, I.A. (2018) *Experiencing Schema Therapy from the Inside-Out: A Self-Practice/Self-Reflection Workbook for Therapists*. New York: Guilford Press.

Galimzyanova, M., Kasyanik, P. & Romanova, P. (2019). *Journey through the modes valley: Schema therapy board game for children and adolescents*. St Petersburg, Russia: Schema Therapy Institute.

Lockwood, G. & Shaw, I.A. (2012). Schema therapy and the role of joy and play. In M. Van Vreeswijk, J. Broersen & M. Nadort (Eds), *The Wiley-Blackwell Handbook of Schema Therapy* (pp. 209–229). Oxford: Wiley-Blackwell.

Milteer, R.M. & Ginsburg, K.R. (2012). The importanvce of play in supporting healthy child development and maintaining strong parent–child bond: Focus on children in poverty. *Pediatrics, 129*(1), e204–e213. https://doi.org/10.1542/peds.2011-2953

Wadley, A. (n.d.). Just Playing. A poem.

Young, J.E., Klosko, J.S. & Weishaar, M.E. (2003). *Schema Therapy: A Practitioner's Guide*. New York: Guilford Press.

11

Métodos criativos com modos de enfrentamento e técnica das cadeiras

Gillian Heath
Helen Startup

INTRODUÇÃO

A técnica das cadeiras é uma técnica terapêutica centenária originada nas ideias radicais do psicanalista Moreno (1889-1974), com maior desenvolvimento por George Kelly e sua Teoria dos Construtos Pessoais e, posteriormente, trabalhada para adoção na Gestalt terapia individual por Perls (1969). Mais recentemente, a partir do trabalho de Greenberg, os mecanismos terapêuticos propostos pela técnica das cadeiras foram operacionalizados e submetidos a escrutínio empírico (Rice & Elliott, 1996, para uma revisão). Até o momento, a técnica das cadeiras é uma ferramenta terapêutica adotada pela maioria das terapias experienciais, e agora apresenta-se como um avanço recente na terapia cognitivo-comportamental (Pugh, 2019). Para uma visão geral sucinta, porém informativa, da história da técnica de cadeiras, os leitores podem consultar Pugh (2019) ou, para ter um relato detalhado, Kellogg (2014). Kellogg inovou e desenvolveu o uso das tarefas de cadeiras dentro da terapia do esquema (TE), concentrando-se em diálogos internos e externos (Kellogg, 2014) e em sua matriz de quatro diálogos (Kellogg, 2018).

PRINCÍPIOS FUNDAMENTAIS DO TRABALHO COM MODOS DE ENFRENTAMENTO

Quando utilizadas num contexto terapêutico, as cadeiras são o símbolo que objetifica uma relação, seja uma relação entre partes do *self* (técnica multicadeiras) ou entre o *self* e outro (técnica de duas cadeiras). Ao objetificar partes do *self*, surge um novo potencial relacional. Isso pode acontecer por meio do processo de "olhar" para um lado do *self* de uma nova maneira, proporcionando uma nova perspectiva, ou por meio de desafio direto às velhas relações *self-a-self* (como acalmar o crítico para dar maior voz ao pequeno *self*). Uma cadeira vazia pode ser usada para simbolizar uma pessoa do passado ou alguém com quem temos "negócios inacabados" (ver Kellogg, 2014), uma técnica que também é comumente usada na terapia focada nas emoções (Elliott, Watson, Goldman & Greenberg, 2004). A segurança da natureza simbólica do exercício, ao lado da presença reconfortante ou solidária do terapeuta, pode incentivar diálogos entre o *self* e o "outro" que talvez nunca tenham sido possíveis antes. Um objetivo da técnica das cadeiras em TE é impulsionar a mudança comportamental e esquemática, deslocando respostas emocionais entre diferentes partes do *self* para apoiar nossos pacientes a ter suas necessidades atendidas de forma adaptativa.

Os modos, em geral, podem ser definidos como os esquemas ou as operações dos esquemas (adaptativos ou desadaptativos) que atualmente estão ativos para o indivíduo (Young, Klosko & Weishaar, 2003). Acredita-se que os modos de enfrentamento, em particular, desenvolvem-se à medida que uma criança lida com necessidades essenciais cronicamente não atendidas, as quais interagem com seu temperamento, modelagem parental e quaisquer contingências de reforço em jogo, incluindo fatores culturais. Como tal, ao trabalhar com modos de enfrentamento, também estamos interessados nos esquemas que eles contêm, e no contexto biopsicossocial no qual evoluíram.

USANDO AS TAREFAS DE CADEIRAS COM MODOS DE ENFRENTAMENTO

De acordo com o modelo de TE do *self*, os modos de enfrentamento visam proteger contra vários tipos de ameaça e também, muitas vezes, refletem os pontos fortes naturais de uma pessoa. Assim, um modo de enfrentamento pode abranger uma sensibilidade às necessidades de outras pessoas (capitulador complacente), uma capacidade de detectar ameaças potenciais (hipercontrolador paranoico), força para lutar (provocativo e ataque), a capacidade de perseverar (protetor desligado), ser organizado (hipercontrolador perfeccionista), para se esforçar e vencer (autoengrandecedor) ou para recuar e reequilibrar-se (protetor evitativo). Em muitos aspectos, os modos de enfrentamento incorporam uma ampla gama de capacidades humanas que apenas foram longe demais, exageradas até o ponto em que nossa consciência é perdida e nós entramos no piloto automático, com o modo de enfrentamento oferecendo-nos uma solução que pode ser um ajuste ruim para a situação.

Os modos de enfrentamento evoluem em parte a partir das adversidades e traumas da infância e, como tais, contêm um viés de esquema que normalmente prevê desfechos negativos ou extremos (van Genderen, Rijkeboer & Arntz, 2015). À medida que o paciente se comporta como se o esquema estivesse "certo", o padrão fica consolidado. Os modos de enfrentamento também podem conter memórias e associações da dor central do paciente e de traumas anteriores. Por exemplo, o modo cauteloso do paciente (uma variante de um hipercontrolador paranoico) pode estar vigilante a ser sutilmente ridicularizado, pois tem uma sensação sentida de anos de *bullying* infantil e isolamento social. Um capitulador complacente pode "lembrar-se" de que a única maneira de receber afeto era submeter-se ao humor de seus pais. Ou um autoengrandecedor pode sentir o brilho de ganhar um prêmio na escola, enquanto sabe que nada mais seria notado. Essas "memórias" dos modos de enfrentamento falam das necessidades da criança vulnerável para a cura do esquema, e é isso que podemos sintonizar em nosso diálogo de modos.

Neste capítulo, focamos na aplicação clínica da técnica das cadeiras a modos de enfrentamento dentro da TE. Descreveremos como a técnica das cadeiras, os diálogos de modos e o mapeamento de modos podem ser usados para ajudar os pacientes a superar os aspectos prejudiciais de seus modos de enfrentamento, bem como chamar atenção para suas necessidades centrais que esses modos estão tentando desajeitadamente atender. São descritos métodos de trabalho com modos de enfrentamento. Estes incluem: conscientização, entrevistar os modos para maior compreensão, uso de desenhos para a "expressão" de modos, geração de ação e motivação, uso da relação terapêutica para efetuar mudanças, confronto empático de modos, capacitação do adulto saudável e, finalmente, uso de diálogos de modo para promover a integração de "todos os lados".

Os métodos descritos neste capítulo podem ser aplicados em todos os três estilos de enfrentamento (evitação, resignação e hipercompensação); no entanto, o terapeuta também pode se concentrar nas necessidades essenciais mais específicas incorporadas em cada tipo de modo. Os modos de evitação visam evitar ameaças acionadas pelos esquemas e, portanto, há um foco em enfrentar os medos subjacentes do paciente. Modos de resignação se submetem aos esquemas principais, e normalmente há uma necessidade não atendida de empoderamento de algum tipo. Modos hipercompensadores se esforçam pela dominância e/ou controle em detrimento de outras necessidades, e há um foco em permitir e atender a dor central do paciente, muitas vezes anteriormente escondida ou negada sob esses modos mais contundentes.

TRAZENDO CONSCIÊNCIA SOBRE OS MODOS DE ENFRENTAMENTO

Um importante precursor da técnica das cadeiras é a elaboração de uma formulação dos modos compartilhada (ver Capítulo 1 para mais detalhes do mapeamento de modos) em que as relações dos modos do paciente são desenhadas. Uma forma de mapear essas relações é ter o "pequeno *self*" posicionado na parte inferior do diagrama, cercado pelos modos de enfrentamento (Figura 11.1). O crítico pode estar posicionado em algum lugar acima, caindo sobre o resto do *self*, com o adulto saudável posicionado longe disso, lutando para que o espaço cresça. Ao organizar o mapa de modos dessa forma, é possível ter uma discussão validadora sobre a função autoprotetora do desenvolvimento dos modos de enfrentamento e os motivos desses modos. É importante ressaltar que todos nós temos modos de enfrentamento; eles são de fato críticos para o gerenciamento na vida. No entanto, quando em nossa experiência de vida pregressa as necessidades não eram atendidas, nossas formas de enfrentamento tinham que "se enrolar" em torno dessas falhas e "aumentar sua presença" a fim de gerenciar o mundo naquela época. Agora que o momento da nossa vida mudou, o desafio é aprender a modificar ou "diminuir" a facilidade e a intensidade com que nossos modos de enfrentamento entram em jogo.

Para dar vida a essas ideias dinamicamente, pode ser inestimável representar algumas dessas relações de modo centrais por meio de cadeiras durante a fase de formulação. Isso pode envolver um par de cadeiras, para representar uma relação de modo chave, mas mais cadeiras seriam usadas para ajudar a elaborar o senso de *self* pleno do paciente.

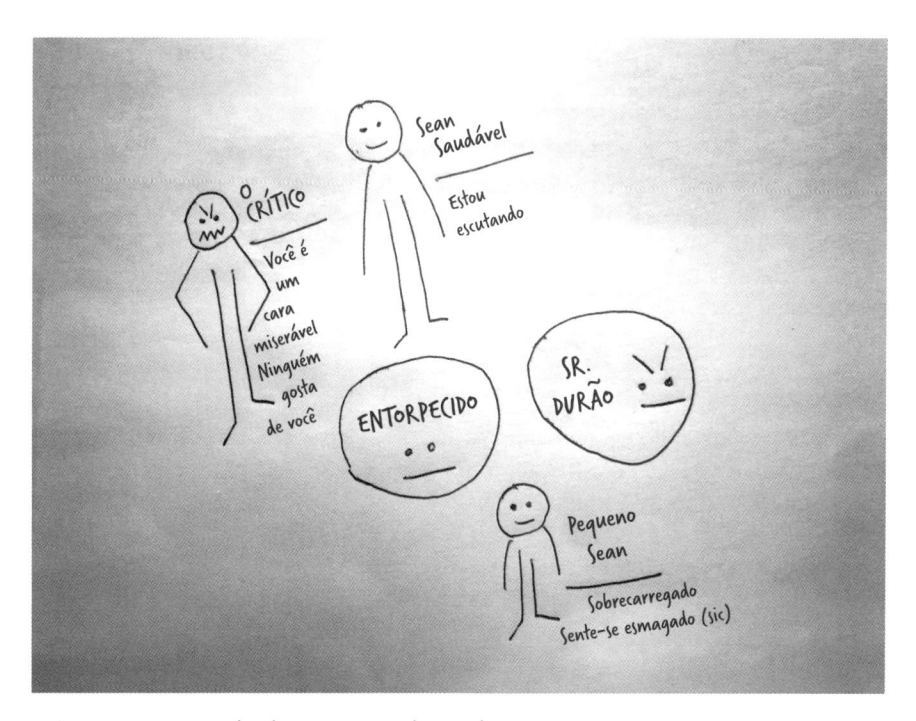

FIGURA 11.1 Exemplo de um mapa de modos.

Por exemplo, Sean[1] só estava ciente de estar com raiva e irritável; ele estava constantemente recebendo *feedback* do mundo de que ele era uma "pessoa braba" e precisava "se resolver". Como resultado, Sean tinha um senso limitado de si mesmo como "apenas esse cara miserável e irritado" de quem ninguém gostava. Não era de surpreender que ele sofresse de depressão e estivesse socialmente isolado. No entanto, sua terapeuta estava ciente de que havia muito mais a ser explorado em Sean. Ela tinha ouvido como, quando criança, ele tinha sido frequentemente ridicularizado por seu pai de uma forma imprevisível e agressiva. A fim de sobreviver ao seu início de vida em casa, Sean descreveu como tinha aprendido a projetar um "lado durão" para o mundo, que geralmente se manifestava como "atacar os outros antes que eles me atacassem" (modo provocativo e ataque, PA). Para conhecer esse modo, a terapeuta de Sean simplesmente o orientou a mover cadeiras cada vez que ele entrasse em posição de ataque. Seu objetivo era aumentar a consciência e curiosidade para este lado dele mesmo. Durante as sessões posteriores, a terapeuta de Sean o orientou a trocar de cadeira quando seu modo PA, seu lado criança e seu lado crítico começassem a falar. Quando seu lado criança começava a sentir dor e o provocativo e ataque entrava em ação, sua terapeuta movia a cadeira de PA para que ela estivesse ligeiramente voltada para a porta, diminuindo sua influência e criando espaço para outras partes falarem. O lado criança de Sean foi capaz de afirmar que se sentia sobrecarregado e esmagado pela presença do PA. Em uma sessão posterior, sua terapeuta também convidou o adulto saudável de Sean a se envolver e a encontrar sua perspectiva e sua voz. Sean também foi apoiado para aumentar sua conscientização e, portanto, reduzir o automatismo do deslocamento para o PA, rastreando sinais corporais, como uma sensação estranha no estômago e um aperto nos punhos[2], que agem como "bandeiras" para detectar que o modo foi ativado. O objetivo aqui não é desafiar o modo diretamente, mas, sim, aumentar a consciência do paciente sobre de que forma as diferentes partes do *self* estão se relacionando entre si, a fim de dar maior flexibilidade.

Outro uso valioso das cadeiras durante a formulação é quando um paciente muda rapidamente de modo, como pode ser o caso de indivíduos com transtorno da personalidade *borderline* (Arntz & Van Genderen, 2011). O processo de pausa e colocação das partes do *self* nas cadeiras *desacelera* a sessão e incentiva o fomento da metaconsciência e mentalização, processos que são dificuldades centrais para esse grupo de pacientes (Bateman & Fonagy, 2004). Mais uma vez, o objetivo não é desafiar os modos, mas diminuir a inversão súbita de modo, chamar atenção para as relações do *self* total e dos *selves* parciais. Manter um diário dos modos como lição de casa pode melhorar ainda mais esse desenvolvimento da autoconsciência.

TRABALHANDO COM EVITAÇÃO

É totalmente humano evitar a dor. Os modos de enfrentamento evitativos visam proteger-nos, afastando emoções fortes (protetor desligado), situações desafiadoras (protetor evitativo) e ameaças interpessoais (protetor zangado), ou usando distração para acalmar ou estimular (protetor de autoalívio ou protetor autoestimulador). No fundo, quando evitamos alguma coisa, muitas vezes temos medo dela (ou das emoções que ela pode ativar), e os métodos aqui descritos visam ajudar a enfrentar e trabalhar com tais medos para apoiar nossos pacientes a melhor atender às suas necessidades.

Modos de enfrentamento e a relação terapêutica

Rachel entra na sala da clínica em silêncio e quase sem expressão. Ela senta-se e olha para a terapeuta com um olhar fixo, ligeiramente antinatural, e um meio sorriso educado. A terapeuta sente-se imediatamente envergonhada, nervosa e insegura de si mesma. Ela acha que Rachel provavelmente está brava com ela por causa de uma carta que ela havia enviado na semana anterior. Na carta, ela explicou a Rachel que era uma política do serviço dar alta a um paciente se ele não fizesse contato após uma série de faltas a consultas, e pedia que ela fizesse contato. A terapeuta tinha se debatido para formular a carta e temia que ela parecesse inoportuna. Agora, a raiva silenciosa de Rachel confirmou que ela tinha de fato cometido um "grande erro" e que a tinha desapontado.

A relação terapêutica tem a capacidade de acionar nossos próprios esquemas e os de nossos pacientes desde o primeiro encontro. Isso oferece uma rica oportunidade de entender os ciclos de modos "no momento", os quais muitas vezes caracterizam o mundo interpessoal do paciente. Este pode ser um trabalho emocionalmente desafiador, e o conceito de modos ajuda a manter o paciente e o terapeuta dentro de sua janela de tolerância (Ogden et al., 2006; Siegel, 1999, 2011), proporcionando contenção e distância no trabalho com apenas uma parte, e não todas, do paciente ou do terapeuta. Isso permite que ambos recuem em rupturas (ou outros momentos relacionais importantes) e entendam juntos o que aconteceu a uma distância mais segura.

Nomeando a ruptura e os modos relevantes

O terapeuta pode notar uma ruptura e fazer uma pausa para compartilhar sua sensação de que algo "aconteceu" em termos interpessoais. Há, então, muitas vezes, um momento emocionalmente carregado, mas profundamente importante para tentar descobrir juntos o que está acontecendo. Tanto o paciente quanto o terapeuta podem ser intensamente atingidos nesses momentos, e isso muitas vezes requer um certo tipo de coragem terapêutica para falar sobre a ruptura, em vez de evitá-la. Ao explorar com nossos pacientes como nossos modos de enfrentamento podem estar reagindo, nós dissipamos a toxicidade relacional potencial, pois há uma suposição implícita de que eles estão, à sua maneira, tentando ajudar. No próximo trecho, a terapeuta (T) explora se o silêncio hostil de Rachel (R) pode estar vindo em parte de seu protetor cauteloso (um tipo de modo protetor zangado):

T: Rachel, o que está acontecendo? Você parece irritada.
R: Não, está tudo bem. No que vamos trabalhar hoje?
T: Mesmo que você diga que está tudo bem, parece que não está. Aconteceu alguma coisa? Você parece estar com raiva.
R: Não, já superei isso. Não vale a pena, não quero falar sobre isso.
T: Não sei, mas estou querendo saber se isso pode ser em parte sobre a carta que eu enviei?
R: (Não responde e parece incrédula com o que a terapeuta está dizendo).
T: (Gesticulando para outra parte da sala) Eu me pergunto se o seu protetor cauteloso veio à tona e não confia em mim o suficiente para falar?
R: (Acena com a cabeça, mas permanece com o olhar atravessado e em silêncio).

Ouvindo a visão do modo de enfrentamento sobre o incidente relacional

Tendo criado um espaço simbólico para o modo mais relevante, a terapeuta pode perguntar sobre os pensamentos e sentimentos desse lado sobre a ruptura. Esta técnica é especialmente útil quando o paciente está relutante em assumir ou compartilhar seus sentimentos mais diretamente. A terapeuta concentra-se no momento presente e nos gatilhos de esquema recentes/imediatos para tentar entender o que acabou de acontecer entre elas:

T: Eu acho que pode haver boas razões para você sentir raiva agora e quero ouvi-las. (Gesticulando novamente para o mesmo ponto onde antes localizou o "protetor cauteloso"). O que seu lado cauteloso está dizendo sobre falar comigo agora?
R: Está dizendo que você não se importa, que não vale a pena e que não entende por que eu vim hoje.
T: (Gesticulando novamente para o mesmo lugar). O que ele achou quando leu a carta que enviei?
R: Ele – e, para ser honesta, toda a minha pessoa – não puderam acreditar. Foi tão formal. Não consigo acreditar que você estava sugerindo que poderíamos encerrar porque faltei a algumas sessões!
T: O que passou pela sua cabeça sobre mim e sobre nós? O que mais a irritou?
R: Senti que você simplesmente não se importava – eu não entendi por que você escreveria aquilo.

T: (Novamente gesticulando para o mesmo lugar). E o que esse lado disse sobre falar comigo?
R: Que as portas estavam fechadas agora. Que se você fosse me criticar assim por não vir, seria o fim.
T: Houve mais alguma coisa que tenha feito seu lado cauteloso sentir que não podia confiar em mim?
R: Eu acho que você não falou comigo – mas eu sei que também não compareci. Eu me senti realmente perdida.

A terapeuta faz perguntas ao modo de enfrentamento (O que ele disse então? Como se sentiu quando...?) para tentar entender suas preocupações em relação a ela e ao relacionamento delas. Pode ser que a paciente tenha experienciado apenas raras vezes alguém atendendo sensivelmente a uma ruptura dessa forma. No caso de Rachel, o fato de a terapeuta querer escutar adequadamente o modo de enfrentamento permite que ele dê ligeiramente um passo ao lado e que outros sentimentos, mais vulneráveis, surjam. Rachel explicou que sentiu que não era importante para sua terapeuta e expressou um sentimento mais desesperador sobre a terapia não durar para sempre e uma falta de prontidão para enfrentar isso sozinha. A terapeuta sentiu uma forte conexão com Rachel. Ela reconheceu que tinha, de fato, ficado muito preocupada em perder sua confiança enquanto escrevia a carta, e achou difícil dizer isso. Ela disse-lhe que sabia que tinha soado de um jeito errado e que lamentava que isso tivesse causado tanta angústia.

Trazendo-nos para o ciclo de modos

Neste ponto, há uma importante oportunidade para a terapeuta se colocar no processo de forma mais completa, falando sobre quais modos ou reações foram ativados nela e como isso pode acontecer com outras pessoas na vida da paciente também. A terapeuta perguntou se estaria tudo bem compartilhar como se sentiu no início da sessão, quando o lado cauteloso estava forte. Rachel concordou. A terapeuta disse que, naquele momento, quando Rachel não falava e parecia tão hostil, ela se viu querendo se retirar – e ela se perguntou se isso já tinha acontecido com outras pessoas, também? Rachel falou sobre como algo semelhante aconteceu com um amigo próximo, que desde então tinha rompido o contato.

Vinculando-se às necessidades centrais

A terapeuta de Rachel perguntou do que ela poderia precisar quando se sentisse decepcionada por ela, em situações como a da carta – havia algo que ela pudesse dizer ao protetor cauteloso? Rachel (olhando para o ponto do protetor cauteloso) disse que ela poderia dizer a ele que sua terapeuta tinha mostrado que ela se importava muitas vezes, e que não importa o quão ruim as coisas parecessem, Rachel precisava tentar falar com ela. A terapeuta disse que isso significava muito para ela e que ajudaria muito se Rachel pudesse fazer isso ou falar com ela sobre suas dificuldades. Ela, também, tentaria ser aberta sobre sua parte, em vez de escrever cartas formais, para que juntas pudessem descobrir o que estava acontecendo.

Nesse tipo de trabalho com modos, o terapeuta separa simbolicamente a parte acionada do paciente e convida-o a dar-lhe voz, entendendo juntos e a uma certa distância como ele vê o incidente relacional. Ao localizar o modo em um espaço longe de si mesmo e do paciente, o terapeuta fornece alguma segurança e contenção para uma situação com potencial de ser altamente carregada. O terapeuta é autêntico em compartilhar sua parte no ciclo de modos, o que muitas vezes tem um efeito desarmador, pois o paciente sente a intenção do terapeuta de dar sentido ao que acabou de acontecer entre eles (não como um especialista observador, mas como parte da relação) com o intuito de permanecerem conectados e progredirem no tratamento.

Separando modos e confrontação empática

Em outros momentos, o terapeuta pode optar por confrontar um modo de forma empática, mais diretamente, pedindo permissão para "falar com esse lado", novamente usando um gesto para localizar o modo longe do paciente. O terapeuta mostra empatia pelo modo, mas também afirma clara e especificamente seu impacto, naquele momento, e pede a ajuda do paciente para fazer algo diferente, seja para o relacionamento ou para ajudar a levar as coisas adiante na terapia de forma mais geral.

T: Maria, você parece fechada e afastada de mim agora, e eu estou querendo saber se o lado protetor veio à tona? (A paciente não responde, silenciosa e enrolada em sua cadeira por vários minutos).
R: Sim (olhando brevemente do chão para a terapeuta).
T: Posso falar com esse lado?
A: Sim.
T: (Usa um gesto para localizar o modo longe do paciente) Lado protetor, estou muito feliz que você esteve aqui para ajudar Maria quando ela mais precisou de você. Quando as coisas eram tão ruins quando ela era criança, quando não era seguro falar. Mas agora preciso ouvir como Maria está se sentindo. Eu sei que ela teve uma semana muito difícil, mas eu não posso ajudá-la se você a mantiver em silêncio e afastada de mim tão completamente. Prometo que lhe daremos o tempo necessário para voltar, se precisar, antes do fim da sessão. (Olhando para Maria) Maria, pode tentar me contar um pouco sobre como está se sentindo agora? Como você está?
A: Eu tive uma semana tão ruim. Não consigo mais aguentar. Sinto que quero jogar a toalha, é demais para mim.

Aumentando nossa compreensão dos modos de enfrentamento: a técnica da "entrevista" de modos

À medida que encontramos um padrão dominante de enfrentamento, nossa primeira tarefa é explorar como e por que o paciente enfrenta as coisas da maneira como o faz. Entrevistar os modos é uma abordagem útil aqui, pois permite uma expressão completa de cada lado. Você pode perguntar sobre como o modo evoluiu, suas principais preocupações, como ele opera atualmente e as consequências para o paciente. Nessa técnica, o terapeuta utiliza uma característica central da técnica das cadeiras, em que o paciente ocupa um lado de si mesmo e aprende sobre ele mais profundamente, sem intrusão de outros lados ou de uma pressão social para ser construtivo (Kellogg, 2014). O terapeuta pode pedir que o paciente se sente em uma cadeira separada e "seja o modo" ou, se isso parecer muito desconfortável (p. ex., se o paciente for ambivalente sobre a presença do modo), o paciente pode fornecer palavras para o modo de enfrentamento, que recebe sua própria cadeira vazia. Assim, as principais tarefas aqui são essencialmente cognitivas, e focam em permitir que o paciente articule (1) a origem do modo (ou seja, por que e quando ele se desenvolveu), (2) a função do modo (ou seja, o que ele faz para o resto do *self*, de que forma é protetor) e (3) os prós e os contras de gerenciar dessa forma atualmente. Empreender essas tarefas gera compaixão, pois fica claro que o modo de enfrentamento está "apenas tentando ajudar". Além disso, uma nova perspectiva é oferecida a partir da ligação da principal preocupação protetora do modo a um contexto histórico. Ademais, olhando para as desvantagens de manter a dependência desse modo atualmente, um "espaço de agitação" é criado para novas formas de estar no mundo.

Agência geradora e motivação: diálogos de múltiplos modos

Os modos de enfrentamento são tipicamente autoperpetuadores, pois evitam a desconfirmação de um viés de esquema e reduzem o senso de ação e confiança do paciente para lidar com situações de forma diferente. No caso de modos fortemente evitativos, a confrontação empática por si só pode sair pela culatra, pois o paciente pode sentir-se sob pressão do terapeuta e incapaz de enfrentar seus medos intensos. Assim, uma sensação de "preciso, mas não consigo" pode se intensificar, e um impulso pode aumentar para, então, evitar a situação, como uma saída do vínculo.

A formulação é o mais importante nesse caso, pois normalmente há mais de um modo em jogo subjacente ao medo intenso do paciente. Quando a evitação é forte, há tipicamente um crítico disfuncional em segundo plano, minando a confiança do paciente e aumentando seu senso de inadequação. A criança vulnerável está assustada, e o adulto saudável, *offline* com um alto senso de ameaça e um baixo senso de agência. O modo evitativo oferece alívio instantâneo, pois o desafio não precisa ser enfrentado; ele pode ser adiado ou descartado conforme desnecessário.

Nomeando e localizando os modos

Diálogos de múltiplos modos podem ser usados para reverter o círculo vicioso, com terapeuta e paciente impondo limites ao crítico, conectando-se com as necessidades da criança vulnerável e moderando o modo evitativo para permitir que o paciente comece a enfrentar seus medos. O exemplo do caso a seguir também integra o uso de imagens breves para ajudar a paciente a "convidar" seu adulto saudável, aumentando a sua consciência sobre sua força potencial nesta situação.

Shona expressou sua decepção por, mais uma vez, ter falhado em seus esforços para encontrar algum trabalho voluntário. Uma loja de caridade deixou uma mensagem de voz para ela há alguns dias. Embora sabendo que deveria ligar de volta, ela estava se sentindo tentada a deixar de lado; afinal, talvez ela não estivesse pronta para esse tipo de trabalho. Sua terapeuta perguntou quais outros pensamentos surgiam com a sensação de "não estar pronta", e Shona disse que sentia que não conseguia lidar com estar perto das pessoas. Sua terapeuta perguntou em voz alta se o crítico estava por perto; Shona concordou que ele estava.

Colocando o crítico junto à porta (fazendo um gesto com a mão e olhando para a porta), a terapeuta perguntou o que ele estava dizendo sobre Shona não ser capaz de lidar com o trabalho. Também olhando para o "ponto" do crítico, Shona transmitiu o recado de que ela iria se envergonhar, que ela congelaria e seria incapaz de falar, que todo mundo pensaria que ela era estranha, que ela iria se humilhar. A terapeuta perguntou como a pequena Shona se sentia ao ouvir tudo isso. Shona disse que se sentia muito pequena. A terapeuta perguntou se Shona podia sentir seu pequeno *self* ao lado dela, e Shona disse que podia e que estava muito assustada.

Gesticulando para outra parte da sala, a terapeuta perguntou a Shona se ela poderia trazer o lado escondido (seu protetor evitativo), a parte que disse que talvez ela não estivesse pronta e devesse deixar isso de lado e não ligar de volta. Shona disse que o lado escondido pensou que ela estava sendo gentil consigo mesma ao não ligar de volta, que ela realmente não precisava fazer isso e que era melhor não forçar as coisas. Olhando de volta para Shona, a terapeuta perguntou o que ela achava sobre o plano do lado escondido. Com um sorriso triste, Shona disse que se sentia aliviada. A terapeuta, também com um tom brincalhão, concordou que deveria ser um alívio, excelente notícia, ela não precisava fazer isso! Shona, então, disse espontaneamente que apesar de tudo não se sentia bem com isso, mas também não se sentia pronta para ligar de volta. A terapeuta perguntou como a pequena Shona estava se sentindo – elas poderiam ouvi-la? Ao colocar a pequena Shona numa cadeira, ela foi capaz de dizer que realmente desejava que alguém a quisesse o suficiente para lhe dar uma chance, mas ela estava com muito medo da rejeição e da sensação de falhar que teria se ligasse e recebesse um "não". Ela foi capaz de expressar um pouco da dor por trás do enfrentamento que tão raramente era ouvida. Sua terapeuta poderia lidar com isso com compaixão e um empurrão suave em direção à autoconfiança, instilando em sua paciente as sementes de que ela tinha realmente o potencial para gerenciar essa situação, progredir e ter suas necessidades atendidas.

Esse tipo de técnica das cadeiras pode progredir por meio de imagens, por exemplo, para trazer o adulto saudável, ou o lado "forte" e "determinado" de Shona para apoiá-la a confiar cada vez menos em seu modo de enfrentamento evitativo. A dramatização com duas cadeiras foi, então, usada para a construção de habilidades de apoio a Shona para ela praticar ligar para a loja de caridade da perspectiva de seu adulto saudável, com o conhecimento de que seus modos de enfrentamento estariam lá caso ela precisasse deles. A terapeuta de Shona também usou a dramatização a fim de prepará-la para possivelmente não receber a resposta que esperava e, se esse fosse o caso, permanecer dentro de sua janela de tolerância e usar seu adulto saudável para se autoacalmar (*self-soothe*) em vez de recuar para um modo de enfrentamento ou espiralar para um lugar de autocrítica.

TRABALHANDO COM RESIGNAÇÃO

A resignação é uma estratégia adaptativa diante de situações inevitáveis e insuperáveis. Há momentos em que a maioria de nós, até certo ponto, aceita e cede a coisas que sentimos que não podemos mudar. Até hoje, a literatura sobre TE concentrou-se em um modo deste tipo, o capitulador complacente (Van den Broek, Keulen-de Vos & Bernstein, 2011); o paciente "se rende" apaziguando os outros e colocando as necessidades ou o ponto de vista deles à frente de seus próprios para manter a conexão ou evitar críticas ou punições de algum tipo. O paciente rende-se a esquemas como privação emocional, autossacrifício e subjugação, a partir dos quais sente que suas necessidades são invisíveis ou sem importância, e não tem escolha a não ser colocar a outra pessoa em primeiro lugar.

Pessimismo e desesperança (p. ex., um modo de preditor pessimista ou protetor desesperançado) também caem nesse estilo de enfrentamento, pois, ao se render ao pior cenário, o paciente sente-se protegido da decepção e, até certo ponto, autorizado a "desistir" diante do que parece ser um fracasso inevitável. Nesses modos, o paciente rende-se a esquemas como fracasso, defectividade e pessimismo, muitas vezes com a sensação de tornar sua vida mais previsível, na medida em que pelo menos "sabe onde está" e está enfrentando "as coisas como são" para ele.

A criança vulnerável aqui pode sentir que ela não importa, que suas necessidades não são importantes e que há opções muito limitadas para ela, determinadas por outros ou por suas circunstâncias. Frequentemente, há necessidades não atendidas de se sentir compreendido, importante e capacitado: que o paciente possa se expressar, sentir que suas necessidades importam e desenvolver um senso de agência, de que ele pode trabalhar em direção ao que deseja.

Diálogos para o empoderamento: da criança vulnerável ao adulto saudável

Os diálogos entre a criança vulnerável e o adulto saudável podem ser usados para capacitar o paciente, pois os sentimentos e as necessidades do paciente são expressos e colocados no palco central para seu adulto saudável. Tendo recebido uma oportunidade inicial de compartilhar suas preocupações, o modo de enfrentamento pode ser solicitado a observar de fora, proporcionando uma oportunidade de "ver" o potencial de uma maneira diferente de lidar com a situação. Isso pode ter um efeito surpreendentemente empoderador. A resignação é muitas vezes impulsionada por uma sensação de derrota inevitável, pela qual as necessidades de outras pessoas (em resignação) ou circunstâncias difíceis (em desesperança) irão prevalecer, não importando o que aconteça. À medida que o paciente afasta sua atenção dessas previsões e a direciona para ouvir os sentimentos e necessidades de sua criança vulnerável, há uma dinâmica diferente para a ação e a mudança, pois seu pequeno *self* pede que ele ouça, se importe e mova as coisas para a frente em uma direção melhor.

John entra na sessão parecendo tenso e envergonhado. Ele concordou em sair com um amigo, mas sente-se coagido. Sua única razão para fazê-lo é porque esse amigo já tinha usado suas conexões para ajudar John a conseguir um emprego. A terapeuta pede-lhe para mover cadeiras e falar a partir da parte dele que sente que ele deve fazer o que o amigo quer, seu lado "apaziguar para sobreviver" (uma forma de capitulador complacente). Essa parte diz que ele não tem escolha e que não deveria ter aceitado sua ajuda desde o início – agora ele precisa apenas lidar com isso – "esse homem pode ser maldoso, isso não vai matá-lo, apenas vá". A terapeuta pede então ao paciente que se mude para a cadeira do pequeno John; ela também coloca uma cadeira vazia para o John saudável ao lado dela e move a cadeira complacente ligeiramente para o lado, para ela poder observar. Ela pede a John para ser seu pequeno *self* por um minuto e dizer como ele está se sentindo e o que está acontecendo para ele. John, como seu lado criança, diz (mais irritado do que assustado) que ele odeia esse homem, ele não o quer perto dele, ele quer que ele vá embora. A terapeuta então pede a John para se mudar para seu adulto saudável, gesticulando para o assento ao lado dela, e para ser essa parte forte e carinhosa dele. Ela pergunta como ele se sente em relação ao seu lado criança e John diz que está orgulhoso dele – orgulhoso do fato de que ele consegue ver esse homem como ele é. A terapeuta pede que ele diga isso ao pequeno John, para que ele possa sentir isso – ele sente, e ela acrescenta que se sente mal por ele ter tido que passar por isso. Agora, empoderado pelo que seu pequeno *self* precisa, embora ainda apreensivo sobre como lidar com a situação, John e sua terapeuta foram capazes de chegar a um plano.

Desenhando modos para expressão e foco

Desenhar modos pode ser esclarecedor, pois o paciente muitas vezes expressa aspectos inesperados de si mesmo que estão, de certa forma, além da linguagem. Esse processo não requer capacidade artística; representações simples, como figuras e formas de palito, podem ser surpreendentemente expressivas. Paciente e terapeuta têm a oportunidade de brincar com diferentes possibilidades. Os exemplos incluem um modo de enfrentamento aproveitando umas merecidas férias à beira-mar, um modo crítico recebendo seu próprio auditório à prova de som, ou um adulto saudável e uma criança vulnerável retratados sentados calmamente juntos um banco de parque. Como acontece com muitos outros símbolos de modos, o desenho permite que o paciente mude as ações e a influência do modo, criando maior flexibilidade. No desenho, o paciente está interagindo com o modo em vez de ser consumido por ele.

Em outros momentos, particularmente diante das mudanças rápidas de modos, desenhar e escrever para cada elemento em uma situação desencadeante pode ajudar tanto o terapeuta quanto o paciente a desacelerar, a sair do centro e a pousar sobre o que o paciente precisa. A Figura 11.2 mostra um exemplo no qual a defectividade e a vergonha de um paciente foram desencadeadas por um ataque de pânico no ônibus. Nessa situação, o terapeuta começa perguntando o que o crítico estava

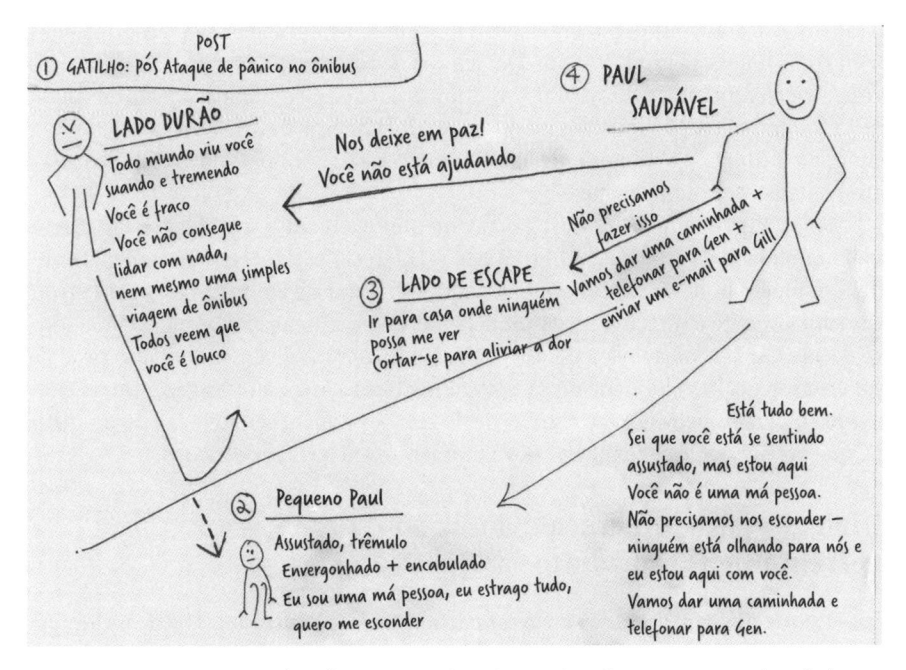

FIGURA 11.2 Mapa da ativação dos modos de Paul após um ataque de pânico.

dizendo na situação desencadeante (com base em sua hipótese de que o crítico estava conduzindo o ciclo de modo), então como a criança vulnerável se sentiu ouvindo isso, e por último, como o paciente lidou com a situação. Finalmente, o paciente e o terapeuta podem trabalhar em equipe para se conectar com as necessidades do paciente e registrar seu plano no mapa.

O mapeamento de modos também pode ser eficaz no trabalho com modos de enfrentamento dominantes e rígidos. Esses modos podem, visivelmente e inicialmente, "dar o seu pitaco" no mapa, mas a partir daí não têm mais permissão de esmagar ou assumir o processo, com os sentimentos e as necessidades da criança vulnerável e do adulto saudável sendo expressos por último, o que proporciona o espaço adequado para eles e, em certo sentido, a última palavra (na formação de um plano com maior equilíbrio).

TRABALHANDO COM HIPERCOMPENSAÇÃO

Modos hipercompensatórios tentam tomar a posição oposta em relação ao senso de vulnerabilidade subjacente do paciente para ajudá-lo a se sentir mais importante (autoengrandecedor), poderoso (provocativo e ataque) ou no controle (hipercontrolador). Eles têm um estilo ativo e podem representar aspectos altamente valorizados do caráter de um paciente. Como acontece com muitos modos de enfrentamento, o terapeuta incentiva um crescente senso de consciência, moderação e redirecionamento dos modos pelo adulto saudável em vez de rejeitar o modo, pois isso é muitas vezes irrealista e desencoraja um importante canal de comunicação com o modo de enfrentamento. Mesmo com modos mais obviamente destrutivos, como o PA, a energia e a força do modo de enfrentamento precisam ser apreciadas e, se possível, aproveitadas pelo adulto saudável.

Modos hipercompensatórios, normalmente, evoluem em situações em que a vulnerabilidade da criança era inaceitável ou oferecia perigo; eles aprendem a confiar em medidas ativas (impressionar, ser durão, estar no controle) para sobreviver emocionalmente e direcionar sua própria atenção e a atenção dos outros para longe de sua dor central subjacente. Os pacientes (com razão) sentem um alto risco de experienciar vulnerabilidade na relação terapêutica e isso, muitas vezes, ativa seus modos hipercompensatórios. Uma série de reações podem ser ativadas no terapeuta, que podem então ser exploradas no momento, em termos de modos.

Diálogos para integração: dos modos de enfrentamento ao adulto saudável

Esse tipo de diálogo de modos pode ser particularmente eficaz mais tarde na terapia para obter uma integração dos pontos fortes dos modos de enfrentamento, ao mesmo tempo em que desenvolve alternativas nos casos em que o modo é muito dominante, inflexível ou super generalizado. Nesta variante em particular, o terapeuta (T) representa o modo de enfrentamento e o paciente (P) o adulto saudável.

T: Yusef, você parece realmente consciente do modo monitor agora, mas ele ainda parece assumir mais do que você gostaria. Poderíamos tentar dialogar com ele, para que você possa praticar ter seu adulto saudável respondendo a ele mais fortemente?
P: Tudo bem, você está falando da coisa da cadeira?
T: Eu estava pensando que desta vez eu poderia ser o monitor e você poderia representar o seu lado saudável, e poderíamos ter uma conversa sobre nossos diferentes pontos de vista. O que você acha disso?
P: Parece bom – você quer começar?
T: Claro... Então, eu vou ser o monitor da melhor forma que puder, mas corrija-me se eu entender algo errado ou algo lhe parecer estranho.
P: Claro.
T: (Representando o modo monitor do paciente, uma forma de hipercontrolador paranoico) Eu não gosto da direção que estamos tomando na terapia. Não gosto de ser impedido de verificar a conta de e-mail da minha chefe. Não gosto que me peçam para desistir de escrever notas detalhadas sobre o que ela diz e faz. Eu sinto que não temos mais as coisas sob controle. Estou no fim das minhas forças.
P: Bem, eu estava no fim das minhas forças. Precisávamos fazer uma mudança. No geral, me sinto melhor quando não verificamos.
T: Mas o que acontece se as coisas começarem a dar errado e eu for demitido? Eu sinto que nesse ritmo você não vai nem perceber isso acontecer. Tenho medo de sermos rejeitados de novo.
P: É assustador, você tem razão. Mas acho que vamos perceber se algo estiver errado e que ela me diria se houvesse um problema sério.
T: Mas eu não me sinto no controle.
P: Bem, talvez não estejamos completamente no controle – talvez isso não seja possível.
T: Mas eu não sei se consigo lidar com isso – com ficar sem saber.
P: Eu acho que não temos escolha e vamos ter sérios problemas se formos pegos.
T: Mas não há como ela descobrir, eu não deixei pistas. E o que você espera que eu faça quando eu quiser verificar?
P: Não sabemos se não seremos pegos, não com certeza. Se fôssemos demitidos, sei que ficaríamos arrasados, é verdade, mas não há nada que possamos fazer agora. Acho que descobriríamos o que fazer então. Se você quiser verificar, precisa fazer uma pausa e dar uma volta – precisamos enfrentar isso.

O terapeuta, que representa o modo de enfrentamento, esclarece o que o paciente está "enfrentando" entre as sessões, o que pode ser altamente validador. O processo também destaca a preocupação central do modo de enfrentamento e faz com que o paciente responda a isso (da melhor forma possível) a partir de seu adulto saudável. O paciente ouve o modo de forma concentrada, mas à distância, o que lhe permite formar e "experimentar" uma visão alternativa e mais equilibrada. O paciente normalmente se sairá bem, à medida que descobrir que afinal não concorda completamente com o modo de enfrentamento. Às vezes, é claro, o paciente pode ter dificuldade para responder ao modo de enfrentamento – pode parecer muito convincente ou, mais frequentemente, ele pode sentir que não tem uma alternativa confiável. Nesses casos, o terapeuta pode convidar a criança vulnerável para o diálogo, perguntando sobre sua visão e o que ela gostaria que fosse diferente. Assim, por exemplo, no caso apresentado, a criança vulnerável do paciente disse que estava exausta e se sentiu assustada com toda a verificação – que precisava de uma pausa. Isso funcionou, e o adulto saudável prometeu dar-lhes uma folga.

RESUMO

É bastante raro que os pacientes se sintam seguros o suficiente no início da terapia para expressar sua dor central abertamente e voltar sua atenção para ela. Geralmente, são os modos de enfrentamento de nossos pacientes que encontramos primeiro: os lados do *self* que funcionam para proteger contra a dor principal. Um objetivo inicial na terapia é, portanto, apoiar nossos pacientes a se conscientizarem totalmente dessas formas de enfrentamento e dos efeitos que elas têm ao impedir que eles tenham suas necessidades atendidas atualmente. Acreditamos que uma maneira poderosa e evocativa de introduzir essa perspectiva é por meio do uso da técnica das cadeiras. Nos estágios iniciais, particularmente durante a avaliação e a formulação, os modos são levados à atenção consciente à medida que começamos a "mapear" simbolicamente as relações de modos usando cadeiras e acompanhando cuidadosamente as "mudanças de modos" à medida que são experienciadas na sessão. Para alguns de nossos pacientes (como aqueles com transtorno da personalidade *borderline*), essa simples intervenção marca o início da integração psicológica. Outra função das cadeiras é de natureza mais cognitiva e pode ser sobre "conhecer" os modos de enfrentamento, sua função no passado e no presente, sua trajetória de desenvolvimento e seus motivos. Isso pode produzir novas perspectivas poderosas, mudanças na intensidade do esquema e, às vezes, um sentimento de tristeza ou alívio causado pela percepção de que velhas formas de lidar, antes confiadas, agora não apoiam mais o bem-estar. As cadeiras também podem criar o espaço para desafiar diretamente o domínio de um modo de enfrentamento, ou para encorajar pouco a pouco uma parte do *self*, geralmente esmagada (o lado pequeno, por exemplo), a encontrar um lugar e uma voz. De acordo com nossa experiência, a técnica das cadeiras é uma poderosa ferramenta clínica com potencial para promover a integração psicológica e a mudança de esquema, bem como mudanças emocionais e relacionais profundas dentro e fora do encontro terapêutico.

Dicas para os terapeutas

- A técnica das cadeiras pode ser uma maneira poderosa de delinear e "mapear" relacionamentos entre os modos e de dar vida à sua formulação.
- Quando um paciente é visto "mudando de modo", use as cadeiras para *desacelerar* esse processo e melhorar a metaconsciência e o potencial de integração.
- Abra espaço para um lado anteriormente negligenciado do *self* e empenhe-se em compreendê-lo, concentrando-se em um modo, via técnica das cadeiras.
- A técnica das cadeiras pode apoiar a mudança de esquema por meio da técnica de "entrevistar" um modo de enfrentamento, ou explorar os prós e os contras de suas funções, no passado e no presente.
- A técnica das cadeiras, em seu cerne, concentra-se em mudanças relacionais e emocionais. Faça o melhor que puder para não embarcar em seus próprios modos de enfrentamento; em vez disso, permita-se abrir um espaço curioso, aberto e compassivo para seu paciente e para suas próprias reações emocionais enquanto trabalha com cadeiras.
- Logo no começo, não use muitas cadeiras!

NOTAS

1. O material apresentado é escrito de modo a proteger a confidencialidade dos pacientes, e exemplos de sessões são compostos de diálogos terapêuticos com vários pacientes.
2. Ver Parte I, Capítulo 3 para o trabalho com uma perspectiva somática na TE.

REFERÊNCIAS

Arntz, A. & Van Genderen, H. (2011). *Schema therapy for borderline personality disorder*. Chichester: John Wiley & Sons.

Bateman, A.W. & Fonagy, P. (2004). Mentalization-based treatment of BPD. *Journal of Personality Disorders*, 18(1), 36–51.

Elliott, R., Watson, J.C., Goldman, R.N. & Greenberg, L.S. (2004). *Learning emotion-focused therapy: The process-experiential approach to change*. Washington, DC: American Psychological Association.

Kellogg, S. (2014). *Transformational chairwork: Using psychotherapeutic dialogues in clinical practice*. Lanham, MD: Rowman & Littlefield.

Kellogg, S. (2018). Transformational chairwork: Five ways of using therapeutic dialogues. *NYSPA Notebook*, 19, 8–9.

Ogden, P., Minton, K. & Pain, C. (2006). *Trauma and the body: A sensorimotor approach to psychotherapy*. New York: W.W. Norton.

Perls, F.S. (1969). *Gestalt therapy verbatim*. Lafeyette, CA: Real People.

Pugh, M. (2019). *Cognitive behavioural chairwork: Distinctive features*. Abingdon: Routledge.

Rice, L.N. & Elliott, R. (1996). *Facilitating emotional change: The moment-by-moment process*. New York: Guilford Press.

Siegel, D. (1999). *The developing mind: toward a neurobiology of interpersonal experience*. New York: Guilford Press.

Siegel, D. (2011). *Mindsight: The new science of personal transformation*. New York: Bantam Books.

Van den Broek, E., Keulen-de Vos, M. & Bernstein, D.P. (2011). Arts therapies and schema focused therapy: A pilot study. *The Arts in Psychotherapy, 38*(5), 325–332.

van Genderen, H. & Rijkeboer, A.A. Theoretical model: schemas, coping styles and modes. In M. Van Vreeswijk, J. Broersen & M.Nadort (2015). *The Wiley-Blackwell handbook of schema therapy: Theory, research, and practice*. Chichester: John Wiley & Sons.

Young, J., Klosko, J.S. & Weishaar, M.E. (2003). *Schema therapy: A practitioner's guide*. New York: Guilford Press.

12

Fazendo a ponte entre a prática clínica geral e a forense
Trabalhando no "aqui e agora" com modos de esquema difíceis

David Bernstein
Limor Navot

Em sua primeira sessão de terapia do esquema (TE), o paciente se recusou a fazer contato visual com seu terapeuta. Ele respondeu a todas as perguntas com uma ou duas palavras, deixando seu terapeuta cada vez mais frustrado, procurando temas produtivos para discutir. O comportamento do paciente era mal-humorado, retraído e hostil. No final da sessão, o terapeuta perguntou: "Qual é o seu objetivo nesta terapia?" O paciente respondeu: "Meu objetivo é que, no final da terapia, você esteja sabendo tão pouco sobre mim quanto agora!".

INTRODUÇÃO

Muitos terapeutas consideram a prática clínica geral e a forense dois mundos separados. De fato, nas populações forenses, comportamentos como agressão, raiva, impulsividade, fraude e manipulação são ocorrências diárias, em vez de exceções. Na TE, conceitualizamos esses fenômenos em termos de modos esquemáticos – estados emocionais que estão ativos em um dado momento e dominam as cognições, as emoções e os comportamentos de enfrentamento de uma pessoa (Rafaeli, Bernstein & Young, 2011; Young, Klosko & Weishaar, 2003). Pesquisas sugerem que os modos esquemáticos podem desempenhar um papel importante na compreensão do comportamento criminoso e violento. Por exemplo, em um estudo de pacientes forenses hospitalizados (Keulen-de Vos, Bernstein, Vanstipelen, de Vogel, Lucker et al., 2016), a grande maioria dos crimes violentos poderia ser reconstruída em termos de uma sequência de desdobramentos de modos. Essas sequências geralmente começam com um dos modos infantis vulneráveis (p. ex., criança abandonada, abusada ou humilhada) e depois se intensificam a partir de modos que envolvem impulsividade (criança impulsiva), raiva (criança zangada) e abuso de substâncias (protetor de autoalívio), culminando em agressão reativa ou predatória (modo provocativo e ataque ou modo predador). Em populações forenses, a TE foi adaptada para atingir esses e outros modos "forenses" (Bernstein, Arntz & de Vos, 2007; Keulen-de Vos, Bernstein & Arntz, 2014). Em um ensaio clínico randomizado recentemente concluído (Bernstein et al., submetido), a TE produziu resultados significativamente melhores do que o tratamento de costume em pacientes forenses com transtornos da personalidade.

No entanto, os modos esquemáticos "forenses" também aparecem em pacientes com transtorno da personalidade em ambientes não forenses, embora de forma um pouco diferente ou atenuada. Em ambientes não forenses, os pacientes geralmente têm autocontrole relativamente maior, problemas de apego menos graves, transtornos ou traços de personalidade menos graves e envolvimento legal mais limitado (ou seja, sem delitos ou delitos menos graves) do que em pacientes forenses. No entanto, eles ainda podem apresentar os chamados transtornos da personalidade do *Cluster* B (p. ex., transtorno da personalidade narcisista, *borderline* ou antissocial), ou traços do *Cluster* B que estão associados a problemas de comportamento externalizantes, como *bullying*, assédio ou perseguição (*stalking*), raiva e impulsividade, problemas de regulação emocional, comportamentos aditivos, mentira e fraude. Assim, os fenômenos vistos em ambientes forenses e não forenses formam um contínuo de gravidade.

Infelizmente, a maioria dos terapeutas na prática clínica geral recebe pouco ou nenhum treinamento para trabalhar com os estados emocionais mais prevalentes e graves nas populações forenses. Eles podem não saber como reconhecer esses modos ou intervir neles. Isso pode ser particularmente problemático quando se trata da relação terapêutica, quando os modos esquemáticos envolvem comportamentos que ultrapassam os limites dos terapeutas e perturbam o tratamento. Em ambientes forenses e na prática clínica geral, esses modos esquemáticos podem tirar os terapeutas de sua zona de conforto. Por exemplo, os pacientes podem colocar o terapeuta sob pressão por meio de intimidação (modo provocativo e ataque), dominação (modo autoengrandecedor) ou comportamento manipulador (modo fraudador e manipulador). Eles podem mantê-lo a distância, desligando-se das emoções (modo protetor desligado) e mostrando hostilidade indireta (protetor zangado), ou pegá-lo desprevenido a partir de demonstrações repentinas de raiva (modos impulsivo e criança zangada) ou agressão reativa (modo provocativo e ataque). Esses modos, que ocorrem no "aqui e agora" da sessão de terapia, muitas vezes deixam os terapeutas se sentindo indefesos e ineficazes.

A partir de nossas experiências com pacientes forenses, desenvolvemos uma estrutura sistemática para trabalhar no "aqui e agora" com modos difíceis, dos quais os terapeutas na prática clínica geral também podem se beneficiar. Escrevemos este capítulo para fazer a ponte entre a prática clínica geral e a forense, fornecendo orientação para terapeutas de todos os ambientes para trabalhar com seus pacientes mais difíceis.

Propomos que muitos dos impasses que ocorrem no trabalho com pacientes com modos esquemáticos difíceis sejam atribuíveis às três seguintes questões:

1. O terapeuta reconhece mal os modos do paciente no "aqui e agora" da relação terapêutica;
2. O terapeuta escolhe a intervenção errada, ou não sabe como conduzir a intervenção; e
3. Os modos do paciente acionam os modos do terapeuta.

Discutimos cada uma dessas questões, damos exemplos de pacientes forenses e não forenses e fornecemos uma abordagem sistemática de como os terapeutas podem superá-las.

O TERAPEUTA ESTÁ RECONHECENDO MAL OS MODOS DO PACIENTE NO "AQUI E AGORA" DA RELAÇÃO TERAPÊUTICA

O trabalho com modos esquemáticos baseia-se no pressuposto de que o terapeuta pode reconhecer os modos do paciente que ocorrem em tempo real e ajustar suas intervenções. O objetivo do terapeuta é transformar ou mudar os modos esquemáticos dos pacientes, de modos desadaptativos para mais produtivos, ou seja, modos envolvendo emoções vulneráveis (p. ex., criança abandonada, criança solitária) ou o modo adulto saudável.

No modo adulto saudável, o paciente é capaz de refletir sobre seu estado emocional. Em vez de deixar seu estado emocional escoar no comportamento, ele é capaz de ter uma perspectiva saudável sobre ele. Nos modos criança vulnerável, o paciente experiencia diretamente suas emoções dolorosas, relacionadas às suas necessidades emocionais não atendidas. Quando o paciente entra em um modo criança vulnerável, o terapeuta inicia a reparentalização limitada, fornecendo algumas de suas necessidades emocionais não atendidas dentro de limites realistas.

Para realizar o trabalho com modos esquemáticos, o terapeuta precisa identificar os modos do paciente em tempo real e, dependendo do que estiver ativo na sessão, escolher uma intervenção diferente (ver a seção a seguir "O terapeuta escolhe a intervenção errada, ou não sabe como realizar a intervenção"). No entanto, um problema comum é quando o terapeuta não reconhece ou identifica mal os modos que ocorrem no "aqui e agora" da sessão de terapia.

Muitos terapeutas fora dos cenários forenses não estão familiarizados com os modos esquemáticos forenses, que envolvem formas de hipercompensação:

autoengrandecedor, hipercontrolador paranoico, provocativo e ataque, manipulador enganador e predador. Embora esses modos estejam presentes em ambientes não forenses, eles muitas vezes também se manifestam de maneiras mais sutis, o que pode torná-los mais difíceis de identificar. Na Tabela 12.1, apresentamos descrições de como esses modos esquemáticos geralmente aparecem quando vistos em pacientes forenses *versus* não forenses.

TABELA 12.1 Modos hipercompensadores comuns conforme se manifestam em ambientes forenses *versus* não forenses

	Forense	Não forense
Autoengrandecedor	Tentativas de dominar ou controlar, impor sua vontade a outras pessoas. Age como se fosse "o chefe", o macho ou fêmea alfa que está no comando e no controle de todos e sempre consegue o que quer.	Age de forma arrogante ou superior, ou precisa de admiração e atenção. Este modo também pode envolver dominância em cenários não forenses, mas geralmente em menor grau.
Bully e ataque	Ameaça e intimida, faz ameaças explícitas para prejudicar outras pessoas, ou intimida dizendo que vai fazê-lo, usa gestos intimidantes e linguagem corporal para conseguir o que quer.	Faz comentários desagradáveis, usa observações maldosas como forma de colocar outras pessoas na defensiva ou como retaliação.
Manipulador enganador	Interpreta um papel para conseguir algo que quer indiretamente, tem uma intenção secreta ou vida dupla, usa charme e manipulação para alcançar fins instrumentais, mente com facilidade e suavidade, trata a verdade como fungível.	Usa bajulação, flerte, "se oferece" para pessoas em posições especiais de quem ele quer algo (p. ex., uma promoção), interpreta um papel (p. ex., o bom filho ou filha) para ganhar lealdade ou confiança, faz favores para recebê-los de volta. Alianças são feitas para fins estratégicos e são dispensadas quando não são mais necessárias.

(Continua)

TABELA 12.1 Modos hipercompensadores comuns conforme se manifestam em ambientes forenses *versus* não forenses *(continuação)*

	Forense	Não forense
Hipercontrolador paranoico	Sempre em alerta máximo para danos ou ameaças, senta-se de costas para a parede para analisar a sala e investigar se há problemas, constantemente procura pequenos sinais que provam que outros estão conspirando contra ele. A suposição em última instância é de que ninguém é confiável.	Constantemente examinando a concorrência para ver quem está tentando ganhar vantagem sobre ele, prejudicá-lo ou humilhá-lo. Não sabe diferenciar ao certo se o que outras pessoas dizem pode ser aceito por seu valor aparente, ou se alguém é amigo ou inimigo ou um concorrente em potencial.
Predador	Pode ferir, matar ou destruir para alcançar um fim instrumental ou por vingança. É indiferente ao dano ou sofrimento que causa, vê as coisas como "apenas negócio". Pode planejar atos predatórios com semanas ou meses de antecedência, preparando-os em segredo e realizando-os de forma fria e metódica.	Pode deliberadamente machucar alguém que ele percebe que o machucou, arruinar a carreira ou a reputação de alguém, manchar o nome de alguém, justificar ou racionalizar sem apreciação genuína da dor que causou.

Na prática clínica geral, a maioria dos pacientes tem modos adulto saudável relativamente mais fortes do que em ambientes forenses, resultando em formas menos graves dos mesmos modos esquemáticos. No entanto, manifestações mais sutis podem ser mais difíceis de identificar e distinguir de outros modos de enfrentamento. Damos dois exemplos no Quadro 12.1, juntamente com intervenções eficazes, quando o modo é devidamente especificado.

Quadro 12.1 Reconhecendo modos e distinguindo entre eles

Exemplo 1: Em sua segunda sessão, o paciente disse ao seu terapeuta que ele queria ser transferido para uma de suas colegas terapeutas mulheres da mesma instituição. Ele nomeou algumas das terapeutas que trabalhavam no instituto, elogiando sua inteligência, percepção, calor e empatia. Ele disse ao terapeuta que não era nada pessoal. Terapeutas mulheres eram melhores em acolher do que os terapeutas homens.

Erro de identificação: O terapeuta acreditava que o paciente estava em um modo criança vulnerável. Ele disse ao paciente que entendia sua necessidade de afeto e acolhimento, e faria todo o possível para atendê-la, mesmo que fosse um terapeuta homem. O terapeuta tentou fornecer reparentalização limitada, certificando-se de agir em relação ao paciente de forma calorosa, disponível e atenta. Nas sessões seguintes, o paciente criticou as muitas supostas deficiências do terapeuta e continuou a solicitar uma transferência para uma colega do sexo feminino.

Identificação precisa do modo: O paciente provavelmente estava em um modo autoengrandecedor. O objetivo do modo era colocar-se na posição de "vantagem", e colocar seu terapeuta na posição de "desvantagem".

Intervenção eficaz e compatível com o modo: A intervenção adequada com um modo autoengrandecedor é geralmente um confronto empático. O terapeuta cria um momento de autorreflexão no paciente, trazendo sua atenção para o modo esquemático que atualmente está ativo na sessão. A maneira mais simples de conseguir isso é nomear ou descrever o modo que o terapeuta observa, usando a linguagem de "um lado de você", ou "uma parte de você" para se referir ao modo.

Terapeuta: "John, eu sei que é muito importante para você ter um terapeuta que te acolha. Concordo que isso é muito importante para você. Ao mesmo tempo, vejo um lado seu que tem dificuldade em aceitar o meu acolhimento. Tenho tentado proporcionar o que você precisa, mas quando eu faço isso, esse lado rejeita, encontra uma razão para encontrar falhas nele. Eu acho que você não está fazendo isso deliberadamente. Acho que esse lado o protege. Ele faz isso automaticamente quando alguém tenta se aproximar de você. Acho que é um lado antigo que você desenvolveu para se proteger de se machucar. Eu também acho que isso aconteceria com outros terapeutas, mesmo aqueles que você vê como mais acolhedores do que eu. Pode levar tempo para acreditar que alguém realmente se importa com você e o entende. Estou disposto a esperar esse tempo com você."

Exemplo 2: A paciente ficou muito irritada com o mau tratamento por parte de sua terapeuta anterior na mesma clínica. Depois de ter sido transferida para uma nova terapeuta, ela reclamava frequentemente e em um volume de voz alto sobre o quanto estava sendo maltratada. Ela gritava e xingava, levantando a voz tão alto que alguns colegas da terapeuta ficaram alarmados com o que estava acontecendo no consultório dela. Em uma ocasião, a paciente pegou sua caneca plástica de café (vazia) e a jogou contra a parede. Os discursos raivosos da paciente eram tão incômodos que os outros pacientes reclamaram.

Erro de identificação: A terapeuta acreditava que a paciente estava em um modo criança zangada. Ela encorajou a paciente a expor sua emoção e simpatizou com os seus sentimentos de injustiça percebida. Em vez de aliviar suas emoções, essa intervenção pareceu alimentar a raiva da paciente, levando a mais escaladas raivosas.

Identificação precisa do modo: A paciente mais provavelmente estava em um modo *bully* e ataque. Enquanto suas explosões pareciam ser sobre extravasar sua raiva, elas eram tão extremas e incessantes que deixavam todos na clínica intimidados, "pisando em ovos" toda vez que a viam.

Intervenção eficaz compatível com o modo: A intervenção mais eficaz com o modo *bully* e ataque é geralmente o estabelecimento de limites. O terapeuta estabelece limites no modo que ultrapassa os limites do terapeuta, violando seus direitos, como o direito de se sentir seguro e ser tratado com respeito. A definição de limites do terapeuta é firme e consequente, mas não punitiva. Ele estabelece os limites de forma pessoal, referindo-se aos direitos ou necessidades que se aplicam igualmente ao terapeuta e ao paciente e formam a base da relação terapêutica. Na técnica pare, o terapeuta primeiramente diz a palavra "pare", de forma clara e firme, muitas vezes acompanhada de um gesto de mão (mãos levantadas para cima com palmas voltadas para a frente) e, em seguida, realiza o restante da intervenção.

Terapeuta: Susan, pare! Eu aceito sua raiva, mas gritar e berrar é demais. É perturbador para mim. Eu preciso que você expresse sua raiva de uma forma que eu possa ouvi-la.

Susan: O problema é seu se você não consegue aguentar! (continua gritando).

Terapeuta: Susan, pare! A maneira como você está expressando sua raiva está tornando impossível trabalhar com você agora. Você e eu temos o direito de nos sentirmos seguros aqui e de sermos tratados respeitosamente. Eu prometo que farei tudo o que puder para que você se sinta segura e respeitada. Mas eu preciso da mesma coisa de você.

Reconhecer os modos esquemáticos é um processo de observação de pistas verbais e não verbais, as primeiras envolvendo o conteúdo da fala do paciente, e as segundas, seu tom de voz, expressões faciais e linguagem corporal. O terapeuta observa as emoções, os pensamentos e o comportamento de enfrentamento do paciente, e faz inferências sobre quais modos esquemáticos podem estar presentes. Existem várias perguntas que o terapeuta pode se fazer para determinar qual modo esquemático está ativo no momento. Naturalmente, na prática, ele não fará todas essas perguntas cada vez que vir um modo esquemático. No entanto, pensar nos modos desta maneira sintoniza o terapeuta às importantes distinções entre os modos, permitindo-lhe identificá-los rapidamente à medida que ganha experiência com eles.

1. O que você está notando no "aqui e agora" com a paciente? Existe um modo que está causando um impasse terapêutico ou perturbação?
2. O que você observa sobre o estado emocional da paciente (p. ex., não mostra nenhuma emoção visível, parece tensa, irritada, triste ou com medo, conforme sua expressão facial ou postura)? Qual é a principal emoção do modo (p. ex., entorpecimento, raiva, tristeza, medo)?
3. O que pode ter desencadeado o modo (p. ex., o terapeuta estava atrasado no início da sessão; o terapeuta questionou a veracidade de algo que a paciente lhe disse)?
4. O que a paciente pode estar pensando (p. ex., "Você me traiu!", "Sou eu quem manda aqui, não você!")?
5. Qual é o estilo de enfrentamento da paciente? Ela cria distância na sessão (ou seja, evitação), coloca-se de forma superior ou tenta dominar o terapeuta (ou seja, hipercompensação), ou se comporta de maneiras submissa, dependente, sem esperança ou indefesa (ou seja, resignação)?
6. Como você se sente quando a paciente está neste modo (p. ex., ansioso ou inferior, irritado ou ressentido, desapegado, precisando dar à paciente algo que ela quer)? Em que modo, que tenha sido acionado pelo modo da paciente você pode estar?

Recomendamos começar observando as emoções do paciente, pois os modos esquemáticos envolvem a ativação de fortes respostas emocionais. Identificar corretamente as emoções do paciente reduz rapidamente a busca pelo modo esquemático correto. Por exemplo, se a emoção principal do paciente é a raiva, então os possíveis modos esquemáticos são: (1) modo criança zangada, (2) modo protetor zangado, (3) modo *bully* e ataque, e (4) modo predador. O terapeuta pode então diferenciar entre essas quatro opções respondendo o resto das perguntas apresentadas anteriormente. Se, por exemplo, a raiva do paciente for aberta, em vez de controlada, o modo esquemático provavelmente será a criança zangada, em vez do protetor zangado. O modo criança zangada envolve demonstrações abertas de raiva, em que o paciente expõe seus sentimentos de injustiça ou frustração. O modo protetor zangado, por sua vez, envolve expressões dissimuladas de raiva, com sinais hostis não verbais e comportamentos de distanciamento, retração. A função ou o propósito do modo criança zangada é "colocar a raiva para fora" e protestar contra sentimentos percebidos de injustiça. A função ou o propósito do modo protetor zangado é criar uma "parede" de hostilidade dissimulada, mantendo outras pessoas, que são percebidas como ameaçadoras ou prejudiciais, a uma distância segura.

Diferenciar entre os modos criança zangada e *bully* e ataque é em grande parte uma questão de ausência da agressão (modo criança zangada) ou sua presença (modo *bully* e ataque). O objetivo ou a função do modo *bully* e ataque é ameaçar ou intimidar, enquanto no modo criança zangada o objetivo é simplesmente desabafar raiva e sinalizar sentimentos de injustiça ou frustração. A distinção entre o modo *bully* e ataque e o modo predador depende de várias diferenciações. No modo *bully* e ataque, a agressão do paciente é "quente" e reativa (ou seja, emocionalmente ativada), enquanto no modo predador, é "fria" e geralmente calculista (ou seja, com a intenção de alcançar um determinado objetivo, como eliminar uma ameaça, um obstáculo ou um rival). No modo *bully* e ataque, o paciente reage rapidamente, movendo-se em direção ao alvo de sua agressão de forma ameaçadora e intimidadora. No modo predador, a agressão do paciente é contida e controlada, e muitas vezes é premeditada. Ele age de forma "empresarial" ou "robótica" para realizar seu plano, desprovido de emoções aparentes.

O terapeuta escolhe a intervenção errada ou não sabe como conduzir a intervenção

Para realizar o trabalho do modo esquemático no "aqui e agora" com sucesso, o terapeuta precisa observar o modo que está ativo no momento e escolher uma intervenção "correspondente" que leve em conta a função do modo de enfrentamento (p. ex., desabafar a raiva, no caso de um modo criança zangada) e promova a mudança de modo para melhor atender às necessidades do paciente. As estratégias para alcançar esse fim variam significativamente entre os modos. Mostramos a correspondência entre modos esquemáticos e intervenções efetivas no "aqui e agora" na Tabela 12.2.

TABELA 12.2 Correspondência entre modos esquemáticos e intervenções efetivas na relação terapêutica "aqui e agora", com explicações e exemplos

Modos esquemáticos	Intervenções
Modos criança vulnerável (criança abandonada, abusada, humilhada) ou criança solitária	Reparentalização limitada: o terapeuta atende algumas das necessidades emocionais não atendidas do paciente dentro de limites apropriados. O terapeuta ajusta sua reparentalização dependendo da necessidade existente em um determinado momento. Isso é concretizado mais diretamente quando o paciente está em um dos modos criança, em que suas emoções e necessidades são mais acessíveis e abertas a serem atendidas diretamente pela reparentalização do terapeuta. Por exemplo, a reparentalização do modo criança abandonada envolve atender às necessidades de segurança, estabilidade e conexão; o modo criança impulsiva envolve a necessidade de limites; e assim por diante.

(Continua)

TABELA 12.2 Correspondência entre modos esquemáticos e intervenções efetivas na relação terapêutica "aqui e agora", com explicações e exemplos *(continuação)*

Modos esquemáticos	Intervenções
Modo criança zangada	Processo de três etapas: (1) ouvir, abrir espaço para o paciente expressar suas emoções raivosas; (2) mostrar empatia, reconhecer quaisquer aspectos realistas das reações do paciente (mostrando compreensão da essência de sua raiva) e validar suas emoções; (3) guiar o paciente para um modo adulto saudável ou criança vulnerável. No modo adulto saudável, o paciente pode ser convidado a refletir de forma mais equilibrada sobre os aspectos realistas e distorcidos ou fora de proporção de suas reações. No modo criança vulnerável, o terapeuta pode fornecer reparentalização limitada para as necessidades emocionais não atendidas do paciente (ver anteriormente).
Modos criança impulsiva ou indisciplinada	Confrontação empática ou definição de limites. *Confrontação empática*: nomeie ou descreva o modo que você observa. Isso pode ser na forma de uma declaração ou uma pergunta: "Eu vejo um lado de você que... (descreva o modo)", ou "Qual é o lado de você que... (descreva o modo)?". Você também pode nomear ou descrever dois modos, sugerindo uma relação entre eles, ou tornar a relação entre eles explícita. Exemplo de confrontação empática com um modo criança impulsiva (um único modo): "Jill, eu vejo um lado seu que está realmente agitado agora, que parece estar tão cheio de energia que você tem dificuldades de ficar parada e escutar (modo criança impulsiva). Que lado de você é esse?". Ou com dois modos, os modos criança impulsiva e adulto saudável: "Jill, eu vejo um lado seu que está realmente agitado agora (modo criança impulsiva). O que podemos fazer para ajudar seu lado adulto saudável para que você possa se acalmar e escutar?". *Definição de limites*: Se o modo violar direitos ou ultrapassar limites gravemente, diga a palavra: "Pare!", de forma clara e firme, então exponha os direitos ou necessidades que tornam necessária a definição dos limites. Faça a definição de limites de forma pessoal, em vez de fazer referência a regras ou requisitos formais (p. ex., uma regra de que o paciente precisa chegar à sessão no horário). Exemplo de definição de limites sem a técnica pare com um modo criança indisciplinada: "John, eu sei que é difícil para você sair da cama, então você muitas vezes chega atrasado. Mas esse seu lado que só quer fazer festa à noite e dormir até tarde da manhã está atrapalhando a terapia. Não posso ajudá-lo se você não chegar no horário ou continuar faltando a sessões. Não tem como fazer terapia se você não estiver aqui. Se continuar acontecendo, não

(Continua)

TABELA 12.2 Correspondência entre modos esquemáticos e intervenções efetivas na relação terapêutica "aqui e agora", com explicações e exemplos *(continuação)*

Modos esquemáticos	Intervenções
	tenho escolha a não ser parar a terapia. Precisamos encontrar uma maneira de trabalhar com o seu lado indisciplinado, porque caso contrário, é muito frustrante e difícil para mim, e você não vai receber a ajuda de que precisa. Como podemos ajudar seu lado adulto saudável a garantir que você consiga chegar na terapia no horário?".
Modos de enfrentamento evitativos ou resignados	Confrontação empática ou definição de limites Exemplo de confrontação empática com os modos protetor desligado e criança solitária: "Vejo um lado seu que o mantém a uma distância segura (protetor desligado). E entendo isso, mas também sinto pelo lado solitário que precisa de menos distância e mais conexão (criança solitária)". Exemplo de confrontação empática com um modo protetor zangado: "Eu vejo um lado seu que é como um porco-espinho. Se eu chegar muito perto, vou ser espetado. Que lado de você é esse?. "Eu sei que você não está acostumado a expressar sua raiva. Não faz mal. Mas se você está com raiva de mim, ou se fiz algo que o chateou, então eu gostaria de saber. Você merece isso."
Modos de enfrentamento hipercompensatórios (modos "forenses")	Confrontação empática ou definição de limites Exemplo de definição de limites usando a técnica pare com um modo *bully* e ataque: "Karen, pare! Esse lado de você que está exigindo que eu escreva uma carta para o seu oficial de condicional está me colocando sob pressão. Não posso ajudá-la se sinto que estou encurralado. Você e eu precisamos sentir que a terapia é um lugar em que nos sentimos seguros e somos tratados com respeito. Para ajudá-la, preciso sentir que podemos ter uma discussão sobre se devo escrever a carta ou não, sem você me forçar a ceder". Exemplo de confrontação empática com um modo manipulador fraudador: "Há um lado seu que às vezes me deixa imaginando se você está querendo aprontar alguma coisa, se você está sendo completamente sincero comigo. Eu realmente tento lhe dar o benefício da dúvida, porque acho que você merece minha confiança. Sei que há um lado seu, um lado saudável, que está tentando fazer a coisa certa na terapia. Também acho que há um outro lado seu que às vezes tenta conseguir o que quer de maneiras indiretas. Quero acreditar no que você me diz, mas é importante que eu lhe diga quando eu tiver dúvidas. Se você não está sendo completamente sincero comigo, presumo que há uma razão para isso, e quero saber por que isso está acontecendo".

(Continua)

TABELA 12.2 Correspondência entre modos esquemáticos e intervenções efetivas na relação terapêutica "aqui e agora", com explicações e exemplos *(Continuação)*

Modos esquemáticos	Intervenções
Modos pai/mãe internalizados	Fale com os modos: o paciente e/ou terapeuta fala com o modo pai/mãe exigente ou pai/mãe punitivo do paciente. Isso às vezes é feito em exercícios de dramatização, em que o terapeuta ou o paciente fala com o modo pai/mãe exigente ou punitivo do paciente, que é colocado em uma cadeira vazia (a técnica da cadeira vazia). O paciente dá voz ao modo. Exemplo com o modo pai/mãe punitivo: *Terapeuta*: O que o lado punitivo diz sobre John? *Paciente*: Ele diz que John é um perdedor, que ele estraga tudo o que faz. *Terapeuta*: Lado punitivo de John, quero que pare de pôr John para baixo. Conheço bem John, e ele é uma boa pessoa com muitas qualidades. A maneira como você o colocou para baixo é injusta e o machuca. Você deveria apoiá-lo, em vez de entristecê-lo.

Os modos de enfrentamento desadaptativos – aqueles em que o paciente faz uso proeminente de evitação, resignação ou hipercompensação como estilos de enfrentamento – exigem confronto empático ou definição de limites como intervenções (ver Tabela 12.2). A escolha entre esses dois tipos de intervenções depende, em sua maioria, da gravidade do modo esquemático e do grau de impasse terapêutico que causa ou do quanto o modo ultrapassa os limites do terapeuta. Quando os modos desadaptativos violam os direitos básicos do terapeuta, como segurança ou conduta respeitosa, o terapeuta imediatamente coloca limites aos modos transgressores. Por exemplo, se o paciente se comporta de forma ameaçadora ou intimidadora em relação ao terapeuta (modo *bully* e ataque) ou humilha o terapeuta (modo autoengrandecedor), o terapeuta usa o estabelecimento de limites a fim de "frear o andamento do modo". Se, no entanto, o modo desadaptativo é menos grave e não envolve violações significativas dos limites do terapeuta, este usa a confrontação empática para criar um momento de autorreflexão, em que o paciente fica cara a cara com seu modo e com o efeito deste sobre o terapeuta. Da mesma forma, quando os modos causam sérios impasses na terapia, que não podem ser resolvidos com outras técnicas, é necessária a definição de limites. Caso contrário, a confrontação empática é usada. Na prática, geralmente é necessária uma combinação de definição de limites e confrontação empática. Por exemplo, o terapeuta pode inicialmente estabelecer limites nos modos esquemáticos graves que estão causando impasses ou ultrapassando limites e, em seguida, usar confrontações empáticas para criar momentos de autorreflexão.

Os modos esquemáticos do paciente acionam os modos do terapeuta: congruência, complementaridade e batalhas dos modos esquemáticos

Um terceiro problema, muito comum, ocorre quando as próprias reações emocionais do terapeuta aos modos esquemáticos do paciente fazem com que ele mesmo entre em um modo esquemático. Quando os modos esquemáticos do terapeuta estão ativos, ele pode perder a perspectiva sobre a situação. Seus modos esquemáticos, e os primeiros esquemas desadaptativos subjacentes a eles, colorem a maneira como ele interpreta os eventos, produzindo fortes reações emocionais e respostas de enfrentamento desadaptativas que interferem em seu funcionamento efetivo. O próprio passado do terapeuta, representado por seus modos esquemáticos, quando acionado pelos modos do paciente, dificulta lidar com a relação terapêutica no "aqui e agora".

Observamos três padrões básicos de modos desencadeando modos, que chamamos de "congruência dos modos esquemáticos", "complementaridade dos modos esquemáticos" e "batalha dos modos esquemáticos" (ver Quadro 12.2 para exemplos). Entender como essas interações ocorrem pode ajudar os terapeutas a reconhecer os padrões em seu próprio trabalho com os pacientes, iniciando o processo de obter uma perspectiva saudável sobre eles.

Congruência dos modos esquemáticos. O paciente e o terapeuta estão ambos no mesmo modo, um padrão que, se durar muito tempo, produz um impasse na terapia. Um exemplo muito comum é quando o paciente e o terapeuta estão ambos em um modo protetor desligado. Eles "conspiram", por assim dizer, para evitar lidar com emoções ou temas difíceis ou fazer contato genuíno um com o outro. Outra variação nesse padrão ocorre quando o paciente e o terapeuta têm um estilo excessivamente intelectual ou racional de se relacionar um com o outro. Eles compartilham uma forma intelectual ou racionalizadora do modo protetor desligado.

Complementaridade dos modos esquemáticos (vantagem e desvantagem). O segundo padrão é quando os modos do paciente e do terapeuta estão em uma relação complementar de vantagem/desvantagem. Normalmente, uma pessoa está no modo de hipercompensação, como o modo autoengrandecedor ou *bully* e ataque, enquanto a outra está no modo criança vulnerável (p. ex., modo criança humilhada) ou no modo capitulador complacente.

Batalha dos modos esquemáticos. A terceira situação é uma batalha de controle entre dois modos dominantes, geralmente modos hipercompensadores. Por exemplo, quando um paciente está no modo autoengrandecedor, tentando colocar o terapeuta para baixo, e o terapeuta, como resposta, também entra no modo autoengrandecedor, tentando reforçar sua autoimagem tratando o paciente de forma condescendente ou colocando-o em seu lugar.

> **Quadro 12.2 Exemplos de congruência, complementaridade e batalha dos modos esquemáticos**
>
> *Congruência*: Um paciente entra em uma sala e começa a falar sobre suas experiências durante a semana. Em um tom monótono ou chato, ele diz: "Tudo estava bem, nada de especial aconteceu. Eu recebi uma visita. Foi legal. Briguei um pouco com meus colegas de quarto, mas no fim das contas tudo se resolveu." O paciente está em um modo protetor desligado, que entorpece seus sentimentos e evita tópicos difíceis ou contato emocional com o terapeuta. Como resposta, o terapeuta frequentemente entra ele mesmo em um modo protetor desligado. O terapeuta fica entediado ou cansado. Ele pode até sentir vontade de dormir. Ele pode se distrair, pensando em coisas irrelevantes, como seus planos de férias, ou o que ele precisa comprar no supermercado após a sessão.
>
> *Complementaridade*: Um paciente diz: "Estudei psicologia uma vez, e, com todo o respeito, sou mais velho que você, e tenho mais experiência de vida do que você. Então eu realmente acho que essa terapia não vai a lugar algum." Aqui o paciente está no modo autoengrandecedor, que é motivado pela hipercompensação por sentimentos de inferioridade. Nesse momento, o terapeuta pode inconscientemente assumir a posição para a qual o paciente o está direcionando, ou seja, a posição de desvantagem. O terapeuta pode entrar em um modo criança humilhada, sentindo-se inferior, ou entrar em um modo capitulador complacente, tentando apaziguar o paciente, expressando, por exemplo, um compromisso de aprender com a maior experiência de vida do paciente. A situação também pode ocorrer ao contrário, quando o terapeuta toma a posição vantajosa, e o paciente a posição desvantajosa.
>
> *Batalha*: Um exemplo comum no contexto forense é quando o paciente está em um modo manipulador fraudador, e o terapeuta, em resposta, sente a necessidade de "desmascarar" o paciente. "Você não vai me fazer de bobo!", diz o terapeuta, implicitamente dizendo ao paciente: "Eu sei o que você está aprontando!". Assim, o terapeuta também entra em um modo de hipercompensação, um modo hipercontrolador paranoico, tentando "desmascarar" o modo manipulador fraudador do paciente.

RECRUTAMENTO DO MODO ADULTO SAUDÁVEL DO TERAPEUTA, QUANDO O TERAPEUTA ESTÁ EMOCIONALMENTE ATIVADO

É inevitável que os terapeutas às vezes sejam ativados emocionalmente quando lidam com pacientes com modos esquemáticos difíceis, que os empurram para fora de suas zonas de conforto. No entanto, a capacidade do terapeuta de reconhecer esses momentos quando ele entra em um modo esquemático é uma função do modo adulto saudável. Essa função permite que o terapeuta, no fim das contas, aceite suas próprias reações, recupere-se e siga em frente com suas intervenções. Para se recuperar nessas situações, o terapeuta precisa recrutar seu modo adulto saudável, a fim de retornar a um estado de equilíbrio psicológico.

Recomendamos a seguinte abordagem, que combina elementos de TE, atenção plena (*mindfulness*) e autocompaixão para recrutar o modo adulto saudável do terapeuta.

1. Perceba suas reações ao paciente. Aceite-as. Você tem permissão de ser humano.
2. Que lado de você (ou seja, modo esquemático) é esse? Você reconhece esse lado de outras situações? O que ativou esse lado?
3. O que seu modo adulto saudável tem a dizer para este lado?
4. Você pode colocar seus modos esquemáticos de lado por enquanto?
5. Concentre-se em sua respiração para se colocar no momento presente.
6. Retorne sua atenção ao paciente.
7. O que sua reação lhe diz sobre os modos esquemáticos do paciente?
8. Escolha sua intervenção com o paciente, a qual corresponda ao modo esquemático dele.

Claro, não podemos esperar que o terapeuta cumpra todas essas etapas no calor do momento. No entanto, ele pode aprender a desacelerar um pouco o processo, dando a si mesmo tempo para recuperar seu funcionamento adulto saudável. No momento em que o terapeuta percebe suas próprias emoções, ele começa a voltar ao modo adulto saudável. Ao simplesmente se permitir tomar consciência de sua experiência naquele momento – percebendo suas sensações corporais, sentimentos, pensamentos e tendências de ação (ou seja, tendência a lutar, congelar ou fugir) – o terapeuta se coloca no momento presente. Focar a atenção na respiração também pode servir como uma âncora, enraizando-se na consciência de estar vivo. Essa atitude de consciência atenta ajuda o terapeuta a retornar ao seu modo adulto saudável, percebendo e aceitando suas reações, sejam quais forem.

Os terapeutas frequentemente experienciam suas reações durante as sessões como indesejadas e indesejáveis. Sentir-se desconfortável com o paciente pode desencadear pensamentos e sentimentos autopunitivos (modo pai/mãe punitivo) como terapeuta e pessoa. Terapeutas muitas vezes experienciam sentimentos dolorosos de inadequação em tais situações, imaginando, por exemplo, que um de seus colegas seria capaz de lidar com a situação com mais sucesso. Terapeutas podem ser muito impiedosos consigo mesmos quando não conseguem corresponder às suas próprias expectativas (modo pai/mãe exigente). Em vez de ter uma visão equilibrada e realista de seu trabalho, o que pode ser extremamente desafiador com pacientes com transtorno de personalidade grave, eles experimentam contratempos como se fossem falhas pessoais. Essas experiências dolorosas de autocrítica só agravam suas dificuldades, tornando mais difícil aceitar suas reações aos pacientes. Na verdade, os terapeutas têm todos os tipos de reações aos pacientes: sentem-se zangados, entediados, atraídos, intimidados, solitários, distraídos e assim por diante. Esses tipos de reações são esperados quando se lida com pacientes desafiadores. Eles simplesmente significam que os terapeutas são humanos, assim como todas as outras pessoas. O terapeuta pode abraçar suas próprias reações muito humanas, incluindo os lados autopunitivos ou exigentes de si mesmo.

Uma vez que o terapeuta se conscientiza e abraça seus modos esquemáticos, recomendamos que ele os coloque de lado por um momento. Assim, o terapeuta não rejeita seus modos, mas os move para a periferia de sua consciência, deixando seu modo adulto saudável na frente e no centro, para que ele possa redirecionar sua atenção para o paciente. O terapeuta então se pergunta: "Em que modo está o paciente agora? Quais são as necessidades emocionais dele? Quais intervenções posso usar para mudá-lo para um estado de autorreflexão (modo adulto saudável) ou de vulnerabilidade emocional (modo criança vulnerável)?".

RESUMO

Neste capítulo, discutimos três tipos de questões que podem resultar em impasses terapêuticos tanto na prática clínica geral quanto na prática forense: (1) o terapeuta está reconhecendo mal os modos do paciente no "aqui e agora" da relação terapêutica; (2) o terapeuta está escolhendo a intervenção errada, ou não sabe como conduzir a intervenção; e (3) os modos do paciente estão acionando os modos do terapeuta. Revisamos três tipos de padrões disfuncionais de modos desencadeando modos que podem levar a impasses terapêuticos: (1) congruência dos modos esquemáticos, (2) complementaridade dos modos esquemáticos e (3) batalha entre os modos pela dominância. Por fim, discutimos como o terapeuta pode recrutar seu modo adulto saudável, aceitando suas próprias reações emocionais, colocando-as de lado, e devolvendo sua atenção ao paciente. Esses conceitos e técnicas podem ajudar os terapeutas a superar obstáculos na relação terapêutica no "aqui e agora", criando espaço emocional para realizar intervenções de forma mais eficaz em ambientes forenses e não forenses.

Dicas para os terapeutas

- Tenha em mente que fenômenos vistos em ambientes forenses e não forenses formam um contínuo de gravidade, com modos antissociais sendo vistos em ambas as populações. Na prática clínica geral, a maioria dos pacientes tem modos adulto saudável relativamente mais fortes do que em ambientes forenses, resultando em formas menos graves dos mesmos modos esquemáticos.

- Na terapia, um dos objetivos do terapeuta é tirar os pacientes de modos esquemáticos desadaptativos para colocá-los em modos mais produtivos, ou seja, modos envolvendo emoções vulneráveis (p. ex., criança abandonada, criança solitária) ou no modo adulto saudável.
- Considere os seguintes fatores na identificação de um modo ativo desadaptativo: a presença de um impasse/ruptura terapêutica, observações sobre o estado emocional, potenciais gatilhos, cognições e estilos de enfrentamento, e sua própria reação emocional ao paciente.
- Para realizar o trabalho do modo esquemático no aqui e agora com sucesso, o terapeuta precisa observar o modo que está ativo no momento e escolher uma intervenção "correspondente" que leve em conta a função do modo de enfrentamento (p. ex., desabafar a raiva, no caso de um modo criança zangada), bem como promova a mudança de modo para melhor atender às necessidades do paciente.
- Para os modos forenses hipercompensatórios, geralmente são indicados a confrontação empática e a definição de limites. A escolha entre esses dois tipos de intervenções depende, em sua maioria, da gravidade do modo esquemático e do grau de impasse terapêutico que causa ou do quanto o modo ultrapassa os limites do terapeuta.
- Existem três padrões básicos de modos que acionam modos na relação terapêutica: congruência dos modos esquemáticos, complementaridade dos modos esquemáticos e batalha dos modos esquemáticos. Entender como essas interações ocorrem pode ajudar os terapeutas a reconhecer os padrões em seu próprio trabalho com os pacientes, iniciando o processo de obter uma perspectiva saudável sobre eles e maximizando o progresso terapêutico.

REFERÊNCIAS

Bernstein, D., Arntz, A. & de Vos, M. (2007). Schema focused therapy in forensic settings: Theoretical model and recommendations for best clinical practice. *International Journal of Forensic Mental Health*, 6, 169–183.

Bernstein, D.P., Keulen-de Vos, M., Clercx, M., de Vogel, V., Kersten, G., Lancel, M., Jonkers, P., Bogaerts, S., Slaats, M., Broers, N., Deenen, T. & Arntz, A. (submitted). Effectiveness of long-term, inpatient psychotherapy for rehabilitating violent offenders with personality disorders: A randomized clinical trial of schema therapy vs treatment-as-usual.

Keulen-de Vos, M., Bernstein, D. P. & Arntz, A. (2014). Schema Therapy for aggressive offenders with personality disorders. In R. C. Tafrate & D. Mitchell. (Eds.), *Forensic CBT: A Handbook for Clinical Practice*, 66–83. Chichester: Wiley-Blackwell.

Keulen-de Vos, M., Bernstein, D.P., Vanstipelen, S., de Vogel, V., Lucker, T., Slaats, M., Hartkoorn, M. & Arntz, A. (2016). Schema modes in the criminal and violent behavior of forensic cluster B PD patients: A retrospective and prospective study. *Legal and Criminological Psychology*, 21, 56–76.

Rafaeli, E., Bernstein, D.P. & Young, J. (2011). *Schema Therapy: Distinctive Features*. New York: Routledge.

Young, J.E., Klosko, J. & Weishaar, M. (2003). *Schema Therapy: A Practitioner's Guide*. New York: Guilford Press.

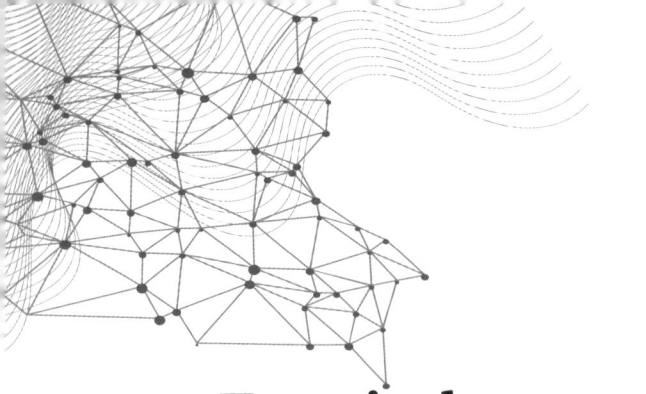

13

Terapia do esquema para casais
Intervenções para promover conexões seguras

Travis Atkinson
Poul Perris

INTRODUÇÃO

Em relações amorosas desgastadas, a terapia do esquema (TE) postula que os esquemas iniciais desadaptativos (EIDs) propiciam interações negativas entre os parceiros, enviesando como cada parceiro experiencia o outro, criando ciclos autoperpetuadores de ameaça ou dano percebidos. Em conjunto com o temperamento, os EIDs desenvolvem-se a partir de experiências de vida precoces com cuidadores significativos e podem impactar negativamente as relações atuais, provocando ameaças relacionais fundamentais, como ser privado emocionalmente, abandonado, controlado, criticado ou abusado (Young et al., 2003). Estados mentais, ou modos, desenvolvem-se a partir de *clusters* de EIDs. Eles incluem modos de enfrentamento disfuncionais, juntamente com os modos criança e pai/mãe. Provocando comportamentos disfuncionais entre parceiros, os modos provêm de pontos de vista orientados pelo esquema (Arntz & Jacob, 2013). Os vieses, a dominância e a inflexibilidade dos modos bloqueiam a curiosidade, a abertura e a aceitação necessárias em uma relação amorosa saudável (Siegel, 2012). Quando uma série de modos de enfrentamento se chocam repetidamente entre parceiros, um ciclo de modos emerge como um padrão de relacionamento interpessoal infeliz. Esse tipo de ciclo de modos frustra a capacidade de cada parceiro de suprir suas necessidades relacionais básicas (Atkinson, 2012) e, gradualmente, leva à discórdia no relacionamento, ocasionando resultados ruins para a satisfação e a longevidade do casal (Mikulincer & Shaver, 2016).

O objetivo da TE para casais é promover um padrão consistente de conexão segura e estável entre os parceiros. O terapeuta orquestra e apoia novas experiências dentro do casal, ao mesmo tempo em que codifica novos significados para essas experiências, enfraquecendo os EIDs de cada parceiro e fortalecendo seu modo adulto saudável. Um elemento central envolve o terapeuta e o casal descobrirem juntos como cada parceiro lida quando seus EIDs são acionados na relação, discernindo como seus modos de enfrentamento tentam atender às suas necessidades diante de uma ameaça relacional por meio de comportamentos de resignação, evitação ou hipercompensação. Os modos geralmente acionam os esquemas de um parceiro, criando distância e tensão e reforçando as crenças centrais do esquema em jogo. Os ciclos de modo geralmente operam fora da compreensão consciente, à medida que os parceiros entendem sua discórdia relacional através das lentes de seus próprios esquemas, que podem se tornar mais consolidados a cada ciclo.

À medida que os parceiros em um casal se tornam conscientes e entendem seu ciclo de modos, eles têm a oportunidade de atender às necessidades centrais um do outro de maneiras mais conectadas emocionalmente, equilibradas, flexíveis e adaptativas. O casal substitui gradualmente interações dos modos de enfrentamento disfuncionais por uma sinergia positiva entre os modos adulto saudável, criança vulnerável e criança feliz: uma tríade de modos saudáveis. O adulto saudável identifica e convida as principais necessidades de relacionamento dos modos criança vulnerável e criança feliz. Um novo padrão de interação se desenvolve envolvendo a autorrevelação recíproca da vulnerabilidade que convida à responsividade mútua para atender às necessidades básicas de ambos os parceiros (Mikulincer & Shaver, 2016). A tríade de modos saudáveis honra e diferencia dois "eus" individuais dentro do casal, integrando ambos os parceiros em um "nós" que define toda a relação amorosa (Siegel, 2012). Os casais são capazes de reparar efetivamente conflitos, curar feridas passadas e evitar futuras rupturas de relacionamento (Gottman, 1999).

A TE foi desenvolvida especificamente para atingir modos pervasivos e destrutivos comuns em pacientes que apresentam traços ou atendem aos critérios de transtornos da personalidade (Young et al., 2003). Existe suporte empírico para seu uso com uma gama de transtornos da personalidade usando modalidades individuais e de grupo (Giesen-Bloo et al., 2006; Farrell et al., 2009; Bamelis et al., 2014). A TE para casais adapta a TE aos casais, oferecendo um tratamento personalizado aos casais com interações mais disfuncionais. A maioria dos modelos existentes de terapia de casais não aborda explicitamente traços de transtorno da personalidade, possivelmente contribuindo para a existência de um grande subconjunto de casais que não conseguem fazer progressos significativos no tratamento (Simeone-DiFrancesco et al., 2015). Por exemplo, destrinchando os 27 a 30% dos casais não responsivos recebendo terapia focada nas emoções, a maioria sofreu múltiplas feridas da relação (Makinen & Johnson, 2006), produtos do que a TE para casais classificaria como modos de enfrentamento disfuncionais inflexíveis.

Os EIDs mais graves comuns em transtornos da personalidade são facilmente ativados e perceptíveis nas relações a partir de padrões intensos de caos ou rigidez, muitas vezes expressos por meio de modos de enfrentamento envolvendo raiva severa ou desligamento emocional, que diminuem a satisfação no relacionamento e ameaçam a estabilidade das relações (Siegel, 2010). Este capítulo descreve como trabalhar efetivamente com esses ciclos de modo na TE para casais, focando em seis princípios fundamentais, ilustrados por uma vinheta clínica com um casal:

1. Duplo foco: a relação terapêutica e as tarefas/objetivos;
2. Estabelecer segurança: curiosidade empática, validação e proteção;
3. Conceitualizar o ciclo de modos;
4. Fortalecer a tríade de modos saudáveis;
5. Diálogos de conexão: convidar à vulnerabilidade e atender às necessidades;
6. Reescrita de imagens mentais para casais: preparar a cena e reparentalizar.

O casal da vinheta, Ariana e Hari, estão juntos há dois anos. Eles começaram a terapia depois da dor esmagadora que Ariana experienciou quando Hari não a pediu em casamento em suas últimas férias, frustrando suas expectativas. Para ilustrar o processo em profundidade suficiente, a vinheta se concentra mais fortemente em Ariana. Em uma sessão completa, os mesmos princípios e tipos de intervenções seriam usados com seu parceiro, Hari, para atender às necessidades dele. A vinheta abre durante a décima sessão do casal com sua terapeuta do esquema (T), Eva. Tanto Ariana (A) quanto Hari (H) estão descrevendo um exemplo recente de seu ciclo de modos.

DUPLO FOCO: A RELAÇÃO TERAPÊUTICA E AS TAREFAS/OBJETIVOS

Na TE para casais, os terapeutas trabalham em direção a tarefas duplas, criando uma aliança com ambos os parceiros por meio de técnicas de reparentalização limitada para ajudá-los a se sentirem igualmente compreendidos e atendidos, ao mesmo tempo em que os orientam para lidar com as tarefas e os objetivos principais da TE para casais, incluindo confrontar empaticamente os EIDs e os ciclos de modos disfuncionais que podem arruinar o progresso. Os terapeutas participam da relação terapêutica com ambos os parceiros, ao mesmo tempo em que exploram minuciosamente as experiências e modos de cada um deles.

Uma vez que, raramente, apenas um parceiro é a única causa da disfunção de um casal (Gottman, 1999), os terapeutas reforçam a ideia de que os EIDs são a fonte do ciclo de modos, que é o culpado pelo sofrimento no relacionamento. Os terapeutas enquadram cada parceiro na relação como antídotos para o ciclo de modos, agentes de mudança e de cura dos EIDs. Ao contrário da TE individual, quando o terapeuta é a principal fonte de reparentalização, na TE para casais os terapeutas orientam cada parceiro a reparentalizar um ao outro. As principais intervenções na TE para casais são coreografadas para ajudar cada parceiro a se beneficiar totalmente da influência corretiva do outro. Podem ser necessários recursos adicionais, incluindo sessões complementares individuais ou em grupo com um ou ambos os parceiros para ajudar na reparentalização ativa.

No segmento a seguir, a terapeuta explora a experiência de Ariana de um conflito prototípico, com o objetivo de avaliar sua parte no ciclo de modos. No entanto, ela é subitamente interrompida por Hari, cuja desconfiança é desencadeada pelo fato de ele sentir que ela está deturpando o argumento. A terapeuta muda flexivelmente de avaliar os modos de Ariana (uma tarefa central na TE para casais) para usar a confrontação empática e reconhecer a reação emocional de Hari (uma estratégia relacional). Ao validar a reação emocional de Hari, a terapeuta abranda a resposta de enfrentamento dele, permitindo que ela continue com a tarefa de avaliar a experiência de Ariana e sua parte no ciclo de modos deles.

T: Ariana, por favor me ajude a entender o que aconteceu quando você estava dirigindo com Hari?
A: Hari estava no banco do passageiro, mexendo no telefone, obcecado por isso, como de costume. Eu esperava que pudéssemos conversar durante o caminho para fazer planos de férias.
H: Diga a verdade, Ariana. Você não está deixando de fora a parte sobre como começou a gritar comigo?!
T: Espere, Hari (a terapeuta se inclina em direção a Hari). Podemos deixar Ariana terminar e depois voltar para você?
H: Qual é a razão disso se ela não está dizendo a verdade? O que ela disse não foi o que aconteceu. Eu sei onde ela quer chegar com isso.
T: Estou lhe ouvindo, Hari. Eu sei que é difícil ouvir uma história da qual você se lembra de forma muito diferente. Talvez também esteja sendo desafiador agora porque não estou interrompendo Ariana. Não estou aqui para tomar partido. Quero entender como vocês dois se lembram do que aconteceu no carro. Quero descobrir como seu ciclo de modos aconteceu. Com certeza, todos nós lembramos das coisas de forma diferente. Pode ficar conosco, Hari, para que eu possa ouvir o resto do que Ariana se lembra? Vou ouvir seu lado logo depois disso.

ESTABELECENDO SEGURANÇA: CURIOSIDADE EMPÁTICA, VALIDAÇÃO E PROTEÇÃO

Avaliar padrões negativos de interação entre parceiros requer um alto nível de curiosidade empática. A empatia envolve identificar ou imaginar os sentimentos, os pensamentos ou as atitudes de outra pessoa e, tanto para terapeutas quanto para casais, é uma das ferramentas relacionais mais valiosas. Praticar a empatia pode convidar a criança vulnerável do paciente a aparecer, o que pode, por sua vez, provocar um conjunto complexo de respostas do pai/mãe disfuncional e dos modos de enfrentamento. Por exemplo, quando os terapeutas contornam um modo de enfrentamento e se conectam com a criança vulnerável, o modo pai/mãe crítico do paciente pode responder atacando-os por expressarem seus sentimentos. Essa reação modal é intensificada pelo medo de como seu parceiro reagirá à sua vulnerabilidade – eles podem temer que seu parceiro veja sua vulnerabilidade a partir de uma postura semelhante à do seu modo pai/mãe crítico – por exemplo, enquadrando-os como fracos ou como um fracasso. Alternativamente, eles podem antecipar que seu parceiro irá desapontá-los de outras formas, seja entendendo mal ou invalidando seu sofrimento. Finalmente, eles podem temer que expressar vulnerabilidade desencadeie conflitos, antecipando seu ciclo de modos padrão, fazendo com que expressar-se pareça ser fútil ou não seguro.

Os terapeutas validam os sentimentos da criança vulnerável e protegem contra o modo pai/mãe disfuncional, comunicando a aceitação e fortalecendo o vínculo terapêutico. Uma resposta aberta e afirmativa à vulnerabilidade por parte dos terapeutas, geralmente, provoca empatia e validação do parceiro ouvinte. No entanto, se o parceiro ouvinte entrar em um modo crítico ou invalidante, os terapeutas estão preparados para confrontar empaticamente o ataque, enquanto permanecem focados em cuidar do parceiro vulnerável.

O próximo passo é ajudar os pacientes a acalmar e regular suas emoções no modo criança vulnerável, uma habilidade que é tanto fundamental para seu modo adulto saudável quando ativado no geral quanto central para permanecerem emocionalmente regulados na sessão. As principais estratégias que os terapeutas empregam para estabelecer a segurança são ilustradas na vinheta seguinte.

A: É a mesma velha história com ele.
T: Como assim, Ariana? Ajude-me a entender.
A: Parece tão inútil.
T: Ariana, você pode me ajudar a entender o que está acontecendo para você agora quando você diz, "Parece tão inútil"?.
A: Eu realmente não sei. É como um vazio dentro de mim.
T: Certo. Vamos olhar para esse vazio por um momento.
A: Toda vez que tento dizer o que penso, quando tento compartilhar o que é importante para mim, Hari me ataca e se fecha.
T: Semelhante ao que começou há pouco?
A: Exatamente.
T: Quando Hari entra é quando esse vazio aparece para você?
A: Sim. Talvez haja uma parte de mim que se fecha lá dentro. É mais fácil deixá-lo fazer do jeito dele. Sempre que eu revido, como fiz durante a viagem, Hari fica muito bravo comigo, e sempre de alguma forma acaba sendo minha culpa. É um impasse para mim, porque se eu disser alguma coisa, eu sou mimada, sem-

pre pedindo demais. Então começo a chorar, e passo a me odiar muito por dizer qualquer coisa. Por que não posso lidar com isso sozinha, em vez de contar a ele? O que há de errado comigo?
T: Essa é uma voz muito dura atacando você agora, Ariana.
A: Claro, mas eu tenho que crescer. Quem quer ficar com uma chorona? Quão atraente eu sou se tudo o que faço é chorar?
T: Olhe para mim, Ariana. (Ariana faz uma pausa, e então olha para a terapeuta). Ótimo. Respire fundo comigo, e expire lentamente. Excelente. (A terapeuta faz uma pausa, e então olha para Hari). Ainda está conosco, Hari?
H: Estou ouvindo.
T: Obrigado, Hari, por sua paciência. Vou voltar para você.

CONCEITUALIZANDO O CICLO DE MODOS

Uma terapia de casal eficaz requer que terapeutas e ambos os parceiros desenvolvam uma compreensão precisa do ciclo de modos padrão. Os terapeutas identificam conteúdos e gatilhos típicos que ativam os EIDs com cada parceiro e exploram padrões de interações de modo (por exemplo, comportamentos de ataque ou retirada) que definem o ciclo de modos. A conceitualização de modos é atualizada pelos mesmos princípios teóricos utilizados durante a TE individual. No entanto, nas sessões de casais, os terapeutas são testemunhas oculares de interações rápidas e intensas que podem ser difíceis de apreciar totalmente a partir das descrições dos pacientes durante sessões individuais. Entender as origens dos esquemas de ambos os parceiros também ajuda o terapeuta (e o casal) a identificar as sensibilidades relacionais particulares e os padrões protótipicos de cada parceiro durante um ciclo de modos.

Na próxima vinheta, a terapeuta avalia o ciclo de modos de Ariana e Hari que irrompe quando ele interrompe Ariana sobre o que aconteceu no carro. A terapeuta identifica a presença dos EIDs e dos modos de Ariana, começando com um esquema de privação emocional ("Eu nunca vou ter minhas necessidades atendidas") com o qual ela lidou mudando para um modo protetor desligado. O esquema de defectividade/vergonha de Ariana ("Sou falha por ter necessidades") foi reforçado por seu modo pai/mãe punitivo. Finalmente, seu esquema de abandono ("Eu sempre estarei sozinha") apareceu como um "nó" em seu estômago, deixando a pequena Ariana (seu modo criança vulnerável) sentindo-se assustada, triste e envergonhada.

T: Ariana, um momento atrás, você disse que há um vazio dentro de você que surgiu depois que Hari se manifestou. Pode me ajudar a entender como é estar nesse vazio?

A: O que você quer dizer?

T: Tire um momento para se colocar de volta naquele lugar, quando você estava me falando sobre querer falar com Hari sobre seus planos de férias no carro. Hari se manifestou dizendo que você não estava falando a verdade. Naquele momento, você disse que um vazio surgiu dentro de você. Pode me ajudar a entender o que aconteceu com você quando entrou naquele vazio?

A: Senti essa pressão imensa em meu peito, um aperto, como se eu estivesse sufocando.

T: Bom, Ariana. Imagine-se nesse momento agora. Note a pressão, o aperto, aquela parte de você que parece que está sufocando. Onde você sente isso em seu corpo agora?

A: Bem aqui (Ariana coloca a mão no peito, depois a move em direção ao estômago).

T: Ótimo, Ariana. Que sensação é essa no seu estômago agora?

A: É como um nó no fundo do meu estômago.

T: Bom. Fique nesse lugar e sintonize-se com o nó em seu estômago. Você pode dar uma voz a esse nó, essa sensação que surgiu depois que Hari se manifestou, quando você sentiu o aperto no peito como se estivesse sufocando? O que esse nó está tentando dizer?

A: É aquela parte de mim que está aterrorizada. Tenho tanto medo de ser deixada de lado. É como se eu não existisse, não tivesse importância. O que eu quero, e quem eu sou, não importa.

T: Entendo. (A terapeuta monitora Hari, garantindo que ele esteja presente com a experiência de Ariana). É aquela parte de você que a faz sentir como se você não contasse e pudesse simplesmente ser deixada de lado. É isso?

A: Sim, eu não importo. Estou sozinha.

T: Certo, Ariana, esse nó em seu estômago aparece quando você sente que não importa, e você se sente sozinha. Esse é um lugar muito assustador para se estar.

A: Sim, é tudo que eu conheço.

T: E então o que acontece, Ariana, quando essa parte de você se sente deixada de lado, e sozinha?

A: Eu fico incrivelmente triste. Que a culpa é toda minha e que eu sou uma mimada. É quando eu sinto o vazio.

T: E quando você sente que não consegue mais aguentar, você se afasta, para se proteger da dor, e esse vazio aparece. É isso?

A: Eu tenho que me esconder. Não há outra maneira.

T: Você pode me ajudar, Ariana, para ver se eu entendi? Quando Hari se manifesta, você sente esse aperto no peito, um nó no estômago e começa a se sentir muito triste e sozinha. De repente, uma voz de culpa entra, dizendo que a culpa é toda sua porque você exagera. Você sente vontade de recuar, para se proteger de sentir mais dor e você fica com um vazio profundo por dentro, um vácuo. É isso?

A: Sim, é bem isso. É um vácuo. Estou sozinha porque não sou digna de amor.

FORTALECENDO A TRÍADE DE MODOS SAUDÁVEIS

Quebrar um ciclo de modos prejudicial requer que um casal desenvolva padrões mais flexíveis de interação entre a tríade de modos saudáveis do adulto saudável, da criança vulnerável e da criança feliz. As vinhetas anteriores ilustram como a terapeuta orienta Ariana a identificar seus EIDs e seus modos, com foco no desenvolvimento de consciência e empatia por sua criança vulnerável. Em seguida, a terapeuta ajuda o adulto saudável de Ariana a cultivar assertividade e a expressar vulnerabilidade, convidando Hari a atender suas necessidades não atendidas.

Na próxima vinheta, a terapeuta ajuda Ariana a construir habilidades adaptativas, orientando-a a pedir a ajuda de Hari para atender às suas necessidades em vez de fazer uma acusação, substituindo "pare de me atacar" por "ajude a me proteger". A terapeuta orienta Ariana a identificar seus medos e, em seguida, convida-a a imaginar como seria se Hari atendesse às suas necessidades. Ariana é encorajada a articular para Hari como ele poderia responder melhor às suas necessidades. A validação das necessidades de Ariana pela terapeuta reforça seu adulto saudável, ajudando-a a defender sua criança vulnerável emocionalmente privada.

T: Ótimo trabalho, Ariana. Ficando com o nó um pouco mais, a parte de você que tem medo de ficar sozinha e não ser digna de amor, o que essa parte de você precisa de Hari? O que Hari poderia fazer ou dizer que ajudaria a desatar o nó?

A: Parar de me atacar. Me ouvir. Dizer que não sou louca apenas por ser eu mesma.

T: Você precisa de Hari para protegê-la de ataques e para ouvi-la. Você precisa saber que ele aceita e ama você. É isso?

A: Isso mesmo. Mas acho que ele nunca me aceitaria de verdade. Parece que estou destinada a ficar sozinha.

T: Há aquela parte de você, o nó aí dentro, que teme que nunca será boa o suficiente e sempre estará sozinha.

A: É difícil pensar que poderia ser diferente.

T: E se nós imaginarmos como seria se Hari a ouvisse e a aceitasse?

A: Ele seria paciente comigo. Ele ficaria ao meu lado quando eu estivesse com medo. Ele me mostraria que se importa comigo. Ele iria querer saber o que eu penso e sinto. Eu tenho dificuldade em ajudar Hari a me entender, e eu preciso da paciência dele para melhorar nisso.

T: Muito bem colocado, Ariana. Uma parte de você sente que ela está amarrada em um nó, com medo de ser deixada de lado porque há algo de errado com você. Essa parte quer que você se afaste para se proteger. Para soltar esse nó, você precisa que Hari lhe ouça pacientemente quando você estiver sentindo dificuldade, que a aceite incondicionalmente e mostre consistentemente que ele se importa com você. É isso?

A: Exatamente.

DIÁLOGOS DE CONEXÃO
Parte 1: expressando vulnerabilidade e acolhendo necessidades

Teorias recentes sobre o apego adulto sugerem que, compartilhando vulnerabilidades e acolhendo necessidades, os casais desenvolvem uma resposta mútua entre si que forma um vínculo seguro e amoroso (Mikulincer & Shaver, 2016). Em linhas semelhantes na TE para casais, em nossa experiência, casais que regularmente se envolvem em diálogos de conexão são mais propensos a relatar satisfação e longevidade do relacionamento. O componente inicial da técnica de diálogos de conexão incorpora três elementos-chave. Em primeiro lugar, ambos os parceiros identificam e expressam emoções vulneráveis relacionadas à sua criança vulnerável. Os terapeutas trabalham para contornar os modos de enfrentamento a fim de acessar a criança vulnerável e proteger os parceiros contra os modos pai/mãe disfuncionais, conforme necessário. Em segundo lugar, ambos os parceiros identificam e compartilham "impulsos" do modo de enfrentamento que surgem quando experienciam uma ameaça relacional, o que ajuda ambos os parceiros a assumir a responsabilidade por seus modos de enfrentamento e a entender seu ciclo de modos. Em terceiro lugar, os terapeutas orientam cada parceiro a convidar o outro a atender às suas necessidades básicas. Os terapeutas trabalham progressivamente para ajudar os parceiros a contornar os modos de enfrentamento e tornar-se proficientes com cada elemento antes de avançar para o próximo componente.

Na vinheta a seguir, a terapeuta combina os três elementos do primeiro componente com Ariana. Ela a convida a recontar a história do conflito no carro com Hari, entrelaçando seus modos adulto saudável e criança vulnerável. Ariana identifica suas emoções vulneráveis, fazendo a conexão com as suas necessidades e convida Hari a atender às necessidades dela. Inicialmente, ela tem dificuldade com o risco de compartilhar sua vulnerabilidade com Hari e entra em um modo protetor evitativo. Empregando a sintonia e a validação empática consistentes, a terapeuta orienta Ariana a superar bloqueios criados por seu protetor evitativo.

A terapeuta orienta Ariana a expressar os sentimentos e as necessidades de sua criança vulnerável para Hari. Ela também ajuda Ariana a identificar o significado de sua experiência, um aspecto crucial de "nomeá-las para domá-las" ao confrontar experiências temerosas (Siegel & Bryson, 2011). Expressar sua compreensão de suas dificuldades fortalece o vínculo entre os modos adulto saudável e criança vulnerável de Ariana. A terapeuta enfatiza a importância de Hari para Ariana como antídoto ao esquema de defectividade/vergonha de Hari, um impulsionador importante da parte de Hari no ciclo de modos do casal. Por fim, a terapeuta pede que Ariana avalie o nível de dificuldade de mostrar sua vulnerabilidade para Hari. Embora provocasse moderada ansiedade, ela reconhece que era tolerável, aumentando a probabilidade de que ela use diálogos de conexão fora da sessão.

T: Ariana, você poderia, por favor, olhar diretamente para Hari, e dizer a ele como é assustador quando você sente que está sendo deixada de lado, como esse nó surge dentro de seu estômago, e como você sente vontade de se retrair? Você poderia contar a ele que o que você realmente precisa é que ele fique com você, a ouça, e a compreenda?

A: Vou tentar. (Ariana, lentamente, olha em direção a Hari). Quando você se manifestou, parecia que eu estava sendo afastada, e eu fiquei muito assustada. Pensei que estava sendo rejeitada, então tive vontade de me fechar, mas o que eu realmente preciso é que você seja aberto, se preocupe comigo.

T: Ótimo, Ariana. Agora, por favor, adicione a parte sobre o que você precisa de Hari.

A: Quando me sinto afastada, fico com medo, e então eu me fecho, mas o que eu realmente preciso é... (pausa)... Isso é muito difícil.

T: Eu sei, e você está quase lá. Por mais assustador que seja, pode adicionar a parte sobre o que precisa?

A: Eu preciso que você seja paciente comigo. Fique comigo e me mostre que se importa comigo. Mostre-me que você está interessado no que tenho a dizer.

T: Excelente, Ariana. Finalmente, por favor, compartilhe com Hari o quanto é importante para você que ele seja a pessoa a mostrar-lhe que se importa.

A: Seria a melhor sensação do mundo, Hari, saber que você realmente se importa comigo. Você importa mais do que qualquer um para mim.

T: Excelente trabalho, Ariana. Como foi para você compartilhar seus medos e o quanto você precisa que Hari lhe diga que ele se importa com você?

A: Não foi fácil. Senti como se estivesse andando numa corda bamba.

T: Foi muito corajoso da sua parte.

Parte 2: respondendo à criança vulnerável

O segundo componente da intervenção dos diálogos de conexão requer que os terapeutas orientem o parceiro ouvinte a atender às necessidades básicas do parceiro vulnerável. Isso envolve três elementos principais. Em primeiro lugar, os terapeutas resumem brevemente o conteúdo emocional compartilhado pelo parceiro que expressou sua vulnerabilidade e necessidades. Em segundo lugar, os terapeutas fazem perguntas ao parceiro ouvinte para ajudá-lo a identificar seu modo de enfrentamento nessa situação, permitindo maior empatia por sua criança vulnerável e a de seu parceiro. Por fim, os terapeutas auxiliam o parceiro ouvinte enquanto expressa uma resposta às necessidades do parceiro vulnerável.

Na vinheta seguinte, a terapeuta explora a reação inicial de Hari à criança vulnerável de Ariana. Acessando seu adulto saudável, Hari usa seu conhecimento da história de Ariana e o relaciona com seu ciclo de modos. O "nó" de Ariana o lembra do medo que ela tinha de seu pai, aumentando sua empatia à medida que ele responde à necessidade central dela de uma maneira genuína e carinhosa. Como Ariana não está acostumada com a resposta carinhosa de Hari, ela fica confusa. Além disso, sua criança vulnerável é atacada por seu modo pai/mãe punitivo por deixar Hari desconfortável. O pai/mãe punitivo pode envergonhar uma criança vulnerável por ter causado desconforto ao cuidador.

T: Podemos começar, Ariana, com Hari agora?
A: Sim, por favor.
T: Hari, como é para você ouvir Ariana compartilhar essa parte dela que sente um nó no estômago, e tem medo de ser deixada de lado? Você ouve Ariana dizer que ela se afasta para se proteger. Outra parte dela sabe que você é mais importante para ela mais do que qualquer outra pessoa. Ela precisa saber que você se importa com ela, que você quer entendê-la, e que você a aceita. Como é para você ouvir isso, Hari?
H: É fácil responder ao que ela está pedindo. Sinto muito amor por Ariana. Quando você pediu para ela desfazer aquele nó, imaginei Ariana com o pai dela. Ele sempre foi muito grosso com ela. Ela teve problemas com ele. Nunca pensei nisso assim antes, mas agora percebo que, às vezes, faço Ariana se lembrar de como o pai a faz sentir. Eu nunca quero fazê-la se sentir assim. Quero protegê-la dele, para ajudá-la a se sentir segura e nunca sentir esse nó.
T: É fácil para você dizer a Ariana que você a ama e quer protegê-la. Também estou curiosa, Hari, o que você nota agora quando você diz que às vezes você pode fazer Ariana lembrar do pai dela?
H: Eu não quero ser o vilão como o pai dela, então quando ouço Ariana contando uma história que me faz parecer uma pessoa ruim, eu quero impedi-la.
T: Para retirar sua própria dor, talvez a parte de você que nem sempre se sente tão bem consigo mesmo?
H: Sim, exatamente. A última coisa que quero é machucar Ariana, decepcioná-la, então quando ela começa a seguir esse caminho de como ela está desapontada comigo, eu a faço parar.
T: Certo, Hari. Ouvi você dizer que ama Ariana e quer entender a dor dela. Quando você a ouve dizer que talvez você tenha falhado e possa estar causando a dor dela, você tenta impedi-la porque é perturbador demais imaginar que você a machuca. Estou entendendo?
H: Sim, eu não consigo suportar ser a causa da dor dela.

Tendo entendido a função pretendida do modo de enfrentamento do parceiro nesta situação, a terapeuta então se volta a Hari para ajudá-lo a expressar sua necessidade central subjacente, neste caso, por aceitação em face de cometer erros, um antídoto para seu esquema de defectividade/vergonha.

T: Isso mesmo. Você poderia compartilhar isso com Ariana agora, Hari? Poderia olhar em direção a ela e dizer a ela que é porque você a ama tanto que você nunca quer desapontá-la? Poderia compartilhar com ela que você tenta impedi-la de expressar decepção com você porque isso te machuca muito? Pode pedir à Ariana para aceitá-lo, mesmo quando às vezes a decepciona? Pode dizer isso a ela?

H: Ariana, eu sei que não foi fácil para você me dizer o que você precisa de mim. Eu vejo o quanto dói quando eu fico com raiva de você e lhe excluo. Não quero que você sinta de novo a dor que sentiu com seu pai. Quero que se orgulhe de mim e saiba que quero protegê-la dessa dor.

T: Excelente, Hari. Como foi compartilhar com Ariana que você vê o impacto que pode ter sobre ela, e que você realmente a ama, e quer protegê-la?

H: Foi ótimo, mesmo que seja difícil admitir que às vezes a machuquei. Quero tirar esse nó no estômago dela, para que ela não tenha mais medo de mim.

T: (Olhando para Ariana, que começa a chorar). Ariana, vejo suas lágrimas. Como é para você ouvir Hari compartilhar seu amor por você, e ouvir que ele realmente quer que você se orgulhe dele?

A: Eu não tinha ideia de que Hari estava me excluindo porque ele se importa muito com o que eu penso dele. Acho isso incrível, mas é difícil de acreditar. Há um outro lado meu que começa a se sentir mal, como se eu estivesse fazendo tempestade num copo d'água e devesse apenas deixá-lo em paz.

T: É difícil para você, Ariana, imaginar que Hari lhe ama tanto e não quer lhe decepcionar? Você nota essa voz crítica ou punitiva que surge dentro de você e lhe entristece. De quem essa voz a lembra?

A: É o meu pai. É tão difícil tirá-lo da minha cabeça.

RESCRITA DE IMAGENS PARA CASAIS

Parte 1: preparando o palco

A rescrita de imagens (RI) para casais é uma intervenção central para tratar os EIDs e é especialmente útil quando um ou ambos os parceiros têm um histórico de trauma. Ao usar imagens de infância com cada parceiro, o casal pode ter uma noção de necessidades não atendidas da infância, tanto para si como para seus parceiros. Eles entendem as origens de seus EIDs e são capazes de se tornar uma figura reparentalizadora para o outro. Os terapeutas usam imagens mentais de forma semelhante à da TE individual, com a significativa exceção de que os terapeutas convidam progressivamente o parceiro para o processo de reparentalização. O objetivo é substituir gradualmente o terapeuta pelo parceiro nas imagens mentais, à medida que eles aprendem a sintonizar-se e atender às necessidades de seus parceiros.

Como preparação para a RI para casais, os terapeutas exploram detalhes da infância de um parceiro quando suas necessidades não foram atendidas, semelhante à avaliação por imagens mentais durante a TE individual (ver Capítulo 6). Além disso, na TE para casais, os terapeutas identificam quaisquer feridas significativas de relacionamentos passados que possam reforçar seu ciclo de modos no relacionamento atual e seus EIDs. Os terapeutas convidam o parceiro ouvinte a permanecer continuamente envolvido, perguntando sobre suas reações em pontos-chave da imagem, aumentando a empatia junto com uma validação explícita da dor central de seu parceiro quando suas necessidades infantis não foram atendidas. Isso prepara o palco para respostas efetivas de reparentalização pelo parceiro ouvinte.

Na próxima vinheta, a terapeuta baseia-se no impulso curativo que surgiu da intervenção dos diálogos de conexão, realizando uma RI para casais que tem como alvo o esquema de privação emocional de Ariana, a parte dela que acredita que ninguém jamais atenderá às suas necessidades, juntamente com o modo pai/mãe punitivo que lhe diz que ela é uma "mimada" por ser muito emotiva. A terapeuta guia Ariana através de uma memória tóxica quando ela tinha seis anos de idade, envolvendo seu pai. Na cena, a pequena Ariana estava assustada e precisava de proteção e conforto. Ela retransmite, e expande, alguns dos aspectos emocionais, sensoriais e cognitivos em sua cena inicial, semelhante ao processo de imagens mentais na TE individual. A terapeuta então a orienta a identificar do que a pequena Ariana precisava, mas não recebeu, fornecendo a base para as respostas reparentalizadoras de Hari, que são antídotos acolhedores para o esquema de privação emocional de Ariana. Esse processo também ajuda a intervir sobre o esquema de defectividade/vergonha de Hari, encorajando-o a se sentir importante e forte no acolhimento da pequena Ariana.

T: Ariana, sugiro que nos concentremos na voz punitiva de seu pai. Podemos fazer um exercício de reescrita de imagens juntas, com a ajuda de Hari?
A: Sim.
T: Hari, eu vou lhe avisar quando for para você entrar na cena, ok?
H: Claro.
T: Ariana, por favor, feche os olhos. Você disse que tem uma voz que continua batendo em você, chamando-a de chorona, e fazendo você se sentir mal sobre si mesma. Veja se consegue uma imagem de sua infância na qual você esteja com seu pai, experienciando os mesmos sentimentos. Permita que a imagem surja espontaneamente, tentando não pensar muito.
A: Eu tenho uma. Estou em nossa casa onde cresci. É tarde da noite. Não sei por que, mas acordei e fiquei com muito medo. Eu estava sozinha no meu quarto.
T: Quantos anos você tem nessa cena?
A: Talvez cerca de seis anos de idade. Estou usando meu pijama verde com elefantes rosas que minha avó me deu quando eu tinha seis anos.

T: Você está em seu quarto e algo a despertou. Você está com medo. O que está acontecendo agora?
A: Eu estou deitada totalmente imóvel na minha cama, muito assustada. Eu ouço a TV. Meu pai costuma dormir no sofá com a TV ligada. Eu me enrolo no cobertor. Eu me movo lentamente em direção à porta e a abro. Com certeza, meu pai está no sofá, mas ele não está dormindo. Estou tentando não fazer barulho. Decido que quero me deitar no chão e ouvir a TV, esperando que meu pai não me note.
T: E o que está acontecendo agora?
A: Meu pai me vê, ele está se levantando do sofá, está gritando comigo, me dizendo para voltar para a cama. Ele está gritando: "Que diabos há de errado com você!". Estou com tanto medo que começo a fazer xixi. Meu pai vê o chão sendo molhado. Ele está muito zangado, gritando comigo: "O que há de errado com você? Que tipo de criança faz xixi no chão?" Meu coração está afundando, e eu não consigo falar. Eu me sinto congelada.
T: Que experiência aterrorizante para a pequena Ariana.

Reescrita de imagens para casais parte 2: reparentalização

Enquanto a RI para casais continua, a terapeuta volta-se para Hari para trazê-lo à cena para ajudar a reparentalizar a pequena Ariana. A terapeuta orienta Hari, cuidadosamente, sobre como atender às necessidades centrais da criança de seis anos, aterrorizada pelo pai. A RI para casais normalmente provoca uma forte resposta reparentalizadora nos parceiros, pois eles sentem compaixão pela criança na imagem. Os terapeutas podem se concentrar no sentimento protetor do parceiro em relação à criança na cena, permitindo que ele expresse sua preocupação e ajude a pessoa amada na imagem, conforme necessário.

T: Hari, qual é a sua reação ao que está acontecendo com a pequena Ariana e seu pai?
H: Ela não merece ser tratada assim. Sinto-me muito triste por ela e quero me manifestar e protegê-la dele. Ela está apavorando.
T: Você pode, por favor, entrar na imagem como o adulto que você é agora?
H: Definitivamente!
T: Ariana, Hari tem a sua permissão para entrar na cena com a pequena Ariana e seu pai?
A: Com certeza.
T: Imagine Hari ao seu lado na imagem, de frente para seu pai.
A: É assustador imaginar. Meu pai pode ser muito mau.
T: Eu te entendo, Ariana. Hari, enquanto você está ao lado da pequena Ariana, como você pode protegê-la do pai?

H: Eu diria ao pai dela para parar de machucar a pequena Ariana e ver como ela está aterrorizada. Eu diria a ele que ele tem que parar de tratá-la assim.
T: Vá em frente e confronte o pai em voz alta.
H: Você tem que parar, agora! Você está aterrorizando a pequena Ariana. Não vou deixar você continuar a assustá-la assim. Ela acordou com medo e precisava de consolo. Em vez disso, você gritou com ela, aterrorizando-a tanto que ela entrou em pânico e fez xixi no pijama.
T: Sim, Hari, você está no caminho certo. Agora diga ao pai de Ariana como se sente em relação à pequena Ariana.
H: Ariana é uma pessoa maravilhosa, e eu a amo. Ela merece seu amor e proteção. Ariana não merece ser aterrorizada, especialmente pelo pai dela. Não vou deixar você tratá-la assim de novo.
T: Exatamente. (Voltando-se para Ariana) O que a pequena Ariana está experienciando agora, enquanto ouve Hari enfrentar o pai dela para protegê-la?
A: Estou espantada. Meu pai parece atordoado. Ninguém nunca o confrontou antes.
T: Como é isso para a pequena Ariana agora?
A: Eu me sinto aliviada. É estranho. Me sinto ótima. Eu tinha apenas seis anos e não fiz nada de errado. Foi tão bom, Hari, ter você ao meu lado para me proteger.
T: (Voltando-se para Hari) Como foi para você, Hari, confrontar o pai da pequena Ariana e protegê-la?
H: Foi fácil. Eu nunca deixaria Ariana ser tratada assim por ninguém. Estou sempre aqui do seu lado, Ariana, para proteger a pequena Ariana e a Ariana adulta.

CONCLUSÃO

Os EIDs são frequentemente ativados pelas pessoas que mais amamos. Compreensivelmente, os casais podem ter dificuldade para identificar e atender adequadamente às necessidades subjacentes aos EIDs do parceiro, caindo em uma armadilha interpessoal que reforça a dor relacional central. A TE para casais fornece um modelo para apoiar os casais a entender seus ciclos de modos padrão e suas necessidades relacionais principais. Os parceiros compartilham vulnerabilidades, identificam necessidades centrais e abrem espaço para interações entre si que promovem a cura do esquema. Utilizando uma série de estratégias de TE para casais, incluindo diálogos de conexão, RI para casais, reparentalização e confronto empático, os terapeutas orientam os parceiros a desenvolver uma tríade de modos saudáveis, que consiste em seu adulto saudável convidando seus modos criança vulnerável e feliz a responder de maneira que satisfaçam as necessidades relacionais de ambos os parceiros. Como uma abordagem relativamente nova e inovadora, incentivamos mais pesquisas para demonstrar a eficácia da TE para casais, especialmente para casais em profundo sofrimento que não respondem aos tratamentos de casais tradicionais.

Dicas para os terapeutas

1. Em relações amorosas desgastadas, a TE afirma que os EIDs são base para interações negativas entre os parceiros, influenciando como cada parceiro experiencia o outro e criando ciclos autoperpetuadores de ameaça ou dano percebidos.
2. Um elemento-chave envolve o terapeuta e o casal descobrindo juntos como cada parceiro lida quando seus EIDs são acionados na relação, discernindo como seus modos de enfrentamento tentam atender às suas necessidades diante de uma ameaça relacional percebida por meio de comportamentos de resignação, evitação ou hipercompensação.
3. Uma tarefa terapêutica importante é ajudar os pacientes a acalmar e regular suas emoções no modo criança vulnerável, uma habilidade fundamental para o seu modo adulto saudável quando ativado no geral, e central para permanecer emocionalmente regulado na sessão.
4. Ao contrário da TE individual, quando o terapeuta é a principal fonte de reparentalização, na TE para casais os terapeutas inicialmente modelam a reparentalização para parceiros e, em seguida, guiam cada parceiro a reparentalizar um ao outro.
5. As intervenções terapêuticas ajudam os parceiros a desenvolver uma tríade de modos saudáveis resistentes, composta pelos modos adulto saudável, criança vulnerável e criança feliz. Os parceiros criam segurança suficiente na relação para revelar sua vulnerabilidade e convidar um ao outro a responder de maneira que atenda às suas necessidades principais.
6. Os terapeutas podem usar toda a gama de estratégias de TE para casais a fim de promover mudanças, incluindo diálogos de conexão, reescrita de imagens para casais, reparentalização e confrontação empática.

REFERÊNCIAS

Arntz, A. & Jacob, G. (2013). *Schema therapy in practice: An introductory guide to the schema mode approach*. Chichester, UK: Wiley-Blackwell.

Atkinson, T. (2012)*Schema therapy for couples: Healing partners in a relationship*. In M. van Vreeswijk, J. Broersen & M. Nadort (Eds.), *The Wiley-Blackwell handbook of schema therapy: Theory, research, and practice* (pp. 323–335). Chichester, UK: Wiley-Blackwell.

Bamelis, L.L.M., Evers, S.M.A.A., Spinhoven, P. & Arntz, A. (2014). Results of a multi-center randomized controlled trial of the clinical effectiveness of schema therapy for personality disorders. *American Journal of Psychiatry, 171*, 305–322.

Farrell, J.M., Shaw, I.A. & Webber, M.A. (2009). A schema-focused approach to group psychotherapy for outpatients with borderline personality disorder: A randomized controlled trial. *Journal of Behavior Therapy and Experimental Psychiatry, 40*(2), 317–328.

Giesen-Bloo, J., van Dyck, R., Spinhoven, P., van Tilbureg, W., Dirksen, C., van Asselt, T. & Arntz, A. (2006). Outpatient psychotherapy for borderline personality disorder. Randomized trial of schema-focused therapy versus transference-focused psychotherapy. *Archives of General Psychiatry, 63*, 649–658.

Gottman, J.M. (1999). *The marriage clinic*. New York: Norton.

Makinen, J. & Johnson, S. (2006). Resolving attachment injuries in couples using emotionally focused therapy: Steps toward forgiveness and reconciliation. *Journal of Consulting and Clinical Psychology*, 74, 1055–1064.

Mikulincer, M. & Shaver, P.R. (2016). *Attachment in adulthood: Structure, dynamics, and change* (2nd edition). New York: Guilford Press.

Siegel, D.J. (2010). *Mindsight*. New York: Bantam Books.

Siegel, D.J. (2012). *The developing mind* (2nd edition). New York: Guilford Press.

Siegel, D.J. & Bryson, T.P. (2011). *The whole-brain child*. New York: Delacorte Press.

Simeone-DiFrancesco, C., Roediger, E. & Stevens, B.A. (2015). *Schema therapy with couples: A practitioner's guide to healing relationships*. Chichester, UK: Wiley-Blackwell.

Young, J.E., Klosko, J.S. & Weishaar, M.E. (2003). *Schema therapy: A practitioner's guide*. New York: Guilford Press.

PARTE IV

Confrontação empática e a relação terapêutica

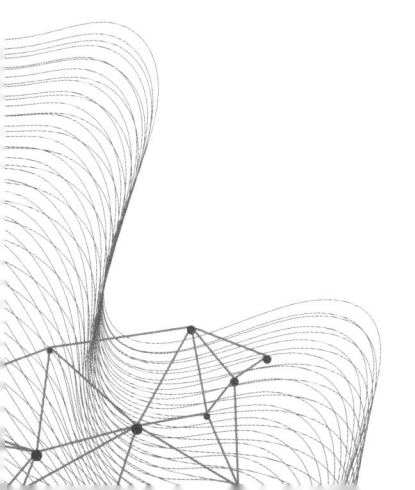

14

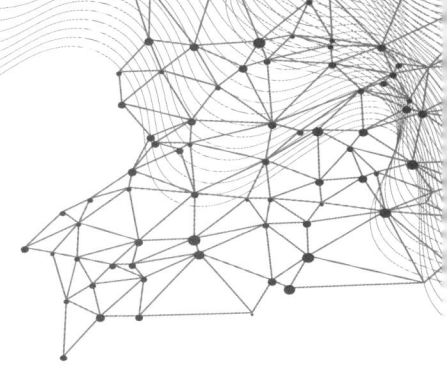

A arte da confrontação empática e do estabelecimento de limites

Wendy Behary

Quando nos dedicamos aos pacientes a partir de uma postura adulta sólida, ficamos mais preparados para confrontar efetivamente seus problemas com empatia e cuidado. Talvez precisemos desafiar sua profunda evitação do trabalho focado em emoções, ou estabelecer limites com um paciente que tenha passado para um modo desafiador, desrespeitoso, depreciativo ou exigente. Alguns de nossos pacientes ansiosos/temerosos tentarão distrair a si mesmos e a nós do trabalho mais profundo de engajar emoções por meio do uso de uma narrativa tangencial, discursos intelectualizados e relatando amnésia, ou simplesmente afirmando que são incapazes do contato emocional e sensorial. Outros pacientes (especialmente os tipos narcisistas) podem evitar o contato com o material emocional doloroso e o risco de vulnerabilidade exposto por meio de atrasos crônicos (passivos-assertivos) às sessões ou por cancelamentos de última hora ou explosões (ativas-assertivas) de raiva e crítica, quando requisitados a assumir um compromisso de chegar no horário, a pagar respeitosamente pelo tempo perdido e a cumprir o processo terapêutico. Todas essas estratégias de enfrentamento apresentam uma oportunidade para mergulhar mais fundo em seu mundo emocional usando nossa curiosidade, empatia, sintonia e autenticidade. Este capítulo descreve o significado da empatia e de ser um cuidador autêntico e sólido na TE como os pré-requisitos necessários para qualquer estratégia. Em seguida, exploro diferentes elementos da confrontação empática, incluindo nosso léxico empático, um olhar "de cima" para o incidente, realização de conexões com o passado, suposições implícitas, autorrevelações e preâmbulo empático.

UM CUIDADOR SÓLIDO E AUTÊNTICO

Para confrontar e se conectar com nossos pacientes, garantindo o vínculo para uma "cura" eficaz e uma mudança adaptativa, precisamos trabalhar a partir de uma postura sólida de autenticidade e curiosidade persistente, dando sentido a suas reações excessivamente intelectuais, submissas, hipervigilantes, defensivas, irritadas e, às vezes, críticas aos nossos esforços para nos envolvermos com o aspecto emocional. Em outras palavras, tentamos nos conectar com empatia com o paciente para tentar entender (em termos de sentimento) suas reações emocionais e comportamentos em relação ao pano de fundo de suas narrativas pessoais. Essas narrativas incluem suas experiências de vida iniciais, necessidades emocionais não atendidas, o início da ativação de esquemas iniciais desadaptativos (temas de vida) e as condições predominantes que continuam ativando seus esquemas e modos. Como postulado pelo pesquisador de neurônios-espelho Marco Iacoboni (2009): "Parece que nosso cérebro é construído para o espelhamento, e que somente pelo espelhamento – por meio da simulação em nosso cérebro da experiência sentida de outras mentes – é que entendemos profundamente o que outras pessoas estão sentindo".

Empatia não é simpatia, nem compaixão. A empatia é a experiência ressonante de ouvir com a intenção de tentar entender completamente como o outro se sente; além de entender suas ideias, é fazer a si mesmo a pergunta "como é ser essa pessoa sentada em minha frente?". Mostrar empatia envolve identificar e compreender os pensamentos, comportamentos e reações emocionais de uma pessoa em uma determinada situação, mesmo que você discorde dela. "Coisas maravilhosas acontecem quando as pessoas se sentem sentidas, quando sentem que suas mentes estão contidas dentro da mente de outra pessoa" (Siegel, 2010).

A EMPATIA FAZ SENTIDO

A partir de uma postura empática, identificamos padrões como evitação ou agressão como modos esquemáticos, ligando isso a uma conceitualização cuidadosamente construída da construção do paciente, ou seja, da sua preparação biopsicossocial para viver no mundo. Rastreamos ligações entre medos de uma vida toda de exposição, de vergonha ou inadequação, medo de ser controlado ou de ser rejeitado, por exemplo. Sentimos uma compaixão inevitável pela criança que sofre na história do "era uma vez", que pode ter suportado mensagens confusas de manipulação, negligência e aceitação condicional, e nos tornamos mais conscientemente interessados em perceber de que forma inseguranças de muito tempo atrás levaram a máscaras protetoras (p. ex., atitudes e ações hipercompensatórias ou desligadas) no aqui e agora. Dar sentido a seus modos tempestuosos, evitativos, charmosos, arrogantes, furiosos, indutores de culpa, autossabotadores também nos liberta dos ataques a nós mesmos a partir desses modos, derivados de nossa própria ativação esquemática, aqueles que carregam mensagens dolorosas e rótulos como "eu sou incompetente...", "muito sensível...", "eu sou um fracasso...", "eu não tento o suficiente...", "eu não sou forte o suficiente...", "eu deveria ter vergonha...", "eu não tenho valor...", e muito mais. Não é à toa que estudos sugerem que "a empatia é um preditor moderadamente forte do resultado da terapia" (Elliott et al., 2011). É difícil, se não impossível, estar verdadeiramente presente quando se está preocupado com a tarefa (naturalmente reflexiva) de proteger e defender-se contra um modo de paciente zangado ou crítico. Em um modo adulto sólido, somos capazes de manter uma presença empática. Compartilharei um exemplo de como lidar com nossos próprios gatilhos mais adiante.

CONFRONTAÇÃO EMPÁTICA

Nessa postura de compreensão colaborativa referente às reações derivadas dos esquemas do paciente e na identificação de gatilhos que ocorrem na relação terapêutica, nos preparamos para aplicar a confrontação empática. O uso da empatia pode promover uma conexão e um senso de compreensão compartilhada que atrai a atenção do paciente para você em vez de ativar as reações defensivas dele, como fechar-se ou usar contra-ataques agressivos e interruptivos. Os terapeutas do esquema trabalham a partir de um lugar de "honestidade", o que significa que partimos de um autêntico senso de nós mesmos e do desejo de estarmos sintonizados. Respondemos com afirmações empáticas como: "Claro que você está chateado por se sentir forçado a vir à terapia e se sentindo culpado por todo o conflito em seu relacionamento; isso parece a história da sua vida e eu posso sentir a verdade nesse sentimento, mas..." ou "eu sei o quanto você valoriza a privacidade, você foi ensinado a manter segredos familiares trancados e a manter sempre a lealdade, mas..." ou "eu entendo que isso é uma coisa difícil de se ouvir, especialmente dado o quanto você está tentando provar que é digno de confiança novamente, mas..." ou "eu sinto plenamente que você não queria ser ofensivo, mas...". Quando nos sintonizamos assim, de forma que o paciente se sinta profundamente amparado e compreendido, abrimos uma janela de oportunidade para uma conexão real. A partir desse lugar, o paciente é mais capaz de "ouvir" e tolerar o desafio.

Eis um exemplo de confrontação empática no meio de uma reação intensa de um paciente narcisista: você está prestes a confrontar Peter que traiu sua parceira com atos de infidelidade e está (muito rapidamente) ficando cansado da desconfiança, do aborrecimento dela e do que parecem ser julgamentos sobre ele, incluindo (agora) a percepção dele sobre o seu julgamento enquanto terapeuta. Ele expressa nojo e raiva em relação a você (e a parceira dele) pelo que também parecem ser "suspeitas injustas" e um "processo muito tedioso e ridículo". Ele está desesperado para se livrar da vergonha, e você sabe disso porque está começando a entender a criança do passado que nunca conseguia acertar o suficiente para os outros, os quais a faziam se sentir inferior se seu desempenho fosse algo menos do que extraordinário.

O LÉXICO DA EMPATIA

Mostrar sua sintonia com a vulnerabilidade do paciente pode começar com uma frase empática vinculando ao passado, por exemplo: "Deve ser difícil, Peter, quando você sente esse holofote familiar em você como se você fosse um 'fracasso' ou o 'vilão'. Isso tem raízes em sua infância, certo? Muitas vezes você sentiu a injustiça de ter que corresponder a padrões impossíveis e nunca se sentir bom o suficiente, mesmo quando você atendia altos padrões. Você era percebido e advertido principalmente por aquilo que seu pai via como suas fraquezas. E quando sua parceira fica com raiva de você (porque leva tempo para restaurar a confiança), você sente que está sendo transformado no vilão novamente... E você quer lidar com isso afirmando que tem direito a distrações privadas e prazerosas porque você trabalhou duro, e você está se sentindo cansado e subestimado. Mas o problema é que esse modo (a parte que às vezes chamamos de modo 'merecedor'), apesar de útil quando você era jovem por ter lhe permitido um tempo fora das demandas intoleráveis e da angústia, serve agora para produzir dor e "dor de cabeça" (não intencionais) para aqueles que você ama, e o leva de volta ao sentimento de que você tem que defender esse suposto vilão. Você é sequestrado por uma dor profunda e familiar, Peter, mas a parte mais sábia de você sabe que se curar de uma traição não é fácil e você precisará exercer mais tolerância e tranquilidade para reparar essa relação. Isso é difícil de se fazer quando você está no 'modo de combate', em que você fica mais ocupado contra-atacando como se tivesse que defender a criança que não é digna de amor".

Essa é a natureza da perpetuação esquemática dos modos de enfrentamento desadaptativos. Peter evita seus sentimentos de vulnerabilidade, vazio e insegurança e opta por uma "distração prazerosa" – com direito ao que quiser como forma de se sentir especial e extraordinário, um meio de combater seus esquemas de defectividade e privação emocional. O problema é que esse tipo de distração não é gerado pelo modo adulto saudável – que o guiaria cuidadosamente para expressar com precisão suas perturbações a sua parceira e procurar maneiras de se acalmar sem prejudicar a si mesmo e aos outros. Em vez disso, ela é dirigida pelos modos autoestimulador desligado e hipercompensador (os modos mestres das fugidas, merecedor e modo de combate, como os nomeamos com Peter) que, em última análise, servem para promover o sentimento de fraqueza e vergonha (defectividade) e de desconecção (privação emocional) naqueles que ele machuca com sua traição e sua postura defensiva de raiva e presunção.

A terapeuta mostra empatia e compreensão sobre a forma como a situação atual do paciente (a raiva de sua parceira) está desencadeando um tema muito antigo (de se sentir exposto e defeituoso) e como ele é atraído para um mecanismo de enfrentamento há muito estabelecido, que é defender ferozmente seu esquema (de seu modo de combate), apesar de seu "lado sábio" (ou adulto saudável) saber o que é melhor.

Ao compartilhar sua observação do padrão, com empatia, colocando-se acima do incidente do presente, a terapeuta simultaneamente ajuda o paciente a se sentir profundamente compreendido e a obter alguma distância de seus modos de enfrentamento. Ela também compartilha com ele como ela acha que seu modo de enfrentamento *perpetua* seu esquema central e a dor de seu modo criança vulnerável – neste caso, como seu modo de combate (hipercompensador) opera sob a suposição de que o indivíduo é fundamentalmente ruim e não amável (ligado à sua privação emocional e defectividade), reforçando seu esquema e afastando as pessoas.

A MENSAGEM SE PERDE NO CAMINHO

Outra forma de confrontação empática diferencia entre intenção e impacto. Oferecemos ao paciente o benefício da dúvida em termos de suas intenções, ao mesmo tempo em que fortalecemos a responsabilidade e estabelecemos limites: "Sua contribuição pode ser um ativo tão valioso para sua equipe, Dena, mas quando você assume a liderança sem discussão ou colaboração, suas boas intenções ficam ofuscadas por essa velha e persistente necessidade de controle".

Observe como o uso da palavra "mas" pelo terapeuta torna-se a essência da confrontação e também prevê a trajetória de temas da vida autodestrutivos. O prelúdio empático dilui o impulso de defender ou contra-atacar quando os esquemas são ativados, enquanto o "mas" visa o problema e seu efeito indesejável – os modos reativos desadaptativos, ou seja, o impacto dos comportamentos ofensivos sobre os outros, os obstáculos que "nós" enfrentamos juntos no processo de tratamento. Assim, quando Dale é ativado na sessão, sentindo que está sendo negligenciado (esquema de privação emocional), colocado para baixo (esquema de defectividade e modo de vozes críticas/demandantes), não competente o suficiente (esquema de fracasso), ou usado e controlado (esquemas de subjugação, desconfiança e padrões inflexíveis), ele facilmente usa seu modo provocador e ataque (*bully* e ataque) com uma ferocidade que pode ser, na pior das hipóteses, assustadora e, na melhor das hipóteses, ainda profundamente distrativa, ou seja, sentimos momentaneamente a ira intimidadora e insultante que outros podem experienciar quando Dale está neste modo. Nesses momentos, é provável que experimentemos o (razoável) impulso de nos proteger do ataque de críticas, declarações cínicas, gestos e escalada de agressões. Por exemplo, esta orquestra de esquemas e padrões de modos esquemáticos pré-coreografados pode ser facilmente chamada para o centro do palco depois que um colega de trabalho audaciosamente aponta o padrão de Dale de evitar a responsabilidade por qualquer um dos conflitos em sua vida, e parece apenas culpar os outros por seus problemas no trabalho (inferindo que provavelmente este é o caso em sua casa). Dale entra na sala de tratamento enfurecido esperando que você, seu terapeuta, seja solidário com o derramamento de insultos e punições contra o colega dele: "Como ele se atreve... Quem ele pensa que é?... Esses idiotas da minha equipe executiva precisam parar de pensar como bestas!". Você tenta validar a angústia subjacente à raiva sem o (requirido) acordo inabalável com o conteúdo e, previsivelmente, ele vira seu ataque contra você, cinicamente afirmando que você "não é diferente dos outros com quem tenho que lidar... Talvez você simplesmente não seja competente o suficiente para entender meu mundo... Terapia é uma perda de tempo e dinheiro... Isso é uma piada", etc., etc. Você sente o golpe, respira fundo e pede a Dale um momento para analisar o que está sendo ativado para você naquele momento: "Apenas me dê um momento Dale, isso deve ser algo importante porque até eu estou me sentindo ativado, e eu sou alguém que realmente o conhece" (você fecha os olhos e levanta a mão, indicando um pedido de paciência e silêncio dele por apenas um momento).

Este momento de estabelecimento de limites é fundamental para permitir que você se recomponha à postura cuidadora do seu modo adulto saudável, e serve de exemplo a Dale de como uma pausa pode ser uma estratégia eficaz para comunicar sentimentos importantes, já que uma de suas necessidades centrais não atendidas é a tolerância à frustração quando ele não consegue o que quer. Com os olhos fechados e respirando fundo, você rapidamente evoca uma imagem do seu pequeno eu vulnerável (criança vulnerável) e um lugar imaginário seguro e calmo, grato a ele (ou a ela) por lembrá-lo de como seria a vida no mundo de Dale, protegendo sua criança naquele lugar seguro com a garantia de que você (o adulto saudável e profissional treinado) pode cuidar de Dale, sua criança não precisa arcar com esse fardo e não precisa recorrer aos seus modos de enfrentamento para se proteger – aqueles que podem fazer com que você evite os comportamentos de Dale, se renda a eles ou se defenda deles. Você garante para sua criança: "Eu resolvo isso, e não tem que ser perfeito, apenas real".

Com os olhos agora abertos e Dale olhando para você (ou olhando para longe), você compartilha os detalhes mais relevantes de sua pausa: "Quando eu me sinto ativado assim, eu corro o risco de ceder, desistir ou ficar na defensiva, e nenhuma dessas reações seria útil para você, Dale, apesar do fato de que pode ser extremamente satisfatório, para a parte de você que precisa estar certa, afirmar o que parece ser a única verdade, sem levar em conta os sentimentos da outra pessoa. Isso é o que os outros fazem quando confrontados com sua raiva ou seus insultos; pessoas que não são treinadas para entender sua disposição e seu sofrimento subjacente e também não são responsáveis por fazê-lo. Eu sei que não é sua intenção causar dor (o benefício empático da dúvida), mas (a confrontação) é desanimador e doloroso e pode deixar o receptor se sentindo chateado e potencialmente defensivo, ou, pior ainda, ele rende-se ao seu acesso de raiva e depois sente-se ressentido com você. Triste, também, porque havia uma importante (o uso da palavra 'importante' chama a atenção de Dale, deixando claro que o que ele está deixando de expressar realmente importa) mensagem que você estava tentando transmitir e que se perdeu na entrega". Você pode então sugerir que Dale tente expressar novamente o que ele estava sentindo de seu lado vulnerável. Com alguma ajuda e persistência, ele pode ser capaz de compartilhar que se sentia "muito sozinho... como se não houvesse ninguém com quem contar... ninguém que me entenda... um sentimento antigo... não está acostumado a não sair por cima... é difícil". Assim, podemos trabalhar, reparentalizar, reescrever e gradualmente modificar comportamentos que foram autodestrutivos por muitos anos.

FRANQUEZA EMPÁTICA – ESTABELECENDO LIMITES

Nem todas as nossas confrontações empáticas têm que ser cheias de linguagem, especialmente ao estabelecer um limite quando as palavras ou comportamentos agressivos do paciente ultrapassarem um marco e representarem uma ameaça. Às vezes, isso pode ser colocado simplesmente desta forma: "Eu sei que você pode não pretender ser ameaçador, mas agora eu estou me sentindo desconfortável e isso é inaceitável. Eu tenho direitos e você tem direitos. E isso está parecendo uma violação do meu direito de me sentir seguro e respeitado". O terapeuta pode estabelecer um limite sugerindo: "Então, você pode tirar alguns minutos para fazer uma pausa, respirar e se conectar com seu pequeno Joe (criança vulnerável), ou você pode dar uma caminhada, respirar fundo algumas vezes, tomar um copo d'água e voltar para que possamos explorar o que é provavelmente uma mensagem muito importante e uma experiência significativa que você está tendo por baixo de toda essa raiva distrativa".

Alguns pacientes optarão pela pausa (especialmente aqueles com problemas de abandono) e alguns farão a caminhada e quase sempre retornarão – mesmo que seja apenas para obter a última palavra – mas a atenuação permite uma melhor representação da criança vulnerável, dos sentimentos reais por trás da raiva e da criticidade, a mensagem "importante".

TRANSPONDO MODOS DESLIGADOS

O uso de imagens na terapia do esquema (TE) tem se mostrado uma estratégia altamente eficaz para atender às necessidades emocionais não supridas e instalar mudanças comportamentais adaptativas. Outra variante da evitação que muitas vezes encontramos ao tentar usar imagens no tratamento de pacientes difíceis é um desafiante modo protetor desligado. Nesse modo, o paciente pode usar fraseologia insistente forçosamente, como: "Quantas vezes eu já disse que não vejo imagens... Não me lembro de nada... Isso é bobagem, o passado passou e isso não está me ajudando a encontrar um emprego ou a salvar meu casamento... Já fiz isso antes e não ajuda, na verdade me faz sentir pior".

Sabemos que para os pacientes neste modo protetor geralmente há uma motivação oculta responsável pela evitação, como (1) medo de ser mal compreendido, (2) medo de expor vulnerabilidade ou fraqueza, (3) medo de ser abandonado, (4) medo de não conseguir fazer as imagens mentais e falhar, (5) medo de perder o controle ou desmoronar e não conseguir funcionar normalmente, (6) medo de enfrentar a culpa ou punição por revelar segredos/quebrar lealdades, (7) medo de ser controlado e ter que se render, (8) medo de perder sua vantagem, sua condição de ser especial e muito mais.

Quanto mais persistirmos em entender o modo protetor desligado, fazendo perguntas sobre seu papel, suas origens e sua função primária e identificando o risco de permanecer nesse modo no agora (embora útil nos primeiros anos como fonte de sobrevivência para uma criança impotente), maior a chance de reforçarmos nossa apreciação da motivação oculta e iniciarmos o processo de uso de confrontações empáticas para enfraquecer e eventualmente transpor esse modo. Ao usarmos a estratégia de suposição implícita, uma forma de confrontação empática que desenvolvi para tratar narcisistas, mas que pode ser expandida para trabalhar com muitos tipos de pacientes difíceis, presumimos que há algo motivando implicitamente (lembrar sem perceber que se está lembrando) o impulso de se desligar e se desconectar de uma dolorosa experiência emocional. Tornar explícita a história implícita é uma forma de dar sentido, conectar os pontos, um meio para nos permitir ver uma imagem completa das reações do modo e como elas aparecem sob certas condições que desencadeiam experiências implicitamente reminiscentes.

Uma vez retirados dos "arquivos" e explicitados, estamos habilitados a executar o trabalho de reparentalização e reescrita de imagens necessário para tratar ou modificar velhas crenças e padrões disfuncionais duradouros, ao mesmo tempo em que adotamos e fortificamos novos e sustentáveis padrões saudáveis. Por exemplo, podemos propor algo como o seguinte: "Eu me pergunto o quão assustador deve ser agora para a pequena Dena quando olho para o modo 'fortaleza' sentado naquela cadeira (este é um rótulo criado de forma colaborativa para como a pessoa se sente quando está no modo protetor desligado)? Eu enfrento o 'guarda' no portão (aspecto desafiador do modo) que proíbe qualquer um de entrar para ver a pequena Dena e a proíbe de sair, e eu sei que deve ser muito assustador porque esse guarda é imenso e zangado. E consigo entender que, baseado no que descobrimos juntos sobre como expor o passado, os segredos, e permitir-se perceber que você tem direitos parece uma traição contra sua mãe, uma traição que vai prejudicá-la. (Dena acena e baixa a cabeça). E se eu pudesse falar com o guarda no portão desta fortaleza, eu gostaria de dizer obrigado por seus esforços para proteger a pequena Dena porque, é claro, ela era indefesa (na história do "era uma vez") e não tinha ninguém para protegê-la" ("é claro" é um termo empático que indica um certo conhecimento, um entendimento). "Você a ensinou a seguir as regras e a usar sua sensibilidade inata para ser uma criança muito boa – mesmo sabendo que ela não deveria ser tão perfeita – e a manter a paz para que ela pudesse se sentir segura. Mas, ela pagou um preço alto, continuando a levar adiante em sua vida adulta a ideia de que ela ainda não tem o direito de afirmar suas ideias, suas preferências, suas opiniões ou estabelecer limites quando está sendo desconsiderada ou ferida. Ela sofreu muito e pagou um preço alto, e agora tem a chance e o direito de estar livre desse fardo. Ela não está mais indefesa, nem é uma *performer* para sua mãe ganhar a aprovação dos outros. Ela tem a mim agora, e eu me importo muito com ela e gostaria de ajudá-la, mas preciso ser capaz de acessá-la de dentro dessa fortaleza, que agora só serve para sufocá-la e fazê-la sentir-se solitária e ressentida. Ela merece ter uma voz e merece saber o quão digna de amor ela é sem ter que provar nada. E ela tem um adulto saudável em si mesma e em mim que pode defendê-la. Talvez você pudesse se afastar por alguns minutos para que a Dena adulta saudável e eu pudéssemos nos conectar com a pequena Dena?"

Negociar com modo protetore desligado desafiador usando a confrontação empática pode ser um passo significativo para derrubar as paredes da fortaleza de modo a reparentalizar, reescrever imagens e aliviar Dena da fadiga de batalha e solidão que vem de isolar sua autenticidade, ceder a exigências autoimpostas (aprendidas) e expectativas de submissão apenas para ficar zangada e ressentida e cortar as pessoas de sua vida ou aliená-las com seu desapego mal-humorado, para reduzir e eventualmente abolir seu modo crítica/demandante, e para fortalecer sua assertividade e seu senso de merecimento saudável e sua autoestima.

PREÂMBULO EMPÁTICO

Esta ilustração final da confrontação empática é aquela que eu chamo de medida preventiva para a confrontação empática ou, simplesmente, o preâmbulo empático para a confrontação. Isso significa que você está levando em conta o que "sabe" (empatia) sobre as sensibilidades do paciente para antecipar suas prováveis reações orientadas pelos esquemas. Essas sensibilidades podem ser para certas palavras, gestos e expressões faciais que se tornam imediatamente transcritas por experiências memorizadas em vivências orientadas pelos esquemas. Por exemplo, Joe (que tem transtorno da personalidade narcisista) é extremamente sensível a se sentir usado, inferior e envergonhado. Ele facilmente entra em um modo defensivo e crítico quando ativado e ameaça acabar com a terapia, seguido por um modo protetor distraído. Tanto que quando você tenta interromper um fluxo tangencial de narrativa que busca aprovação, e aponta para a possibilidade de evitação por parte dele, e talvez de "se provar" demais (além de lembrá-lo que ele não tem que fazer isso com você), ele desdenha e muda para sua postura arrogantemente defensiva: "Tudo bem, o que quer que seja, eu estava tentando compartilhar um ponto importante, mas eu acho que é o seu show", acusando você de ser talvez muito míope e muito controlador, algo que ele também sente em relação a sua parceira. Uma maneira de evitar que isso ocorra ou de repará-lo prontamente quando ocorrer é usar o preâmbulo empático, que pode soar assim: "Joe, sinto muito interromper. Sei que isso faz você se sentir como se eu não estivesse interessado no que você tem para compartilhar e que eu sou como todos os outros em que você deveria confiar – que é meu show, minha agenda, minhas expectativas sobre você. Por favor, olhe para mim Joe – sou eu, Wendy, aquela que se importa com você e quer que você tenha relacionamentos satisfatórios com os outros, para deixar que lhe vejam por inteiro a partir do seu precioso lado vulnerável até o seu lado brilhante, talentoso e espirituoso, o verdadeiro você, sem nada para provar. Não sou seu pai ou seu irmão mais velho competitivo... aqueles que fizeram você se sentir usado e que sabotaram seus esforços, enquanto o atacavam para a própria grandeza. Olhe aqui Joe, sou eu. Eu não tenho nenhuma agenda, exceto sua felicidade e suas necessidades sendo atendidas para que você possa amar e ser amado mais livremente, algo que você não tinha quando criança. Agora, vamos ver se conseguimos descobrir o que ativou essa mudança no seu modo *'entertainer'* (busca de aprovação) e então vamos ver se podemos nos afastar e cuidar do pequeno Joey, você e eu como uma equipe".

RESUMO

A confrontação empática promove uma necessária diferenciação entre experiências passadas e presentes, permitindo que nos conectemos com nossas dores ocultas, nossa vergonha e nossa desesperança que estão por trás de fortes modos de proteção, originalmente projetados como a única fonte de segurança e sobrevivência. Essa estratégia também nos permite estabelecer limites saudáveis e garantir padrões adaptativos para pessoas aflitas com a necessidade não atendida de flexibilidade, tolerância à frustração, reciprocidade, respeito permanente aos outros, controle de impulsos e capacidade de aderir a regras razoáveis – tudo parte do desenvolvimento de uma criança para viver com sucesso no mundo interpessoal com os outros.

A TE oferece uma conceitualização robustamente rica e abrangente, como parte da fase de avaliação do tratamento, que informa nosso sistema de navegação na sala de tratamento, possibilitando confrontar alguns dos impasses mais difíceis na terapia, articulando com precisão afirmações e questões empáticas cuidadosamente elaboradas que promovem a conexão e a cura de sofrimentos internos. O papel fundamental de um terapeuta eficaz começa com uma conexão sensível, ressonante, compreensiva com o outro e, a partir dessa postura, temos o privilégio de testemunhar a coragem dos seres humanos à medida que buscam as transformações emocionais mais difíceis e significativas.

Dicas para os terapeutas

1. Use sua empatia natural, é sua maior força como terapeuta do esquema. Empatia é a experiência ressonante de ouvir com a intenção de tentar entender completa-

mente como o outro se sente; além de entender suas ideias, é fazer a si mesmo a pergunta "como é ser essa pessoa sentada em minha frente?".

2. Entenda os momentos mais desagradáveis de seu paciente em termos de sua história sendo representada no presente (um sentimento antigo, uma maneira antiga de sobreviver sob circunstâncias emocionais impossíveis) enquanto ele tenta desesperadamente se proteger e mantê-lo a distância, longe de sua vulnerabilidade.
3. Use sua conceitualização de caso esquemática para "ver" e articular o que está acontecendo entre vocês e para navegar nos impasses mais difíceis da terapia.
4. Acolha e acalme seu próprio lado pequeno (criança vulnerável) ("Eu resolvo isso, e não precisa ser perfeito, apenas real") para permitir que você permaneça acima do incidente, confronte empaticamente e estabeleça limites com seu paciente.
5. Lembre-se de que a criança vulnerável do paciente está lá (por mais oculta e aparentemente invisível, atrás de uma parede de estratégias de enfrentamento altamente desagradáveis) e sua conexão autêntica, mesmo quando desafiadora, oferece o potencial de transformação emocional.

REFERÊNCIAS

Elliott, R., Bohart, A.C., Watson, J.C. & Greenberg, L.S. Empathy (2011). *Psychotherapy (Chic)*, 48(1), 43–49. 10.1037/a0022187

Greenberg, L. *Emotion-focused Therapy: Coaching Clients to Work Through Their Feelings* 2nd edition. Washington, DC: American Psychological Association (APA) (2015).

Iacoboni, M. *Mirroring People: The Science of Empathy and How We Connect with Others*. New York: Picador (2009).

Siegel, D. *Mindsight, The New Science of Personal Transformation*. New York: Bantam Books (2010).

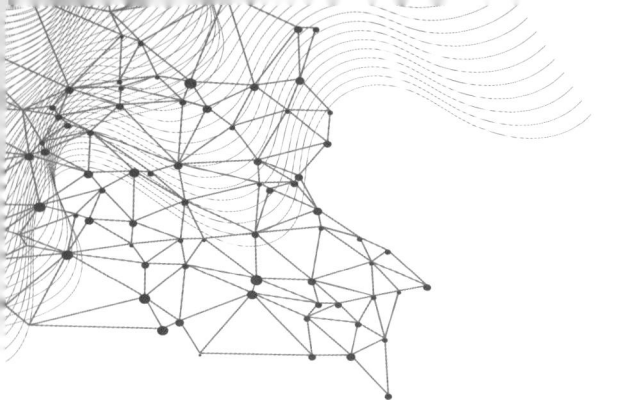

15

Autenticidade e abertura pessoal na relação terapêutica

Michiel van Vreeswijk

O que queremos dizer com autenticidade no contexto de uma relação terapêutica e quão importante ela é para o bem-estar de nossos pacientes? A autenticidade pode ser definida como "a qualidade de ser real ou verdadeiro" (Dicionário Cambridge, 2017) e diz respeito a experiências relacionais como veracidade, compromisso, sinceridade, devoção e intenção positiva (Wikipedia, 2017). A autenticidade se mostra por meio da autoexpressão, da linguagem corporal e de outras comunicações não verbais e, no contexto da terapia, envolve compartilhar nossos pensamentos, sentimentos e experiências a serviço de nossa relação terapêutica e dos objetivos do paciente.

Como nos orientamos à autenticidade depende, em parte, de nossos objetivos terapêuticos. Ao oferecer reparentalização limitada à criança vulnerável, uma conexão autêntica pode ter como foco, por exemplo, o terapeuta sendo acolhedor, apreciativo e encorajador, *deliberadamente ignorando* comportamentos desanimadores de um modo de enfrentamento. Como tal, uma conexão autêntica aqui é sobre olhar além do modo de enfrentamento para os sentimentos e as necessidades centrais subjacentes do paciente. Em outros momentos, ao aproximar-se do adulto saudável do paciente, a autenticidade pode envolver o terapeuta compartilhar suas reações pessoais a um modo de enfrentamento ou a um comportamento desanimador muito mais diretamente, satisfazendo a necessidade de ser "real" e fornecendo um ponto de partida para entender um ciclo de modos na relação terapêutica. Além disso, é claro, os terapeutas cometem erros e experienciam reações orientadas por esquemas que podem ser sentidas pelo paciente (mesmo que nada seja dito), colocando outro dilema sobre a melhor forma de nomear autenticamente (ou não) "o elefante na sala".

Pode-se argumentar que, ao ser autêntico, o terapeuta é guiado pela necessidade abrangente do paciente de um nível de honestidade e abertura (que o terapeuta seja "real" com ele) no contexto de reflexão ponderada dos esquemas do paciente e necessidades terapêuticas mais amplas.

Este é um trabalho desafiador, pois podemos ser "puxados" por nossos próprios esquemas e pelos sistemas em que trabalhamos. Também pode haver algo semelhante à deriva terapêutica, na qual podemos ser silenciosamente atraídos ao caminho de menor resistência emocional com nossos pacientes e também durante a supervisão – optar pela opção "mais suave" por um lado (p. ex., sendo principalmente acolhedor, compreensivo e aprovador) ou pela proficiência técnica por outro (p. ex., atenção detalhada ao trabalho com cadeiras, técnica de imagens, etc.) como formas de evitar a tarefa mais desafiadora de nos colocarmos mais plenamente na relação terapêutica.

Este capítulo tem como objetivo trazer consciência sobre os padrões que podem nos afastar de sermos idealmente autênticos com nossos pacientes e para que possamos recuar com curiosidade e compaixão, de tal forma que caminhemos em direção a um compromisso renovado de nos reconectarmos com nossos pacientes.

A EXPERIÊNCIA DE AUTENTICIDADE DO PACIENTE

Você já teve um paciente dizendo para você: "Você só está dizendo isso porque é um terapeuta, porque é o seu trabalho". Ou: "Esta é apenas uma das técnicas que você usa".

O que o paciente pode estar perguntando é: "Você está sendo autêntico comigo?". Em um nível, sua pergunta pode ser direcionada por seus esquemas e modos: pode ser que seu esquema de desconfiança/abuso esteja dizendo "tenha cuidado, isso é apenas um plano para ludibriar você". Ou seu esquema de privação emocional pode dizer: "Eu não consigo acreditar que essa pessoa é genuína e é capaz de ver e se conectar com o que eu sinto". Ou seu esquema de abandono/instabilidade pode dizer: "Se você começar a se conectar com esse terapeuta, cedo ou tarde ele irá embora e você estará sozinho, então vale a pena realmente investir nisso?".

Mas e se deixarmos os esquemas do paciente de lado por um momento e nos perguntarmos: "Estamos sendo autênticos com esse paciente neste momento?". Provavelmente a maioria de nós vai dizer que *sim* e tentará provar ou dizer algo como: "Eu me pergunto o que o levou a acreditar que meu cuidado com você é apenas uma técnica? Existe um esquema ou um modo ativado?". Mas seja honesto. Você foi realmente autêntico naquele momento em particular? Ou estava desconectado, com medo ou mesmo zangado com seu paciente? Talvez você tenha revelado isso sem saber, verbal ou não verbalmente, mesmo que tenha feito o melhor que pôde para estar presente e sintonizado com as necessidades dele. Eu sei que houve muitas ocasiões em que fui menos autêntico do que eu gostaria de ser, muitas vezes sem saber e por uma série de razões diferentes. Por exemplo, porque eu estava preocupado com um problema pessoal, ou porque eu não tinha certeza sobre qual próximo passo a ser seguido na terapia. Ou porque eu estava em dúvida sobre a melhor maneira de expressar meus pensamentos sobre nosso relacionamento. E, sim, ainda há momentos em que tento me convencer de minhas intenções claras e simples (p. ex., quando dizem, "esta é apenas uma das técnicas que você usa") mesmo que algo mais complexo esteja acontecendo comigo.

Embora eu gostaria de dizer que esses momentos diminuíram ao longo do tempo, é provavelmente mais preciso dizer que estou mais consciente de um senso de dúvida sobre minha autenticidade naquele momento. Tento fomentar essa dúvida, especialmente nos momentos mais desconfortáveis para mim, quando parte de mim prefere descartá-los e continuar de qualquer forma. Este capítulo tem como objetivo nos ajudar a encarar a tarefa de ser autêntico e aberto de tal maneira que otimize a relação terapêutica, para formar a base para novas experiências de apego e reparentalização limitada.

> **Exercício 1. Quão autêntico eu sou?**
>
> *Você sabe quão autêntico você é? Como seus pacientes responderiam a essa pergunta sobre você, como eles classificariam sua autenticidade? Qual seria a resposta mais difícil de ouvir? O que seria agradável de ouvir?*
>
> *Quando sou mais autêntico com meus pacientes? Quando eu sou menos autêntico? O que me impede de ser mais autêntico? O que me ajuda a ser mais consciente, honesto e aberto, mesmo quando minha mensagem é sensível ou indesejada?*

QUALIDADES DE UM TERAPEUTA AUTÊNTICO

Um terapeuta autêntico se esforça por uma relação honesta com seu paciente em todos os momentos, sendo comprometido e genuíno, mas não necessariamente sempre compartilhando tudo, especialmente se isso não servir ao processo terapêutico. O julgamento clínico envolvido a respeito de quando e o que compartilhar é complexo e envolve considerar, em um determinado momento, as necessidades e a capacidade de lidar com interações muitas vezes emotivas tanto do paciente quanto do terapeuta.

Um terapeuta autêntico se esforça para compartilhar reações positivas e negativas com seu paciente e está aberto às reações de seu paciente a ele, mesmo que não sejam fáceis de ouvir ou apresentem dilemas difíceis quanto ao melhor caminho a seguir. Além disso, postulo que ser autêntico como terapeuta significa que você tem que ser (a) honesto consigo mesmo sobre seus sentimentos em relação ao paciente e a como a terapia está progredindo, (b) capaz de questionar suas reações intrapessoais e interpessoais, (c) estar disposto e ser capaz de compartilhar seus pensamentos e algumas de suas experiências com seu paciente e (d) estar disposto e ser capaz de compartilhar seus pensamentos e experiências com seus colegas (p. ex., em supervisão).

Para alcançar tudo o que foi exposto anteriormente, você tem que ter um autoconceito positivo e bem estabelecido; no entanto, como terapeutas do esquema, sabemos que este não é um estado estático, pois todos temos o potencial de sermos desviados por nossos esquemas e modos. A supervisão e a terapia pessoal têm um papel central a desempenhar na compreensão de nossas próprias reações, curando nossos esquemas e desenvolvendo um autoconceito equilibrado e positivo.

Na minha opinião, a autenticidade é um ingrediente necessário na construção de uma boa aliança terapêutica na qual a reparentalização limitada é possível, as rupturas são tratadas adequadamente e a chance de desistências é minimizada. Esconder e mascarar continuamente nossos sentimentos de nossos pacientes pode ser estressante e antinatural. Além disso, uma postura autêntica reduz o risco de traumatização secundária e *burnout*. Este capítulo tem como objetivo ajudá-lo a: a) ficar mais sintonizado com a qualidade de sua própria autenticidade, b) acompanhar como seus esquemas e modos interagem com sua autenticidade, c) trabalhar no aproveitamento e na promoção da autenticidade, d) usar a autenticidade em caso de rupturas terapêuticas e e) tomar consciência de possíveis armadilhas em ser autêntico.

O PAPEL DOS ESQUEMAS E MODOS NA AUTENTICIDADE DO TERAPEUTA

O caso do terapeuta Quinn: parte 1

Quinn é um psicoterapeuta de 58 anos de idade que foi treinado principalmente em terapia cognitivo-comportamental (TCC) e terapia de dessensibilização e reprocessamento por meio dos movimentos oculares (EMDR, de *eye movement desensitisation and reprocessing*). Seu pai era sargento do exército e sua mãe era dona de casa. O irmão de Quinn é membro do parlamento e sua irmã é professora de psicologia clínica. Quando criança, havia regras rígidas em sua família que todos seguiam sem questionar. Seu pai era um homem dominante e quieto que demonstrava sua raiva, mas não demonstrava outras emoções. Sua mãe era uma esposa "obediente" que escondia seus sentimentos do marido e dos filhos. Quinn, seu irmão e sua irmã foram educados em escolas particulares internacionais e universidades de prestígio. Os principais esquemas de Quinn são defectividade/vergonha, padrões inflexíveis e fracasso. Seus modos mais importantes são protetor desligado, capitulador complacente e pai/mãe punitivo.

O caso do casal de coterapeutas Yara e Roy: parte 1

Yara é uma psicoterapeuta de 38 anos de idade que foi treinada em psicanálise e terapia baseada em mentalização. Ela recentemente realizou treinamento em terapia do esquema (TE), pois ela e Roy estão prestes a trabalhar como coterapeutas em um ensaio clínico randomizado sobre TE em grupo. Roy é um psicólogo clínico de 32 anos de idade que foi treinado em terapia comportamental dialética (DBT), terapia em grupo e TE. Yara vem de uma família em que falar sobre emoções não era usual. Manter as aparências era mais importante do que compartilhar seus pensamentos e emoções íntimas. Seus principais esquemas são inibição emocional, padrões inflexíveis e autossacrifício e seus principais modos são adulto saudável, criança feliz e pai/mãe exigente. Roy, por outro lado, vem de uma família em que nunca houve compartilhamento suficiente de emoções, sua mãe tendo transtorno da personalidade *borderline* e seu pai e irmã com transtorno de déficit de atenção e hiperatividade. Os principais esquemas de Roy são abandono/instabilidade, isolamento social/alienação e fracasso. Seus principais modos são pai/mãe exigente, adulto saudável e autoengrandecedor.

No caso de Quinn (Figura 15.1), pode-se ver como vários esquemas e modos são recorrentes na árvore genealógica, às vezes pulando uma geração, às vezes passando na primeira linha. Também pode-se ver que o nível de autenticidade é baixo na família de Quinn, especialmente do lado de seu pai. Se você fosse preencher um genograma para Yara e Roy, usando sua imaginação para preencher as lacunas, como seria? O que os diferentes membros de sua família diriam sobre compartilhar sentimentos ou ser autêntico? Que ideias eles podem ter sobre uma boa parentalidade? Que esquemas e modos você acha que cada membro da família tem?

Além de tomar conhecimento de seus esquemas e modos, também é bom perceber que os esquemas são desenvolvidos (em parte) como resultado de necessidades básicas não atendidas. Lockwood e Perris (2012) descrevem as necessidades não atendidas por esquema. Em suas perspectivas, as necessidades não atendidas de Quinn seriam a de aceitação e amor incondicional (defectividade/vergonha), orientação dentro de padrões e ideais apropriados (padrões inflexíveis) e apoio e orientação no desenvolvimento de competência (fracasso). Yara provavelmente tinha necessidades não atendidas de um ambiente estimulante, de lazer e espontâneo (inibição emocional), orientação dentro de padrões e ideais apropriados (padrões inflexíveis) e equilíbrio na importância das necessidades de cada pessoa (autossacrifício). Para Roy, seria uma figura estável de apego (abandono/instabilidade), inclusão e aceitação em uma comunidade (isolamento social) e apoio e orientação no desenvolvimento de competência (fracasso).

Métodos Criativos na Terapia do Esquema 259

Avó Maria
Esquemas:
DI, VDD, S
Modos:
PE, CC, CV
A4, S1

Avô Patrick
Esquemas:
PI, DV, F
Modos:
PE, PA, AE
A3, S5

Pai Jeffrey
Esquemas:
IE, AG, AAI
Modos:
PE, AE, PP
A2, S3

Irmão Nick
Esquemas:
DA, DV, PI
Modos:
AE, PA, PE
A1, S1

Avó Hailey
Esquemas:
DI, S, IE
Modos:
CC, PE, CI
A5, S2

Avô Rick
Esquemas:
IE, DI, PI
Modos:
PE, CF, CV
A6, S4

Mãe Anna
Esquemas:
S, AI, IE
Modos:
CC, CV, PE
A5, S4

Irmã Ivy
Esquemas:
PE, S, PI
Modos:
PE, PP, AS
A6, S5

Quinn
Esquemas:
DV, PI, F
Modos:
PE, CC, PP
A5, S3

Abreviações de esquemas
Esquemas:
PE: Privação emocional
AI: Abandono/instabilidade
DA: Desconfiança e/ou abuso
DV: Defectividade/vergonha
F: Fracasso
DI: Dependência/incompetência
VDD: Vulnerabilidade a danos e/ou doenças
S: Subjugação
IE: Inibição emocional
PI: Padrões inflexíveis
AG: Arrogo/grandiosidade
AAI: Autocontrole/autodisciplina insuficientes

Abreviaturas de modos
Modos:
CV: Criança vulnerável
CI: Criança impulsiva
CF: Criança feliz
CC: Capitulado- complacente
PA: Provocativo e ataque
AE: Autoengrandecedor
PE: Pai/mãe exigente
PP: Pai/mãe punitivo
AS: Adulto saudável

Índice
A....: nível de autenticidade em uma escala de 0 a 10 (0 não sendo nem um pouco autêntico – 10 sendo totalmente autêntico)
S....: nível de compartilhamento de emoções e pensamentos internos em uma escala de 0 a 10 (0 não compartilhando nada – 10 compartilhando tudo)

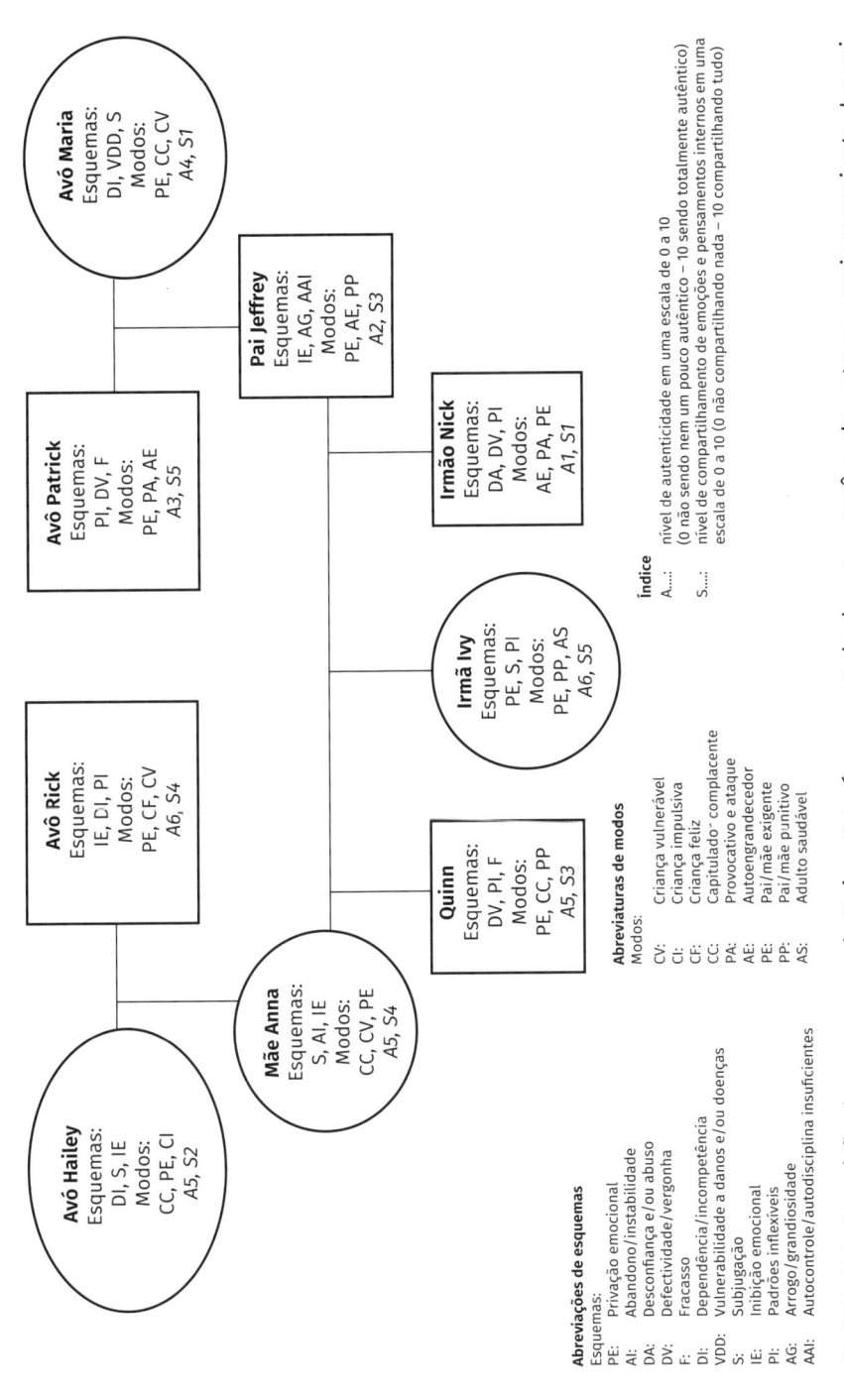

FIGURA 15.1 Descrição do genograma de Quinn. Este é um exemplo de como você pode se tornar mais consciente das origens de seus esquemas, modos, e níveis de autorrevelação e autenticidade nos relacionamentos.

> **Exercício 2. Do presente ao passado, criando seu próprio genograma de autenticidade**
>
> Use o formato na Figura 15.1 para mapear as suas próprias atitudes e as de sua família e a sua maneira de autorrevelação, abertura e autenticidade. Ao fazer isso, pergunte a si mesmo:
>
> 1. Que esquemas e modos eu tenho? (Como ferramenta, você pode preencher os questionários de esquema e de modos Inventário de Esquemas de Young [YSQ] e Inventário dos Modos de Esquema [SMI]).
> 2. Em que medida eu compartilho minhas emoções e pensamentos íntimos?
> 3. Quais são meus valores pessoais?
> 4. Quais são as minhas necessidades?
> 5. Em que medida eu sou autêntico nos relacionamentos?
> 6. Quão autêntico eu gostaria de ser em dez anos?
>
> Agora faça essas perguntas também sobre seus irmãos, pais e avós. Talvez seja possível fazer as perguntas diretamente para eles. Você vê o surgimento de algum padrão?

Em cada caso, suas necessidades não atendidas, esquemas e estilos predominantes de enfrentamento foram altamente relevantes para sua relação com a autenticidade naquele momento. Nos exemplos anteriores, quando seus esquemas eram ativados, os terapeutas tipicamente tentavam esconder seus sentimentos ou hipercompensavam, deixando o paciente com a sensação de algo importante estar oculto ou implícito.

A autoconsciência do terapeuta adquirida por meio da experiência de vida, terapia pessoal e supervisão clínica contínua formam as bases para encontros clínicos autênticos. Por exemplo, se você está ciente de que tem um esquema de inibição emocional, então pode ser importante encontrar familiares, amigos e colegas que sejam mais expressivos, espontâneos e brincalhões, que o inspirem a se comportar de maneira desinibida e a se abrir um pouco. Ou, se você tem padrões inflexíveis, é importante encontrar um local de trabalho onde padrões e ideais sejam valorizados na mesma medida que um equilíbrio saudável na vida profissional. Sem isso, há um alto risco de *burnout* para terapeutas com padrões inflexíveis (Keading et al., 2017; Simpson et al., 2018), o que será um empecilho para ser autêntico.

Exercício 3. Imagens para aproximá-lo de sua autenticidade, necessidades e valores pessoais

Você pode realizar este exercício com um colega/amigo ou fazer uma gravação de áudio das instruções em seu telefone e, em seguida, reproduzir a gravação com os olhos fechados.

1. Por favor, feche os olhos e deixe sua atenção direcionar-se para sua respiração, naquele lugar de seu corpo onde você está mais ciente de sua respiração no aqui e agora sem ter que mudá-la.
2. Vá para aquele lugar em seu corpo onde você está mais ciente de suas emoções, onde você está mais consciente de sua criança vulnerável. Do que esse seu lado precisa? Precisa sentir conexão e aceitação? Precisa se sentir mais autônomo, mais forte, mais confiante? Precisa de ajuda para encontrar um equilíbrio? Precisa de ajuda para encontrar limites adequados?
3. Vá no seu ritmo e ouça abertamente o que sua criança vulnerável está lhe dizendo. Quando você perceber que está se afastando (talvez porque prevê algumas emoções difíceis chegando até você), traga-se gentilmente de volta para sua criança vulnerável. Quando você perceber que começa a julgar a si mesmo ou a este exercício, envie esta parte crítica e punitiva para longe, pois não vai ajudá-lo a se tornar mais consciente do que você realmente precisa. Se você quiser, sempre poderá recorrer à sua respiração para se tornar mais consciente do aqui e agora.
4. Permita-se vagar por aquele lugar em seu corpo onde você está mais consciente da felicidade. Onde você sente a energia fluindo livremente. Onde você está sorrindo. Onde você está em um humor brincalhão. O que sua criança feliz está apreciando? Do que sua criança feliz gosta? Há mais alguma coisa que faça essa parte de você se sentir feliz, brincalhona ou enérgica? Sinta-se livre para tê-lo. Aproveite.
5. Quando estiver pronto, vá para aquela parte do seu corpo onde você se sente capaz de ser acolhedor, gentil e sábio. O que essa sua parte adulto saudável está dizendo? O que você valoriza? O que o ajuda a se sentir orgulhoso de si mesmo? A se sentir seguro e conectado? Você é capaz de ouvir o que as outras pessoas pensam sobre os seus valores? Você está aberto e curioso em ouvir suas opiniões? Deixe outras pessoas importantes falarem com você. O que é que elas dizem? Como você sente isso? Sinta-se livre para interagir com elas de uma maneira sábia, gentil e acolhedora. Aprenda com elas o que puder e quiser aprender.
6. Agora volte para a sua respiração novamente, para aquele lugar em seu corpo onde você está mais ciente da respiração no aqui e agora, sem ter que mudá-la.

> 7. Conte até três e abra os olhos lentamente. Tire um tempo para experienciar o que você está experienciando sem ter que fazer nada.
>
> Pode ser útil fazer um desenho do que você experienciou. Compartilhe com alguém que você ama e em quem confia.

INFLUÊNCIAS EXTERNAS EM NOSSA AUTENTICIDADE

Esquemas e modos estão ativos dentro e entre cada subsistema e, igualmente, têm um impacto na autenticidade. Por exemplo, na TE em grupo pode haver um esquema compartilhado, um modo ou um estilo de enfrentamento que domina a dinâmica de grupo. Assim, por exemplo, quando a maioria dos pacientes em um grupo tem um esquema de isolamento social, é provável que se retirem quando se sentem ameaçados, em vez de compartilhar suas preocupações com o grupo. Quando o modo pai/mãe exigente é dominante, é provável que o grupo se concentre em soluções e resultados em vez de "perder tempo" expressando e compartilhando emoções.

Na terapia individual, você pode tentar mandar o pai/mãe exigente embora, por exemplo, mas se o paciente vai para casa e encontra um parceiro exigente, o modo pode ficar preservado. De certa forma, é necessário ajudá-los a atender às necessidades de seus parceiros. Por que isso é tão importante no caso de abertura e autenticidade, você pode se perguntar? Em muitos casos, as pessoas que têm um pai/mãe exigente têm dificuldade com o conceito de abertura e autenticidade, pois tendem a ver isso, da perspectiva do pai/mãe exigente, como um sinal de fraqueza. Nesses casos, você está trabalhando com os modos do próprio paciente e, indiretamente, com os modos pai/mãe exigente do parceiro, explorando suas opções em torno da abertura e autenticidade.

O caso do terapeuta Quinn: parte 2

Quinn, hesitantemente, começou a participar de oficinas e supervisão em TE há três anos, porque alguns colegas mais jovens em seu instituto de saúde mental foram treinados em TE e estavam muito entusiasmados com o assunto. De sua maneira jovem e enérgica, eles descreveram a TE como o novo "padrão-ouro" na psicoterapia, que poderia ser aplicado para qualquer apresentação. Em particular, eles gostaram do foco na relação terapêutica e brincaram com Quinn sobre sua visão "antiquada" de que a relação terapêutica era principalmente um empecilho, e que uma ênfase na técnica era o caminho a seguir. Quinn buscou apoio às suas opiniões em seus grupos de supervisão por pares em TCC e EMDR e de alguns de seus gerentes, que foram originalmente treinados como terapeutas de TCC.

O caso do casal de coterapeutas Yara e Roy: parte 2

Yara fica um pouco nervosa quando percebe que vai ter supervisão em TE ao lado de Roy. Ela ouviu histórias sobre o supervisor, que aparentemente é muito experiente, aberto e desafiador. Ela também ouviu falar que o supervisor coloca grande ênfase em compartilhar a ativação dos esquemas e modos do próprio terapeuta na supervisão e com os pacientes. Ela acha que será fácil para Roy, pois ele é sempre tão expressivo. Na primeira sessão de supervisão, eles são convidados a compartilhar algo sobre seus próprios esquemas e modos e possíveis armadilhas em sua relação terapêutica. Roy, imediatamente, começa a compartilhar, em um estilo quase *blasé*, sobre seus esquemas e modos. O supervisor vê como Yara se fecha e se desliga. O supervisor interrompe Roy e pergunta a Yara o que está acontecendo. Yara consegue dizer que está um pouco nervosa por compartilhar; que ela não está acostumada a fazer isso. O supervisor pergunta a Roy se ele estava ciente disso e aponta para Roy que seu estilo *blasé* poderia ter ativado Yara. Roy explica que não estava ciente disso e pensou que estava fazendo um "bom trabalho" ao demonstrar que achou fácil falar sobre seus esquemas e modos. Seu esquema de fracasso é então ativado, e o supervisor o assegura de que é normal que os coterapeutas acionem uns aos outros às vezes, e que é bom poder falar sobre isso. O supervisor ressalta a importância de compartilhar uns com os outros e estar ali para seu coterapeuta. O supervisor facilita uma conversa entre Yara e Roy sobre como eles podem ativar um ao outro e do que eles precisam quando isso acontece. Embora a conversa tenha sido estranha em alguns pontos, tanto Yara quanto Roy parecem aliviados e mais próximos como resultado disso.

Pode acontecer que esqueçamos de perguntar aos nossos colegas do que precisamos deles. Em alguns locais de trabalho, isso é até um tabu e é visto como pouco profissional. Nesses ambientes de trabalho, o esquema de padrões inflexíveis e o modo pai/mãe exigente provavelmente serão dominantes e ativos na maior parte do tempo. Tendo conhecido muitos terapeutas para TE em grupo, fiquei consciente de que muitos deles aprenderam a lidar com as emoções no local de trabalho fingindo que estão no modo adulto saudável ou criança feliz enquanto, na verdade, estão vivendo com o pai/mãe exigente (seus próprios e do sistema) ao seu lado. Mostrar vulnerabilidade nesses contextos é muitas vezes visto como fraqueza, de modo que suas outras reações e emoções são suprimidas.

Em alguns casos, terapeutas vindos de famílias em que os pais tinham uma doença psiquiátrica, ou terapeutas que sofreram *bullying* ou falharam na escola, podem, às vezes, experienciar um sentimento adicional de vergonha por estarem vulneráveis dentro do local de trabalho. Esquemas como isolamento social e defectividade/vergonha são mais propensos a serem ativados em locais de trabalho onde há um forte modo pai/mãe exigente em jogo, às vezes fazendo com que o terapeuta se retire ou se desligue, às vezes fazendo com que ele hipercompense, mostrando apenas seu lado competente.

Outros locais de trabalho têm uma cultura em que a equipe precisa ser como uma família feliz, na qual sentimentos positivos e um certo tipo de vulnerabilidade (geralmente não relacionada à equipe) são rotineiramente compartilhados, e há um alto nível de envolvimento emocional. No entanto, por causa da pressão para ser uma "família feliz", sentimentos mais complexos de uns com os outros, como frustração, competição e desconfiança são cuidadosamente ignorados. Obviamente, ambos os tipos de ambientes de trabalho podem ser tóxicos e agir como uma barreira à autenticidade saudável entre colegas e entre pacientes e terapeutas. Encontrar um equilíbrio saudável é uma tarefa difícil que às vezes se beneficia de um facilitador externo, mas parece que isso é algo que raramente fazemos nos cuidados em saúde mental.

Exercício 4. Autenticidade e abertura em um contexto mais amplo

No caso da terapia individual

1. Tente perguntar ao seu paciente o que outras pessoas em suas vidas diriam sobre um assunto ou padrão importante? Qual seria a perspectiva deles? Convide familiares ou amigos, especialmente em tratamentos de longo prazo e/ou casos em que há muitos problemas interpessoais.
2. Use uma cadeira vazia para representar os diferentes elementos do mundo exterior. Pergunte ao paciente o que essa cadeira vazia diria ao ser honesta e genuína. Encoraje o paciente a ser autêntico em sua resposta. Ajude o paciente usando sua própria autenticidade; por exemplo, compartilhando algo com que você teve dificuldade, algo que ressoou na sua vulnerabilidade.

No caso da terapia de grupo

1. Esteja ciente dos esquemas, modos e estilos de enfrentamento dominantes entre o grupo e como estes têm um impacto na capacidade do grupo de ser aberto e autêntico. Incentive o grupo a discutir seus esquemas coletivos e estilos de enfrentamento em grupo. Perguntas úteis podem ser: Se o grupo fosse uma pessoa, qual seria o seu esquema ou modo mais dominante? Qual é o estilo de enfrentamento dominante nesse grupo?
2. Façam *roleplays* (históricos), envolvendo membros do grupo interpretando uma pessoa importante na vida de um determinado membro do grupo, para descobrir quais mensagens foram transmitidas sobre ser vulnerável e sobre a capacidade de ser aberto sobre seus sentimentos.

> *No caso do seu ambiente de trabalho*
> 1. Comece a testar gentilmente com os colegas se há capacidade de compartilhar de maneiras abertas e genuínas.
> 2. Tente envolver um facilitador externo para apoiar o desenvolvimento relacional de sua equipe.

TRABALHANDO EM SUA AUTENTICIDADE

Tendo lido até aqui, qual é a sua perspectiva sobre sua autenticidade? Há alguma coisa que queira mudar? Como seria se você fizesse alguns ajustes no seu nível de abertura? Como isso pode mudar suas relações com seus pacientes, colegas ou em sua vida privada?

O caso do terapeuta Quinn: parte 3a

Quinn foi convidado por seus colegas mais jovens a participar de um grupo de supervisão por pares da TE. Como parte da supervisão, o grupo praticou expressando algumas de suas necessidades uns aos outros. Isso contrastou fortemente com a abordagem mais técnica a que Quinn estava acostumado; no entanto, nesse contexto, ele descobriu que se sentia bem em compartilhar e mostrar algo do seu lado vulnerável, e que na verdade era mais reconfortante e útil em algumas situações quando ele recebia apoio emocional em vez de dicas técnicas. Isso permitiu que ele se abrisse mais no trabalho com colegas e pacientes e em sua vida privada.

O caso do terapeuta Quinn: parte 3b

Quinn conhece um novo paciente, Roger, que tem 23 anos de idade. Roger cheira a suor quando entra na sala e sua mão está pegajosa quando cumprimenta o terapeuta. Quinn se sente enjoado por causa do cheiro, mas tenta não demonstrar isso a Roger. O paciente olha para ele hesitante e diz: "Você tem filhos? Por que você parece um velho solteiro para mim? Pergunto porque fico pensando se você sabe alguma coisa sobre como é ser jovem hoje em dia, e eu definitivamente não estou procurando um terapeuta velho que vai me dar conselhos dos anos 1960 e 1970".

O desejo automático de Quinn é se distanciar e pensar em uma técnica que ele possa usar para ajudar "o garoto" a entender que esse tipo de narcisismo não vai ajudá-lo na vida. Sentindo esse impulso, ele se lembra de algo de sua última supervisão por pares da TE: a importância de se abrir. Quinn tira um momento para se tornar consciente do que está sentindo, dos esquemas e modos despertados nele.

Ele, então, diz a Roger: "Roger, eu estou notando que me sinto ofendido e só estou tentando entender o por quê. Acho que é porque senti como se você estivesse me desvalorizando dizendo as coisas que acabou de dizer. Gostaria que nos conhecêssemos melhor em vez de sermos críticos. Não gosto de começar assim. Podemos, por favor, começar de novo?".

Roger fica muito surpreso. Ele não está acostumado com as pessoas sendo tão abertas e diretas, e pode ver que Quinn está sendo sincero no que está dizendo.

O caso do casal de coterapeutas Yara e Roy: parte 3

Na supervisão Yara praticou ser mais aberta e mostrar diferentes lados de si mesma. Ela aprendeu a falar com a criança vulnerável de Roy e a revelar algo de sua criança vulnerável para ele. Roy aprendeu a ouvir mais profundamente a experiência de Yara e não se escondeu mais atrás de seu autoengrandecedor. Eles descobriram como era útil compartilhar um com o outro sobre o que precisavam e como, sendo "pai/mãe", eles formavam um casal saudável para os membros do grupo. Ao acharem bom compartilhar algumas vulnerabilidades e diferenças de opinião como um "casal", Yara e Roy tornaram mais fácil e seguro para os membros do grupo serem mais autênticos, mesmo em torno de tópicos sensíveis que haviam sido previamente evitados.

Lendo esses casos, o que você precisaria de um colega para ajudá-lo a enfrentar e trabalhar com suas reações emocionais com esses pacientes?

Exercício 5. Um "você" do futuro, mais autêntico

1. Peça *feedback* a pacientes, colegas e amigos sobre sua autenticidade e veja o que você acha disso. Há alguma coisa que queira mudar?
2. Se deseja fazer uma mudança, faça um plano com metas. O que você notaria se mudasse dessa forma? Decida como e quando você avaliaria as mudanças. Seja o mais específico possível. Compartilhe seu plano com alguém próximo a você.
3. Faça um desenho do seu *self* autêntico do futuro ou faça um exercício de imagens no qual você faça contato com seu *self* autêntico do futuro; imagine como esse lado seu se parece e se sente.
4. Coloque um espelho grande em uma cadeira e posicione-o de frente para você. Imagine que você está enfrentando e falando com um você do futuro, mais autêntico sobre suas esperanças e medos. O que você precisa deste lado de si mesmo para começar o processo de mudança?

OS LIMITES DA REVELAÇÃO E DA AUTENTICIDADE

Um erro comum pode estar na escolha do momento para compartilharmos nossos pensamentos e sentimentos com nossos pacientes. Às vezes, nosso pai/mãe exigente nos pressiona a agir às pressas, exigindo soluções ou querendo ser o "bom terapeuta" que consegue reparentalizar compartilhando material pessoal. Ou, em nosso modo protetor desligado, perdemos pistas vitais sobre as necessidades do nosso paciente em dado momento. É sempre bom nos perguntarmos sobre o que estamos compartilhando, por que e como planejamos passar a mensagem. Nossas próprias necessidades (p. ex., nossa necessidade de uma conexão emocional com o paciente) e esquemas estão sendo ativados? Se for assim, então devemos fazer uma pausa e talvez abordar essa necessidade em nós mesmos antes de considerar o compartilhamento, que é outra forma de ser genuíno.

Também precisamos entender que cometer erros é normal, desde que estejamos preparados para reconhecer isso para o nosso paciente de maneira adequada. Não dizer nada quando uma ruptura ou um sentimento forte está presente em um relacionamento é muitas vezes a pior coisa a fazer, pois o paciente fica sentindo que há algo profundamente inautêntico ou ausente em sua conexão terapêutica. Um exemplo do meu próprio trabalho: uma paciente envia um e-mail longo e pessoal sobre algumas coisas que ela não ousou dizer na sessão porque se sentia muito envergonhada. Foi no final do meu dia de trabalho e eu respondi brevemente, fazendo-lhe algumas perguntas, mas sem mencionar porque eu estava respondendo brevemente ou, o mais importante, reconhecendo explicitamente a profundidade de suas emoções. Essencialmente, houve uma ausência crítica de minha parte enquanto a paciente estava angustiada. Ela me mandou um e-mail, furiosa, dizendo que, se eu não tivesse tempo ou estivesse muito cansado para responder corretamente, eu não deveria ter me incomodado em enviar um e-mail em primeiro lugar. Embora sua resposta tenha sido parcialmente conduzida por um esquema, ela também foi precisa no papel que eu tive em sua angústia. Quando reconheci meu papel em sua angústia, ela se abrandou e tivemos uma bela conversa sobre cuidar dos nossos lados criança vulnerável. Isso aprofundou nossa relação terapêutica.

Compartilhar nossos sentimentos certamente pode agitar as coisas e é muito provável que desencadeie esquemas; no entanto, isso geralmente permite algo que talvez o paciente tenha experienciado raras vezes: um compartilhamento de sentimentos honesto e aberto, completamente a serviço de seu relacionamento, e uma conexão autêntica, porque ele é importante para você. Sem surpresa, isso muitas vezes desbloqueia padrões presos em outros relacionamentos também, à medida que o paciente cresce em sua capacidade de absorver *feedback*, sem se desfazer ou se perder. Nesse processo, muitas vezes o terapeuta cresce e aprende tanto com o paciente quanto o contrário.

O caso do terapeuta Quinn: parte 4

A paciente de Quinn, Sara, diz que sente falta do pai, que morreu há quatro anos. Quinn sente por ela e compartilha um pouco sobre a perda de sua própria mãe, que morreu no ano anterior, mencionando que ele sabe o quão doloroso isso pode ser. Quando o faz, ele vê que Sara parece pouco à vontade e percebe que talvez não fosse isso o que ela estava procurando. Ele expressa seus pensamentos em voz alta e Sara, sentindo-se um pouco envergonhada, admite que ela só precisava dele para ouvi-la e estar do lado ela.

O caso do casal de coterapeutas Yara e Roy: parte 4

No final de uma sessão de TE em grupo, Yara e Roy mencionam aos participantes que não acharam o grupo "ativo" naquele dia e sentiram que o grupo estava evitando lidar com várias irritações entre si. Um membro do grupo os critica, dizendo que não entende por que eles estavam dizendo isso bem no final da sessão. Ela sente que os terapeutas estão soltando uma bomba no grupo e depois indo embora. Embora Yara e Roy tenham uma tendência geral de hipercompensar, nesta ocasião eles reconhecem o mau momento de suas reflexões, mas não extrapolam o tempo e terminam o grupo no horário combinado. Eles se desculpam ao grupo com um sentimento real e prometem retornar ao seu erro e ao que aconteceu na próxima sessão. Eles reconhecem que é difícil deixar assim, mas também que é importante respeitar um limite de tempo.

O que Quinn fez certo? O que Yara e Roy fizeram certo? O que você aprende com isso?

No caso de Quinn, Sara pode responder não se abrindo mais para Quinn a fim de protegê-lo, já que ele perdeu um dos pais também (desencadeando seu esquema de autossacrifício). Ou ela poderia ficar brava com ele por não estar emocionalmente sintonizado o suficiente às necessidades dela (desencadeando a privação emocional e/ou padrões inflexíveis). Se Quinn não abordasse isso como o fez, uma ruptura era provável. Agora ele tem a chance de explorar com sua paciente do que ela precisa e o que sente em relação a ele (por exemplo, a necessidade de uma figura paterna).

Yara e Roy fizeram bem em não hipercompensar e prolongar o tempo de sessão em grupo, e, ao fazê-lo, aderiram a uma regra de terapia de grupo importante que cria estrutura, previsibilidade e, portanto, segurança. Além disso, ao reconhecer seu erro e assumir o compromisso de retornar aos problemas na próxima sessão, eles demonstraram que erros são gerenciáveis (desde que você se responsabilize por eles) e que o grupo é forte o suficiente para que o reparo ocorra gradualmente, em vez de precisar de uma correção imediata. É um desafio para a maioria dos terapeutas e pacientes não tentar resolver esse tipo de conflito imediatamente. A curto prazo, parece muito mais fácil e seguro alongar uma sessão de terapia ou oferecer uma sessão individual extra com o membro do grupo que reclamou, mas corre-se o risco de se passar a mensagem de que o conflito precisa ser resolvido imediatamente para o grupo sobreviver. A longo prazo, você pode fornecer um bom modelo ao não ceder aos seus estilos de enfrentamento evitativos ou hipercompensadores.

Perguntas para fazer a si mesmo se você está evitando ser autêntico com um paciente:
Do que tenho medo? Qual é o custo de ficar quieto? Do que eu preciso para ser mais autêntico?

Perguntas para fazer a si mesmo em seus esforços para ser mais autêntico com seus pacientes:
Por que estou pensando em compartilhar meus pensamentos, sentimentos ou experiência? Como essa abertura pode servir ao meu paciente e à nossa relação? Minhas necessidades, esquemas e modos estão envolvidos? Existe um equilíbrio entre meu adulto saudável, criança vulnerável e quaisquer outros modos na intervenção que eu vou fazer?

REFLEXÕES

Ser autêntico com nossos pacientes e colegas nem sempre é o caminho mais fácil. No entanto, quando bem considerado e ocorrendo no momento certo, acredito que uma resposta autêntica pode fornecer um caminho para uma nova e genuína profundidade de conexão com as pessoas com quem nos importamos. A autenticidade raramente é algo que aprendemos explicitamente em nosso treinamento principal. Os programas tendem, em vez disso, a se concentrar na patologia do paciente e na técnica em detrimento dos processos relacionais, como se a autenticidade fosse um encontro natural e relativamente fácil, uma vez que você entenda seu paciente e tenha o "*kit* de ferramentas" certo para tratá-lo. E ainda, quando a terapia não está indo tão bem ou há algo de que seu paciente precisa, mas não consegue expressar, muitas vezes os terapeutas invocam seu "*kit* de ferramentas" em vez do que já existe entre eles e os pacientes, aquela pequena voz que pode oferecer algo real e genuíno. Espera-se que esse capítulo tenha estimulado você a refletir e agir sobre seu conceito de si mesmo como um terapeuta autêntico.

Dicas para os terapeutas

1. Invista tempo para se conscientizar de seus próprios esquemas, modos, necessidades e valores pessoais. Quem você deseja que esteja presente em seu relacionamento com seus pacientes, colegas, familiares e amigos?
2. Peça *feedback* sobre autenticidade de seus pacientes, colegas, familiares e amigos.
3. Faça uso de supervisão ou terapia pessoal para trabalhar em sua própria autenticidade.

REFERÊNCIAS

Cambridge Dictionary. (2017). https://dictionary.cambridge.org/dictionary/english/authenticity

Keading, A., Sougleris, C., van Vreeswijk, M.F., Hayes, C., Dorrian, J. & Simpson, S. (2017). Professional burnout, early maladaptive schemas and physical health in clinical and counselling psychology trainees. *Journal of Clinical Psychology*, 73 (12), 1782–1796.

Lockwood, G. & Perris, P. A new look at core emotional needs. In M.F. van Vrees-wijk, J. Broersen & M. Nadort (2012). *The Wiley-Blackwell Handbook of Schema Therapy. Theory, Research and Practice*. Oxford: Wiley-Blackwell, pp. 42–66.

Simpson, S., Simionato, G., Smout, M., van Vreeswijk, M.F., Hayes, C. & Reid, C. (2018). Burnout amongst clinical and counselling psychologists: The role of early maladaptive schemas and coping modes as vulnerability factors. *Clinical Psychology and Psychotherapy*. doi:10.1002/cpp.2328

Wikipedia (2017). https://en.wikipedia.org/wiki/Authenticity

16

Ativação do esquema do terapeuta e autocuidado

Christina Vallianatou
Tijana Mirović

Como terapeutas, nosso objetivo é cuidar dos outros. Fazendo o melhor que podemos, somos empáticos e habilidosos de maneiras que ajudam nossos pacientes a processar experiências de vida difíceis, às vezes traumáticas. Nosso objetivo é sintonizar-nos com suas necessidades não atendidas e oferecer uma postura reparentalizadora. Podemos nos sentir culpados quando oferecemos "muito pouco", e exaustos quando oferecemos "demais". Muitos de nós têm um temperamento sensível, uma história pessoal de cuidar dos outros, crescemos como crianças "parentalizadas" ou em uma família que não priorizava nossas necessidades. Alguns de nós podem ter sido privados emocionalmente ou traumatizados, carregando a própria dor internamente. Como adultos, às vezes lutamos para atender às nossas próprias necessidades, estando emocionalmente sintonizados com as necessidades dos outros. Na relação terapêutica, nossos esquemas podem ser ativados pelos esquemas de nossos pacientes, e a "química esquemática" pode agravar padrões disfuncionais para ambos. Essa situação também pode contribuir para o *burnout* do terapeuta, já que ele enfrenta o estresse combinado da perpetuação esquemática e de potencialmente não conseguir ajudar o paciente.

Estudos mostram que o *burnout* entre psicoterapeutas é alto e tem diferentes fatores contribuidores, como sobrecarga de trabalho, falta de controle, recompensas insuficientes e problemas no ambiente organizacional (Skovholt & Trotter-Mathison, 2016). Menos estudos têm explorado o papel de fatores pessoais (como esquemas) em níveis de estresse e *burnout*. Faz sentido que, pelo fato de não cuidarmos adequadamente de nós mesmos, nossas necessidades não atendidas ou traumas passados podem aumentar nossos níveis de exaustão emocional e potencialmente desencadear modos de enfrentamento não adaptativos. Nessas situações, é provável que nossos esquemas sejam intensificados e que nosso pequeno *self* (modo criança vulnerável) ferido não tenha a chance de se curar. Fica claro que equilibrar o cuidado com os outros e o autocuidado é extremamente importante.

Quando nossas circunstâncias de vida são complicadas, nossa capacidade de autocuidado e cura esquemática é muitas vezes comprometida. Como terapeutas do esquema, não estamos separados do meio social mais amplo e das forças sociopolíticas que atuam dentro dele. Na verdade, normalmente somos expostos a circunstâncias socioculturais semelhantes ou iguais às de nossos pacientes, as quais podemos, sem saber, trazer para a relação terapêutica. A forma como fatores culturais, históricos ou políticos podem exercer influência sobre o desenvolvimento de nossos esquemas, sobre a nossa capacidade de atender às necessidades emocionais fundamentais e sobre o nosso autocuidado não é adequadamente compreendida e, muitas vezes, recebe apenas consideração simbólica.

Este capítulo explora o papel dos nossos esquemas na relação terapêutica e como eles impactam o nosso autocuidado. Também nos aprofundaremos em alguns padrões esquemáticos específicos da cultura e como estes podem se desenrolar no processo terapêutico. Baseando-nos principalmente em nossas experiências como treinadores e supervisores, oferecemos recomendações específicas que promovem o autocuidado criativo e compassivo. Nosso interesse neste tema surgiu de viver e trabalhar em países que passaram por sérios problemas econômicos, mudanças políticas massivas e traumas sociais.

ATIVAÇÃO ESQUEMÁTICA E DE MODOS DO TERAPEUTA

Achados de pesquisas indicam que uma proporção significativa de profissionais de saúde mental relata circunstâncias adversas na infância (p. ex., Simpson et al., 2018). Profissionais que sofreram trauma ou negligência, ao crescer, podem ter maior capacidade de empatia, mas também podem estar mais em risco de desenvolver crenças desadaptativas, mecanismos de enfrentamento e sofrimento psíquico associado (Simpson et al., 2018). Estudos indicam que os três dos esquemas mais comuns entre os profissionais de saúde mental são autossacrifício (AS), privação emocional (PE) e padrões inflexíveis (PI) (p. ex., Haarhoff, 2006; Saddichha, Kumar & Pradhan, 2012). Reconhecer e abordar esses e outros esquemas desadaptativos é essencial, pois eles podem influenciar o raciocínio clínico e afetar negativamente a relação terapêutica (Saddichha, Kumar & Pradhan, 2012).

Autossacrifício e privação emocional

O esquema de autossacrifício é um dos mais comuns entre os terapeutas (Haarhoff, 2006; Saddichha, Kumar & Pradhan, 2012). Terapeutas com esse esquema são extremamente sensíveis às reações de seus pacientes e podem temer o abandono ou experienciar culpa por não ter feito o suficiente para ajudar. Se um terapeuta se render a um esquema de AS, ele pode se envolver em uma série de comportamentos autodestrutivos, se esforçando demais para atender às necessidades dos pacientes e ignorando sinais de fadiga e exaustão. Nosso esquema de AS pode ser particularmente ativado diante de pacientes exigentes (como aqueles com transtorno da personalidade *borderline* ou transtorno da personalidade narcisista, os quais pressionam por mais tempo ou mais engajamento de nossa parte. Ao mesmo tempo, um terapeuta com um esquema de AS pode ter dificuldade para agir de forma assertiva e estabelecer limites apropriados, o que o leva a estender demais a sessão de terapia, reduzir honorários, tolerar faltas a consultas, etc. (Haarhoff, 2006). Além disso, quando o AS está presente, o terapeuta pode sentir vontade de evitar técnicas (como imagens mentais, confrontação empática ou estabelecimento de limites) que ele prevê que possam perturbar o paciente ou causar conflitos. Um de nossos estagiários colocou da seguinte forma:

> Tenho dificuldade em praticar essas novas técnicas de esquema com meus pacientes. Sinto como se os estivesse usando para meu próprio treinamento e para meu próprio bem. Como se eu os pressionasse a sentir dor só para que eu possa praticar.

O autossacrifício está frequentemente ligado à PE, pois o terapeuta pode ter aprendido a atender às necessidades dos outros a fim de manter uma conexão emocional. Esses esquemas (especialmente se combinados) pressionam os terapeutas a se entregar demais, enquanto negligenciam suas próprias necessidades. Isso pode ir tão longe quanto esquecer de, ou não ter tempo para, comer e dormir adequadamente, ou trabalhar demais, sem tempo para socializar ou se divertir. Por estarem "acostumados" com a PE, os terapeutas muitas vezes não sabem que suas necessidades não estão sendo atendidas ou experienciam uma tremenda culpa se estiverem. Embora, em um nível racional, a maioria dos terapeutas reconheça a importância do autocuidado, eles podem pensar: "Vou descansar/comer/socializar assim que terminar de atender meus pacientes/projetos, etc.". No entanto, assim que isso acontece, eles assumem novos pacientes e novos projetos. Esse nível excessivo de sacrifício no contexto de sentir pressão para ter resultados e sucesso aumenta a vulnerabilidade dos terapeutas ao *burnout* (Simpson et al., 2018).

Lidar com esquemas de AS e PE requer atenção ao nosso modo criança vulnerável. Nosso modo saudável tem em mente nossa tendência de autossacrifício ou de nos privarmos emocionalmente, e gradualmente aprende a priorizar nossos desejos e a cuidar de nossa necessidade não atendida de conexão. É essencial lembrar que nosso modo criança é importante e que precisamos ser proativos em tirar tempo para o autocuidado. Podemos pensar em muitas maneiras úteis de acalmar nosso modo criança, como criar uma *playlist* de autocuidado ou manter uma imagem do nosso lugar seguro à mão. Podemos praticar regularmente um exercício de imagens reconfortante em que oferecemos à nossa criança conexão e autoescuta compassiva e saudável, sintonizando-nos às suas necessidades e sentimentos. Em outros exercícios de autocuidado com imagens, nosso modo criança pode se sentir tranquilizado em uma cena com animais ou pessoas seguras. Podemos falar com nossa criança, perguntar-lhe do que precisa e fazer disso uma prioridade. Também é importante que adaptemos ativamente nossas vidas pessoais para que relacionamentos significativos e experiências pessoais fortaleçam sentimentos positivos e proporcionem cura aos nossos esquemas. Em nossos grupos de supervisão, exploramos ativamente maneiras de cuidar do nosso modo criança. Também encorajamos nossos estagiários e terapeutas em treinamento a pensarem sobre suas necessidades e comunicá-las no grupo. Com a ajuda do grupo, muitos dos profissionais com AS e PE são capazes de experienciar uma profunda sensação de alívio e de desfazer a vergonha de expressar e priorizar suas necessidades, fornecendo um antídoto direto para mensagens de esquemas passados.

Padrões inflexíveis

O esquema de padrões inflexíveis (PI) também é muito comum em terapeutas e tem sido ligado ao *burnout* (Simpson et al., 2018). Os PI dos terapeutas são frequentemente ativados quando seus pacientes não conseguem progredir "rápido o suficiente" ou se o paciente critica a abordagem deles. Na supervisão, um terapeuta com PI pode se sentir relutante em experimentar coisas novas, fornecer sessões gravadas, usar técnicas experienciais ou se envolver em dramatizações, temendo que o supervisor o menospreze se sua falha em atingir um alto padrão for exposta.

Como acontece com o AS, quando nos rendemos ao esquema de PI, podemos nos esforçar demais, negligenciando seriamente nossas necessidades de descanso, espontaneidade e diversão. Nesse caso, no entanto, há um impulso para a perfeição ou um padrão irrealisticamente alto, em vez de, necessariamente, uma sensibilidade aos sentimentos do paciente. Podemos ter uma longa jornada de trabalho, atender muitos pacientes ou deixar de fazer pausas. Além disso, podemos usar os fins de semana para ir a treinamentos adicionais ou estudar porque "não sabemos o suficiente e há muito mais para aprender". Render-se ao esquema dos PI é como render-se ao modo crítico/exigente internalizado. Esse modo pode roubar a satisfação no trabalho do terapeuta, levar a uma frustração desnecessária com o progresso ou a duração da terapia e minar a confiança do terapeuta (Perris, Fretwell & Shaw, 2012). Um de nossos terapeutas em treinamento explicou assim:

> Eu costumo ter um grande número de pacientes durante o dia... Eu trabalho sem pausa e sem opções para relaxar. Sei que meu corpo e minha mente

sofrem, mas ainda o faço. Sou eu que me causo isso porque não reduzo o número de horas que trabalho e, além disso, não recuso novos pacientes. Se o fizesse, me sentiria culpado... daí me sinto culpado por não ser capaz de dar aos meus pacientes o meu melhor... por não ser capaz de me preparar melhor para as sessões.

Precisamos tanto do nosso modo saudável e compassivo quanto do nosso modo criança feliz para equilibrar e neutralizar nossos PI, o qual muitas vezes é interpretado como uma expressão de um modo crítico exigente. Nesta situação, precisamos ser capazes de aceitar erros e contratempos, praticar a autocompaixão e incorporar atividades mais equilibradas e divertidas em nossas vidas. Embora talvez não seja fácil escapar, no momento, do nosso modo crítico/exigente, os desejos mais amplos de nosso pequeno *self* e nossos objetivos de vida podem nos manter no caminho certo com um plano acolhedor de autocuidado para que possamos nos concentrar em nossas necessidades não atendidas. Lutar contra nossos PI e nosso crítico internalizado não é fácil, e podemos ter dificuldade em fazer isso sozinhos. Portanto, pode ser necessário lidar com isso por meio de compartilhamento de pares, supervisão ou terapia pessoal. Isso é especialmente poderoso quando um supervisor compartilha os erros que cometeu. Isso normaliza erros e incentiva a reflexão clínica adequada, além de promover a aceitação de um modelo saudável e autocompassivo de autocuidado.

Química esquemática do terapeuta-paciente

Os esquemas de terapeutas e pacientes trabalham em interação, em um *loop* autoperpetuador (Young, Klosko & Weishaar, 2003). Um exemplo comum disso é quando o esquema de AS de um terapeuta entra em contato com o esquema de arrogo/grandiosidade ou dependência de um paciente. Neste caso, o paciente pode ter expectativas mais altas em relação ao terapeuta que se sente obrigado a acomodar isso, mesmo que aconteça a um custo pessoal enorme. O terapeuta negligencia suas próprias necessidades, é incapaz de estabelecer limites (ou pressionar por independência) e, consequentemente, não reparentaliza as necessidades não atendidas do paciente. Outro exemplo comum é quando um paciente desligado/evitativo aciona nosso esquema de PI. O paciente pode não estar mostrando o progresso desejado e, assim, o terapeuta começa a sentir que está abaixo do padrão exigido, desperdiçando o tempo e o dinheiro do paciente. Para lidar com isso, o terapeuta pode encaminhar o paciente, potencialmente desencadeando os esquemas de defectividade/vergonha, privação emocional ou abandono do paciente, fomentando a ideia preexistente de que ele é uma pessoa "difícil" que ninguém (nem mesmo um terapeuta) consegue aceitar e cuidar. Em situações como essa, a supervisão pode facilitar uma melhor compreensão da química esquemática e proporcionar um espaço de cura. Em nossos grupos de supervisão, utilizamos exercícios experienciais que se concentram no crítico interior, como reescrita de imagens, tarefas de cadeiras e diálogos de modos. Como tal, o grupo fornece um antídoto reparador ao crítico, e o terapeuta é incentivado a praticar usando seu modo saudável compassivo diante de gatilhos prototípicos.

Outros problemas ocorrem quando os terapeutas ativam um de seus modos de enfrentamento, como o protetor desligado, no momento em que seu paciente está sobrecarregado ou quando a própria criança vulnerável do profissional é acionada. Exemplos típicos de "desligamento" dos terapeutas incluem intelectualização e minimização, uso excessivo de técnicas cognitivas, falha em proporcionar conforto e reparentalização, encaminhamento de pacientes para outros terapeutas, evitação de técnicas novas/experienciais/confrontativas, etc. A evitação do terapeuta pode fazer com que o paciente sinta falta de sintonia ou conexão emocional, de tal forma que seus esquemas "levem isso para o lado pessoal". Por exemplo, um paciente com um esquema de defectividade/vergonha pode interpretar o desligamento de seu terapeuta como resultado de não ser "um bom paciente, interessante ou amável o suficiente", etc. Dependendo do estilo de enfrentamento nesta situação, o paciente pode então recuar, ficar com raiva ou tentar agradar o terapeuta para recuperar a conexão.

Às vezes, quando o paciente não está progredindo, um terapeuta hipercompensa seus esquemas de defectividade/vergonha ou fracasso, reagindo com raiva e impaciência (pressionando os pacientes para a mudança prematuramente), tornando-se muito confrontativo ou culpando o paciente ("Você não quer melhorar"). Isso, também, pode traumatizar novamente o paciente, minando sua fé na terapia e em si mesmo. Uma pesquisa (Haarhoff, 2006) sugere que cerca de três quartos dos terapeutas tiveram o que eles denominaram como um esquema de "pessoa superior especial" até certo ponto. Quando esse esquema é ativado, a situação terapêutica torna-se uma oportunidade de alcançar a excelência, e o terapeuta pode desenvolver expectativas grandiosas em relação a seu próprio desempenho. Se a terapia está indo bem, pode haver uma tendência a idealizar o paciente ou, por outro lado, o terapeuta pode desvalorizar ou distanciar-se de um paciente que não melhora ou não colabora com o tratamento (Haarhoff, 2006).

Como terapeutas, precisamos explorar na supervisão quando e por que recorremos à desconexão ou à hipercompensação. Discutir nossos momentos de "terapeuta especial" pode parecer estranho, mas podemos lembrar gentilmente que esse tipo de hipercompensação não é incomum e é compreensível no contexto dos altos níveis de incerteza e responsabilidade implicados em nosso papel. Além disso, podemos ter vindo de famílias em que ter grandes conquistas ou ser o melhor era muito importante. Às vezes, podemos estar cegos para nossa hipercompensação e precisamos do apoio do nosso supervisor para desfazer isso. Muitos terapeutas com forte hipercompensação podem se sentir sob pressão e solitários, sem necessariamente saber o porquê, e uma boa supervisão (e terapia pessoal) podem fornecer uma oportunidade de se conectar com ser "bom o suficiente" (sem necessariamente ser excepcional), de admitir erros e de aceitar ajuda. Pode ser útil trabalhar com a apostila de autorreflexão para terapeutas do esquema (Farrell & Shaw, 2018) ou desenvolver a conceitualização de seu próprio caso. Isso contribui para entendermos melhor a nós mesmos como terapeutas, as origens de nossos modos e as necessidades dos nossos modos criança.

A terapia do esquema implica potencialmente em um maior risco de *burnout* devido ao nível de empatia necessário e à alta prevalência de trauma em nossos pacientes (Perris, Fretwell & Shaw, 2012). Além disso, alguns terapeutas do esquema trabalham em sociedades onde há alta incidência de trauma na população em geral devido a guerra, pobreza e outros eventos adversos. Por isso, precisamos estar atentos aos estressores culturais e sociais e seu impacto sobre os terapeutas e seus pacientes. Vamos abordar essas questões em seguida.

ESQUEMAS DO TERAPEUTA, CULTURA E SOCIEDADE

Uma das formas mais óbvias pelas quais a sociedade impacta a todos nós é por meio do sistema de valores e normas que nos são passadas na nossa criação. A sociedade, em suas diversas faces, passa uma série de normas culturais para nossos cuidadores e professores, os quais posteriormente as passam para nós, e continuamos a passá-las para nossos filhos. Embora muitos de nós se esforcem para estar cientes, resistir e até mesmo se rebelar contra certas normas culturais, elas têm um impacto muitas vezes inconsciente em nossos esquemas e respostas de enfrentamento. Assim, por exemplo, mulheres ocidentais muitas vezes desafiam fortemente a pressão da mídia para serem classicamente bonitas, ao mesmo tempo que, em particular, investem muito tempo e energia tentando cumprir essa norma cultural. Alguns esquemas (p. ex., emaranhamento, inibição emocional, padrões inflexíveis) parecem não apenas "operar dentro da família" mas também tendem a ser mais predominantes em certas sociedades (Young, Klosko & Weishaar, 2003).

A relação entre fatores socioculturais ou políticos, tensões pessoais, reparentalização e autocuidado é muitas vezes complicada. Tomemos o exemplo de um terapeuta e um paciente em que ambos têm um esquema de emaranhamento, tendo sido criados em uma cultura que incentiva esse emaranhamento e desestimula a autonomia entre os membros da família. Por meio da supervisão, o terapeuta percebe que possui crenças profundas sobre o papel da família que são muito comuns em sua formação cultural e na do paciente. Isso afeta sua capacidade de atender à sua própria necessidade de autonomia e de reparentalizar a necessidade emocional de seu paciente. Trabalhando em sociedades coletivistas como a Grécia e a Sérvia, muitas vezes vemos como o emaranhamento impede as crianças mais velhas de se diferenciar e se separar de seus pais. A culpa por estabelecer um pouco de distância entre filhos adultos e seus pais (indutores de culpa) continua sendo um dos tópicos predominantes em nosso trabalho.

Torna-se ainda mais complicado quando um paciente quer se distanciar ou se separar de uma família abusiva. Toda a sociedade passa a mensagem de que é errado porque "ninguém o ama mais ou quer melhores coisas para você do que sua família". Tendo sido criados com essas mensagens também, os terapeutas muitas vezes se encontram presos entre a necessidade de apoiar a autonomia do paciente e uma espécie de culpa social sobre o paciente se afastar de sua família. Muitas vezes, os terapeutas se debatem com culpa ou ambivalência por confrontar a figura dos pais/cuidadores em exercícios experienciais, ou se apressam a diminuir a raiva que os pacientes manifestam em relação aos seus pais/cuidadores. Muitos de nossos terapeutas em treinamento trouxeram essas questões à supervisão, expressando o quão sobrecarregados, confusos e estressados isso os fez sentir. Supervisores que vêm de origens diferentes (menos tradicionais e mais individualistas) às vezes têm dificuldade para entender e validar o nível de tensão e desconforto colocado por essas questões.

A culpa culturalmente induzida também pode desencorajar os terapeutas a se engajarem no autocuidado. Em um grupo de supervisão baseado em uma sociedade que valoriza as necessidades coletivas e não individuais, mais da metade do grupo expressou culpa pelo autocuidado. Eles nos disseram: "Eu me sinto culpado quando faço algo por mim mesmo porque todos nós fomos ensinados a pensar que isso é egoísta e errado... Mesmo quando você diz não, você é considerado egoísta e mal-educado"; "Se você se cuidar, se você se colocar em primeiro lugar, você é fraco, narcisista e deveria ter vergonha de si mesmo... essa é a mensagem que recebemos".

Nossos supervisionados de outras culturas (ocidentais) falaram sobre sentirem-se pressionados por um tipo diferente de sistema de valores, com maior ênfase na realização, na aparência e no *status*. Eis um comentário típico: "Eu sinto uma enorme pressão para ser bem-sucedido no que faço... nosso país inteiro é competitivo e está em um modo 'nunca é bom o suficiente'". Em outros casos, o problema pode ser que a cultura dominante hipervalorize inibição/controle emocional, desconexão e intelectualização em detrimento de conexão emocional e apoio, tornando mais difícil para os terapeutas do esquema serem mais abertos e espontâneos em seu trabalho.

Esquemas e modos se desenvolvem não apenas por meio da transferência de valores, mas também por meio de experiências compartilhadas e de trauma compartilhado dentro de uma determinada região. No contexto da terapia, o trauma compartilhado é definido como as respostas afetivas, comportamentais, cognitivas, espirituais e multimodais que terapeutas experienciam como resultado da dupla exposição ao mesmo trauma coletivo que seus pacientes (Tosone, Nuttman-Shwartz & Stephens, 2012). Uma pesquisa realizada na antiga Iugoslávia (Hadžić & Mirović, 2016) sugere que esquemas também podem se desenvolver como resultado de condições sociais adversas e traumas sociais como pobreza, exílio, guerra, exposição à violência e corrupção. Esses tipos de experiências adversas parecem cultivar e fortalecer os esquemas de vulnerabilidade ao dano e desconfiança/abuso (ibid.).

O esquema de desconfiança/abuso origina-se de experiências de abuso ou maus-tratos e implica a expectativa de que os outros deliberadamente nos machucarão ou nos trairão de alguma maneira. Vulnerabilidade ao dano implica um medo exagerado de que uma catástrofe acontecerá a qualquer momento e que ninguém será capaz de impedi-la. Esse esquema normalmente se origina em ambientes infantis que são experienciados como física, emocional ou financeiramente inseguros (Young, Klosko & Weishaar, 2003). Esses dois esquemas também podem se desenvolver mais tarde na vida, se vivemos em um ambiente cronicamente inseguro ou instável (p. ex., em países que passam por severas crises financeiras ou guerras). Notamos em nossos supervisionados (e em nós mesmos) que, mesmo com um alto nível de consciência e autocuidado, é muito difícil não ficar ansioso em situações que parecem estar indo de mal a pior. Nós, como terapeutas, também nos sentimos vulneráveis e, ainda assim, colocamos isso de lado e ajudamos pacientes que compartilham as mesmas experiências, as mesmas incertezas e os mesmos traumas coletivos. Pesquisas recentes também sugerem que psicólogos com esquema de desconfiança/abuso podem estar sob maior risco de experienciar respostas fortes e empáticas às apresentações angustiantes dos pacientes, devido à ativação ou hiperidentificação com suas próprias experiências traumáticas (Simpson et al., 2018). Assim, dentro de ambientes que fortalecem e perpetuam esquemas de desconfiança/abuso, há um risco particular de terapeutas com esse esquema terem dificuldade de atender às suas próprias necessidades emocionais. A seguir estão dois exemplos de casos que demonstram as dificuldades e os desafios implicados no trabalho com trauma social compartilhado.

Esquemas do terapeuta e crise econômica: exemplo de caso 1

Na Grécia, pesquisas sugerem que a crise econômica de 2008 teve graves consequências na saúde mental e geral da população, com um aumento significativo nas taxas de suicídio (Simou & Koutsogeorgou, 2014). Além disso, houve acentuada escalada nos sentimentos de incerteza e desesperança para grandes segmentos da população (ibid.). O desemprego, os cortes de austeridade, o aumento da criminalidade e a agitação social e política que surgiram muitas vezes afetam tanto a vida do terapeuta quanto a do paciente. A situação influencia o terapeuta e a relação terapêutica de diferentes formas (Vallianatou & Koliri, 2013). Os pacientes falam abertamente sobre as consequências da crise econômica em suas vidas, e os terapeutas muitas vezes estão vivendo experiências muito semelhantes. Uma supervisionada falou com o grupo sobre o quão insegura e ansiosa ela se sentia, como a crise estava reforçando seu esquema de vulnerabilidade ao dano ("a economia entrará em colapso completamente e perderemos tudo") e como ela se viu entrando em um modo desligado e trabalhando no piloto automático. Outros supervisionados concordaram. Um exercício experiencial em grupo revelou algumas das origens de sua vulnerabilidade ao dano na infância: sua mãe muitas vezes voltava-se para o catastrofismo e seu pai não estava em posição de lhe passar tranquilidade ou de fazê-la se sentir segura. Quando os pacientes falavam sobre a crise econômica, isso muitas vezes desencadeava seu modo criança vulnerável nas sessões e seu piloto automático parecia ser a única maneira de lidar com isso. Seu esquema de autossacrifício também era acionado quando pacientes complexos ou pobres precisavam de mais tratamento e ela sabia que eles não receberiam a ajuda necessária devido aos cortes de austeridade na área da saúde. Durante esse tempo, nossa supervisão se concentrou em identificar formas de cuidar de seu modo criança. Embora inicialmente fosse difícil para ela aceitar a ideia de autocuidado (com seu esquema de autossacrifício dizendo que outros estavam em situação muito pior), a terapeuta gradualmente aprendeu a apoiar seu modo criança sem precisar se desligar, e seu adulto saudável tornou-se mais forte. Em nossa experiência, quando um país passa por uma crise coletiva ou um trauma, é muito importante que o supervisor inicie discussões sobre o efeito da crise ou do trauma sobre o terapeuta e a relação terapêutica. Observamos que conversar com outros colegas com experiências semelhantes teve um efeito reconfortante e possibilitou uma compreensão mais profunda e um senso de apoio mútuo e pertencimento.

Esquemas do terapeuta, guerra e deslocamento: exemplo de caso 2

No período de 1991 a 1999, a Sérvia esteve envolvida em quatro conflitos armados e exposta a bombardeios da Organização do Tratado Atlântico Norte (OTAN). O país sofreu dificuldades econômicas extremas (exacerbadas por sanções internacionais e pela pior hiperinflação já registrada) combinadas com um enorme fluxo de refugiados e deslocados internos (Mirović, 2014). A maioria dos nossos terapeutas e estagiários cresceu nesse contexto e, como as dificuldades econômicas e sociais só aumentavam, a maior parte dos terapeutas teve pouco tempo para "respirar" ou processar os eventos que ocorriam ao seu redor. Trabalhando como terapeutas na Sérvia, encontramos diariamente pacientes que compartilham as mesmas experiências traumáticas.

Para muitos de nós, tendo aprendido que devemos ser os "fortes" e que as necessidades do paciente vêm em primeiro lugar, há um impulso inevitável de se desligar e desviar o olhar de nossa própria criança pequena traumatizada. Isso foi ainda mais acentuado com um imperativo cultural que corre forte na Sérvia e diz o seguinte: "Você tem que ser forte e deixar tudo para trás sem olhar para trás. Qualquer outra coisa é fraqueza!". Então, muitos terapeutas se desligaram, fingindo que nada aconteceu. Quando levantamos essa questão em uma de nossas supervisões de grupo, um estagiário disse: "Em (todos os) anos de meu treinamento e minha terapia pessoal, eu falei sobre tudo, exceto sobre o fato de eu ser um refugiado... São poucas as pessoas que sabem isso sobre mim". Um colega acrescentou: "Acontece o mesmo comigo, fui recrutado e passei meses na linha de frente... Nunca falei sobre isso". Eu (TM) só recentemente me abri sobre *flashbacks* e memórias traumáticas relacionadas a bombardeios. Desnecessário dizer que todos atendemos pacientes que falam sobre essas experiências diariamente.

Essa tendência de nos esforçarmos para agir com "mais dureza" do que sentimos foi documentada em psicoterapeutas de outras culturas também. Os profissionais de saúde mental têm a propensão a minimizar sua própria vulnerabilidade, ao mesmo tempo em que continuam a se expor a pressões de trabalho excessivas (Simpson et al., 2018). Essa vulnerabilidade é, entre outras coisas, caracterizada pela autoculpa por demonstrar sinais de estresse ou vulnerabilidade, pelo esforço para atingir padrões mais elevados, negando necessidades e emoções pessoais, e pela relutância em estabelecer limites e pedir apoio devido ao medo de decepcionar os outros (ibid.). Claramente, essa não é a melhor forma de exercer o autocuidado, especialmente porque há um alto risco de traumatização vicária entre aqueles que são altamente empáticos e têm histórias pessoais de trauma (Perris, Fretwell & Shaw, 2012). Então, qual é a melhor maneira de evitar isso e praticar o autocuidado? Vamos abordar esta questão em seguida.

AUTOCUIDADO DO TERAPEUTA

Vários estudos indicam que não cuidar adequadamente de nós mesmos, combinado com padrões de enfrentamento desadaptativos, intensifica a possibilidade de experienciarmos *burnout*, fadiga de compaixão ou trauma vicário (p. ex., Thomas & Morris, 2017; Simpson et al., 2018). Parece que muitos de nós não praticam automaticamente o autocuidado quando nos tornamos psicoterapeutas. Em vez disso, pode ser algo que tenhamos que aprender e continuar a implementar ativamente ao longo de nossas vidas de trabalho. A seguir, apresentamos recomendações específicas sobre ativação de esquemas e modos e o autocuidado.

Conscientização dos esquemas

Em primeiro lugar, é necessário desenvolver a consciência de nossos próprios esquemas, modos e padrões desadaptativos. Isso pode ocorrer proveitosamente durante o treinamento em psicoterapia ou psicologia, bem como durante a terapia pessoal. Em nosso ambiente clínico, começamos construindo nossas próprias conceitualizações de caso. Tendo isso como guia, ensinamos nosso adulto saudável a observar quando nossos esquemas e modos são acionados, especialmente durante as sessões com os pacientes. Com a ajuda de nossos treinadores ou supervisores, traçamos estratégias para antecipar e abordar a química esquemática na relação terapêutica.

Além disso, podemos usar imagens para estabelecer uma compreensão mais profunda de nossos padrões. Como fazemos com nossos pacientes, podemos nos concentrar em um sentimento desencadeado em uma sessão específica e potencialmente "flutuar de volta" a uma imagem em nosso passado para permitir a conexão com o esquema de origem e a necessidade não atendida.

Criando um programa de autocuidado

A consciência por si só não se traduz em um plano de autocuidado. É importante darmos um passo para trás e tirarmos tempo para criar um programa de autocuidado que seja adequadamente personalizado para focar em nossas necessidades não atendidas, que seja acolhedor e energizador e não seja experienciado como apenas outra tarefa em nossa lista de tarefas. Ao fazer isso, precisamos estar atentos ao nosso crítico interno e a nossos PI e realizar um diálogo de modo, se necessário. Como descrito, precisamos aprender a aceitar erros e contratempos, praticar a autocompaixão e incorporar atividades mais divertidas em nossas vidas. Precisamos nos concentrar em nossas necessidades não atendidas e nos dedicar ao nosso plano de autocuidado.

Esquemas culturalmente compartilhados

Esquemas culturalmente definidos podem ser mais difíceis de identificar, pois são mais propensos a serem amplamente compartilhados pela sociedade de origem e, portanto, normalizados. Nosso *self* saudável pode dar um passo atrás e envolver-se em conversas em torno das características particulares de nossa cultura e história. Isso aprofundará nossa compreensão de nossa experiência compartilhada e nos permitirá nomear nossos esquemas relacionados à cultura. Recomenda-se também que os programas de treinamento e a supervisão iniciem e facilitem as discussões sobre o tema. Em um nível pessoal, explorar nossos valores e necessidades não atendidas significa que nosso *self* compassivo e saudável pode tomar decisões conscientes sobre até que ponto nos conformamos com normas culturalmente definidas. Se, por exemplo, o emaranhamento é um de nossos esquemas específicos da cultura, pode ser importante para nós decidirmos o quão intimamente ligados queremos estar com nossa família imediata, nossa família estendida e outras pessoas em nosso grupo comunitário. Se nosso país passou por muita agitação, e, portanto, desconfiança/abuso é um dos nossos esquemas específicos da cultura, talvez precisemos aprender em quem podemos confiar quando as circunstâncias são difíceis. Se nosso país passou por guerras, problemas financeiros ou outras transições sérias, e nós desenvolvemos um esquema de vulnerabilidade ao dano, direcionar nossa atenção para estarmos presentes de forma confiável e reconfortante para nosso modo criança (não importando o que estiver acontecendo externamente) pode ser a cura.

Trauma compartilhado e cura compartilhada

O autocuidado quando ocorre trauma compartilhado pode ser um desafio para nós. Sugerimos que o trauma compartilhado possa ser tratado por meio da cura compartilhada. Grupos de supervisão de pares gerenciados com segurança parecem oferecer uma excelente oportunidade para lidar com traumas compartilhados (Tosone, Nuttman-Shwartz & Stephens, 2012). Nesses grupos, podemos explorar formas de gerenciar o estresse pessoal, nossas reações emocionais durante as sessões, "áreas cinzentas" da prática profissional, e resolver problemas quando necessário. Nossos modos criança e adulto provavelmente se sentirão mais seguros e menos solitários. O grupo também pode organizar atividades reconfortantes que promovam o bem-estar, como a prática da atenção plena, caminhadas e outras atividades acolhedoras. Recomendações habituais de autocuidado, como exercícios, *hobbies*, terapia pessoal e treinamento adicional podem nem sempre ser possíveis devido a limitações financeiras (ou outros problemas), e o grupo pode precisar trabalhar em conjunto para desenvolver adaptações criativas.

A literatura sobre autocuidado na psicoterapia enfatiza a importância do equilíbrio entre trabalho e vida pessoal (Simpson et al., 2018). Propomos que nosso plano de autocuidado seja guiado por uma postura compassiva de adulto saudável. Um adulto saudável compassivo, em primeiro lugar, busca encontrar equilíbrio entre sua vida pessoal e profissional. Em relação à vida profissional, participar de supervisão e buscar mais treinamento e grupos de apoio pode fornecer uma base adequada. Em nossa vida pessoal, é importante buscar satisfação com a vida, conexões e encontrar formas saudáveis de gerenciar o estresse e a ansiedade. Finalmente, um indivíduo compassivo reconhece seu próprio sofrimento e se compromete a priorizar seu bem-estar.

RESUMO

Como terapeutas, tentamos entender e ajudar nossos pacientes. Isto é muitas vezes um processo altamente complexo e desafiador, e pode haver uma tendência natural de nos concentrarmos externamente, no paciente, afastando-nos de nossas próprias emoções, necessidades e esquemas. Fatores culturais também influenciam nossas reações, criando, às vezes sem saber, uma tensão entre as normas sociais e as necessidades individuais. Muitas vezes, entramos em um ciclo de modos com nossos pacientes em que seus modos de enfrentamento ativam nossos esquemas e há o risco de perpetuação esquemática tanto para paciente quanto para terapeuta. Outra camada é adicionada quando os terapeutas estão trabalhando com traumas sociais ou nacionais compartilhados, como conflitos armados e/ou crise econômica. Nesse caso, o terapeuta pode ter dificuldade para encontrar o espaço e os recursos para cuidar de seu próprio *self* traumatizado. Em geral, como grupo, os terapeutas são propensos a subestimar sua própria vulnerabilidade e necessidade de autocuidado (Simpson et al., 2018). Argumentamos que é uma tarefa profissional central explorar como nossos esquemas são ativados com nossos pacientes e como somos afetados por normas culturais e por traumas que podemos ter em comum com nossos pacientes. Como parte desse processo, é preciso se conectar com nossos modos criança e criar formas de cuidar de nós mesmos que nos permitam, assim como a nossos pacientes, curar e prosperar da melhor forma possível.

Dicas para os terapeutas

1. Seja consciente, curioso e compassivo com seus esquemas e modos.
2. Autossacrifício, privação emocional e padrões inflexíveis são particularmente comuns em terapeutas. Se você tem um desses esquemas, é muito importante cuidar de suas necessidades de conexão, compassividade e limites realistas.
3. Desenvolva sua prática reflexiva. Explore seus valores/crenças culturais e o papel que eles podem desempenhar em seus esquemas e modos e em seu trabalho.
4. Formule um plano de autocuidado que se encaixe às suas necessidades e circunstâncias de vida.
5. Procure oportunidades para a cura compartilhada do esquema: encontre colegas ou grupos para falar sobre suas experiências compartilhadas/trauma compartilhado. Outros terapeutas do esquema podem se beneficiar de sua abertura e sabedoria.
6. Cuide de seu modo criança! Lembre-se de participar de atividades relacionadas à criança feliz para ajudá-lo a relaxar, rir e se sentir bem.

REFERÊNCIAS

Farrell, J.M. & Shaw, I.A. (2018). *Experiencing Schema Therapy from the Inside Out: A Self-Practice/Self-Reflection Workbook for Therapists*. New York: Guilford Press.

Haarhoff, B.A. (2006). The importance of identifying and understanding therapist schema in cognitive therapy training and supervision. *New Zealand Journal of Psychology, 35*(3), 126–131.

Hadžić, A. & Mirović, T. (2016). *Afektivna vezanost, Rane maladaptivne sheme i stresna iskustva*. Banja Luka: Filozofski fakultet.

Mirović, T. (2014). Growing up in political and economic turmoil: The effects in adulthood. In M.T. Garrett (Ed.) *Youth and Adversity – Psychology and Influences of Child and Adolescent Resilience and Coping* (pp. 117–132). New York: Nova Biomedical, Nova Science.

Perris, P., Fretwell, H. & Shaw, I. (2012). Therapist self-care in the context of limited reparenting. In M. van Vreeswijk, J. Broersen & M. Nadort (Eds.) *The Wiley Black-well Handbook of Schema Therapy* (pp. 473–492). Chichester: John Wiley & Sons.

Saddichha, S., Kumar, A. & Pradhan, N. (2012). Cognitive schemas among mental health professionals: Adaptive or maladaptive? *Journal of Research in Medical Sciences, 17*(6), 523–526.

Simou, E. & Koutsogeorgou, E. (2014). Effects of the economic crisis on health and healthcare in Greece in the literature from 2009 to 2013: A systematic review. *Health Policy*. http://dx.doi.org/10.1016/j.healthpol.2014.02.002

Simpson, S., Simionato, G., Smout, M., van Vreeswijk, M., Hayes, C., Sougleris, C. & Reid, C. (2018). Burnout amongst clinical and counselling psychologists: The role of early maladaptive schemas and coping modes as vulnerability factors. *Clinical Psychology and Psychotherapy*. 10.1002/cpp.2328

Skovholt, T.M. & Trotter-Mathison, M. (2016). *The Resilient Practitioner. Burnout and Compassion Fatigue Prevention and Self-Care Strategies for the Helping Professions*. London: Routledge.

Thomas, D.A. & Morris, M.H. (2017). Creative counsellor self-care. *Ideas and Research You Can Use: VISTAS Online*. https://pdfs.semanticscholar.org/ca07/bc9628a8d1f26cb5 fe02f6934c0bcf8b1608.pdf

Tosone, C., Nuttman-Shwartz, O. & Stephens, T. (2012). Shared trauma: When the professional is personal. *Clinical Social Work Journal, 40*, 231–239.

Vallianatou, C. & Koliri, M.E. (2013). The economic crisis and its implications on same-culture identities and the therapeutic relationship. *European Journal of Psychotherapy and Counselling, 15*(4), 346–360. http://dx.doi.org/10.1080/13642537.2013.85524

Young, J.E., Klosko, J.S. & Weishaar, M.E. (2003). *Schema Therapy: A Practitioner's Guide*. New York: Guilford Press.

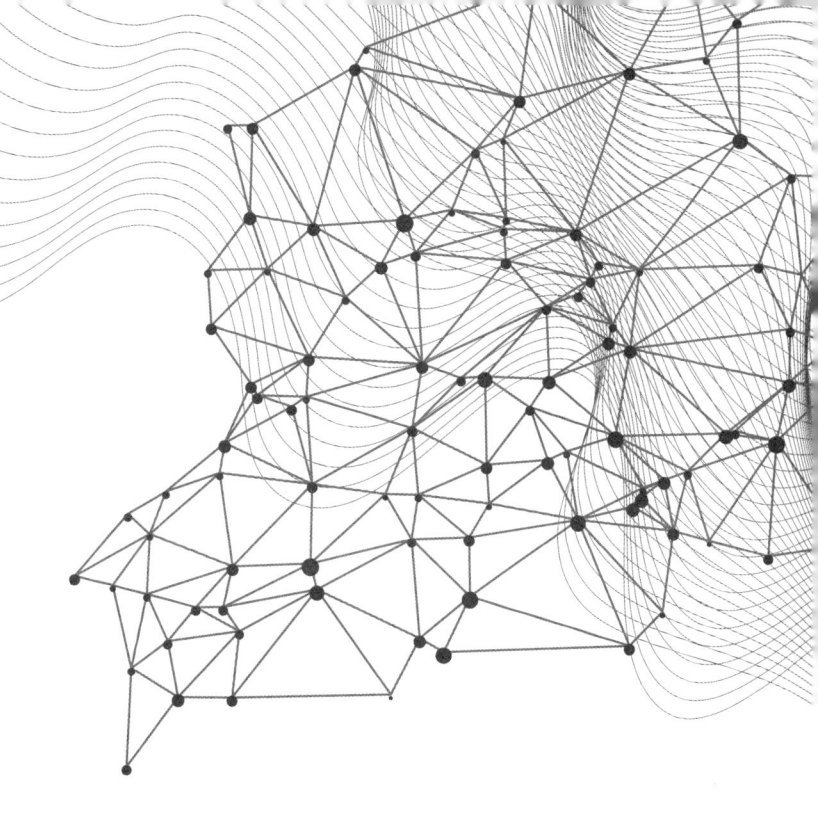

PARTE V

Desenvolvimento do adulto saudável e encerramentos na terapia do esquema

17

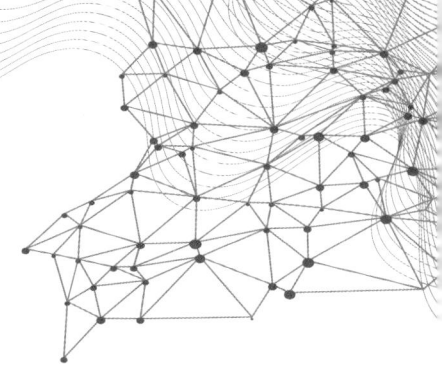

Desenvolvendo uma mente compassiva para fortalecer o adulto saudável

Olivia Thrift
Chris Irons

INTRODUÇÃO

Um dos principais fundamentos teóricos tanto da terapia do esquema (TE) quanto da terapia focada na compaixão (TFC) é que o *self* é composto de múltiplas partes. Em TE, as múltiplas partes são organizadas em torno dos modos criança, pai/mãe e de enfrentamento (Arntz & Jacob, 2013). Na TFC, essas partes, entre outras, são organizadas em torno de diferentes emoções (p. ex., raiva, tristeza) e motivações (p. ex., compassivo, competitivo) (Gilbert, 2010). Um princípio central em ambas as abordagens é desenvolver uma parte resiliente e robusta do *self*, uma parte que tem forte metaconsciência e, assim, atua como um observador para todas as outras partes do *self*. Essa parte é semelhante ao capitão de um navio, firme no leme, mantendo o curso mesmo no mais agitado dos mares, e uma parte que pode se envolver com todas as outras partes do *self* com empatia, compreensão e sabedoria. Na TE, essa parte é conhecida como o modo adulto saudável, e na TFC é conhecido como o *self* compassivo. Isso não quer dizer que os dois conceitos sejam os mesmos; no entanto, acreditamos que há muita sobreposição. Por exemplo, tanto o adulto saudável quanto o *self* compassivo observam, respondem e estabilizam as outras partes do *self*, ajudando os pacientes a se manterem dentro de sua janela de tolerância e caminhando para a integração do *self*, levando a um maior potencial de saúde e crescimento.

Discute-se dentro da TE sobre os benefícios potenciais da integração de conceitos de outras abordagens terapêuticas (p. ex., a terapia de aceitação e compromisso [ACT, de *acceptance and commitment therapy*]). Neste capítulo, exploramos como a TE – e, em particular, o modo adulto saudável – pode se beneficiar da integração de conceitos oriundos da TFC (Gilbert & Irons, 2005; Gilbert, 2009). A TFC foi proposta para uso como uma terapia multimodal em vez de pertencer a uma única "escola de terapia" e foi fundada por Paul Gilbert (Gilbert & Irons, 2005). Foi inicialmente desenvolvida em resposta às necessidades de pacientes com níveis altos de vergonha e autocrítica. Gilbert descobriu que muitos de seus pacientes se engajavam em intervenções terapêuticas (como o desafio de pensamentos) com tons de voz interiores irritados, hostis ou envergonhados. Ao tentar ajudar os pacientes a criar tons mais afetivos, carinhosos e solidários, muitos tiveram dificuldade para fazê-lo e podiam até mesmo achar a ideia aversiva. Gilbert percebeu que para ajudar os pacientes a superar suas dificuldades eles precisavam desenvolver uma maneira diferente de se relacionar consigo mesmos, o que levou ao desenvolvimento da TFC. Embora esteja em seus primórdios, a TFC tem demonstrado uma base de evidências aplicável em uma variedade de problemas de saúde mental, incluindo depressão, transtornos alimentares, transtorno da personalidade e psicose (Gale et al., 2012; Gilbert & Procter, 2006; Laithwaite et al., 2009; Lucre & Corten, 2012). Está além do escopo deste capítulo rever plenamente os fundamentos teóricos e a base de evidências para a TFC; os leitores interessados são direcionados para os resumos de Gilbert (p. ex., Gilbert, 2010, 2014). A TFC baseia-se na psicologia evolutiva, na teoria do apego, na psicologia do desenvolvimento e social, nas pesquisas da fisiologia e neurociência, bem como em ideias e intervenções de outras abordagens psicoterapêuticas (p. ex., terapia cognitivo-comportamental [TCC]). Também é influenciada por ideias e práticas do budismo.

Neste capítulo, focamos em quatro habilidades principais da TFC que acreditamos que possam melhorar o trabalho com o adulto saudável na TE: *mindfulness*, estabilização da fisiologia, imagens mentais e cultivo de uma autoidentidade compassiva. Acreditamos que a integração dessas habilidades da TFC ajudará o modo adulto saudável do paciente a ter um contradiálogo mais forte e sábio com seus modos parentais punitivos e exigentes, equipará melhor o modo adulto saudável na regulação emocional e na tolerância à angústia dos modos criança vulnerável e zangada e, finalmente, apoiará os modos protetor e amenizará sua função de autoproteção.

CONCEITOS CENTRAIS DA TFC

A TFC está enraizada em uma série de "choques de realidade" importantes sobre como e por que sofremos (ver Gilbert, 2009, 2010, para mais detalhes). Por exemplo, possuímos um conjunto de genes que não escolhemos, um corpo e um cérebro que estão envelhecendo, se deteriorando e ficando propensos a doenças e, em última instância, à morte; fomos agraciados com uma série de emoções que, embora cruciais para nossa sobrevivência, podem ser muito dolorosas e levar a muito sofrimento em nossa vida; somos moldados por circunstâncias sociais, sobre muitas das quais (p. ex., *bullying*, abuso) temos pouco controle. A partir do cultivo das habilidades de uma mente compassiva, desenvolvemos a sabedoria para entender isso, para descentralizar-nos dos desafios (ou seja, entender que "não é nossa culpa") e, crucialmente, para aprender a assumir a *responsabilidade* de trazer mudanças. Os conceitos principais do modelo da TFC estão listados a seguir.

1. Temos cérebros complicados

Durante os últimos milhões de anos, nossos ancestrais evoluíram ao longo de uma linha que levou à rápida expansão das competências cognitivas. Esse "novo cérebro" levou à nossa capacidade de imaginação, planejamento, ruminação e autorreflexão/monitoramento e proporcionou vantagens evolutivas para nossa sobrevivência e prosperidade. No entanto, é comum que mudanças evolutivas benéficas tragam desvantagens, e nossas mentes frequentemente operam em heurísticas não racionais (Gilbert, 1998). Assim, nossas novas habilidades cerebrais podem estimular motivos antigos (cérebro antigo) (p. ex., buscar segurança e evitar o perigo, competir), emoções (p. ex., raiva, ansiedade e nojo) e comportamentos (p. ex., luta, fuga, congelamento e submissão). Estes, por sua vez, influenciam o foco, o conteúdo e o processo de nossas novas habilidades cerebrais e criam as condições para que se formem "*loops* na mente", o que pode gerar muita angústia.

Um exemplo comum que usamos para elaborar este ponto é imaginar que se uma zebra pastando é perseguida por um leão e escapa, relativamente logo depois disso começará a se acalmar e voltar a comer novamente. No entanto, se estamos em um café almoçando e conseguimos fugir quando vemos um leão correndo em nossa direção, é improvável que nos acalmemos rapidamente. Em vez disso, sob o efeito de poderosas emoções cerebrais antigas (p. ex., ansiedade) e motivos (p. ex., evitar danos), nossos novos cérebros são guiados para se concentrar na ameaça; é provável que nos preocupemos com o que poderia ter acontecido se o leão tivesse nos pegado ou que fiquemos preocupados que ele possa aparecer novamente amanhã. Podemos até começar a imaginar qual teria sido o impacto de nossa morte para outras pessoas em nossa vida. Esses novos padrões cerebrais de pensamento e imaginação enviam sinais de volta ao nosso antigo cérebro e podem manter as emoções estimuladas, mesmo que a ameaça (o leão) não esteja mais presente. Embora isso não seja nossa culpa, é importante ajudar as pessoas a aprender a perceber e trabalhar com esses *loops* de forma sábia e útil. Voltaremos a isso adiante.

Baseado em várias teorias científicas (Depue & Morrone-Strupinsky, 2005; LeDoux, 1998; Panksepp, 1998), a TFC sugere que temos três grandes sistemas de regulação emocional, referentes a ameaça, busca de recursos e recompensas e afiliação/tranquilização. Cada um deles organiza nossa mente e nosso corpo de maneiras diferentes (Figura 17.1).

Motivação, excitação, vitalidade

Focado nos recursos e recompensas

Desejar, perseguir, conquistar e consumir

Estimulante

Contentamento, segurança, conexão

Focado na afiliação

Cuidado, segurança, afeto

Tranquilizante e calmante

Focado na ameaça

Busca de proteção e segurança

Ativar/inibir

Raiva, ansiedade, nojo

FIGURA 17.1 O modelo dos três sistemas.

O *sistema de ameaça* e suas emoções de raiva, ansiedade e nojo evoluíram para nos fazer prestar atenção e responder a ameaças. Ao reconhecer uma ameaça, ocorrerá uma variedade de alterações fisiológicas no cérebro e no corpo, muitas vezes ligadas ao sistema nervoso simpático e ao eixo hipotálamo-hipofisário-suprarrenal (HHS). Esses sistemas fisiológicos nos preparam para responder a ameaças de maneiras particulares (p. ex., lutar, fugir, desligar-se e assim por diante), orientar a atenção (p. ex., limitar e focar na ameaça) e pensar (p. ex., melhor prevenir do que remediar). Embora biologicamente enraizado, esse sistema é moldado por processos condicionantes (p. ex., operantes e clássicos), bem como por experiências sociorrelacionais.

O *sistema de busca de recursos e recompensas* está ligado a emoções de excitação, alegria e antecipação e evoluiu para nos fazer prestar atenção e buscar recompensas (p. ex., comida, *status* e oportunidades sexuais) que são benéficas para nós. Quando bem-sucedidos nessas buscas, podemos sentir a ativação de emoções positivas (associadas ao sistema nervoso simpático e neurotransmissores como a dopamina) que são prazerosas e reforçadoras.

O *sistema afiliativo/tranquilizante* não é apenas a ausência de ameaça ou recursos/recompensas, mas está ligado a alterações cerebrais e corporais ligadas ao sistema nervoso parassimpático e à liberação de neurotransmissores, como endorfinas, que dão origem a sentimentos de contentamento, calma e tranquilidade. Esse processo às vezes é chamado de "descansar e digerir", e, dada a sua fisiologia, ajuda a equilibrar os sistemas tanto de ameça quanto de busca de recursos e recompensas.

A evolução – particularmente com o surgimento dos mamíferos, do apego e do cuidado prolongado – moldou o sistema de afiliação/tranquilização tornando-o altamente sensível aos sinais de cuidado, afeto e bondade dos outros. Assim, esse sistema também pode ser ativado quando outras pessoas (ou internamente por meio de diálogos internos e imagens) são carinhosas, gentis e reconfortantes para nós. Dado que muitos de nossos pacientes tiveram experiências relacionais e de apego que não incluíram cuidados e afeto regulares, consistentes ou adequados, parte da TFC envolve ajudar os pacientes a fortalecer seu sistema afiliativo/tranquilizante. Isso é alcançado criando-se estados cerebrais e corporais (fisiológicos) que evoluíram para desempenhar um papel poderoso na regulação de estados de ameaça (p. ex., fisiologia, emoções e assim por diante). Vamos explorar isso na seção seguinte.

2. A natureza da compaixão

A TFC usa uma definição de compaixão enraizada na motivação e na intenção, considerando-a uma sensibilidade ao sofrimento no nosso próprio *self* e nos outros com uma firme intenção de aliviá-lo e, se possível, preveni-lo (Gilbert, 2014). Essa definição contém duas psicologias:

i. A capacidade de prestar atenção, voltar-se a e envolver-se com o sofrimento (um tipo de psicologia do engajamento). Isso envolve seis competências fundamentais que podem ser dirigidas a nós mesmos ou aos outros: cuidado com o bem-estar, sensibilidade ao sofrimento, simpatia, tolerância ao sofrimento, empatia e não julgamento (círculo interno da Figura 17.2, ver Gilbert, 2009, 2010 para saber como essas são desenvolvidas).
ii. Um tipo de psicologia da ação, ligada à motivação e à sabedoria para saber aliviar o sofrimento (uma psicologia da ação). Isso pode envolver ajudar os pacientes a desenvolver habilidades multimodais (ver anel externo da Figura 17.2) que, uma vez praticadas e desenvolvidas, podem ajudar a aliviar seu próprio sofrimento e o dos outros. Estas incluem o desenvolvimento da atenção compassiva, imagens, raciocínio, comportamento, foco sensorial e sentimentos. Voltaremos a alguns deles a seguir.

TÉCNICAS TERAPÊUTICAS PARA DESENVOLVER UMA MENTE COMPASSIVA

Além de ajudar os pacientes a desenvolver um senso "desconstrangedor" de suas dificuldades com o reconhecimento de que "não é minha culpa" (do paciente), também é importante desenvolver a capacidade do paciente ficar consciente e regular as

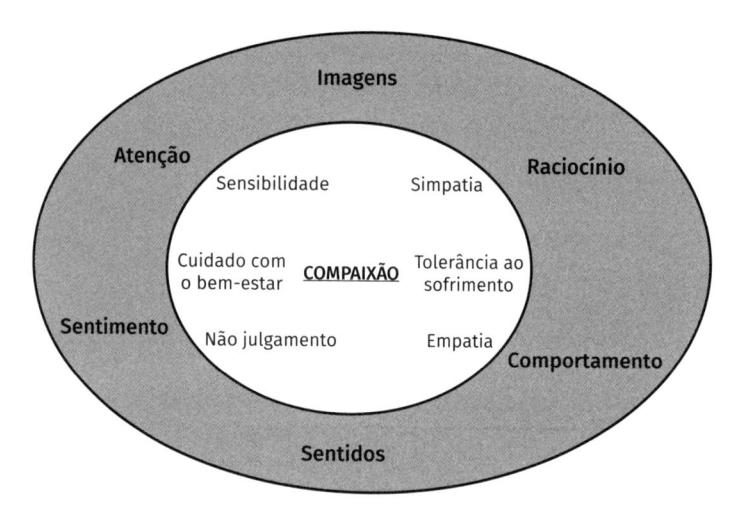

FIGURA 17.2 De Gilbert, The Compassionate Mind (2009), reimpresso com permissão de Constable & Robinson Ltd.

ameaças inúteis e acionar processos de sistemas. Ilustraremos quatro estratégias da TFC[1] para conseguir isso (*mindfulness*, estabilização da fisiologia, imagens e cultivo de uma autoidentidade compassiva) usando o exemplo de caso de Leon, um paciente que apresenta ansiedade e depressão. Usamos a linguagem da TE com termos da TFC entre parênteses.

Leon estava se aproximando dos 40 anos de idade e começou a terapia quando se sentiu incapaz de se desligar de Donna, que havia abruptamente terminado seu relacionamento três meses antes de eles se casarem. Isso aconteceu dois anos antes de ele procurar terapia, mas durante esse período ele foi gradualmente se sentindo cada vez mais ansioso e deprimido (sistema de ameaça hiperativo e sistema de busca de recursos e recompensas bloqueado).

A terapeuta de Leon o ajudou a entender sua ansiedade e depressão desenvolvendo uma formulação de esquema, incluindo um mapa de modos que está representado na Figura 17.3.

A ansiedade e a depressão de Leon foram perpetuadas em parte por um modo crítico vicioso, que ele chamou de "o desprezador". O desprezador o considerava inteiramente responsável pelo término do relacionamento, dizia-lhe diariamente o quão patético ele era por se sentir tão chateado e o desprezava por ainda estar solteiro sendo que se aproximava dos 40 anos de idade. Essa parte dele (que frequentemente desencadeava seu sistema de ameaça) tinha sido internalizada a partir de seus pais emocionalmente invalidantes (que não tinham atendido suas necessidades básicas de amor e apoio) e tinha ridicularizado todo tipo de conflito ou expressão emocional.

Métodos Criativos na Terapia do Esquema 295

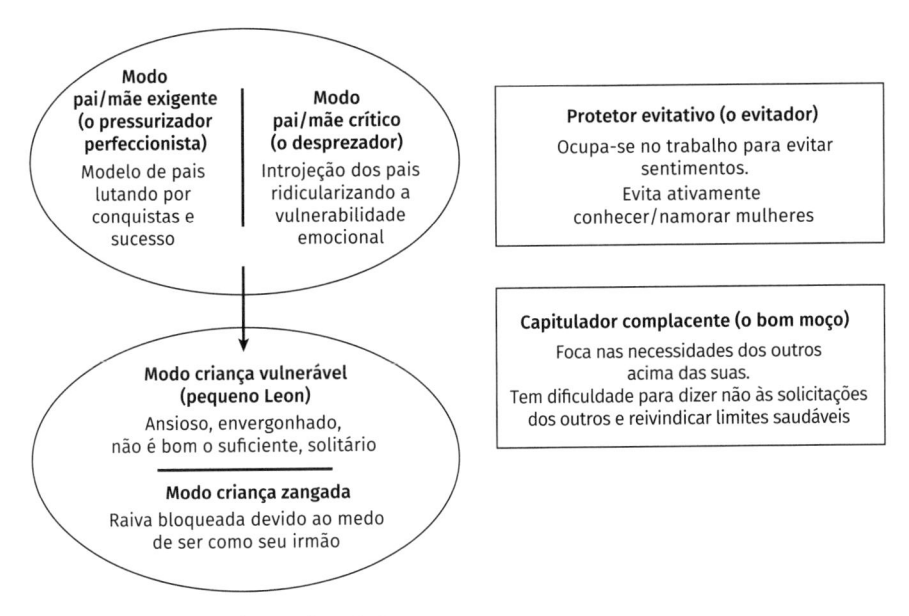

```
┌─────────────────────────────────────────┐      ┌─────────────────────────────────────┐
│     Modo                                │      │  Protetor evitativo (o evitador)    │
│  pai/mãe exigente      Modo             │      │  Ocupa-se no trabalho para evitar   │
│  (o pressurizador   pai/mãe crítico     │      │            sentimentos.            │
│   perfeccionista)   (o desprezador)     │      │          Evita ativamente           │
│   Modelo de pais    Introjeção dos pais │      │     conhecer/namorar mulheres       │
│    lutando por       ridicularizando a  │      └─────────────────────────────────────┘
│    conquistas e      vulnerabilidade    │
│      sucesso            emocional       │      ┌─────────────────────────────────────┐
└─────────────────────────────────────────┘      │  Capitulador complacente (o bom moço)│
                    │                            │   Foca nas necessidades dos outros   │
                    ▼                            │          acima das suas.             │
┌─────────────────────────────────────────┐      │ Tem dificuldade para dizer não às solicitações │
│      Modo criança vulnerável            │      │ dos outros e reivindicar limites saudáveis │
│         (pequeno Leon)                  │      └─────────────────────────────────────┘
│       Ansioso, envergonhado,            │
│     não é bom o suficiente, solitário   │
│                                         │
│       Modo criança zangada              │
│    Raiva bloqueada devido ao medo       │
│        de ser como seu irmão            │
└─────────────────────────────────────────┘
```

FIGURA 17.3 Mapa de modos de Leon.

O modo pai/mãe exigente de Leon, o qual ele chamou de pressurizador perfeccionista, alimentava o desprezador, lembrando-o constantemente de que ele deveria estar comprando uma casa, casando-se e começando uma família (Leon muitas vezes ficava preso em um sistema de busca de recursos e recompensas hiperativo). Ele sentia uma pressão incansável de provar a si mesmo e ao mundo que, além de ter alcançado o sucesso em sua vida profissional, ele também era "bem-sucedido" em sua vida pessoal. O modo pressurizador perfeccionista de Leon internalizou muitos dos valores e mensagens de seus pais, que não foram capazes de atender às suas necessidades de expectativas realistas e aceitação incondicional. Quando ele não fazia jus aos ideais de seus pais, eles se tornavam muito críticos, da mesma forma que agora, quando Leon não faz jus aos padrões inflexíveis do modo pressurizador perfeccionista, o modo desprezador entra rápido em cena. Seu modo pressurizador perfeccionista está constantemente tentando provar aos outros e a si mesmo que ele não é inútil e sem valor (um medo importante para Leon), com a consequência não intencional de que ele sente pressão constante para provar a si mesmo.

A vergonha por "não ter conquistas" em sua vida pessoal foi avassaladora e pesou tanto em Leon (Leon se referiu ao seu modo criança vulnerável como pequeno Leon) que ele mal estava saindo de casa, exceto para ir trabalhar. Seu sistema de ameaça estava crescendo e, antes de iniciar a terapia, ele não estava ciente de que precisava se engajar em seu sistema afiliativo/tranquilizante (e certamente não sabia como ativar esse sistema, devido à privação emocional quando criança) para melhor se sustentar. O rompimento tinha ativado esquemas (ou "ameaças/medos-chave" na TFC) no domínio de rejeição/desconexão, incluindo abandono, privação emocional e defectividade/vergonha, e o pequeno Leon estava se sentindo sobrecarregado com solidão e vergonha. No início da terapia, a raiva não estava dentro do repertório emocional de Leon, pois seu modo criança zangada estava bloqueado, o que fazia sentido dado que seu irmão mais velho era emocionalmente volátil e agressivo ao extremo. Leon tinha aprendido que não era seguro se conectar com a raiva (um de seus principais medos era tornar-se como seu irmão, "perder o controle" e ferir os outros, e ele tinha lidado com esse medo bloqueando sua raiva. Isso levou à consequência negativa não intencional de não estar totalmente conectado emocionalmente consigo mesmo ou de não ser capaz de estabelecer limites apropriados quando necessário). Ainda assim, o modo criança zangada foi desenhado em seu mapa de modos, pois sua raiva bloqueada seria importante no trabalho terapêutico e ele precisaria de seu adulto saudável (*self* compassivo) para ajudá-lo com isso.

Leon lidou com seus sentimentos em grande parte por meio de seu modo de enfrentamento protetor evitativo (ele o chamou de o evitador), que normalmente se manifestava suprimindo seus sentimentos pelo excesso de trabalho, mas também aparecia em sua evitação de voltar ao mundo do romance (na TFC, esses comportamentos do tipo evitativo seriam vistos como estratégias de enfrentamento em resposta aos medos-chave de ser emocionalmente sobrecarregado e rejeitado). Ele também tinha um forte modo capitulador complacente (chamado bom moço); por ser extremamente sensível ao conflito interpessoal, Leon sentia-se mais seguro suprimindo suas necessidades do que arriscando a tensão em seus relacionamentos (na TFC, isso seria visto como usar um comportamento submisso como uma estratégia de enfrentamento evoluída para gerenciar conflitos, com a consequência não intencional de deixá-lo subjugado e incapaz de formar relações recíprocas saudáveis). O modo bom moço também o levou ao excesso de trabalho, pois ele tinha grande dificuldade de estabelecer limites em torno das demandas dos outros em relação a ele (uma estratégia de enfrentamento em resposta aos medos de rejeição, com a consequência negativa não intencional do risco de *burnout*). As outras pessoas presumiam que Leon estava confiante e relaxado, dado que ele tinha um bom trabalho e socializava superficialmente com os colegas; no entanto, isso era, em grande parte, uma competência aparente que mascarava o quão difícil ele realmente estava achando funcionar e experienciar qualquer sentimento de prazer em sua vida.

Mindfulness

Leon foi introduzido ao *mindfulness* para cultivar uma maior consciência de sua mente e, em particular, dos tipos de "*loops* mentais" com os quais ele regularmente se deparava, e para aprender a se colocar no "aqui e agora". Com o tempo e a prática,

Leon tornou-se mais consciente do quanto seus pensamentos eram impulsionados pelo desprezador (pensamento do sistema de ameaça) e conseguiu ver como esse pensamento baseado em ameaças desencadeava suas emoções do cérebro antigo de vergonha e ansiedade (emoções baseadas em ameaça) que o transferiam para o modo pequeno Leon.

Leon e sua terapeuta exploraram as ligações entre seu modo desprezador e seu sistema de ameaça, e Leon passou a reconhecer como sua autocrítica ativava seu sistema de ameaça, inundando-o com hormônios do estresse e deixando o pequeno Leon se sentindo envergonhado e ansioso, alimentando ainda mais sua autocrítica. Ele também percebeu como o inverso podia acontecer – quando o pequeno Leon estava se sentindo muito deprimido ou ansioso (ativação do sistema de ameaça do cérebro antigo) seu modo desprezador assumia mais facilmente seu pensamento (novo cérebro), perpetuando seu sofrimento. Por meio da psicoeducação, Leon passou a entender que sua dificuldade de ter qualquer pensamento equilibrado quando no modo pequeno Leon se deve ao fato de que o sistema de ameaças influencia e deturpa as competências do novo cérebro, como mentalização, empatia e autorreflexão e que, nessas condições, a atenção age como um holofote, "iluminando" tudo o que confirma seus modos e esquemas.

A terapeuta de Leon lhe apresentou várias práticas de *mindfulness* com "atenção focada" (p. ex., sons, escaneamento corporal e respiração) para ilustrar como a atenção pode ser direcionada conscientemente. Ele também foi encorajado a desenvolver uma prática formal regular de *mindfulness* em casa para que pudesse praticar manter a atenção em um único ponto de foco (p. ex., a respiração), mudar a atenção por sua própria vontade (p. ex., movendo-se entre pontos de foco) e deixar de lado o julgamento (p. ex., quando sua mente começava a vagar). Depois de vários meses engajado em uma prática formal de *mindfulness*, Leon começou a notar quando ele estava se enredando em seus pensamentos e a redirecionar sua atenção. O objetivo principal era que o adulto saudável de Leon (*self* compassivo) tivesse uma metaconsciência de seu sistema de ameaças e percebesse e saísse dos *loops* em seu cérebro e trouxesse a consciência de volta ao "aqui e agora".

Estabilização da fisiologia

Há evidências crescentes de que uma série de práticas baseadas no corpo, como respiração controlada e ioga, possibilitam que o córtex frontal atue como regulador do sistema do eixo HHS e da amígdala, o que é central para o desenvolvimento da mente compassiva e do funcionamento do adulto saudável (Schmalzl et al., 2015)

A postura ajuda "o corpo a apoiar a mente" e pode gerar capacidade para tolerar o sofrimento. Nos estágios iniciais da terapia, a terapeuta de Leon mostrou ao seu adulto saudável (*self* compassivo) como apoiar o pequeno Leon usando técnicas *bottom-up*, como incorporar uma postura reflexiva de força, equilíbrio e confiança.

Primeiramente, ela o instruiu a fixar os pés no chão, levantar e alongar a coluna, relaxar os ombros e posicionar o corpo de uma maneira que refletisse confiança, estabilidade e abertura. Ela então o encorajou a imaginar que estava olhando para alguém de quem ele gostasse profundamente e manter essa expressão facial (ver Irons & Beaumont, 2017, para mais elaboração). Uma vez que Leon tivesse incorporado uma postura digna e alerta, sua terapeuta aumentava sua coerência fisiológica guiando-o para uma respiração rítmica tranquilizante. Com o tempo, o adulto saudável (*self* compassivo) de Leon sentiu-se confiante em saber o que ele precisava fazer para ajudar a estabilizar sua fisiologia e não precisou mais da orientação de sua terapeuta. Seu senso de ação ajudou a reduzir seus medos sobre ficar emocionalmente sobrecarregado e a ter fé em si mesmo de que ele tinha a sabedoria e as habilidades para intervir e ajudar a regular sua excitação emocional quando necessário.

Antes de qualquer habilidade prática ser introduzida, a terapeuta de Leon havia explicado a ciência por trás da respiração, incluindo o impacto que a respiração tem no sistema nervoso autônomo, no nervo vago e na variabilidade da frequência cardíaca. Entender a ciência da respiração aumentou a motivação de Leon para se envolver em práticas regulares de respiração entre as sessões. Ele se concentrou no ritmo e na suavidade quando praticava a respiração, e, com o tempo, reduziu sua frequência respiratória para entre cinco e seis respirações por minuto (ver Lin et al., 2014).

O olfato, o som e o tato também podem ser usados para estabilizar a fisiologia e apoiar a capacidade de compaixão. Certos sons e cheiros podem estimular nosso sistema de ameaças (p. ex., a sirene da polícia, o cheiro de queimado) e outros sons/cheiros podem estimular nosso sistema afiliativo/tranquilizante. Leon e sua terapeuta passaram um tempo explorando quais sons e cheiros melhoravam o senso de aterramento dele e poderiam, assim, apoiar o pequeno Leon, e eles levaram isso para a sala de terapia: por exemplo, queimando óleo de néroli em um difusor e colocando o som de um fogo crepitante ao se envolver em uma prática respiratória. Fora das sessões, Leon explorou de que forma tocar em diferentes texturas poderia ajudar a estimular seu sistema afiliativo/tranquilizante, o que traria conforto ao pequeno Leon em tempos de sofrimento, e ele passou a acariciar seu cão ao ritmo de sua respiração, o que tinha o benefício adicional de aumentar seu senso de afiliação e conexão.

Preparar um *kit*, por exemplo, com *flashcards* de instruções de respiração, objetos para tocar, sons para ouvir e cheiros para inalar pode ajudar os pacientes a acessar seu sistema afiliativo/tranquilizante. Quando o sistema baseado em ameaças do paciente é ativado (e a flexibilidade cognitiva diminui temporariamente), ele pode ser encorajado a usar esses recursos, o que pode aumentar a capacidade de funcionamento do adulto saudável.

Imagens baseadas em compaixão

Tanto a TE quanto a TFC utilizam imagens como intervenção terapêutica. Uma das principais funções do treinamento da mente compassiva (TMC) é estimular o sistema afiliativo/tranquilizante (p. ex., o sistema parassimpático, nervo vago), regular a fisiologia da ameaça e ajudar os pacientes a acessar qualidades de compaixão (p. ex., empatia, tolerância ao sofrimento). Na TE, queremos que o modo adulto saudável entenda esses propósitos para que possa apoiar melhor a criança vulnerável e, portanto, incentivamos os terapeutas a explicar isso aos seus pacientes de forma muito direta.

Existem vários exercícios de imagens que podemos usar para ativar o sistema afiliativo/tranquilizante e construir compaixão. Os terapeutas do esquema estão familiarizados com imagens de lugares seguros; no entanto, uma adição útil às instruções regulares é pedir aos pacientes que imaginem que seu lugar seguro tenha uma consciência carinhosa, apreciativa e amigável deles – que o "lugar" os acolhe e quer que eles estejam presentes para que ele possa apoiá-los e confortá-los. Nesse aspecto, as imagens de lugar seguro na TFC têm como objetivo estimular os aspectos fisiológicos e emocionais do sistema tranquilizante, ao mesmo tempo em que desenvolvem os aspectos afiliativos, carinhosos e relacionais (sistema de apego) com os quais esse sistema também está associado.

Para ajudar Leon a se conectar com o sentimento de ser cuidado e apoiado (e para engajar seu sistema afiliativo/tranquilizante, que pode oferecer um benefício adicional de combater seu esquema de privação emocional), a terapeuta lhe apresentou à prática do "outro compassivo ideal", ajudando-o a desenvolver a imagem de uma pessoa (ou ser) que tem certos aspectos-chave da compaixão (aqueles ligados à Figura 17.3 no início do capítulo), mas também, mais amplamente, sabedoria, força e comprometimento (ver Gilbert, 2009). Para ajudar Leon a desenvolver seu outro compassivo ideal, ele foi convidado a lembrar de alguém que tinha sido compassivo com ele no passado e a pensar sobre suas qualidades. Embora tenha sido difícil, ele se lembrou de um professor do nono ano que tinha sido paciente e gentil quando, devido à dislexia, ele teve dificuldades na aula de inglês. Ao lado dessas qualidades, Leon foi encorajado a imaginar seu outro compassivo ideal como tendo grande sabedoria. Ele entendia tudo o que Leon tinha passado, o que significava ser humano e como suas dificuldades não eram culpa dele. Além disso, esse outro compassivo ideal tinha uma aura de força e autoridade com uma confiança em sua capacidade de ajudar, mesmo quando Leon estava sofrendo muito. Finalmente, ele tinha uma profunda motivação para cuidar e apoiar Leon, não importando em que modo ele estivesse.

O outro compassivo ideal tem muitas das mesmas qualidades do bom pai/mãe proporcionadas na reparentalização limitada. Essa técnica de imagens pode ser uma maneira adicional de ajudar os pacientes a experienciar suas necessidades de apego sendo atendidas e de se sentirem seguros em momentos de sofrimento, regulando assim seu sistema de ameaça. Uma vez que o terapeuta tenha orientado um paciente a desenvolver seu outro compassivo, e a acessá-lo, é importante que ele ajude o paciente a fazer isso por si mesmo para garantir que ele esteja continuamente expandindo seu repertório de regulação emocional e suas habilidades de tolerância ao sofrimento a que o adulto saudável do paciente pode recorrer. Por exemplo, o adulto saudável pode ver a solidão de sua criança vulnerável e trazer à mente seu outro eu compassivo, a fim de dar à criança algum apoio extra além de conversar calorosa e gentilmente com o modo criança.

Desenvolvendo uma autoidentidade compassiva

A autoidentidade compassiva está enraizada em uma mente compassiva, e está ligada ao desenvolvimento de uma "parte" de si mesmo que é *sábia, forte e comprometida* (Gilbert, 2009, 2014). Ela tem sobreposições com o conceito budista de Boddhicita e Boddhisatva, e é fundamentada na motivação para desenvolver habilidades que podem facilitar as duas psicologias da compaixão – o engajamento com o sofrimento e o alívio habilidoso dele. Diante disso, é provável que ela apoie o desenvolvimento do modo adulto saudável, permita que este encontre e reduza o sofrimento da criança vulnerável e se envolva empática, mas assertivamente, com os modos pai/mãe. Isso pode ser feito de muitas maneiras. Uma delas é pelo uso de habilidades e técnicas comumente usadas pelos atores – por exemplo, usando memória, empatia, imaginação, observação e personificação para entrar dentro da mente e do corpo de uma parte deles (ou dos personagens) que tem sabedoria, força e comprometimento carinhoso.

 A primeira dimensão do *self* compassivo é a *sabedoria*. Aqui, a sabedoria é entender as causas do sofrimento e saber como aliviá-lo e preveni-lo (ligado às duas psicologias da compaixão). O *self* compassivo de Leon aprendeu a reconhecer que ele (como todo mundo) encontra-se aqui com um cérebro complicado, projetado para nós, não por nós, que ele (como todo mundo) pode facilmente ser pego em *loops* mentais e que ele (como todo mundo) teve experiências que o moldaram: por exemplo, frustração das necessidades básicas que levaram ao desenvolvimento de seus esquemas e modos (ou, usando a linguagem da TFC, reconhecer que ele teve experiências que não escolheu e que moldaram seu sistema de ameaça e levaram a temores internos e externos importantes, com os quais ele lidou desenvolvendo estratégias de proteção que levaram a consequências não intencionais, nenhuma das quais sendo culpa dele). Além disso, a sabedoria permitiu que o *self* compassivo de Leon compreendesse que o sofrimento faz parte da vida, e que ele faz parte de toda a raça humana que sofre por coisas como doença, luto, rejeição, decepções e morte (às vezes referidas como "choque de realidade"; ver Gilbert, 2009). Esses cernes de sabedoria ajudaram a aprofundar a compreensão do adulto saudável de

Leon de que o sofrimento não é culpa dele. Quando o adulto saudável consegue ter essa sabedoria em mente, essa é uma resposta muito poderosa ao julgamento do modo crítico punitivo e pode diminuir a vergonha da criança vulnerável. Além disso, quando os pacientes se sentem menos envergonhados, muitas vezes eles podem assumir mais facilmente a responsabilidade pelas dificuldades experienciadas na vida. Por exemplo, como Leon se sentiu menos envergonhado por suas emoções, ele estava mais aberto a aceitá-las e a se envolver em estratégias úteis de regulação das emoções.

A segunda qualidade de uma identidade compassiva é a *força*. Se o adulto saudável de Leon viesse a enfrentar o sofrimento do pequeno Leon, então qualidades como firmeza, estabilidade, determinação, resiliência, assertividade e confiança eram essenciais para ele permanecer ancorado. A força pode ser acessada a partir do corpo, então Leon foi encorajado a prestar atenção à sua postura e ao seu ritmo respiratório. Sua terapeuta também forneceu exemplos (o mergulhador de alto mar ou o ginasta, que entram em ação a partir de uma posição de estabilidade e equilíbrio), e imagens que representam uma base ou força (uma árvore com raízes profundas, ou uma montanha). É essencial que o modo adulto saudável (*self* compassivo) do paciente incorpore força para combater os modos dos pais e ganhar a confiança da criança e dos modos de enfrentamento protetores.

Sabedoria e força, no entanto, precisam ser integradas ao *compromisso* – de serem carinhosas, úteis, solidárias. O *self* compassivo quer aliviar o sofrimento e promover o bem-estar e o florescimento – tanto nos outros quanto em si mesmo. Essas mesmas motivações devem estar no cerne do adulto saudável. Leon teve dificuldade para adotar esse compromisso consigo. Isso é comum na TFC e forma um aspecto importante do trabalho terapêutico, que é identificar e trabalhar com medos, bloqueios e resistências à compaixão (ver Gilbert, 2010; Irons & Beaumont, 2017 para mais discussões). A terapeuta de Leon o ajudou a entrar em contato com o sentimento de cuidado-compromisso ao engajar um "fluxo" de compaixão (a TFC sugere que há três fluxos de compaixão: para os outros, dos outros e para o *self*) com o qual Leon estava mais familiarizado e confortável – para os outros. Sob sua orientação, Leon explorou como as qualidades do *self* compassivo podem se aproximar e se identificar com alguém que esteve passando por dificuldades e, a partir disso, ele começou a direcioná-las para si mesmo.

Embora explicar as três qualidades do *self* compassivo seja importante, os terapeutas devem ajudar os pacientes a se conectarem ao seu *self* compassivo por meio de imagens guiadas, a fim de garantir que a intervenção seja experiencial, não cognitiva, e para permitir que seu adulto saudável tenha um senso "experiencial" dessas qualidades. Assim como é preciso se molhar se quer aprender a nadar, as qualidades do *self* compassivo precisam ser experienciadas e desenvolvidas de maneiras criativas e via diferentes métodos e práticas (ver Irons & Beaumont, 2017).

INCORPORANDO O *SELF* COMPASSIVO EM ESTRATÉGIAS FUNDAMENTAIS DE MUDANÇA

Uma vez que os terapeutas do esquema tenham introduzido o TMC aos seus pacientes, o próximo estágio é ajudar os pacientes a se conectarem ao seu *self* compassivo para fortalecer seu modo adulto saudável (*self* compassivo) e apoiá-los no trabalho terapêutico, incluindo intervenções experienciais, cognitivas e comportamentais.

Técnica das cadeiras

O uso da técnica das cadeiras recebe bem a incorporação do trabalho com o *self* múltiplo da TFC, pois tanto a TE quanto a TFC buscam explorar como diferentes partes de um paciente pensam e se sentem sobre uma situação e o que cada parte precisa e quer fazer. Como explicado no início do capítulo, na TFC, o trabalho com o *self* múltiplo pode assumir muitas formas, inclusive focando-as em diferentes partes emocionais do *self* (p. ex., ansiosa, irritada, triste, envergonhada) e/ou motivos (p. ex., competitivo, carinhoso). Nesse sentido, a TFC usa esse exercício para explorar plenamente os modos criança vulnerável e zangada, e os terapeutas do esquema podem se beneficiar, às vezes, de separar o modo criança vulnerável em cadeiras que representam as diferentes emoções que estão dentro deste modo. Isso permite que tanto o terapeuta quanto o paciente percebam se há experiências emocionais excessivamente dominantes ou não exploradas (ver Irons & Beaumont, 2017). Isso foi muito útil para Leon, cujo *self* ansioso e envergonhado tendia a dominar quando falava da cadeira do pequeno Leon (especialmente quando explorava seus sentimentos sobre o término de seu relacionamento) e seu *self* triste era empurrado para longe e sua criança zangada (referida como *self* zangado na TFC), negada.

A prática da técnica das cadeiras foi uma característica comum do trabalho em que Leon e sua terapeuta se engajaram e foi usada muitas vezes para explorar seus sentimentos sobre o fato de Donna o deixar. O pequeno Leon era, muitas vezes, muito ansioso (isso é chamado de *self* ansioso na TFC) e tinha medo de nunca mais conhecer alguém. Seu modo desprezador o fez acreditar que ele era o culpado pelo afastamento de Donna, e seu pressurizador perfeccionista estava constantemente o lembrando de como sua vida deveria ser (p. ex., como ele deveria estar em um relacionamento), o que desencadeou muita vergonha (denominado *self* envergonhado na TFC). Leon achou muito mais difícil passar para seu *self* triste e zangado e teve que praticar a incorporação e a conexão com eles ao longo do tempo.

Por meio de questionamentos socráticos e da ajuda de seu *self* compassivo, Leon foi capaz de se envolver com seu modo adulto saudável e usar isso para apreciar suas dificuldades com suas partes emocionais, especialmente à luz de suas experiências iniciais. Por exemplo, ele reconheceu que a tristeza era uma emoção difícil, pois seu pai muitas vezes lhe dizia que "meninos grandes não choram" e que, para ele, a tristeza o deixava vulnerável e exposto. Em termos de raiva, Leon reconheceu que via a raiva como muito perigosa e destrutiva e que tinha memórias ligadas ao fato de seu irmão ser verbalmente e, às vezes, fisicamente violento. Durante o curso da terapia, Leon percebeu que internalizar ao invés de externalizar a raiva tinha sido um padrão durante toda a sua vida, pois seu *self* zangado frequentemente ativava o pequeno Leon (e, mais especificamente, seu *self* ansioso), que então o transformava no modo bom moço (uma estratégia protetiva de apaziguar os outros para evitar o medo de se conectar, expressar raiva e perder o controle).

Durante a técnica das cadeiras, Leon usou seu adulto saudável (*self* compassivo) para apoiar as diferentes partes emocionais do pequeno Leon, incluindo partes que estavam sub e hiper-reguladas. Além disso, seu adulto saudável (*self* compassivo) o ajudou a aceitar todas as partes de si mesmo, inclusive apoiando seu *self* ansioso para que aceitasse seu *self* zangado. Com o *self* compassivo (agindo como um porto seguro/base segura) apoiando-o a explorar todas as suas emoções relacionadas ao término, Leon começou a reconhecer que ele havia ficado paralisado com o fim de seu relacionamento em parte porque sua tristeza e raiva haviam sido bloqueadas. Com a capacidade crescente de explorar agora toda a gama de emoções humanas por meio de seu adulto saudável (*self* compassivo), Leon se tornou mais capaz de experienciar, processar e expressar suas emoções de maneiras valiosas para guiá-lo nas dificuldades da vida.

Com a ajuda de sua terapeuta, Leon aprendeu a acessar seu *self* compassivo a partir do corpo; ele fazia uma pausa, se envolvia na própria respiração tranquilizante e passava alguns momentos imaginando e incorporando as qualidades de seu *self* compassivo (sabedoria, força e compromisso). Ele se conectou com sua sabedoria, lembrando a si mesmo que todos os seres humanos tem problemas e que as dificuldades que ele estava tendo na vida não eram culpa dele. Ele então incorporou a força engajando sua respiração rítmica tranquilizante, fixando os pés no chão, levantando a coluna e adotando uma expressão facial de calma e confiança. Finalmente, ele olhou para as cadeiras representando as diferentes partes emocionais de seus modos criança (*self* ansioso, *self* triste, *self* envergonhado e *self* zangado) e conectou-se a um estado de cuidado-compromisso (facilitado ao trazer sua atenção para seu coração e estômago, que eram as áreas em seu corpo onde ele tinha um sentimento de cuidado-compromisso mais forte) para ser apoiador a todas as partes de si mesmo. Isso o permitiu regular a fisiologia de seu sistema de ameaça e a engajar a autoempatia. Isso o permitiu responder habilmente às diferentes partes emocionais dele e ver os problemas que enfrentava a partir de uma perspectiva mais equilibrada.

Leon descobriu que, quando ele se engajou com seu *self* compassivo e se voltou para o término do relacionamento, ele ficou bastante chocado com o que surgiu. Seu adulto saudável (*self* compassivo) pôde ver que, da mesma forma que Donna o tinha tratado muito mal pela maneira com que tinha terminado o relacionamento, ele também tinha sido infeliz durante seu tempo juntos. No entanto, ele não tinha sido capaz de expressar isso a Donna devido ao seu modo bom moço (sua estratégia protetora de suprimir raiva/insatisfação) e ele não conseguia sequer reconhecê-lo para si mesmo enquanto pequeno Leon (e especificamente o *self* ansioso e solitário) porque ele estava com muito medo de ficar sozinho (medo-chave de abandono). Seu adulto saudável (*self* compassivo) foi capaz de reconhecer que Donna tinha suas próprias dificuldades na vida e não era fácil para ela compartilhar seus sentimentos, mesmo com sua família e amigos. Nesse sentido, ele pôde ver que havia razões compreensíveis pelas quais ela tinha terminado as coisas do jeito que o fez. Junto disso, o adulto saudável (*self* compassivo) de Leon sentiu-se motivado (em parte porque passou algum tempo explorando no que seu *self* zangado pensava e sentia) para entrar em contato com Donna e para comunicar assertivamente que a maneira como ela tinha terminado o relacionamento tinha sido pouco atenciosa em relação a ele.

Reescrita de imagens

Leon também se sentiu mais bem posicionado para apoiar o pequeno Leon durante a reescrita de imagens. O trabalho que ele havia feito em torno do compromisso com seu bem-estar – e, em particular, da sabedoria – permitiu que ele fosse mais aberto e sensível ao sofrimento do pequeno Leon. Além disso, ele agora poderia incorporar a figura paterna sábia e forte que o pequeno Leon nunca havia experienciado, e começou a depender menos de sua terapeuta para reparentalizar o pequeno Leon. O adulto saudável de Leon – ligado diretamente ao seu *self* compassivo – também tinha mais confiança em ajudar o pequeno Leon em tempos de angústia avassaladora e muitas vezes o treinava para estabilizar sua respiração, respirando junto a ele com palavras de bondade e apoio. Ele foi capaz de dizer ao pequeno Leon que suas dificuldades não eram culpa dele.

Trabalho cognitivo

Quando Leon começou a terapia, ele se identificava demais com seus pensamentos. No entanto, durante o TMC, seu adulto saudável (*self* compassivo) passou a entender que a evolução nos programou a ter pensamentos enviesados focados na ameaça para garantir a sobrevivência. Desenvolver sabedoria na compreensão da natureza evoluída do pensamento foi o primeiro passo que Leon precisava para cultivar o pensamento compassivo e equilibrado.

Ao longo da TE, Leon também percebeu que o modo desprezador se alimentava do foco baseado em ameaças, que também foi perpetuado por ser incapaz de satisfazer as exigências inflexíveis de seu modo pressurizador perfeccionista. Além disso, muitos de seus esquemas (medos-chave "internos" na linguagem da TFC), como defectividade/vergonha e negatividade e pessimismo, também perpetuaram esse tipo de atenção baseada em ameaças. A capacidade de pensamento equilibrado foi aumentada quando Leon foi capaz de se conectar com seu *self* compassivo para ajudá-lo a regular sua fisiologia com um ritmo de respiração tranquilizante, assim trazendo à tona seu córtex pré-frontal. Isso permitiu que o foco de seu pensamento fosse aberto e amplo, bem como menos repetitivo e ruminativo. À medida que se conectava ao seu *self* compassivo, o conteúdo de seus pensamentos também começou a mudar de pensamentos negativos baseados em ameaças para pensamentos sustentados pelo cuidado, afeto e compaixão. Finalmente, sua intenção mudou de punição (modo desprezador) para suporte (modo adulto saudável).

Leon frequentemente era puxado de volta para o pensamento que não ajudava baseado em ameaças, mas, usando suas habilidades de *mindfulness*, regulação fisiológica e *self* compassivo, ele agora tinha uma maneira de sair disso. Com o tempo, ele começou a notar que estava ruminando menos e gastando menos tempo em seu modo evitador. Ele refletiu que se tornou mais capaz de tolerar estar ocioso e atribuiu isso a ter se tornado menos temeroso e, portanto, menos evitativo de sua própria mente.

O *self* compassivo e o trabalho comportamental

Fortalecer o modo adulto saudável estabelecendo comportamentos que permitam aos pacientes atenderem suas necessidades já é um elemento importante da TE, especialmente na fase posterior do trabalho.

O comportamento compassivo tem muitas faces, mas uma que muitas vezes é negligenciado é a coragem de enfrentar algo difícil. A terapeuta de Leon enfatizou a importância da coragem, refletindo que um bom pai/mãe apoia seu filho a enfrentar o mundo, mesmo quando possa parecer assustador fazê-lo, e uma identidade forte e compassiva funciona da mesma maneira. Leon usou seu *self* compassivo para se engajar em se expor gradualmente a situações que ele considerava provocadoras de ansiedade, como se afirmar em situações interpessoais (diminuindo assim a força tanto do evitador quanto do bom moço) e para ficar consciente de seu desejo por relacionamentos e conexão (as necessidades do pequeno Leon e seu adulto saudável).

Talvez o passo mais significativo para Leon tenha sido convidar Lucy, uma mulher de quem ele havia se tornado amigo por meio de seu clube do livro, para sair. O trabalho com o *self* múltiplo que Leon tinha feito em torno de seu término com Donna o ajudou a lamentar esse relacionamento e permitiu que ele se abrisse para a possibilidade de namorar novamente. Ainda assim, convidar Lucy para sair exigiu que Leon tivesse coragem e força (qualidades de compaixão que ele estava integrando a seu modo adulto saudável) para ser vulnerável e arriscar a rejeição, e, apesar disso o assustar, ele reconheceu que o medo era uma parte central de ser humano, em vez de ser algo vergonhoso ou fraco nele. Além disso, seu adulto saudável (*self* compassivo) foi capaz de regular suas emoções baseadas em ameaças (por meio de *mindfulness*, ritmo de respiração tranquilizante e imagens) para que ele não ficasse paralisado pela ansiedade e/ou entrasse no modo evitador (estratégia protetora de se distanciar de seus sentimentos). Ele reconheceu que, conforme o pequeno Leon se sentia menos desestabilizado por emoções intensas, ele se sentia mais seguro dentro de seu próprio corpo e mente, e isso lhe deu a base de que ele precisava para ser corajoso. O relacionamento com Lucy não deu certo, mas, no momento em que a terapia terminou, Leon já havia estado em dois outros encontros e estava se sentindo muito mais esperançoso de que seu futuro *self* encontraria o amor novamente.

RESUMO

Fortalecer o modo adulto saudável é um dos objetivos mais importantes da TE. Ajudar os pacientes a desenvolver uma mente compassiva pode ser visto como uma forma potencial (de muitas) de se fazer isso. A TE é uma abordagem integrativa e, à medida que a TE e a TFC/TMC continuam a evoluir, os terapeutas do esquema têm uma oportunidade rica e estimulante de explorar como o TMC pode potencializar seu trabalho, especialmente na promoção de um modo adulto saudável forte, resiliente e compassivo.

Dicas para os terapeutas

1. Introduza a psicoeducação desde cedo, especialmente choques de realidade sobre como e por que sofremos para fortalecer a sabedoria.
2. Introduza regulação fisiológica durante os estágios iniciais da terapia para ajudar a construir a capacidade funcional do adulto saudável.
3. Divirta-se criando um *kit* do sistema afiliativo/tranquilizante.
4. Não importa se os pacientes não pensam que possuem qualidades compassivas, concentre-se em incentivá-los a imaginar como seria se eles as tivessem.
5. Dê tanta ênfase a coragem e força quanto a bondade e afeto quando for discutir compaixão.
6. Durante os exercícios com *self* múltiplo, aproveite para explorar cada emoção dentro do modo criança vulnerável, mesmo que uma ou mais emoções não sejam imediatamente óbvias. Além disso, explore a relação que cada emoção tem com as outras.
7. Durante a técnica das cadeiras, encoraje o paciente a tirar alguns minutos para praticar seu ritmo de respiração tranquilizante e conectar-se à sabedoria, à força e ao comprometimento de seu *self* compassivo quando for ocupar pela primeira vez a cadeira do adulto saudável.

OBSERVAÇÃO

1. Para uma descrição abrangente das habilidades para o Treinamento da Mente Compassiva (TMC), consulte Gilbert (2009); Irons e Beaumont (2017).

REFERÊNCIAS

Arntz, A. & Jacob, G. (2013). *Schema Therapy in Practice: An Introductory Guide to the Schema Mode Approach*. Chichester: Wiley-Blackwell.

Depue, R.A. & Morrone-Strupinsky, J.V. (2005). A neurobehavioural model of affiliative bonding. *Behavioural and Brain Sciences, 28*, 313–395.

Gale, C., Gilbert, P., Read, N. & Goss, K. (2012). An evaluation of the impact of introducing compassion focused therapy to a standard treatment programme for people with eating disorders. *Clinical Psychology and Psychotherapy* advance online publication DOI: 10.1002/cpp.1806.

Gilbert, P. (1998). The evolved basis and adaptive functions of cognitive distortions. *British Journal of Medical Psychology, 71*, 447–463.

Gilbert, P. (2009). *The Compassionate Mind*. London: Constable & Robinson.

Gilbert, P. (2010). *Compassion Focused Therapy: Distinctive Features*. London: Routledge.

Gilbert, P. (2014). The origins and nature of compassion focused therapy. *British Journal of Clinical Psychology, 53*(1), 6–41.

Gilbert, P. & Irons, C. (2005). Focused therapies and compassionate mind training for shame and self-attacking. In: P. Gilbert (Eds), *Compassion: Conceptualisations, Research and Use in Psychotherapy* (pp. 263–325). Hove: Routledge.

Gilbert, P. & Procter, S. (2006). Compassionate mind training for people with high shame and self-criticism: A pilot study of a group therapy approach. *Clinical Psychology and Psychotherapy, 13*, 353–379.

Irons, C. & Beaumont, E. (2017). *The Compassionate Mind Workbook. A Step-by-step Guide to Developing Your Compassionate Self*. London: Robinson.

Laithwaite, H., Gumley, A., O'Hanlon, M., Collins, P., Doyle, P., Abraham, L. & Porter, S. (2009). Recovery after psychosis (RAP): A compassion focused programme for individuals residing in high-security settings. *Behavioural and Cognitive Psychother- apy, 37*, 511–526.

LeDoux, J. (1998). *The Emotional Brain: The Mysterious Underpinnings of Emotional Life*. New York: Simon and Schuster.

Lin, I.M., Tai, L.Y. & Fan, S.Y. (2014). Breathing at a rate of 5.5 breaths per minute with equal inhalation-to-exhalation ratio increases heart rate variability. *International Journal of Psychophysiology, 91*(3), 206–211.

Lucre, K. & Corten, N. (2012). An exploration of group compassion-focused therapy for personality disorder. *Psychology and Psychotherapy: Theory, Research and Practice, 86*(4), 387–400.

Panksepp, J. (1998). *Affective Neuroscience*. New York: Oxford University Press.

Schmalzl, L., Powers, C. & Blom, E.H. (2015). Neurophysiological and neurocognitive mechanisms underlying the effects of yoga-based practices: toward a comprehensive theoretical framework. *Frontiers in Human Neuroscience, 9*, 1–19.

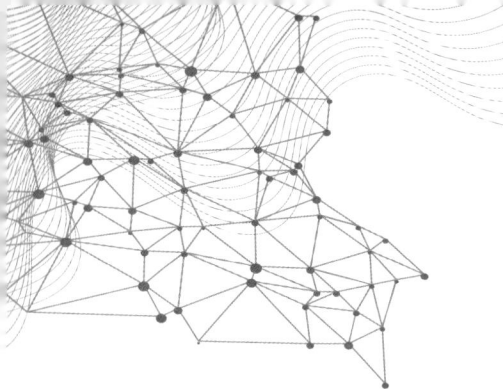

18

Construindo o adulto saudável no contexto de transtornos alimentares
Uma abordagem de modos esquemáticos e da terapia focada nas emoções para anorexia nervosa

Anna Oldershaw
Helen Startup

HISTÓRICO SOBRE A ANOREXIA NERVOSA

A anorexia nervosa (AN) é um transtorno alimentar (TA) caracterizado pela restrição alimentar motivada por preocupações com peso, formato do corpo, alimentação e peso corporal normal (American Psychological Association [APA], 2013). O baixo peso é alcançado pela adoção de hábitos alimentares disfuncionais para restrição severa da ingesta alimentar, o que geralmente inclui tanto a restrição de quantidades, quanto dos tipos de alimentos consumidos. Isso pode ocorrer juntamente com exercícios físicos excessivos e intensos ou comportamentos de purga (p. ex., vomitar ou tomar laxantes).

A incidência anual de AN no Reino Unido é de aproximadamente 14 casos por 100.000 mulheres (Micali et al., 2013). Ao longo da vida, cerca de 4% das mulheres e 0,24% dos homens são afetados pela AN (Smink et al., 2013). Entre meninas, o pico de idade do início do transtorno é de 15 a 25 anos; entre meninos, é de 10 a 14 anos (Micali et al., 2013). A AN tem as maiores taxas de mortalidade entre todos os transtornos psiquiátricos (Smink et al., 2013) e está associada a comorbidades significativas. Aproximadamente três quartos dos adultos com AN têm transtornos comórbidos do Eixo I (Herzog et al., 1992), e cerca de um terço experiencia transtornos da personalidade comórbidos, o que está associado a desfechos de tratamento mais desfavoráveis (Link et al., 2017). Os sintomas de TA estão particularmente relacionados aos sintomas de transtornos de personalidade, incluindo relações instáveis, instabilidade afetiva, sentimento de vazio, perturbações da identidade, raiva inadequada, dissociação/paranoia e comportamento suicida (Miller et al., 2019).

TRATAMENTO DA AN

No Reino Unido, o National Institute for Health and Care Excellence (NICE, 2017) sugere que o tratamento de escolha para adultos com AN está na terapia da fala. No entanto, a AN é notoriamente considerada "difícil de tratar", e ensaios clínicos randomizados indicam que tratamentos de pacientes não ambulatoriais não ultrapassam os resultados uns dos outros ou de comparações de controle no pós-terapia ou no *follow-up*, com efeitos pequenos e não significativos de mudança (Watson & Bulik, 2013). Evidências emergentes sugerem que a intervenção precoce melhora os resultados (McClelland et al., 2018); no entanto, isso pode ter aplicação limitada para aqueles com comorbidades significativas ou que possuam a psicopatologia há mais tempo. Assim, intervenções que facilitam uma maior mudança são cruciais (Bulik, 2014; Startup et al., 2015).

AJUSTANDO O FOCO DOS HOLOFOTES CLÍNICOS: DIFICULDADES EMOCIONAIS E ESQUEMAS PARA PESSOAS COM AN

Entre a complexidade e os riscos físicos inerentes ao trabalho com alguém com AN, pode ser difícil manter uma intervenção psicológica específica, o que resulta em longos processos terapêuticos com focos que mudam rapidamente. Acredita-se que intervenções psicológicas aprimoradas para apresentações complexas sejam alcançadas focando em um modelo central e que seja bem definido com apenas um processo-chave de suposta manutenção. Essas intervenções, teoricamente, podem ter um impacto subsequente mais amplo na sintomatologia primária dentro de um prazo razoável (cf. priorizando preocupações, sono e autoestima para efetuar mudanças em sintomas psicóticos; Freeman et al., 2015). Propomos um reajuste de foco de atenção semelhante ao trabalhar com a AN, especificamente, direcionado a um "*self* emocional", como descrito a seguir em nossa conceitualização SPEAKS (de *Specialist Psycotherapy with Emotion for Anorexia in Kent and Sussex*). Neste capítulo, descrevemos o modelo teórico SPEAKS e delineamos processos de mudança clínica propostos, descrevendo as principais influências da terapia focada nas emoções (TFE) e da terapia do esquema (TE) na facilitação dessa mudança.

UM MECANISMO PSICOLÓGICO CENTRAL NA AN

Dificuldades emocionais

Um desenvolvimento importante e promissor para os modelos de TA é a inclusão das dificuldades com as emoções (Sala et al., 2016). De fato, a evitação emocional e os comportamentos submissos são preditores dos desfechos clínicos pós-tratamento (Oldershaw et al., 2018). Na SPEAKS, entendemos as emoções como respostas aprendidas ou inatas aos nossos estímulos externos ou internos que nos informam sobre os ambientes imediatos, nossas relações e nossas necessidades. As emoções têm sido descritas como o maestro de uma orquestra interna do *self*, dirigindo funções cognitivas, comportamentais, fisiológicas e sociais (Oldershaw et al., 2015). As dificuldades em processar e regular emoções são relevantes para muitos transtornos psicológicos, incluindo TAs (Aldao et al., 2010) e são significativas no desenvolvimento e na manutenção da AN (Treasure & Schmidt, 2013). Revisões sistemáticas indicam que pessoas com AN experienciam dificuldades na consciência emocional, incluindo alexitimia e pouca clareza emocional (Oldershaw et al., 2015). Existe um padrão de hiper-regulação da emoção baseado predominantemente em estratégias desadaptativas (Oldershaw et al., 2015), incluindo a extrema prevenção/evitação de gatilhos emocionais e a supressão da emoção, particularmente, para evitar conflitos interpessoais.

Emoção e esquemas na AN

Na AN, sugerimos que as experiências iniciais de vida moldam o desenvolvimento de esquemas que deixam o paciente vulnerável a experienciar as emoções como avassaladoras e confusas. Em termos da TE, esquemas desadaptativos se desenvolvem quando as necessidades básicas não são atendidas sistematicamente. Pessoas com AN atribuem a si mesmas escores significativamente maiores do que os controles em todas as subescalas de esquemas, com maiores diferenças para defectividade/vergonha, isolamento social, subjugação, dependência/incompetência e inibição emocional. Os esquemas afetam as relações adultas, pois são como "lentes" através das quais se interpretam as motivações e intenções dos outros, organizando comportamentos subsequentes (Lavender & Startup, 2018). Se as experiências iniciais de vida incluíram ser emocionalmente subjugado e sobrecarregado pelas necessidades de um pai/mãe, por exemplo, então será quase impossível se sintonizar a suas próprias emoções e experiências internas e expressá-las livremente. Pode ter sido adaptativo se sintonizar com as flutuações emocionais do pai/mãe para "se manter seguro" ou "ser aceito", com a exigência resultante de lidar com a própria emoção esmagadora por "entorpecimento" da experiência emocional, rendendo-se à crença de que as emoções não são "necessárias" ou "de valor" (possivelmente, por meio de um deslocamento para um lado "intelectual" de si mesmo), ou esmagando a emoção por meio de estilos de enfrentamento hipercompensadores, como perfeccionismo, preocupação e procrastinação (Startup et al., 2013). Tais estratégias de enfrentamento afastam o paciente ainda mais de uma noção clara do "*self* emocional", favorecendo a visão dos outros, e perpetuando esquemas como defectividade/vergonha, subjugação, isolamento social, e dependência/incompetência.

O MODELO TEÓRICO DA AN NA SPEAKS

A SPEAKS argumenta que o ciclo de evitação emocional e seu impacto no desenvolvimento e na percepção de um "*self* emocional" central são cruciais para o tratamento. Se não podemos acessar nossas experiências emocionais *bottom-up* porque buscamos evitar a experiência emocional ou porque, essencialmente, dedicamos ou privilegiamos a experiência dos outros, nós teremos dificuldade para navegar pelo mundo, por nós mesmos e nos relacionamentos. Não conseguimos nos conectar com informações e necessidades emocionais importantes. Em suma, estamos sem um condutor emocional interno para nos guiar (nosso senso emocional do *self* [Oldershaw et al., 2019]).

O MODELO INTEGRATIVO DE MUDANÇA NA SPEAKS

A conceitualização sobre mudança na SPEAKS baseia-se na compreensão terapêutica e na prática da TE ao lado da TFE. A TFE baseia-se na premissa de que a emoção é fundamental para a autoconstrução e deve ser articulada em narrativas com nossas "partes do *self*" para promover a mudança (Angus & Greenberg, 2011). Da mesma forma, a TE repousa no princípio da multiplicidade do *self*, com o *self* sendo composto por uma série de "partes" que interagem entre si (Pugh, 2020). No coração do *self* na TE está a vulnerabilidade central (a criança vulnerável [CV]) e esquemas desadaptativos associados e necessidades não atendidas, com outras partes do *self* tentando expressar sofrimento (como a criança zangada) ou manejar essa dor (como por meio de modos de enfrentamento). É claro desde o início que a TFE e a TE traçam paralelos em termos de sua abordagem terapêutica como um modelo que considera a pessoa por inteiro e valoriza a compreensão de como o *self* é construído, incluindo como partes do *self* (ou modos) podem interagir.

As emoções são entendidas como significativas tanto na TFE quanto na TE, por informar o indivíduo de uma necessidade, de um valor ou de um objetivo importante que pode ser avançado ou prejudicado em uma situação. Portanto, sua relevância para a conceitualização da SPEAKS sobre a AN é clara. A TE adota uma postura relacional de reparentalização limitada para apoiar isso, que é simplesmente o envolvimento da relação terapêutica como veículo ativo de mudança, se esforçando, até certo ponto (daí o "limitada"), para atender às necessidades não atendidas do paciente no momento presente. A TFE utiliza a relação terapêutica para facilitar os princípios fundamentais da mudança emocional (consciência, regulação da expressão, reflexão, transformação e experiência emocional corretiva), entendendo que "a única saída é atravessar" (Pascual-Leone & Greenberg, 2007). A TFE entende as emoções como representações de diferentes "níveis" de experiência. Muitas vezes, as pessoas começam uma terapia com "emoções secundárias", difusas, vagas ou secundárias às questões centrais; elas não estão diretamente ligadas a uma necessidade central não atendida. A emoção secundária é importante, porque representa o estado emocional atual do paciente e requer sintonia e validação, mas conectar-se com essa emoção é visto como uma forma de ir além dela. As emoções primárias são mais centrais para a mudança terapêutica e representam uma oportunidade de se conectar com necessidades não atendidas, geralmente, com origens no desenvolvimento. Elas se apresentam de uma das duas formas: representando padrões emocionais "travados" (talvez úteis no passado, mas agora desadaptativos) relacionados aos modos de enfrentamento, os quais interferem nos relacionamentos e objetivos de vida, ou fornecendo informações importantes que dão acesso às necessidades principais e a respostas comportamentais apropriadas (Elliott et al., 2004).

Ambas as abordagens buscam entender como um indivíduo aprendeu a lidar com sua "dor central" e quais os custos dessa forma de lidar. Na TE, isso pode se dar por meio da resignação, da evitação ou da hipercompensação em relação a esquemas desadaptativos centrais. Na TFE, isso é conceitualizado como "bloqueios" para a experiência e as necessidades emocionais básicas colocados por partes do *self* que atuam como treinadores, críticos ou guardas.

UMA CONCEITUALIZAÇÃO DE MAPA DE MODOS DA SPEAKS

O modelo de tratamento SPEAKS captura o princípio central da multiplicidade do *self* a partir de um mapa de modos idiossincrático da AN (Talbot et al., 2015). Os modos típicos de AN incluem: o *self emocional* ou a CV, que, em AN, é muitas vezes parcialmente dissociado e às vezes não verbal. Esse modo é tipicamente silenciado ou condenado por um modo crítico (muitas vezes com características tanto exigentes quanto críticas) ou "gerenciado" por meio de alguns dos modos de enfrentamento centrais de TA, como o "hipercontrolador" mantendo o controle rígido de forma comportamental (via perfeccionismo) ou de forma cognitiva (via preocupação, ruminação, obsessão), um "protetor desligado" que entorpece ou inibe a emoção em um nível superficial, ou um "protetor de autoalívio" que transforma a emoção manifesta em algo diferente (p. ex., compulsão alimentar e vômito, uso de drogas, álcool ou outras atividades). A heterogeneidade da AN é tal que pode haver diversos modos esquemáticos relevantes, que são nomeados e integrados à conceitualização. De fato, na TFE, acredita-se que as partes do *self* surgem a partir da orientação e acompanhamento do paciente em seus processos emocionais e são idiossincráticas ao indivíduo. No modelo SPEAKS, reconhecemos que existem "partes" ou modos comuns que surgirão.

O adulto saudável (AS), mesmo que subdesenvolvido e não integrado, é considerado absolutamente fundamental para o modelo de mudança da SPEAKS e é nomeado e trabalhado desde o início. Uma premissa central dessa forma de trabalho é que acessar a dor central por meio do processo de remoção de bloqueios à emoção e fazer contato com a experiência emocional leva a uma reorganização do indivíduo; há um senso emergente de *self* que gradualmente aprende a "tomar as rédeas" e ser guiado por esse novo material emocional com autoagência – o maestro da orquestra (AS).

Muitas vezes, acredita-se que as pessoas com AN têm problemas para se expressar ou têm dificuldades de compreensão imaginativa. Portanto, a SPEAKS busca trazer ativamente a atenção e a compreensão do paciente a essas partes dentro do mapa de modos. Além disso, a SPEAKS busca incentivar a própria exploração "*bottom-up*" e a conceitualização do *self* do paciente. Por essa razão, brinquedos são usados para permitir que o paciente "construa" seu mapa. Os brinquedos são escolhidos pelo paciente, e as escolhas exploradas com o terapeuta. Os terapeutas questionam e comentam sobre a natureza dos brinquedos e suas qualidades para aprofundar a compreensão do paciente sobre os atributos associados às suas partes e convidar o paciente a construí-los juntos na forma que escolherem. A Figura 18.1 é um exemplo de um mapa de modos projetado pelo paciente usando brinquedos. O *self*/CV é um pequeno brinquedo de borracha que é maleável e não pode se sentar nem ficar em pé. O *self* crítico é um dragão e foi colocado pelo paciente para ficar sobre a CV, com a boca aberta, perpetuamente crítica. Há um modo de enfrentamento capitulador complacente na forma de um cão de olhos inocentes, submisso às necessidades dos outros, e um macaco protetor desligado que pode esmagar a emoção com seu punho cerrado. O protetor de autoalívio parece brincalhão e é, portanto, sedutor, mas facilita formas prejudiciais de comportamento que distraem e bloqueiam a emoção. Por fim, a boneca escolhida para o AS representa força, ação e raiva assertiva, mas foi colocada o mais longe possível, porque se sente distante e fora de alcance, atualmente indisponível para o paciente.

MECANISMOS DE MUDANÇA NA CONSTRUÇÃO DO ADULTO SAUDÁVEL

A abordagem de tratamento SPEAKS é um modelo baseado em processos divididos em cinco fases delineadas em um "guia" para terapeutas. Cada fase é descrita em ter-

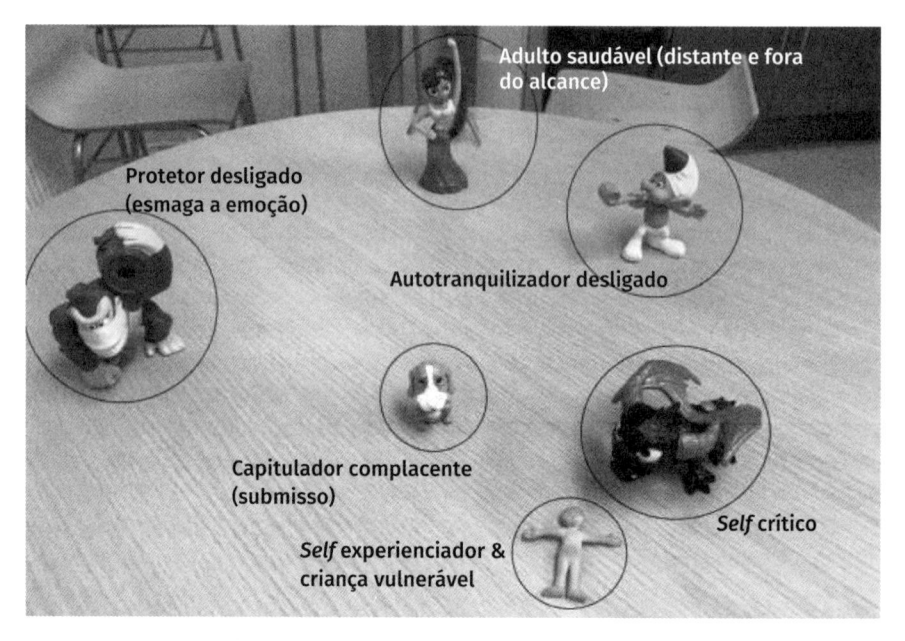

FIGURA 18.1 Mapa de modos representado com brinquedos selecionados pelo paciente para ilustrar modos.

mos de suas metas, de acordo com o estágio do tratamento, e do mecanismo de mudança conjecturados (ou seja, os processos de mudança pelos quais essa meta pode ser alcançada). Existem "tarefas" terapêuticas projetadas para facilitar os mecanismos de mudança, cada uma associada a "indicadores" dentro da sessão para destacar sua relevância. Os indicadores clínicos descrevem para os terapeutas se uma fase foi totalmente trabalhada, mas se reconhece que os pacientes podem avançar e retroceder ao longo das fases. A abordagem do guia foi projetada para respeitar a habilidade clínica e as experiências trazidas pelos terapeutas e oferecer-lhes flexibilidade na forma como abordam o material a depender de cada paciente, ao mesmo tempo em que fornecem uma estrutura central clara em termos de uma formulação e um processo coerente de mudança dentro dos quais se possa trabalhar.

No centro da abordagem está o acesso e a ativação das emoções dentro de uma relação terapêutica segura e validadora e, em última instância, a sua transformação por meio de uma conexão com necessidades e emoções adaptativas para construir e fortalecer o AS. Resumindo, isso é alcançado trabalhando-se com: (1) bloqueios para vulnerabilidade/emoções centrais para facilitar sua expressão e processamento e (2) a integração desse material emocional em uma autorreorganização para gerar um senso central do *self* – o adulto saudável. A Figura 18.2 ilustra o processo de mudança conjecturado da SPEAKS.

Métodos Criativos na Terapia do Esquema 315

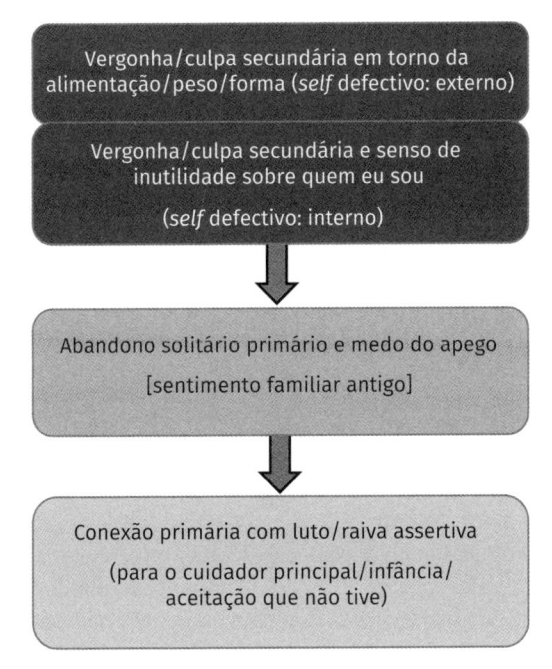

```
┌─────────────────────────────────────────────┐
│ Vergonha/culpa secundária em torno da       │
│ alimentação/peso/forma (self defectivo: externo) │
└─────────────────────────────────────────────┘
┌─────────────────────────────────────────────┐
│ Vergonha/culpa secundária e senso de        │
│ inutilidade sobre quem eu sou               │
│ (self defectivo: interno)                   │
└─────────────────────────────────────────────┘
                    ↓
┌─────────────────────────────────────────────┐
│ Abandono solitário primário e medo do apego │
│ [sentimento familiar antigo]                │
└─────────────────────────────────────────────┘
                    ↓
┌─────────────────────────────────────────────┐
│ Conexão primária com luto/raiva assertiva   │
│ (para o cuidador principal/infância/        │
│ aceitação que não tive)                     │
└─────────────────────────────────────────────┘
```

FIGURA 18.2 O processo de mudança emocional hipotético da SPEAKS

A seguir, descrevemos o percurso completo na SPEAKS de uma paciente chamada Jemma.[1] Apenas uma ou duas tarefas pertinentes são descritas em cada fase, mas a intervenção global envolveria várias tarefas com foco em um mecanismo de mudança e/ou repetindo a mesma tarefa com o aprofundamento da experiência emocional e da conexão com as necessidades. O modelo teórico da SPEAKS é baseado em evidências (Oldershaw et al., 2019), e a tradução clínica preliminar descrita está sob investigação empírica por meio de um teste de viabilidade.

FASE 1

A fase inicial da SPEAKS concentra-se na construção de uma relação terapêutica na qual as emoções temidas possam surgir com segurança. Busca-se, provisoriamente, ajudar a pessoa a construir uma narrativa que se afasta da ênfase no comer, no peso e na forma, como as questões centrais, e se leva a considerar contextos mais amplos e as emoções associadas. O terapeuta demonstra desde o início a prática de "seguir" (seguir a dor para descobrir o processo emocional do paciente) e "orientar" (aprofundar o contato emocional orientando o paciente em direção a emoções não verbalizadas "apontadas" pelo paciente). Como descrito, um objetivo central da SPEAKS é "seguir a dor" para construir conexão com o mundo emocional e aprofundar esse entendimento (Pos & Greenberg, 2007).

O terapeuta está constantemente ouvindo tanto as emoções quanto as partes do *self* à medida que emergem. Formas da voz crítica emergem cedo, como a voz do transtorno alimentar provocando culpa e vergonha em torno da imagem corporal e da comida. Outras partes podem incluir modos de enfrentamento: um protetor desligado ou um modo complacente bloqueando o acesso à emoção vulnerável central. Estas podem ser nomeadas e conceituadas. As cisões relacionadas à ansiedade são comuns, por meio das quais a ansiedade (como um processo de emoção secundária) está bloqueando outras formas de processos emocionais. Para quem tem AN, muitas vezes, vemos uma cisão motivacional, na qual parte do *self* quer mudar, mas outras partes não querem ou estão muito assustadas, e estas se cancelam, deixando a pessoa se sentindo muito paralisada. Aos poucos, pela exploração e a resposta empática, o terapeuta ajuda o paciente a mapear essas partes do *self*, chamando atenção do paciente para elas à medida que emergem. Isso pode então ser "ilustrado" para o paciente usando o mapa de modos e o trabalho com cadeiras para representar essas partes/modos ou convidando o paciente a escolher e organizar brinquedos (veja o mapa de modo de Jemma na Figura 18.1). O terapeuta responde às emoções da paciente com empatia e compreensão, ligando-as a sua nova narrativa. Isso é essencial para a construção de relacionamento e confiança, especialmente, dado os altos níveis de vergonha prevalentes para esse grupo de pacientes. Uma relação legitimadora e fortemente empática oferece o início de uma "experiência emocional corretiva" que estabelece as bases para o restante da terapia.

FASE 2

Jemma estava ansiosa quando a terapia começou e consumida pela culpa sobre a quantidade de comida que estava ingerindo. Seu crítico de TA disse a ela que ela era gorda, preguiçosa e não merecia comer ou ficar bem. Ela falou sobre ter que colocar as necessidades dos outros (sua mãe e irmã) em primeiro lugar (capitulador complacente) e que não havia espaço para ela (nem para seus sentimentos). Em uma sessão, Jemma descreveu o que aconteceu quando ela tentou seguir seu novo plano alimentar, e a parte do TA tornou-se muito ativa e vívida. A terapeuta, primeiramente, usou a técnica das cadeiras para desacelerar as coisas e aumentar a metaconsciência da relação entre essas partes do *self* da paciente. Ela convidou Jemma a usar a cadeira para diferenciar essa parte de TA do *self* e iniciar um diálogo, permitindo assim a exploração do impacto emocional disso. Quando Jemma voltou para a cadeira da "experienciadora" (a parte dela que está recebendo essas emoções, colaborativamente chamada "pequeno *Self*"), ela inicialmente concordou com a voz do transtorno alimentar e as coisas críticas que ela lhe disse. Ao concentrar sua atenção, em vez disso, no impacto emocional de ouvir essas declarações críticas, Jemma foi capaz de começar a descrever mais plenamente a culpa e a vergonha que experienciou e como isso a impediu de fazer mudanças.

A conexão com essas emoções iniciais não foi uma tarefa fácil ou breve. Como descrito, esse grupo de pacientes acha particularmente difícil, avassalador e ameaçador se conectar à experiência emocional e, portanto, são "hiper-regulados" em sua experiência emocional. É fundamental que o terapeuta apoie a conexão do paciente com a experiência emocional e evite que ele experimente um nível de experiência "cognitivo", ou somente na sua mente (indicando uma mudança para um modo de enfrentamento), que pode fazer com que a tarefa pare. Nesse caso, a terapeuta ofereceu validação empática e, gentilmente, ajudou Jemma a explorar a experiência corporal "sentida" de vergonha e culpa, aprofundando sua experiência emocional (ver Parte I, Capítulo 3). A terapeuta entendeu essa culpa e vergonha sobre comida, alimentação e peso como muito reais e demandantes de validação para Jemma, mas como secundárias à dor central mais profunda da qual ela acreditava que Jemma estava se protegendo por meio do uso de seu TA e outros modos de enfrentamento.

FASE 3

A fase 3 inicia quando o paciente começa a ir além das emoções secundárias e do foco no TA para se diferenciar em emoções primárias mais profundas. No início, essas emoções geralmente refletem antigos sentimentos travados ligados aos esquemas centrais e aos padrões relacionais (p. ex., vergonha, culpa e desvalor do *self*, e abandono solitário; ver Figura 18.2). Como descrito nos termos da SPEAKS, é pela conexão com essas experiências emocionais primárias e necessidades associadas que o AS pode emergir, facilitando uma mudança nas experiências comportamentais e relacionais.

Aos poucos, ao trabalhar com a parte de TA do *self*, Jemma começou a revelar um crítico mais amplo, aquele que lhe disse que ela nunca era boa o suficiente para os outros, sempre decepcionaria os outros e nunca alcançaria nada. A terapeuta viu isso como um sinal de que a experiência emocional do pequeno *Self* da paciente havia se aprofundado e que ela estava começando a acessar experiências emocionais mais primárias refletindo o esquema central. Neste caso, isso significava emoções que se relacionavam a uma sensação de desvalor, não se sentindo apreciada ou aceita dentro da família. Isso foi bastante sutil para Jemma e equivalia a um senso de se sentir diferente da mãe e da irmã, mas estar desesperada para ser verdadeiramente aceita por elas. Mais uma vez, a terapeuta usou o trabalho de duas cadeiras para explorar a experiência emocional provocada por essa parte crítica. Quando Jemma mudou para a cadeira da experiência, seu pequeno *Self* começou a vocalizar uma sensação de abandono, solidão e medo de que ela pudesse ser rejeitada pelos outros. Nessa fase, outro lado emergiu, o capitulador complacente, que colocou as necessidades dos outros em primeiro lugar e suprimiu suas próprias emoções por medo de perder as outras pessoas. Isso foi entendido como um bloqueio para permitir e aprofundar emoções e acessar processos emocionais "saudáveis", o que poderia ajudar a transformar esses velhos padrões emocionais e interpessoais presos. A terapeuta novamente usou a técnica das cadeiras, dessa vez com o capitulador complacente bloqueando suas necessidades emocionais e dizendo a Jemma: "Você deve sempre fazer o que os outros querem, caso contrário eles não vão amá-la". Aos poucos, elas começaram a entender a parte experienciadora do *self* (pequeno *Self*) como uma criança vulnerável, que tinha pouca voz e um mundo emocional mal desenvolvido. A terapeuta respondeu em um tom empático, reparentalizador e tranquilizante, de acordo com a pouca idade de desenvolvimento do *self* vulnerável neste momento. A terapeuta mostrou compromisso em se conectar com esse lado do *self* de forma sensível e não intrusiva, permitindo que os medos de abandono e apego fossem profundamente sentidos e expressos.

Para aprofundar ainda mais os sentimentos de abandono solitário, enquanto Jemma estava sentada em sua cadeira de criança vulnerável, ela foi gentilmente guiada a fechar os olhos e elaborar a experiência dessas emoções pelo seu corpo com sondagens gentis como: "Onde você sente essa solidão em seu corpo?", "Como ela é?", e então "Você pode aumentar os sentimentos?... Sei que é difícil... mas você poderia ficar e fazer os sentimentos de solidão e tristeza encherem seu corpo?". A técnica da "ponte de afeto" (ver Parte I, Capítulo 2) foi usada para apoiar Jemma a "soltar" qualquer pensamento atual e deixar sua mente vagar até encontrar uma memória no início de sua vida com um "sabor" emocional semelhante. Jemma descreveu vividamente e com forte emoção uma lembrança de ser deixada ao lado da rua observando enquanto seus pais brigavam agressivamente no centro da cidade. Anteriormente, ela só havia expressado vergonha sobre esse evento, mas, agora, sentimentos de abandono e desespero emergiram associados a ter que acalmar e confortar sua própria mãe após a briga. Jemma descreveu um profundo desespero e perda, porque ninguém estava do lado dela, ninguém podia ver suas necessidades. A terapeuta gentilmente pediu permissão para "entrar" na imagem (uma maneira comum de trabalhar nas sessões com a qual Jemma estava acostumada), e Jemma pediu que ela ficasse na imagem entre ela e sua mãe. Como pode ser o caso nesse tipo de trauma relacional, pode ser demais perguntar à criança na imagem do que ela precisava no momento; pode ser muito desafiador para a relação cuidador-filho da qual, é claro, se dependia na época. Em vez disso, o principal é atender às necessidades do paciente nas imagens. Nesse caso, com a orientação de Jemma e as sugestões da terapeuta, Jemma foi retirada da situação pela terapeuta e levada para a casa de sua tia, um lugar onde ela muitas vezes se sentia ouvida, segura e cuidada.

Em uma sessão posterior, Jemma identificou esse trabalho como sendo fundamental para colocá-la em contato com a emoção/dor (desolação, desespero, abandono, tristeza) sob a vergonha, para vincular isso à necessidade não atendida (de ser parentalizada e tudo o que isso envolve, em vez de parentalizar os outros) e aprender que essa dor básica poderia ser respondida com validação, bondade e tranquilização. Ficou claro, portanto, a partir da ponte de afeto que o abandono solitário da criança vulnerável foi mais fortemente sentido em relação à mãe e suas necessidades não atendidas de individuação, validação emocional e cuidado. A terapeuta procurou ajudar Jemma a entender esses elos e, em seguida, gentilmente, sugeriu usar a técnica da cadeira vazia para se conectar mais e transformar essa dor básica. A partir da experiência de imaginar sua mãe na cadeira à sua frente e descrever a falta de conexão e aceitação que sentia, Jemma foi capaz de experienciar sua vergonha e abandono no contexto da relação materna em que se originaram. Uma vez que as emoções foram ativadas, a terapeuta encorajou Jemma a dizer à mãe do que ela precisava. A expressão das necessidades de aceitação, proteção e amor incondicional à mãe introjetada imaginada na cadeira vazia imediatamente desencadeou uma sensação de luto; uma profunda sensação de perda da infância e dos cuidados maternais que ela desejava, mas nunca teve. Ela começou a reconhecer e processar seu profundo desejo por essa relação. Ao personificar sua mãe, Jemma explorou sua resposta de surpresa e também sua indignação, sua resposta de que ela tinha dado o seu melhor. Jemma foi capaz de responder ainda mais à sua mãe com um sentimento de raiva assertiva de que ela era a criança e de que ela merecia mais, representando assim o início do AS no contexto desta relação-chave de desenvolvimento.

FASE 4

Na Fase 4, o paciente chegou na sua dor central e trabalhou para transformá-la. Ele está agora começando a conectar sua experiência emocional transformada a formas alternativas intra e interpessoais de responder que refletem um senso de *self* mais resiliente e integrado (Pos & Greenberg, 2007), ou seja, dirigido pelo AS. Isso pode envolver a definição de limites em relacionamentos, como a expressão ou a afirmação saudável de suas próprias necessidades. A experiência intrapessoal de autocompaixão muitas vezes emerge aqui. Anteriormente, Jemma não sentia que merecia compaixão, e que seus sentimentos e necessidades não mereciam ser ouvidos. A partir do processo de conexão com sua dor central e suas necessidades não atendidas, Jemma começou a considerar que ela poderia merecer compaixão. A menos que surja naturalmente mais cedo, a autocompaixão é diretamente abordada no processo terapêutico da SPEAKS mais tarde do que em algumas outras terapias. Para este grupo de pacientes em particular, que demonstram modos de enfrentamento tão fortes de capitulador complacente e protetor desligado, esses bloqueios para a autocompaixão devem ser pelo menos parcialmente superados antes que o paciente possa realmente começar a acreditar e "sentir" que ele pode merecer compaixão. Uma vez que o paciente tenha verdadeiramente acessado e experienciado um senso da dor central de sua criança vulnerável, ele é capaz de começar a mostrar compaixão pela dor, mesmo que não esteja pronto para mostrá-lo a si mesmo de forma mais plena ou em termos mais gerais. Além disso, a autocompaixão é dirigida a partir do AS; portanto, essa parte do *self* deve estar emergindo para que a compaixão seja expressa autenticamente de uma forma que se conecte a uma "sensação vivida" pelo paciente. Tal autovalidação conectada e explícita fortalece ainda mais o AS e consolida a base para novas formas de navegar o *self*, as relações e o mundo.

O trabalho de autocompaixão nesse caso foi integrado à técnica da cadeira vazia com a mãe, descrito na Fase 3. A tarefa foi realizada mais de uma vez. Assim que a emoção foi ativada, o AS compassivo foi introduzido para confortar a criança em luto em um trabalho com duas cadeiras. A experiência dessa autorregulação e compaixão aprofundou a conexão da paciente com suas necessidades emocionais, que passaram a ser sentidas como validadas e merecidas. Isso deu mais voz ao AS e assim o fortaleceu.

FASE 5

Ao final da terapia (cerca de nove meses do início), Jemma estava em um relacionamento estável com um novo namorado. Ela tinha procurado uma mudança de local de trabalho para reduzir seu deslocamento; algo há muito desejado, mas não tentado por medo do que seu gerente poderia pensar. Jemma relatou que ela foi capaz de mostrar compaixão genuína por sua mãe, não uma compaixão ansiosa por "sentir que devia", que é como ela refletia sobre seus sentimentos anteriores. Essa visão mais equilibrada também significou que ela foi capaz de dar um passo atrás e construir suas próprias necessidades e limites para o relacionamento.

Essa fase final da terapia SPEAKS foca na relação terapêutica chegando ao fim. Tanto o terapeuta quanto o paciente falam sobre os sentimentos que isso traz, o que se ganhou por meio dessa conexão nutritiva, bem como sobre a tristeza e a perda pela aproximação do final do trabalho. É comum que velhas formas de lidar ressurjam nesta fase, à medida que a ansiedade da separação é enfrentada. Isso é normalizado e a dor emocional subjacente é comunicada/explorada, validada e atendida com compaixão. Às vezes, na porção final da terapia, as sessões são diminuídas gradualmente, ou o fim é estendido, e ocasionalmente os pacientes voltam para "recarregar". Também podemos dar um objeto transicional ou um lembrete do tempo passado juntos – como todas as relações são diferentes, todos os finais precisam ser gerenciados individualmente, com flexibilidade, consideração e cuidado. Uma tarefa fundamental é a escrita de cartas, do terapeuta ao paciente e também do paciente ao terapeuta. Essas são lidas um para o outro em sessão e apresentam um resumo do processo de ambas as perspectivas. Do ponto de vista do terapeuta, não é uma carta clínica, mas uma das últimas maneiras de se conectar com seu paciente, de um ser humano para outro. O terapeuta é encorajado a refletir sobre seus próprios processos emocionais e expressar seus próprios sentimentos primários, saudáveis e autênticos em resposta ao final da terapia, como sua tristeza de que ele não verá mais o paciente e/ou sua alegria por ter tido esse tempo e ter testemunhado o processo e a mudança.

CONCLUSÃO

Em conclusão, a SPEAKS é um modelo integrador baseado em processos e baseado em técnicas da TFE e da TE. A integração da TFE proporciona à SPEAKS um foco central na emoção e na diferenciação de camadas de emoções, das secundárias às primárias, até o acesso à dor central. Os modos de enfrentamento adicionam à conceitualização de cada caso e à compreensão do padrão de enfrentamento de um indivíduo. Os modos de enfrentamento são vistos em grande parte como "bloqueios" à experiência emocional desenvolvidos por razões compreensíveis, mas que, em última análise, negam a oportunidade de resolver a dor central. A SPEAKS procura entender colaborativamente e moderar gradualmente esses modos de enfrentamento para que a dor central do paciente possa ser sentida e, finalmente, atendida por seu AS. A SPEAKS considera o AS não como um modo distinto, mas, sim, um senso psicologicamente saudável de um *self* central, que emerge durante a terapia e trabalha para ouvir e entender todos os outros modos em jogo. De fato, uma premissa central é que o acesso à dor básica leva a uma subsequente autor-reorganização do indivíduo, de tal forma que um senso emergente de *self* pode "assimilar" boas informações emocionais e necessidades associadas saudáveis, ser guiado por elas e agir sobre elas.

Dicas para os terapeutas

1. Algo central na SPEAKS, extraído tanto da TFE quanto da TE, é que os terapeutas devem "seguir a dor". Isso significa acompanhar de perto a experiência emocional e guiar para a dor central. É útil ter isso em mente ao observar e esperar por um foco na sessão; além disso, tente "pousar" no trabalho mais emocionalmente evidente.
2. Na técnica das cadeiras, tente focar no processo e na emoção e não se envolver demais no conteúdo narrativo.
3. Esteja atento aos bloqueios às emoções e ao progresso em geral. Considere que estes podem incluir os próprios bloqueios do terapeuta relacionados à sua experiência emocional, esquemas e modos à medida que apresenta dificuldades em seguir a dor central de seu paciente.
4. O trabalho requer um elemento de "coragem", às vezes dando um palpite ou usando de suas emoções experienciadas para sugerir o que o paciente pode estar sentindo. Realizado de forma questionadora e provisória no contexto de uma forte relação terapêutica, os pacientes relatam que isso é útil. Mesmo que o tera-

peuta esteja errado, isso pode ajudar o paciente a lembrar de verificar e "chegar" no sentimento real e criar uma sensação de conexão, à medida que terapeuta e paciente aprendem a ouvir e sentir suas necessidades fundamentais.

OBSERVAÇÃO

1. O material apresentado é escrito de forma a proteger a confidencialidade do paciente, e exemplos de sessão são compósitos de diálogos terapêuticos com vários pacientes.

REFERÊNCIAS

Aldao, A., Nolen-Hoeksema, S. & Schweizer, S. (2010). Emotion-regulation strategies across psychopathology: A meta-analytic review. *Clinical Psychology Review, 30*, 217–237.

American Psychological Association (APA). (2013). *Diagnostic and Statistical Manual of Mental Disorders.* Washington, DC: APA.

Angus, L.E. & Greenberg, L.S. (2011). *Working with Narrative in Emotion-Focused Therapy: Changing Stories, Healing Lives.* Washington, DC: American Psychological Association.

Elliott, R., Watson, J.C., Goldman, R.N. & Greenberg, L.S. (2004). *Learning Emotion-Focused Therapy: The Process-Experiential Approach to Change.* Washington, DC: American Psychological Association.

Freeman, D., Dunn, G., Startup, H., Pugh, K., Cordwell, J., Mander, H. … Kingdon, D. (2015). Effects of cognitive behaviour therapy for worry on persecutory delusions in patients with psychosis (WIT): A parallel, single-blind, randomised controlled trial with a mediation analysis. *The Lancet Psychiatry, 2*(4), 305–313.

Herzog, D.B., Keller, M.B., Sacks, N.R., Yeh, C.J. & Lavori, P.W. (1992). Psychiatric comorbidity in treatment-seeking anorexics and bulimics. *Journal of the American Academy of Child & Adolescent Psychiatry, 31*(5), 810–818.

Lavender, A. & Startup, H. (2018). Personality disorders. In S. Moorey & A. Lavender Eds.. *The Therapeutic Relationship in Cognitive Behavioural Therapy.* London: SAGE.

Micali, N., Hagberg, K.W., Petersen, I. & Treasure, J.L. (2013). The incidence of eating disorders in the UK in 2000–2009: Findings from the General Practice Research Database. *British Medical Journal Open, 3*, e002646.

Miller, A.E., Racine, S.E. & Klonsky, E.D. (2019). Symptoms of anorexia nervosa and bulimia nervosa have differential relationships to borderline personality disorder symptoms. *Eating Disorders*, 1–14.

National Institute for Health, and Care Excellence [NICE]. (2017). *Eating Disorders: Recognition and Treatment: NICE Guideline [NG69].* London: National Institute for Health and Care Excellence.

Oldershaw, A., Lavender, T., Sallis, H., Stahl, D. & Schmidt, U. (2015). Emotion generation and regulation in anorexia nervosa: A systematic review and metaanalysis of self-report data. *Clinical Psychology Review, 39*, 83–95.

Oldershaw, A., Lavender, T. & Schmidt, U. (2018). Are socio-emotional and neuro-cognitive functioning predictors of therapeutic outcomes for adults with anorexia nervosa? *European Eating Disorders Review, 26*, 346–359.

Oldershaw, A.V., Startup, H. & Lavender, T. (2019). Anorexia nervosa and a lost emotional self: A clinical conceptualisation of the development, maintenance and psychological treatment of anorexia nervosa. *Frontiers in Psychology, 10*, 219.

Pos, A.E. & Greenberg, L.S. (2007). Emotion-focused therapy: The transforming power of affect. *Journal of Contemporary Psychotherapy*, 37(1), 25–31.

Pugh, M. (2020). *Cognitive Behavioural Chairwork*. Abingdon: Routledge.

Sala, M., Heard, A. & Black, E.A. (2016). Emotion-focused treatments for anorexia nervosa: A systematic review of the literature. *Eating and Weight Disorders*, 21, 147–164.

Smink, F.R., van Hoeken, D. & Hoek, H.W. (2013). Epidemiology, course, and outcome of eating disorders. *Current Opinion in Psychiatry*, 26, 543–548.

Startup, H., Lavender, A., Oldershaw, A., Stott, R., Tchanturia, K., Treasure, J. & Schmidt, U. (2013). Worry and rumination in anorexia nervosa. *Behavioural and Cognitive Psychotherapy*, 41(3), 301–316.

Startup, H., Mountford, V., Lavender, A. & Schmidt, U. (2015). Cognitive behavioural case formulation in complex eating disorders. In N.J. Tarrier Ed., *Case Formulation in Cognitive Behaviour Therapy: The Treatment of Challenging and Complex Cases*. Hove: Routledge), 239–264.

Talbot, D., Smith, E., Tomkins, A., Brockman, R. & Simpson, S. (2015). Schema modes in eating disorders compared to a community sample. *Journal of Eating Disorders*, 3(1), 41.

Treasure, J. & Schmidt, U. (2013). The cognitive–interpersonal maintenance model of anorexia nervosa revisited: A summary of the evidence for cognitive, socio-emotional and interpersonal predisposing and perpetuating factors. *Journal of Eating Disorders*, 1(1), 13.

Watson, H.J. & Bulik, C.M. (2013). Update on the treatment of anorexia nervosa: Review of clinical trials, practice guidelines and emerging interventions. *Psychological Medicine*, 43, 2477–2500.

O estudo de intervenção e viabilidade SPEAKS é uma pesquisa independente decorrente de uma Bolsa Acadêmica de Clínica Integrada – Leitorado Clínico concedida a AO (ICA-CL-2015-01-005) apoiada pelo National Institute for Health Research and Health Education England. As opiniões expressas nesta publicação são das autoras e não necessariamente do NHS, do National Institute for Health Research, Health Education England ou do Department of Health.

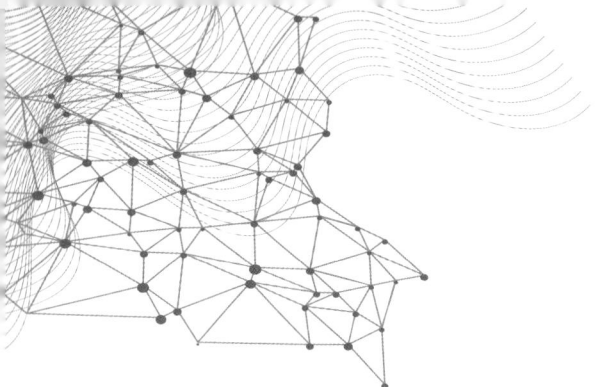

19

Trabalho breve
TCC baseada em esquemas

Stirling Moorey
Suzanne Byrne
Florian Ruths

VISÃO GERAL DO CAPÍTULO

Este capítulo é voltado, sobretudo, para terapeutas cognitivo-comportamentais (TCC) que buscam integrar ideias e técnicas da terapia do esquema (TE) em seu trabalho, para melhorar a eficácia do tratamento. Primeiramente, ele explora algumas maneiras pelas quais os métodos de TE, como a técnica das cadeiras usando "diálogos de modos", podem ajudar a superar entraves na TCC padrão. Em seguida, considera como a compreensão das necessidades emocionais não atendidas do paciente pode enriquecer a conceituação de casos crônicos e resistentes ao tratamento e orientar a terapia. Uma formulação baseada em esquemas pode permitir ao terapeuta introduzir a reescrita de imagens, a reparentalização limitada e a confrontação empática dentro da estrutura da TCC. Essa abordagem é ilustrada por uma descrição de caso de terapia com um paciente deprimido. A última seção do capítulo discute a praticidade da aplicação de ideias da TE em serviços de emergência voltados para intervenções breves.

Esquemas na TCC e na TE

Os esquemas se tornaram um componente central da teoria da TCC desde que Beck formulou pela primeira vez seu modelo cognitivo para depressão (Beck, 1963, 1964). No modelo de Beck, um esquema é uma estrutura hipotética para dar sentido ao mundo, para "triagem, codificação e avaliação de estímulos impactantes" (Beck, 1964, p. 562). Os esquemas são muitas vezes resumidos como regras ou crenças (por exemplo, se eu cometer um erro, sou um inútil; devo ser sempre amado). Quando essas regras são aplicadas de forma inflexível e hipergeneralizada, elas predispõem a dificuldades psicológicas. Jeffrey Young trabalhou com Beck, mas ficou insatisfeito com a aplicabilidade da terapia cognitiva aos transtornos da personalidade, em parte porque sua forte ênfase em crenças não parecia fazer justiça à complexidade emocional dos pacientes que ele estava tratando. Seus esquemas iniciais desadaptativos (EIDs) se diferem dos esquemas de Beck de várias maneiras. Em primeiro lugar, há uma descrição de desenvolvimento e etiologia mais explícita do que leva a um EID: um esquema desadaptativo é formado quando as necessidades emocionais básicas da infância não são atendidas. Por exemplo, a falta de validação e as constantes críticas dos pais levam a um *esquema de defectividade/vergonha*, enquanto a separação forçada pode afetar o apego e levar a um *esquema de abandono*. Em segundo lugar, o EID é visto como compreendendo não apenas cognições, mas também emoções, memórias e sensações corporais. Todos esses componentes normalmente vêm à superfície como uma "avalanche" de experiências, o que explica os altos níveis de estimulação frequentemente associados à ativação do esquema. Young destaca algumas maneiras pelas quais os EIDs podem sabotar a TCC tradicional (Young et al., 2003, pp. 23-24).

1. Uma aliança terapêutica positiva pode ser difícil de se construir se os pacientes tiverem esquemas no domínio desconexão e rejeição: por exemplo, esquemas de abandono, desconfiança/abuso.
2. Pode ser difícil identificar metas específicas se os pacientes têm esquemas no domínio autonomia e desempenho prejudicados: por exemplo, dependência, emaranhamento/*self* subdesenvolvido.
3. Os pacientes podem ter dificuldade de acessar e verbalizar cognições e emoções se tiverem esquemas no domínio orientação para o outro: por exemplo, subjugação, autossacrifício.
4. Os pacientes podem ter dificuldade de cumprir as tarefas de casa se tiverem esquemas no domínio limites prejudicados: por exemplo, arrogo/grandiosidade, autocontrole/autodisciplina insuficientes.

Pode-se adicionar a essa lista a desconexão emoção-razão comumente encontrada, em que os pacientes conseguem ver a irracionalidade de suas crenças, mas não conseguem evitar de se sentir mal, indignos de amor ou indefesos. O modelo de Young argumentaria que essa incompatibilidade surge porque os componentes emocionais, somáticos e de memória dos esquemas não são suficientemente abordados na TCC tradicional. Técnicas da TE podem ser usadas para lidar com alguns desses problemas que levam a impasse ou ruptura da aliança terapêutica na TCC.

Um importante desenvolvimento na TE foi o conceito de modos de esquema. Como descrito na introdução, um modo de esquema é um termo organizador para entender os vários esquemas que podem estar ativos em um determinado momento. Em pessoas com transtorno da personalidade emocionalmente instável, certos esquemas tendem a se unir em modos que se repetem: a *criança vulnerável*, a *criança zangada*, o *pai/mãe punitivo* e o *protetor desligado*. Os indivíduos podem alternar entre esses estados do *self*, e isso explica as rápidas mudanças de afeto e comportamento em relação ao terapeuta dentro da sessão. Pessoas com transtorno da personalidade carecem de um modo adulto saudável bem desenvolvido, que representa a internalização da regulação emocional e a tranquilidade necessária para equilibrar os outros modos. A formulação de modos adiciona uma compreensão dinâmica à conceitualização cognitiva mais estática do modelo de desenvolvimento de Beck, que funciona melhor para os transtornos da personalidade do tipo C, em vez de transtornos da personalidade do tipo B. Esses estados do *self* separados são apenas uma forma extrema do que todos nós experienciamos: todos nós temos um modo criança vulnerável no qual nos sentimos inadequados, defeituosos, abandonados, indignos de amor, etc., e todos nós empregamos modos de enfrentamento em que hipercompensamos ou evitamos para proteger nosso *self* vulnerável. Abordar esses modos pode ajudar a desbloquear obstáculos na terapia.

Embora a TE de longo prazo tenha provado sua eficácia para transtornos da personalidade (ver Jacob Arntz, 2013), a TCC continua sendo o tratamento de escolha para transtornos de ansiedade, depressão e transtornos alimentares (NICE, 2004a,b,c, 2005a,b, 2013). É muito cedo para dizer que uma forma pura de TE para esses transtornos é tão eficaz quanto a TCC (veja, por exemplo, a revisão por Taylor et al., 2017). No entanto, alguns dos princípios da TE podem incrementar a TCC em casos que não respondem ao tratamento padrão.

APLICAÇÕES DOS PRINCÍPIOS DA TE NA TCC

Superação de bloqueios na TCC

A estrutura da terapia e a colaboração em TCC contribuem muito para prevenir a ativação de esquemas em pacientes que não possuem psicopatologias significativas de personalidade. Há uma agenda clara, metas claras e o paciente é um parceiro ativo no processo de mudança (Moorey, 2014, pp. 128-129). Isso reduz as chances de má interpretação e permite que a terapia seja focada nos problemas em vez de no relacionamento. Por exemplo, a postura colaborativa aberta da TCC pode aumentar a confiança em alguém com um esquema de desconfiança/abuso, para quem o foco na interpretação e na associação livre, por parte de um terapeuta psicodinâmico, pode aumentar a suspeita. Apesar disso, os esquemas ainda são acionados e, às vezes, pode haver resistência às técnicas de mudança utilizadas na TCC. Um exemplo comum é o não cumprimento das tarefas de casa. Em transtornos de ansiedade, isso envolve relutância em se engajar em experimentos comportamentais para testar medos e, na depressão, é expresso pela não realização de tarefas de ativação comportamental.

Existem várias maneiras pelas quais a TCC negocia essas rupturas de aliança (ver Moorey & Lavanda, 2018), mas os métodos da TE nos permitem ir além destes para trabalhar em um nível mais vívido emocionalmente. Conceitualizando em termos de modos, por exemplo, podemos dizer que a não realização da tarefa de casa vem do modo protetor desligado que atua para proteger o modo criança vulnerável (que contém esquemas como defectividade/vergonha, fracasso, vulnerabilidade ao dano/doença ou dependência/incompetência). A partir da técnica das cadeiras, o terapeuta pede ao paciente para encenar o lado dele que está dizendo que a mudança é muito arriscada. O terapeuta então dialoga com o modo protetor desligado, validando com compaixão (reconhecendo que o modo está fazendo o seu melhor para manter a criança vulnerável segura) e perguntando ao protetor o que a criança teme. Um dos pressupostos aqui é que a criança vulnerável está "ouvindo". No diálogo, o terapeuta utiliza o material da análise cognitiva com maior custo-benefício para dissipar os medos e reforçar os benefícios de executar o plano de ação/tarefa de casa. Por meio desse diálogo com ênfase nas emoções, o terapeuta tranquiliza a criança vulnerável e combate os medos específicos. Um exemplo de caso está descrito a seguir.

EXEMPLO DE CASO DE UM DIÁLOGO DE MODO: ANNA

Anna era uma mulher de 30 anos de idade que apresentava depressão recorrente e dificuldades nos relacionamentos. Ela teve episódios passados de transtorno de pânico e ingestão compulsiva de bebida alcoólica. Sua mãe tinha sido emocionalmente negligente e seu pai tinha sido o principal cuidador, mas ele morreu quando ela tinha dez anos. Anna descreveu-se como alguém que "sabotava" relacionamentos íntimos: ela mantinha seus sentimentos contidos e não expressava suas necessidades, mas isso a levava a se sentir frustrada e ressentida, e então ela explodia com raiva. Ela tinha alguns amigos próximos, mas interpretava qualquer atitude como uma crítica difícil de lidar. Como consequência, ela se retirava e ficava ruminando. A terapia consistia em TCC padrão para depressão com agendamento de atividades e reestruturação cognitiva. À medida que os temas surgem no início da terapia, a terapeuta fazia ligações entre estratégias compensatórias de longo prazo de Anna e experiências passadas (p. ex., padrões excessivos, afastamento de relacionamentos, entorpecimento via consumo excessivo de bebida alcoólica). O conceito de "Anna saudável" foi introduzido e serviu como um conceito organizador para promover comportamentos saudáveis, como se exercitar, beber menos e ver amigos.

Anna melhorou, mas a terapia não avançava e ela tinha dificuldade para avaliar pensamentos negativos automáticos. Anna foi capaz de ver esses pensamentos de uma perspectiva racional, mas não sentia qualquer mudança emocional. Suas crenças principais eram "eu sou estúpida", "eu sou inútil" e "se os outros se aproximarem, eles vão me machucar ou me rejeitar". A terapeuta introduziu o conceito de modos e vinculou isso à sua formulação. O obstáculo para o progresso na terapia parecia ser um modo protetor zangado que lhe dizia: "Não se aproxime muito, porque você vai se machucar (pois você é indigna de amor e inútil)" e "Se os outros se aproximarem, eles vão lhe machucar e lhe rejeitar". Isso a protegeu da rejeição externa e também de sua voz crítica interna (modo pai/mãe punitivo) que lhe dizia: "Isso é tudo que você merece, porque você é estúpida e inútil". A técnica das cadeiras ajudou a ilustrar os modos dominantes e seus efeitos. Anna mudou de cadeira em cadeira enquanto os modos falavam. Um momento-chave durante esse trabalho foi o diálogo com o modo protetor zangado de Anna. Os prós e os contras do modo protetor zangado foram explorados. Anna reconheceu seu valor para ela na infância, mas começou a questionar seu lugar em sua vida adulta. Seu adulto saudável analisou os prós e os contras da mudança – os riscos e benefícios de ser mais gentil consigo mesma, assumindo riscos nas relações, baixando sua guarda e expressando suas necessidades. Anna começou a experimentar reduzir comportamentos ligados ao seu modo protetor zangado, usando um *flashcard* de (modo de) esquema para lembrá-la de que ela não precisava mais desse tipo de proteção. Ela experimentou "baixar a guarda" expressando suas necessidades, e houve melhora significativa em muitos relacionamentos. Anna permaneceu com medo de uma intimidade mais próxima e, pouco depois de começar um novo relacionamento, chegou a uma sessão chateada, pois ela podia reconhecer "velhos padrões de comportamento" e seu modo "padrão" sendo "ativado". Ela relatou ter sentido ciúmes do novo parceiro e sido crítica em relação a ele e se afastado. Outra vez, usou-se a técnica das cadeiras, com base em um incidente recente. Um diálogo entre os modos adulto saudável e protetor zangado de Anna foi criado e está descrito a seguir. Anna decidiu chamar seu modo protetor zangado de "antiga mulher", o que pareceu ajudar a descentralizar o modo.

ANTIGA MULHER: Você é estúpida em confiar nele, precisa estar atenta, ele só vai lhe machucar. Você não merece felicidade – é melhor sair dessa agora.
ANA SAUDÁVEL: Você precisa parar de se comportar assim comigo, me dizendo que nada dura para sempre e para eu estar atenta. Eu entendo por que você está aí, mas você está na verdade piorando as coisas.
ANTIGA MULHER: (chocada ao ser interrogada) Você vai se machucar e você é estúpida em não ver isso. Você não merece felicidade e precisa estar atenta.
ANA SAUDÁVEL: Olha, eu sei que você acha que está apenas pensando no meu bem e que sobreviveu aos maus momentos que tivemos em casa. Você tentou me proteger quando eu era pequena, mas não preciso de sua proteção agora. Na verdade, você está piorando as coisas. Você me faz sentir ansiosa e deprimida e afastar as pessoas. Eu sou digna de amor e de ter muitos bons amigos e sou forte o suficiente para correr o risco de me machucar. Quero que pare com isso e me deixe aproveitar minha vida.

ANTIGA MULHER: Estou preocupada que você se machuque.
ANA SAUDÁVEL: Pode ser que eu me machuque, mas tudo bem. Já me machuquei antes e sobrevivi. Sou forte o suficiente para lidar com isso.
ANTIGA MULHER: (desapareceu).

Aprimorando a TCC para casos resistentes ao tratamento

Há evidências de que pessoas com depressão crônica tem uma chance maior de ter experienciado adversidades significativas na infância, incluindo vínculo parental precário, do que aquelas com depressão aguda (Lizardi et al., 1995), apego mais inseguro (Fonagy et al., 1996) e ambientes domésticos iniciais adversos (Durbin et al., 2000). Essa adversidade pode indicar uma falta de evidências convincentes para combater as crenças negativas fundamentais do paciente. Por exemplo, alguém com um esquema de defectividade/vergonha pode ter ouvido várias vezes que era estúpido e, por causa de sua falta de confiança, passou então a ir mal na escola. Alguém que foi colocado em uma instituição quando muito jovem pode ter um esquema de abandono baseado em muitas mudanças de pais adotivos. Um paciente com um esquema de emaranhamento/*self* subdesenvolvido pode não ter tido experiências de ser autorizado a funcionar de forma autônoma. Nesses casos, importantes necessidades infantis não foram atendidas. Técnicas cognitivas promovem mudança intelectual, mas o desequilíbrio entre razão e emoção significa que sentimentos de vergonha, abandono ou dependência prevaleçam sobre o pensamento racional.

Na TCC tradicional, o paciente pode ficar preso em um ciclo ruminativo em que o lado racional está debatendo sem sucesso com o lado emocional. Em outros momentos, a ativação do esquema pode sobrecarregar o *self* racional. Quando um esquema de abandono é ativado, pode parecer que você tem seis anos de idade novamente, passando pela morte de sua mãe, ou, quando estar na frente de seu chefe, enquanto ele grita com você, desencadeia um esquema de defectividade/vergonha, pode parecer que você é um menino sendo repreendido pelo pai. O adulto saudável não é forte o suficiente para gerenciar este "ataque de esquema". As técnicas mais experienciais da TE têm algo a oferecer aos pacientes com dificuldades crônicas. No trabalho com imagens, o adulto saudável do paciente, ou, se este é muito subdesenvolvido, o terapeuta, entra na imagem como um resgatador ou tranquilizador. Na técnica das cadeiras, o terapeuta modela como responder ao pai/mãe punitivo.

Reescrita de imagens

O trabalho com imagens mentais tem sido usado há muito tempo na TCC padrão: por exemplo, Beck et al. (1979) descreve o uso de ensaios com imagens mentais na depressão. A reescrita de imagens é uma intervenção fundamental na TE, como foi descrito na Parte II. Essa abordagem foi adaptada para uso na TCC para transtornos de ansiedade – por exemplo, para direcionar memórias iniciais ligadas a autoimagens negativas na ansiedade social (Wild et al., 2008). A forma como a reescrita de imagens é usada varia de acordo com o caso e a natureza da apresentação. Alguns exemplos são descritos a seguir, a partir de nossa prática clínica:

1. Imagens mentais de um lugar seguro (Young et al., 2003, p. 113) foram usadas no início e no final das sessões de imagens com John, um homem de 45 anos de idade que sofria de transtorno de estresse pós-traumático (TEPT) com dissociação no contexto de abuso sexual infantil por seu tio. John usou imagens de lugares seguros para gerenciar altos níveis de emoção. Isso o ajudou a desenvolver seu modo adulto saudável e a reduzir a dependência de seu modo protetor desligado (que estava associado ao uso de drogas e álcool). John fez progressos na terapia e suas imagens de lugar seguro foram adaptadas para ajudá-lo a gerenciar desejos de usar *cannabis* e álcool; quando angustiado, ele buscava uma voz tranquilizadora que o lembrava que ele poderia lidar com a angústia, que os sentimentos se dissipariam com o tempo e que não era culpa dele.

2. Ruth, de 55 anos de idade, apresentava depressão crônica e histórico de bulimia nervosa. Durante a infância, ela e seus irmãos sofreram abusos físicos de seu pai. Sua mãe foi cúmplice nisso e disse-lhes que isso era "o que eles mereciam e que não deveriam esperar nada de diferente para suas vidas". Ruth fez progressos na terapia, mas os sentimentos de inutilidade e vergonha permaneceram proeminentes, ao lado de uma crença de que ela "precisava estar de guarda o tempo todo ou algo ruim aconteceria". Imagens com a técnica da ponte de afeto foram usadas a partir de um evento recente perturbador: a terapeuta pediu a Ruth para manter os sentimentos, mas deixar a imagem ir embora e ver se uma imagem de sua infância vinha à mente (Arntz, 2012; Arntz & Weertman, 1999). A imagem da infância de Ruth era de ter oito anos, estar sozinha na cozinha com o pai, sentir medo e saber pelo olhar em seu rosto que ele ia bater nela. Como Ruth tinha sofrido abuso físico prolongado e não recebia cuidados parentais adequados, o terapeuta auxiliou seu adulto saudável. A Ruth adulta sentiu muito medo de falar com o pai, mas foi capaz de ficar na porta da cozinha dando instruções à terapeuta. A terapeuta ficou na frente da pequena Ruth e de seu pai e disse-lhe que ele não deveria bater em Ruth, que ele deveria ter vergonha de si mesmo por bater nela: "Ruth é apenas uma criança e precisa ser protegida e amada". A pequena Ruth quis sair da cozinha, e a terapeuta disse-lhe que ela não era culpada e que o serviço social não permitiria que seu pai batesse nela novamente. A pequena Ruth ainda estava assustada e queria sair da casa e ir ao parque próximo dali e sentar-se ao sol no colo da Ruth mais velha e ter a terapeuta sentada ao lado delas. Ela queria que elas se sentassem perto dos balanços, onde ela se sentia segura e confortada, e queria brincar nos balanços.

Reparentalização limitada

Um bom terapeuta de TCC será hábil em ajustar seu estilo dependendo da natureza da apresentação do paciente: por exemplo, ajustar o contato visual no início da terapia com um paciente socialmente ansioso, modelar compaixão a um paciente autocrítico ou imperfeição a um paciente perfeccionista. Ao trabalhar com pacientes mais complexos, as principais qualidades relacionais de afeto, empatia e consideração positiva muitas vezes não são suficientes por si mesmas: por exemplo, um paciente com um esquema de desconfiança/abuso devido a abuso parental pode ter uma expectativa ou impressão de o terapeuta o estar decepcionando, mesmo quando o terapeuta é confiável. A reparentalização limitada oferece ao terapeuta de TCC alguns princípios orientadores para gerenciar o relacionamento com casos complexos em TCC de curto prazo (veja também, Lavender & Startup, 2018). O objetivo da reparentalização limitada é ajudar o paciente a desenvolver e fortalecer seu adulto saudável. O paciente internaliza suas experiências com o terapeuta e a relação terapêutica. A reparentalização limitada é guiada por uma formulação individual das necessidades não atendidas do paciente; os terapeutas são aconselhados a pensar no que um bom pai/mãe faria para cada paciente individual. Ser flexível é fundamental, com o objetivo de "atender parcialmente às necessidades não atendidas da criança dentro dos limites da relação terapêutica" (Young et al., 2003, p. 183). O terapeuta precisa ser confiável e fidedigno e comunicar ao paciente que está interessado nele, se preocupa com ele e o aceita. Como a TCC é geralmente mais curta que a TE, pode ser mais apropriado ver este trabalho como "adoção limitada" em vez de reparentalização limitada (Nick Grey, comunicação pessoal): como um bom tio ou tia responderia às necessidades da criança?[1]

É essencial formular as necessidades não atendidas de um paciente para que a reparentalização limitada possa ser adaptada a necessidades específicas em pontos-chave durante a terapia. As adaptações podem incluir contato entre as sessões por e-mails ou telefonemas. Ruth valorizou a oportunidade de entrar em contato com o terapeuta entre as sessões; embora ela raramente o tenha feito, ela achou isso enaltecedor e inclusivo. É importante considerar a preparação para as ausências, especialmente para pacientes com esquemas de abandono. Alguns terapeutas darão aos seus pacientes um objeto transicional, como uma caneta usada na sessão, uma gravação de áudio com a voz do terapeuta ou um objeto que simboliza uma mensagem-chave. Ruth e sua terapeuta tinham falado sobre como todas as crianças tinham o direito fundamental de serem protegidas, e Ruth contou que admirava a bravura, a força e a dedicação de uma leoa protegendo seus filhotes. Em uma sessão subsequente, pouco antes de umas férias planejadas, a terapeuta de Ruth deu-lhe um chaveiro com uma leoa de brinquedo, que lembrou Ruth que ela estava "segura agora e poderia se proteger". Isso ajudou Ruth a desenvolver seu senso de autoeficácia e competência (o modo adulto saudável).

Algumas intervenções padrão da TCC podem ser entendidas como uma forma de reparentalização limitada em si mesmas, como quando os terapeutas apoiam os pacientes a experimentar alterar crenças e comportamentos desadaptativos – por exemplo, encorajando um paciente deprimido a se esforçar para fazer caminhadas quando se sente com humor depressivo, a levar em consideração seus sintomas ao avaliar uma sensação de domínio e prazer. Como um pai/mãe, o terapeuta fornece um tablado onde o paciente pratica algo na segurança da terapia para que ele ou ela possa passar a fazê-lo sozinho (semelhante à zona de desenvolvimento proximal de Vygotsky: Vygotsky, 1978). Os terapeutas de TCC incentivam a autonomia e, portanto, abordam indiretamente esquemas de dependência/incompetência. Com pacientes com apresentações mais complexas, pode ser útil identificar necessidades não atendidas específicas nessa área, adaptando assim a reparentalização para incentivar a autoeficácia e a competência.

Confrontação empática

A confrontação empática também pode ser adaptada para uso em TCC. Joan, de 30 anos de idade, estava entorpecida com diazepam após ter sido demitida; ela esquecia de comparecer às sessões. Sua terapeuta demonstrou empatia com a função de seu comportamento e ligou isso a suas crenças subjacentes originárias de experiências de negligência parental. Ela encorajou Joan a experimentar formas mais adaptativas de controlar sua dor. Além da técnica das cadeiras, Joan foi encorajada a desenvolver estratégias alternativas para reconhecer e gerenciar sua angústia, inclusive telefonando para a terapeuta entre as consultas.

TCC BASEADA EM ESQUEMAS EM AÇÃO

Apresentamos um exemplo de caso de uma paciente com depressão recorrente e necessidades emocionais não atendidas da infância.

Jag era uma jornalista britânico-asiática de 38 anos de idade. Ela era casada e tinha duas filhas, uma com 5 e outra com 7 anos de idade. Jag estava sem trabalhar há seis meses devido a uma depressão grave. Sua depressão era caracterizada por uma culpa significativa por desapontar seus colegas, ruminações críticas sobre ser incapaz de trabalhar, ansiedade sobre seu futuro no jornalismo e irritabilidade com suas filhas e seu marido. Jag passou por uma série de 15 sessões de TCC para depressão. Sua mãe tinha sido extremamente crítica, o que, relacionado à necessidade de ser uma "boa menina", criou uma crença central: "No fundo eu sou má". Sua amabilidade estava ligada a agradar a mãe. Ela desenvolveu as crenças intermediárias: "Se eu não estiver fazendo o melhor que posso, vou decepcionar os outros", "As necessidades dos outros são mais importantes" e "Não importa o que eu faça, nunca serei boa o suficiente". Suas estratégias compensatórias, antes de seu colapso, incluíam trabalhar muitas horas extras e trabalhar no computador durante a noite. O tratamento incluiu ativação comportamental, higiene do sono, desafios às suas crenças perfeccionistas e coleta de dados de seu registro de vida para apoiar as crenças básicas alternativas: "Sou boa no que faço", "No geral, sou uma boa pessoa com boas intenções" e "Mereço ser amada por amigos e familiares". Jag voltou ao trabalho em tempo integral e teve alta.

Ela voltou 18 meses depois com depressão e autolesão, fazendo cortes superficiais e batendo a cabeça na busca de lidar com um profundo sentimento de culpa. Suas crenças negativas foram reativadas. Ela sentiu que não deveria estar aqui e que precisava ser punida. Após uma revisão psiquiátrica, quetiapina foi adicionada para aumentar o efeito dos antidepressivos. Sua ansiedade e agitação diminuíram e sua autolesão parou. O alcance de suas necessidades de infância não atendidas era mais significativo do que se pensava. A criação que Jag recebeu da mãe tinha sido às vezes cruel: ela entrava em estados imprevisíveis de fúria e impulsivamente batia nas crianças por ofensas que elas nem tinham cometido. Jag se lembrava de ter que ajustar a fivela do cinto de segurança do irmão mais novo no carro. Quando ela não conseguiu fazê-lo, porque estava difícil, sua mãe esbravejou, enfureceu-se e bateu no rosto dela. Se Jag chorasse, sua mãe lhe dizia para parar de chorar, caso contrário ela bateria nela novamente por isso. Boas notas e um comportamento submisso melhoravam o humor da mãe, com menos agressões e gritos.

Introduzindo elementos baseados em esquemas na TCC

Jag concordou em se engajar na TCC baseada em esquemas. Após o compartilhamento do modelo da TE, o Inventário dos Esquemas de Young (YSQ) indicou esquemas na faixa leve a moderada em 11 âmbitos. A terapeuta decidiu que ela se beneficiaria de uma abordagem a partir do modelo de modos. Jag entendeu o conceito de necessidades emocionais básicas da infância e identificou necessidades não atendidas em todos os domínios. Por exemplo, no domínio desconexão e rejeição, ela não recebeu segurança, previsibilidade, validação e confiança, enquanto no domínio autonomia faltavam orientação e um senso firme de identidade. Ela se identificou fortemente com a necessidade de expressar emoções válidas. O lazer e a espontaneidade quase não existiam em sua infância, e ela lutou para trazer à tona qualquer memória desse domínio. Jag se lembrava de limites fortes, se não excessivos, de seus pais, especialmente da mãe. Um mapa de modos foi desenvolvido. Ela se identificou fortemente com os modos pai/mãe exigente e punitivo. Em um exercício de técnica das cadeiras, ela entendeu como os modos de enfrentamento desadaptativos "tudo para agradar" (capitulador complacente), "automutilador" (autoaliviador evitativo) e "trabalho duro" (hipercompensador) manifestavam-se constantemente. Ela lutou para se aproximar de sua pequena Jag solitária abusada. Ela ficou com raiva ao assumir a cadeira do modo punitivo – "Esta sou eu constantemente, essa maldita cadeira nunca para de falar!". Quando voltou à sua cadeira de terapia habitual, Jag tinha pouca noção de como um adulto saudável poderia equilibrar as necessidades profissionais, familiares e de relaxamento e diversão.

Trabalho com imagens mentais

De sessão a sessão, os modos foram explorados e compreendidos. Quando emoções mais fortes surgiram, quando Jag notou tristeza, medo ou raiva mais intensos, isso foi ligado às memórias de sua infância. Por exemplo, ao relatar um momento de medo enquanto verificava e-mails em seu computador de trabalho, ela foi convidada a fazer um exercício de imagens com uma "ponte de afeto" para sua infância. Fechando os olhos e verificando sensações corporais e tom emocional, Jag lembrou-se de sua mãe ficando brava com seu irmão mais novo, porque ele não estava com os sapatos, pronto para a escola. A mãe já estava atrasada e bateu na cabeça das duas crianças, culpando Jag por não ajudar o irmão. A terapeuta pediu a Jag para descrever as reações da mãe vividamente e na primeira pessoa verbal "como se estivesse acontecendo naquele momento": a expressão no rosto da mãe, os ruídos que ela estava fazendo, etc. Pouco antes de a mãe estar prestes a bater nas crianças, a terapeuta pediu a Jag para congelar a imagem. A terapeuta então pediu permissão para entrar na imagem e se colocou em uma posição que protegia ambas as crianças. A necessidade não atendida na imagem era de segurança e proteção. Em um ato de reparentalização parcial, a terapeuta incorporou a boa figura parental e protegeu ambas as crianças, limitando a raiva da mãe e respondendo aos pedidos de Jag para mantê-la completamente segura. Quando Jag disse que sentia pena da mãe, a terapeuta disse que sua mãe seria enviada para as aulas de parentalidade para se tornar uma mãe melhor e mais amorosa. Até então, a terapeuta protegeria as crianças, trazendo figuras confiáveis, como a avó paterna, para cuidar deles até que a mãe melhorasse. A terapeuta garantiu à criança que a mãe nunca mais ficaria brava e não seria capaz de retaliar mais tarde. Quando Jag se sentiu completamente segura e calma, a imagem foi gradualmente apagada. Foram utilizadas sessões alternadas para reestruturação cognitiva e mudança de padrão comportamental. A reestruturação cognitiva concentrou-se nas mensagens exigentes que vieram do modo crítico punitivo. A terapeuta desenvolveu mensagens alternativas e saudáveis. Jag aprendeu que esse modo é uma espécie de valentão internalizado e foi encorajada a sair de sua cadeira de adulto saudável e lutar contra o valentão de forma assertiva, banindo-o para o passado e ridicularizando sua posição.

Trabalho de modo

Os modos de enfrentamento foram colocados em cadeiras que bloqueavam o acesso do modo adulto saudável à cadeira da criança vulnerável e abusada. A história e o valor dos modos de enfrentamento durante a infância foram reconhecidos: "Eu sei que você foi útil quando eu era criança, mas agora você não está ajudando mais. Você precisa se afastar!". O enfrentamento desadaptativo foi analisado com mais detalhes: Jag entendeu a autolesão como uma forma de autopunição para obedecer a parte punitiva. Ela percebeu que sua hipercompensação pelo trabalho duro extra não satisfazia a necessidade de elogios, segurança e empatia para a angústia de sua criança vulnerável. Isso precisava ser afastado. A cadeira da criança vulnerável foi, então, trazida para perto de sua cadeira adulto saudável. Ela, agora, poderia acalmar a criança vulnerável diretamente e dizer-lhe: "Estou aqui para mantê-la segura. Nada de ruim vai acontecer mais, deixe-me lidar com o valentão!" e "Estou tão orgulhosa de você por me deixar estar aqui com você, eu posso ver o seu medo. Tudo bem que você está ansiosa!".

Jag, gradualmente, viu como suas necessidades de infância não atendidas deixaram memórias emocionais que direcionavam seu comportamento adulto. Os modos ainda estavam ativos, mas Jag estava tranquila de que o modo adulto saudável estava crescendo lentamente e ficando forte. A terapeuta modelou a compaixão ao tranquilizar Jag e apoiá-la em sua jornada. O funcionamento social de Jag melhorou; ela voltou ao trabalho e recebeu um bom *feedback* de seu gerente. No entanto, Jag achou difícil lidar com conflitos no trabalho. A terapeuta encenou situações complicadas de conflito com ela e ambas testaram diferentes maneiras de afirmar a preferência de Jag, expressando seus sentimentos autênticos de forma mais clara e evitando o desencadeamento de modos de enfrentamento. Jag desenvolveu uma rotina comportamental para responder com compaixão a sua criança vulnerável e acolhê-la: ela ouvia *flashcards* gravados com a voz da terapeuta, trazia à tona uma imagem de um lugar seguro e enviava uma mensagem para seu marido, que lhe enviava um *emoji* de volta para lembrá-la que ele estava do lado dela. Jag tinha um suéter de lã macio que ela segurava como um estímulo sensorial autotranquilizador. Essa combinação de técnicas ajudou a curar os esquemas e a dar a Jag habilidades cognitivas, comportamentais e focadas em emoções para gerenciar seus modos de forma mais eficaz. As pontuações de Jag para ansiedade e depressão reduziram ainda mais, ela precisou de menos dias de folga do trabalho e começou a diminuir seu uso de quetiapina após seis meses.

As sessões foram, então, encerradas aos poucos: passando de semanais para a cada duas semanas e depois mensais, para ajudar Jag a gerenciar a separação da sua terapeuta ao longo do tempo, sem se sentir criticamente dependente. As mensagens de texto entre as sessões passaram para cerca de uma por mês. Jag começou a reconhecer esquemas em colegas e amigos e se voluntariou na Mind para ajudar outras pessoas com necessidades não atendidas na infância. A terapeuta e Jag mantiveram contato e agora se encontram "se e quando necessário". Mensagens de texto ainda são trocadas ocasionalmente.

CONSIDERAÇÕES SOBRE SERVIÇOS

Em muitos países, a TCC é a principal modalidade utilizada em serviços de saúde mental financiados publicamente, refletindo sua forte base de evidências para uma série de transtornos.

Na Inglaterra, a maior parte da TCC é realizada em serviços dedicados de psicoterapia com estreita ligação com a atenção primária: os serviços do Improving Access to Psychological Therapies (IAPT). Estes tratam ostensivamente os transtornos de saúde mental comuns de ansiedade e depressão, mas os casos vistos são muitas vezes complexos e há uma comorbidade considerável. Por exemplo, Hepgul et al. (2016) descobriram que 72% dos pacientes atendidos pelos serviços do IAPT atendiam a critérios para dois ou mais transtornos psiquiátricos, enquanto 69% demonstravam traços de transtorno da personalidade e 16% atendiam a critérios para transtorno da personalidade *borderline*. O uso dos métodos informados pela TE descritos neste capítulo pode ajudar a superar obstáculos à TCC de curto prazo e aumentar sua eficácia, mas como essas técnicas podem ser aplicadas em serviços do IAPT e serviços similares de TCC em outros países? O IAPT é usado como exemplo aqui, mas uma abordagem semelhante poderia ser feita com outros serviços de TCC com tempo limitado.

Os serviços do IAPT variam no tempo disponível para um período de terapia, mas 12 sessões parecem ser o período médio de tempo. Certamente é possível usar métodos de esquema, como o diálogo de modo, em um breve período de terapia quando há um impasse, e estes muitas vezes serão suficientes para colocar a terapia de volta nos trilhos. No entanto, pode ser difícil aplicar as técnicas que descrevemos para casos mais resistentes ao tratamento em muito menos de 20 sessões. Em nossa experiência, os serviços devem considerar flexibilidade se oferecerem terapia para casos mais complexos. Muitos serviços do IAPT têm um sistema de revisão da terapia, quando os pacientes não estão se recuperando, para tomar uma decisão informada sobre se oferecerão terapia além do contrato habitual. O terapeuta do IAPT, juntamente com seu supervisor, pode formular as necessidades emocionais não atendidas do paciente e, em seguida, considerar um ensaio de intervenções baseadas na experiência, como reescrita de imagens, para atender a essas necessidades. Entre três e cinco sessões, às vezes, podem ser suficientes para levar a terapia adiante. Os serviços de assistência secundária geralmente têm mais flexibilidade do que o IAPT no número de sessões que podem oferecer, e estes podem ser os serviços onde a TCC baseada em esquema para casos resistentes ao tratamento crônico tem mais a oferecer. Uma compreensão e um conjunto de habilidades no trabalho baseados em esquemas podem dar aos terapeutas confiança em oferecer ajuda direcionada, em vez de apenas mais do mesmo. Se os terapeutas estiverem usando intervenções da TE, incluindo reparentalização limitada, a duração das sessões oferecidas precisa ser considerada e o fim da terapia precisa ser cuidadosamente avaliado. Isso é mais importante do que na TE de longo prazo, porque há menos tempo para se preparar para o final. É importante considerar preparar-se, afunilando/escalonando e tendo sessões de reforço ou alguma forma de comunicação (p. ex., *e-mail* ou mensagens de texto durante um tempo limitado, como no caso de Jag, anteriormente), após o término da terapia formal presencial.

Os terapeutas não devem realizar esse trabalho sem alguma formação: uma série de cursos estão sendo disponibilizados tanto na TE formal quanto no trabalho baseado em esquemas. A supervisão clínica é vital no tratamento de casos complexos, pois a interação entre os esquemas do paciente e do terapeuta (ou seja, transferência e contratransferência) pode muitas vezes ter um impacto na relação colaborativa (Moorey & Byrne, 2018). A supervisão fornece um espaço no qual as crenças e os esquemas dos terapeutas podem ser discutidos. A disponibilidade de terapeutas do esquema treinados para fornecer supervisão é limitada, de modo que os serviços podem considerar a supervisão por pares entre terapeutas que receberam algum treinamento do esquema quando se trata de casos complexos.

RESUMO

Os métodos da TE oferecem uma adição estimulante ao arsenal terapêutico do terapeuta de TCC. As ideias da TE podem ser integradas na TCC padrão sem prejudicar o poder da formulação cognitivo-comportamental focada no problema, que é a grande força do modelo. Duas maneiras pelas quais essa integração pode ser alcançada foram traçadas aqui. As técnicas podem ser usadas para superar obstáculos na terapia e para melhorar o desfecho em casos crônicos. Entender as necessidades não atendidas da infância pode enriquecer a formulação da TCC e ajudar os terapeutas a direcionar intervenções mais baseadas na experiência, como reparentalização limitada, técnica das cadeiras e reescrita de imagens.

Dicas para os terapeutas

1. Uma formulação baseada na TE pode fornecer uma conceitualização completa do *self* como parte de uma estrutura de TCC.
2. A reparentalização limitada oferece ao terapeuta de TCC alguns princípios norteadores para gerenciar o relacionamento com casos complexos em TCC de curto prazo.
3. Todas as técnicas padrão de mudança na TE (imagens mentais, técnica das cadeiras, confrontação empática e definição de limites) podem ser integradas à TCC de tempo limitado.
4. A supervisão clínica é vital no tratamento de casos complexos, pois a interação entre os esquemas do paciente e do terapeuta (ou seja, transferência e contratransferência) pode, muitas vezes, ter impacto na relação colaborativa.

OBSERVAÇÃO

1. Skewes et al. (2015) relata alguns trabalhos-piloto encorajadores sobre a aplicação breve, de 20 sessões, da TE em grupo para múltiplos transtornos da personalidade.

LEITURA COMPLEMENTAR

Boersen, J. & van Vreeswijk, M. (2015). *Schema therapy in groups: A short term CBT protocol*. In van Vreeswijk et al. (ed.) *The Wiley Blackwell Handbook of Schema Therapy. Theory, Research and Practice*. Wiley Blackwell.

REFERÊNCIAS

Arntz, A. (2012). Imagery rescripting as a therapeutic technique: Review of clinical trials, basic studies, and research agenda. *Journal of Experimental Psychopathology*, 3(2), 189–208.

Arntz, A. & Weertman, A. (1999). Treatment of childhood memories: Theory and practice. *Behaviour Research and Therapy*, 37(8), 715–740.

Beck, A.T. (1963). Thinking and depression: I. Idiosyncratic content and cognitive distortions. *Archives of General Psychiatry*, 9(4), 324–333.

Beck, A.T. (1964) Thinking and depression II: Theory and therapy. *Archives of General Psychiatry*, 10, 561–571.

Beck, A.T., Rush, A.J., Shaw, B.F. & Emery, G. (1979). *Cognitive Therapy of Depression*. New York: Guildford Press.

Durbin, C.E., Klein, D.N. & Schwartz, J.E. (2000). Predicting the 2½-year outcome of dysthymic disorder: The roles of childhood adversity and family history of psychopathology. *Journal of Consulting and Clinical Psychology*, 68(1), 57–63.

Fonagy, P., Leigh, T., Steele, M., Steele, H., Kennedy, R., Mattoon, G. ... Gerber, A. (1996). The relation of attachment status, psychiatric classification, and response to psychotherapy. *Journal of Consulting and Clinical Psychology*, 64(1), 22–31.

Hepgul, N., King, S., Amarasinghe, M., Breen, G., Grant, N., Grey, N. ... Wingrove, J. (2016). Clinical characteristics of patients assessed within an Improving Access to Psychological Therapies (IAPT) service: Results from a naturalistic cohort study (Predicting Outcome Following Psychological Therapy; PROMPT). *BMC Psychiatry*, 16(52). doi:10.1186/s12888-016-0736-6

Jacob, G.A. & Arntz, A. (2013). Schema therapy for personality disorders—A review. *International Journal of Cognitive Therapy*, 6(2), 171–185.

Lavender, A. & Startup, H. (2018). Personality disorders. In S. Moorey & A. Lavender (eds.) *The Therapeutic Relationship in CBT*. London: SAGE, pp. 174–188.

Lizardi, H., Klein, D.N., Ouimette, P.C., Riso, L.P., Anderson, R.L. & Donaldson, S. K. (1995). Reports of the childhood home environment in early-onset dysthymia and episodic major depression. *Journal of Abnormal Psychology*, 104(1), 132–139.

Moorey (2014). 'Is it them or is it me?' In A. Whittington & N. Grey (eds.). *How to Become a More Effective CBT Therapist: Mastering Metacompetence in Clinical Practice* (First edn. Chichester: John Wiley & Sons, pp. 132–143.

Moorey, S. & Lavender, A. (eds.) (2018). *The Therapeutic Relationship in CBT*. London: SAGE.

Moorey & Byrne. (2018) Supervision in S. Moorey & A. Lavender (eds.) *The Therapeutic Relationship in CBT*. London: SAGE, pp. 256–270.

NICE. (2004a). Anxiety: management of anxiety (panic disorder, with and without agoraphobia, and generalised anxiety disorder) in adults in primary, secondary and community care. *Clinical Guideline 22, National Institute for Clinical Excellence*.

NICE. (2004b). Depression: Management of depression in primary and secondary care. *Clinical Guideline 23, National Institute for Clinical Excellence*.

NICE. (2004c). Eating disorders: Recognition and treatment. *Clinical Guidelines 9. National Institute for Clinical Excellence*.

NICE. (2005a). Obsessive–compulsive disorder: Core interventions in the treatment of obsessive-compulsive disorder and body dysmorphic disorder. *Clinical Guideline 31, National Institute for Clinical Excellence*.

NICE. (2005b). Post-traumatic stress disorder (PTSD): The management of PTSD in adults and children in primary and secondary care. *Clinical Guideline 26, National Institute for Clinical Excellence*.

NICE. (2013). Social anxiety disorder: Recognition, assessment and treatment. *Clinical Guideline 159, National Institute for Clinical Excellence*.

Skewes, S.A., Samson, R.A., Simpson, S.G. & van Vreeswijk, M. (2015). Short term group schema therapy for mixed personality disorders: A pilot study. *Frontiers in Psychology*, 5, 1592.

Taylor, C.D.J., Bee, P. & Haddock, G. (2017). Does schema therapy change schemas and symptoms? A systematic review across mental health disorders. *Psychology and Psychotherapy*, 90, 456–479.

Vygotsky, L.S. (1978). *Mind in Society: The Development of Higher Psychological Processes*. Cambridge, MA: Harvard University Press.

Wild, J., Hackmann, A. & Clark, D.M. (2008). Rescripting early memories linked to negative images in social phobia: A pilot study. *Behavior Therapy*, 39(1), 47–56.

Young, J.E., Klosko, J.S. & Weishaar, M.E. (2003). *Schema Therapy: A Practitioner's Guide*. New York: Guilford Press.

# 20

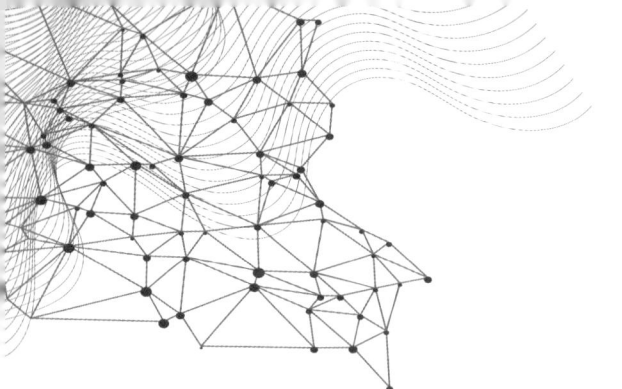

Encerramento da terapia e a relação terapêutica

Tünde Vanko
Dan Roberts

A relação terapêutica forma a base para a mudança na terapia do esquema (TE) – ela é a arena em que paciente e terapeuta aprendem juntos sobre os esquemas e modos que surgem entre eles, em que ocorre a reparentalização limitada e também em que esquemas e modos são empaticamente desafiados e começam a mudar. Paciente e terapeuta crescem (e muitas vezes passam por dificuldades) juntos nesse processo, e as qualidades e desafios de sua relação terapêutica assumem um significado extra à medida que seu trabalho se aproxima do fim. Se você perguntar a um paciente sobre sua experiência de uma terapia anterior, ele provavelmente falará sobre a relação, e ela muitas vezes parece central para o que eles internalizaram e aproveitaram do trabalho.

O encerramento da terapia reacende todos os elementos e materiais-chave da TE: padrões de apego, esquemas centrais (abandono, isolamento social), necessidades não atendidas (por presença, envolvimento, afeto e amor) e formas fundamentais de enfrentamento (evitação, resignação, hipercompensação). Todos esses padrões se destacam à medida que a separação se aproxima. Claro, a esperança é que, após o término das sessões presenciais, o vínculo terapêutico, de certa forma, continue, pois tanto o terapeuta quanto o paciente mantêm um ao outro e sua relação "em mente". No entanto, o grau de trauma sofrido na infância e a força dos modos do paciente podem afetar sua capacidade de se apoiar nesse tipo de internalização. Os modos do terapeuta também podem dificultar ou complicar o apego. Assim, os encerramentos no contexto da TE são provavelmente uma mistura; uma rica fonte de cura adicional (com oportunidades de trabalhar separações históricas mal gerenciadas), bem como um tempo em que potencialmente ressurgem formas de enfrentamento antigas e menos úteis e se intensificam sentimentos dolorosos de perda.

A relação terapêutica também é única no sentido de que paciente e terapeuta trabalharam para chegar a um final desde o início. Até esse ponto, o paciente e o terapeuta provavelmente estiveram focados em objetivos razoavelmente específicos, geralmente com um prazo acordado em mente. Idealmente, a fase final ocorre quando os pacientes atingiram esses objetivos e fizeram progressos suficientes em termos de cura de esquemas, enfraquecimento da dependência de modos de enfrentamento desadaptativos e mudanças desejadas em áreas-chave de suas vidas, mas nem sempre é assim. Encerramentos também podem surgir no caso da terapia não estar dando certo, levando a sentimentos de decepção e arrependimento, pois as mudanças esperadas não se concretizaram.

Este capítulo considera como a qualidade da relação terapêutica influencia a fase final da terapia e o que o paciente leva com ele após as sessões presenciais chegarem ao fim. Ainda será considerado como a teoria do apego pode esclarecer nossa compreensão dos encerramentos de terapia e como podemos adaptar nossa postura terapêutica para ajudar a promover o crescimento e a autorregulação, mesmo após o término da terapia. Também discutimos formas de gerenciar rupturas terapêuticas e finais complicados. Compartilhamos algumas ideias práticas e experiências pessoais sobre encerramentos de terapia com vários pacientes, incluindo aqueles com transtorno da personalidade *borderline* (TPB), que podem apresentar desafios particulares quando a terapia chega ao fim. Por fim, exploraremos como a reparentalização limitada da TE e seu "resultado", a internalização parcial de aspectos do cuidado do terapeuta, é indispensável para atingir os objetivos finais da TE – autonomia, individuação e autorregulação do paciente.

TEORIA DO APEGO E A RELAÇÃO TERAPÊUTICA

A teoria do apego ajuda o terapeuta a entender e fazer previsões em relação aos encerramentos terapêuticos. Bowlby (1969/1982) propôs que, quando uma criança está angustiada, seu "sistema comportamental de apego" é ativado, produzindo um conjunto de fortes impulsos para buscar a proximidade com o cuidador principal. Se o cuidador for confiável, estiver consistentemente disponível em momentos de necessidade e responder à criança de forma sintonizada e tranquilizante, ele se tornará uma "base segura" para a criança. Tendo experienciado a ativação repetida de seu sistema comportamental de apego, a criança forma uma "representação mental" da disponibilidade do cuidador, o que inclui sua própria eficácia em atender suas necessidades. Bowlby (1969/1982) chamou essas representações mentais de "modelos internos de funcionamento" e as distinguiu do "modelo dos outros". As duas entidades são complementares – se a figura de apego estiver disponível e for atenciosa, isso moldará não apenas representações sobre o outro, mas também moldará o modelo do *self*. Todos nós temos um sistema comportamental de apego que fica *"on-line"* quando acionado. No entanto, a diferença entre crianças e adultos com apegos seguros é que a presença física da figura de apego não é obrigatoriamente necessária para os adultos – pode ser suficiente ativar uma representação mental da(s) figura(s) de apego para promover autotranquilização.

A capacidade de se autotranquilizar e alcançar autonomia maturacional baseia-se principalmente em ter desenvolvido essas experiências positivas internalizadas com figuras de apego na infância. Quando, no início da vida, o conforto consistente era proporcionado por cuidadores acolhedores, "... os modelos do *self* passaram a incluir traços introjetados da figura de apego" (Mikulincer & Shaver, 2007). Quando as primeiras experiências não foram tão positivas, as crianças formam modelos internos de funcionamento inseguros.

APEGO E ESQUEMAS INICIAIS DESADAPTATIVOS

A noção de modelos internos de funcionamento se sobrepõe à ideia dos esquemas iniciais desadaptativos (EIDs) de Young. Ambos são formados a partir de experiências iniciais de vida com cuidadores e outras pessoas significativas. Os modelos de funcionamento são, de certa forma, EIDs relacionais, refletindo o que a criança passou a esperar dos outros em relação a ter suas necessidades atendidas. Uma vez formados, os modelos de funcionamento, como os esquemas, sistematicamente distorcem nossa percepção, "... atenção direta e processamento de informações" (Young, 2003). Diante da indisponibilidade generalizada do cuidador ou dos seus maus-tratos, os modelos internos de funcionamento tornam-se limitados e desempenham um papel central na saúde mental e nas dificuldades de relacionamento (Mikulincer & Shaver, 2007).

Bowlby (1988) discutiu que obter *insights* sobre, e revisar, modelos de funcionamento inseguros é a chave para um resultado terapêutico bem-sucedido. Na TE, o mecanismo central para alcançar essa experiência emocional corretiva é a reparentalização limitada, que começa desde o primeiro contato com o paciente e continua até o final da terapia. O conceito central de reparentalização limitada da TE incorpora a ideia da base segura de Bowlby. Essa forma única de utilizar a relação terapêutica é o veículo por meio do qual os pacientes – às vezes pela primeira vez na vida – têm a experiência de ter suas necessidades básicas atendidas. O terapeuta torna-se uma figura de apego importante para os pacientes. Eles podem então recorrer a essa base segura em momentos de angústia e também explorar e confrontar memórias associadas a modelos de funcionamento anteriores de forma segura.

Embora o paralelo entre a relação criança-mãe de Bowlby e de paciente-terapeuta seja clara, no caso deste último, a reparentalização é "limitada". O terapeuta atende às necessidades da criança vulnerável dentro dos limites da relação terapêutica e também considerando as suas próprias necessidades.

A natureza limitada dessa relação pode se tornar especialmente importante no final da terapia. Assim, por exemplo, na TE – ao contrário da maioria das outras abordagens terapêuticas – é considerado adequado permitir que os pacientes mantenham contato ocasional após terminar um período de terapia (p. ex., com uma atualização sobre um importante evento de sua vida ou com um pedido de uma sessão de reforço). São, principalmente, os pacientes cujos esquemas principais estão no domínio desconexão e rejeição que mais se beneficiam disso e, muitas vezes, apreciam profundamente um senso contínuo de conexão e cuidado após o término da terapia. No entanto, em muitos ambientes de saúde pública, isso não é viável e também não é necessário para garantir o término bem-sucedido da terapia. Nesses serviços (e até certo ponto para muitos pacientes) a continuação da relação é mais simbólica e internalizada em termos de apego ao terapeuta e sua jornada juntos na terapia.

EXEMPLO DE CASO (AMINA): REPARENTALIZAÇÃO E O FIM DA TERAPIA

Um processo de terapia no National Health Service (NHS) estava chegando ao fim com uma jovem paciente do sexo feminino, Amina, que tinha 20 anos de idade. No início de sua vida, Amina tinha recebido uma parentagem dura e crítica tanto de sua mãe quanto de seu pai. Como resultado, seu esquema principal era defectividade/vergonha. Amina achava quase impossível confiar em seu próprio julgamento dentro de situações interpessoais nas quais havia qualquer tipo de diferença de opinião ou conflito. Seu pai/mãe punitivo usava esses gatilhos para instigar uma avalanche interna de autoataque, chamando-a de estúpida ou teimosa quando ela pensava que "sabia o que era melhor". Normalmente, a ofensiva dos ataques do pai/mãe punitivo terminava em Amina se perdendo no que ela descreveu como "um poço de vergonha e culpa". Tanto a paciente quanto a terapeuta concordaram que ela precisaria de ferramentas para ajudá-la a gerenciar seu modo pai/mãe punitivo de maneira a diminuir sua culpa e vergonha.

Durante a terapia, a técnica das cadeiras foi usada para ajudar Amina a sair de seu modo pai/mãe punitivo e praticar sua autodefesa. Isso foi modelado primeiramente por sua terapeuta e, em seguida, encorajado a partir da posição de seu modo adulto saudável em evolução. Com o tempo, ela foi capaz de encontrar as palavras e a convicção para validar suas próprias opiniões e pontos de vista. Seu adulto saudável começou a florescer, mas, como é frequentemente o caso, o final foi doloroso para Amina, que tinha ousado confiar e se conectar com sua terapeuta em um nível emocional. À medida que o final se aproximava, houve um ressurgimento da "dor básica" (vergonha/culpa) e um certo aumento dos autoataques por ser "patética" por sentir tanta perda. Sua angústia foi validada, mantendo o crescente sentimento de Amina de que ela tinha o direito de ter sentimentos e reações. Sua terapeuta também compartilhou um pouco de sua própria sensação de perda pelo fim de seu contato presencial. Na penúltima sessão, a terapeuta deu a Amina uma pequena pedra. A pedra estava longe de ser perfeita – sua superfície não era polida ou lisa, mas tinha uma beleza e força únicas. A terapeuta pediu à paciente para manter a pedra no bolso. Sempre que ouvisse duras críticas de seu pai/mãe punitivo, ela podia tocar na pedra e lembrar-se das palavras da terapeuta de que ela não precisava ser perfeita, que ela era amável do jeito que era e que ela, como sua própria pessoa maravilhosa, tinha o direito de ter seus próprios pontos de vista e opiniões. Esse é um exemplo útil de como a relação terapêutica pode perdurar muito além do contato presencial direto por meio de um objeto transicional.

Internalizar o apego "bom o suficiente" ao terapeuta permite que os pacientes formem representações internas do "outro" a quem eles podem recorrer em momentos de angústia. Knox et al. (1999) argumentam que essas representações internas combinam informações auditivas e visuais, bem como a "presença sentida" do terapeuta. Essa memória de uma experiência emocional corretiva por meio da reparentalização permite que os pacientes continuem seu próprio autoacolhimento muito depois do fim da terapia.

EXEMPLO DE CASO (REBECCA): CONVOCANDO SEU TERAPEUTA À MENTE

Quando uma paciente com TPB, Rebecca, começou a terapia, seu maior problema era que ela não conseguia manter um emprego. Ela descreveu se sentir como uma "garotinha assustada" quando estava no trabalho. Rebecca revelou que se sentia incapaz de falar em reuniões e constantemente duvidava de sua própria competência. No entanto, no centro de suas lutas estava uma história de relacionamentos abusivos na infância. Ela tinha poucos modelos positivos e seguros aos quais podia recorrer. Ao longo da terapia, Rebecca foi inicialmente resistente aos convites de sua terapeuta à conexão, mas com o tempo ela abandonou a dependência de um modo protetor desligado acentuado e permitiu-se ser vulnerável com sua terapeuta e ser reconfortada. No entanto, sempre que havia uma pausa na terapia, Rebecca mergulhava de volta no sentimento de solidão e recorria à autolesão com cortes para se autorregular. Com o tempo, sua terapeuta usou técnicas de imagens para ajudá-la a aprender a se acalmar por meio de imagens compassivas. Rebecca começou a responder com maior calma a pausas na terapia. Sempre que seu modo criança vulnerável emergia, ela descrevia ser capaz de se sintonizar com o tom e com a reconfortante "sensação sentida" que experienciava na presença de sua terapeuta. A paciente descreveu como ela não só ouvia as palavras gentis, reparentalizadoras e a voz tranquilizante da terapeuta, mas também sentia a mão da terapeuta em seu ombro. Ela sentia uma pressão firme, mas amorosa, enquanto a terapeuta oferecia orientação concreta sobre como convocar seu adulto saudável mais compassivo. Isso envolvia mudança de postura para que ela se sentisse mais forte e mais firme. No final da terapia, Rebecca e sua terapeuta praticaram essa habilidade em uma série de situações potencialmente desafiadoras para ajudá-la a sentir um senso contínuo de ação, conexão e apoio.

EXEMPLO DE CASO (TONY): VOLTANDO À REESCRITA DE IMAGENS

Outro paciente, Tony, no final da terapia, começou a ruminar sobre o colapso de seu casamento e sobre sentir-se solitário, abandonado e sem esperanças sobre o futuro. A fim de conter sua ruminação, ele se lembrou da reescrita de uma imagem particularmente comovente na qual ele era uma criança de dez anos de idade e seu terapeuta lhe ofereceu bondade, companhia e alguém para conversar diante de um conflito familiar altamente perturbador. Como o colapso de seu casamento havia desencadeado seu esquema de abandono e o lembrado de ter sido deixado sozinho quando criança, lembrar dessa experiência de cura com seu terapeuta o ajudou a se sentir menos sozinho, e sua ruminação diminuiu.

Esses são bons exemplos de pacientes internalizando a presença acolhedora de seu terapeuta, para que se sintam menos sozinhos e tranquilizados em tempos de desafio ou crise, mesmo após o término da terapia.

O APEGO E O ADULTO SAUDÁVEL

Internalizar a relação de apego com o terapeuta também ajuda a construir o modo adulto saudável do paciente. Um encerramento ideal no processo da TE é quando podemos ver um adulto saudável bem estabelecido e sustentável. O adulto saudável serve como gerenciador em relação aos outros modos (Arntz & van Genderen, 2009), e o terapeuta tem como objetivo incentivar esse lado do paciente a acolher a criança vulnerável, desempoderar os modos de pai/mãe desadaptativos e moderar os modos de enfrentamento disfuncionais.

Durante os estágios finais da terapia, os pacientes são encorajados a permanecer conscientes de suas necessidades não atendidas e a aprender a pedir ajuda e acolhimento a pessoas próximas. O terapeuta continua sintonizando e oferecendo cuidados e validação, mas também incentiva o paciente a verificar com seu adulto saudável o que ele precisa fazer para ajudar a criança vulnerável, a moderar um modo de enfrentamento ou a atender a uma necessidade básica. Nessa fase da terapia, os pacientes estão desenvolvendo mais autonomia, estão mais em sintonia com suas emoções e se sentem no direito de expressar vulnerabilidade em suas relações próximas e de confiança.

Em alguns contextos, particularmente em que o número de sessões é muito limitado, esse processo está longe de ser concluído no final da terapia. Nesses casos, o terapeuta precisa ser aberto sobre as restrições externas em seu trabalho e tentar limitar os aspectos mais disfuncionais e prejudiciais dos modos do paciente. Muitas vezes, quando o paciente está ciente de que a restrição é externa e não devida ao terapeuta querer terminar a terapia, ainda é possível que o final seja bom o suficiente e que o paciente aprecie e valorize seu progresso. Em outras situações, o terapeuta pode passar o trabalho terapêutico para outro terapeuta ou serviço, de modo que haja um "cuidado" e reparentalização coletiva. Isso demonstra que a reparentalização limitada não precisa ser realizada por um único cuidador, pois uma família grande pode toda ela ajudar a criar uma criança.

REESCRITA DE IMAGENS E ENCERRAMENTO DA TERAPIA

A reparentalização limitada está entrelaçada aos exercícios de reescrita de imagens da infância, o que ajuda o paciente a "sentir" e internalizar a sintonia de seu terapeuta e cuidar de sua criança vulnerável. No final da terapia, também podemos querer empregar exercícios de imagens para ensaiar situações futuras desafiadoras. Por exemplo, um paciente iniciou um curso acadêmico que continuaria após o término da terapia. Ele achou isso muito estressante, pois desencadeou seu esquema de defectividade/vergonha e o lembrou de experiências negativas durante a escola. Ele fez vários exercícios de imagens com o terapeuta, nos quais imaginou seu adulto saudável e o terapeuta sentados ao lado dele à mesa, lembrando-o de respirar, de que ele era perfeitamente capaz de fazer o trabalho e de que eles o ajudariam durante todo o curso. Isso o ajudou a ficar mais calmo e sentir que ele não estava enfrentando esses desafios sozinho. Essas imagens permaneceram com ele depois que a terapia terminou e o ajudaram a permanecer no curso, em vez de desistir.

ENCERRAMENTOS E AUTORREVELAÇÃO DO TERAPEUTA

Uma parte fundamental da reparentalização limitada é também o uso adequado da autorrevelação do terapeuta. Novick (1997) argumenta que, para que os encerramentos terapêuticos sejam construtivos, o terapeuta não deve se abster de expressar suas próprias reações, mantendo habilmente em mente as necessidades do paciente. O terapeuta pode compartilhar sentimentos genuínos sobre sua jornada juntos e expressar alguns de seus sentimentos sobre o encerramento, potencialmente, incluindo tópicos mais difíceis, como perda. Há maneiras criativas de fazer isso. Por exemplo, na sessão final com Adam, um paciente de longa data, tanto terapeuta quanto paciente escreveram uma carta um para o outro em que compartilhavam o que haviam apreciado e aprendido juntos – era importante que ela fosse autêntica de ambos os lados, pois o paciente poderia então lê-la e receber reparentalização, tanto em termos de afeto e celebração quanto também em honestidade sobre áreas que ainda precisavam ser trabalhadas. Isso destaca o fato de que uma boa reparentalização não é apenas sobre ser validador e gentil, mas também estabelecer e manter limites e encorajar os pacientes a fazer coisas que eles não querem, mas podem precisar fazer.

ENCERRANDO A TERAPIA DE PACIENTES COM TPB

Em nossa experiência, pacientes com estilos de apego inseguros, cujos esquemas principais estão no domínio desconexão e rejeição, como pacientes com TPB, parecem achar finais particularmente desafiadores. Isso pode ser devido ao seu esquema de abandono caracteristicamente forte e por terem tido experiências negativas de outros términos ou interrupções, seja na terapia ou em suas relações pessoais. Portanto, o fim da terapia – especialmente se prematuro – para esse grupo de pacientes pode resultar na hiperativação do sistema comportamental de apego; ou seja, querer estar em contato constante com o terapeuta e se sentir inconsolável com a perda (Mikulincer & Shaver, 2007). Nesses casos, é útil explorar sentimentos sobre o encerramento, validar a sensação natural de perda e honrar o que o terapeuta e o paciente passaram juntos. Além disso, as representações internas da relação terapêutica podem se tornar uma fonte simbólica de proteção ao paciente (Mikulincer & Shaver, 2007).

É fundamental, para gerenciar o encerramento com pacientes com TPB, ter em mente que você pode ter sido um entre os poucos indivíduos a quem o paciente ousou se apegar. Isso exigiu bravura e coragem e requer um gerenciamento respeitoso e um pouco de "ir além" quando a angústia é grande. Um sinal é que, no momento do término, o paciente internalizou o terapeuta como uma base segura (Bowlby, 1988) e, espera-se, desenvolveu um pequeno número de vínculos seguros com outras pessoas fora da terapia. Outra dica que pode sinalizar uma prontidão para o término da terapia pode ser que seu esquema de abandono tenha suavizado em intensidade e prontidão de ativação e seja mais facilmente tranquilizado por seu adulto saudável. Encorajar a autonomia com esse grupo de pacientes vulneráveis tem dois aspectos: nós gradualmente reduzimos a frequência das sessões enquanto oferecemos algum contato após o término.

Nessa fase final da TE com pacientes com TPB, ainda precisamos prestar atenção aos modos em jogo. O modo pai/mãe punitivo pode culpar o paciente pelo final por não ser um "paciente bom o suficiente" e presumir que o terapeuta está "cansado de atendê-lo". O terapeuta também pode ter empatia com os medos ou a sensação de perda da criança vulnerável, mas também ressaltar empaticamente que não será capaz de atender a todas as necessidades do paciente, como a necessidade de amizade cotidiana ou de um parceiro.

Uma armadilha comum em casos de pacientes com TPB é quando os terapeutas não são curiosos o suficiente para investigar modos ativos relacionados ao término. Isso pode levá-los a confundir um protetor desligado com um adulto saudável; assim, por exemplo, o terapeuta pode aceitar o valor aparente da declaração do paciente de que ele está "bem" em relação ao final, deixando de perceber pistas vitais de que o paciente pode estar experienciando uma série de outras reações mais complexas e dolorosas (p. ex., abandono, rejeição, vergonha e raiva). Em particular, os pacientes com TPB podem não demonstrar esses sentimentos por causa de seu esquema de subjugação, dizendo-lhes que precisam fazer seu terapeuta se sentir bem sobre o encerramento. De fato, muitos terapeutas sentem um pouco de culpa no final da terapia, particularmente se o paciente ainda está passando por dificuldades, tornando tentador conspirar com o protetor desligado dizendo: "Tudo bem – estou bem".

EXEMPLO DE CASO (CHRISTINE): TERMINANDO A TERAPIA COM UMA PACIENTE COM TPB

A importância de estar presente no relacionamento quando alguém tem TPB foi clara com uma jovem paciente, Christine. Seu principal problema no início da terapia era uma persistente dificuldade nos relacionamentos, tanto com o namorado quanto com amigos próximos. Ela muitas vezes sentia que ninguém estava prestando atenção nela ou que estavam injustificadamente culpando-a por coisas que não eram culpa dela. Nesses casos, ela ficava incontrolavelmente zangada, quebrando objetos próximos ou batendo na parede com o punho (em seu modo criança raivosa).

Na fase inicial da terapia, Christine frequentemente comentava com sua terapeuta: "Eu gostaria que você fosse minha mãe. Eu não quero perder você nunca". A terapeuta validou esses sentimentos, já que a pequena Christine nunca teve ninguém para acolhê-la. Seu vínculo juntas foi muito forte desde o início da terapia: Christine procurava a terapeuta sempre que ela sentia que não conseguia enfrentar algo. Embora sua terapeuta nem sempre tenha sido capaz de responder imediatamente, ela fornecia um objeto transicional (uma pequena caixa especial) e gravava *flashcards* de áudio contendo mensagens de reparentalização limitada que a paciente poderia usar para se tranquilizar. Christine foi capaz de imaginar como a terapeuta confortaria a pequena Christine, que palavras e tom ela usaria. Ela achou isso muito reconfortante. Sua mãe era alcoolista, então ela nunca teve um cuidador consistente e acolhedor quando criança. Isso ilustra como o terapeuta se torna uma base segura a partir da sua internalização como uma boa figura de apego. Com o passar do tempo, a paciente começou a formar relações seguras fora da terapia, o que ampliou sua base segura.

A paciente foi atendida em consultório particular e seu plano de saúde só cobriu 18 meses de terapia, o que lhe pareceu muito pouco tempo. Para a última sessão, tanto a terapeuta quanto a paciente escreveram um cartão de despedida e resumiram todas as técnicas que ela poderia usar para lidar com cada modo. Isso novamente ajudou a paciente a internalizar a terapeuta como uma figura segura de apego que estaria "lá" para ela tempos após o término da terapia.

Poucos meses após a alta, a paciente solicitou algumas sessões adicionais – mostrando sua busca de proximidade com a terapeuta durante uma crise. Ela engravidou e estava apreensiva que seu modo criança raivosa poderia machucar o bebê. A terapeuta validou o pedido compreensível de apoio da paciente neste momento desafiador. Terapeuta e paciente trabalharam de forma focada ao longo de seis sessões sobre o medo de que ela pudesse machucar seu bebê. Grande parte do trabalho não era novo; envolvia apoiar a paciente a acessar as habilidades que ela já havia aprendido, mas também saber apoiar-se nelas sob essa nova condição de alta ansiedade relacionada à sua gravidez. A terapeuta também trabalhou com a paciente para promover um modo "pai/mãe positivo", no qual se observava a paciente integrando criativamente aspectos da reparentalização que recebeu de sua terapeuta para pensar sobre o tipo de mãe que ela gostaria de ser. Dois anos se passaram desde então. A paciente ainda mantém contato via mensagens de texto e atualiza a terapeuta sobre sua vida, que está indo bem.

ENCERRAMENTOS DIFÍCEIS E PREMATUROS

Bender e Messner (2003) distinguem entre finais maduros e prematuros. Um final maduro envolve rever os objetivos e o desenvolvimento pessoal que foi alcançado durante a terapia e trabalhar sentimentos relacionados à relação terapêutica estar chegando ao fim (Vasquez et al., 2008). Esse processo ajuda o paciente a integrar sentimentos de perda e abandono, ao mesmo tempo em que permite alegria e celebração compartilhadas.

No entanto, nem todos os finais são oportunos ou estão em sintonia com as necessidades do paciente. Por exemplo, consideramos um término prejudicial nos casos em que há indicadores claros de que o paciente vem se beneficiando da terapia e se beneficiaria com a sua continuação para atingir seus objetivos – ou seja, o trabalho está incompleto, mas o terapeuta, por qualquer motivo, não permite ou não pode permitir que o tratamento continue. Esse final mal cronometrado e mal ajustado pode desencadear sentimentos intensos de abandono, desconfiança ou fracasso, a depender dos esquemas do paciente, e desencadear modos de enfrentamento disfuncionais. Esse tipo de encerramento também pode desencadear uma raiva compreensível no adulto saudável de um paciente que tenha feito progresso suficiente. Há muitas razões pelas quais esse tipo de encerramento insatisfatório pode ocorrer, e a falta de consciência do terapeuta sobre seus próprios gatilhos de esquema geralmente é um ingrediente-chave.

Também consideramos um fim prematuro quando a terapeuta tem que terminar o tratamento devido às suas próprias circunstâncias de vida terem mudado; quando terapeuta e paciente não parecem uma boa parceria; ou quando o paciente comete suicídio. É importante notar que, mesmo nas duas primeiras situações, os encerramentos ainda podem ser gerenciados de forma saudável com reparentalização limitada e autenticidade por parte do terapeuta.

GERENCIANDO FINAIS DIFÍCEIS E PREMATUROS

Infelizmente, no início de nossos encontros com um paciente, como na fase de avaliação, podemos não estar cientes da química esquemática entre nós e nosso novo paciente e podemos agir subconscientemente de maneiras que desencorajam o paciente a se engajar. Por exemplo, o terapeuta pode remarcar o paciente várias vezes ou atrasar o contato com ele. Ele também pode acabar sendo mais formal/reservado ou inflexível, afastando o paciente e tornando mais provável que ele desista.

Tais reações são compreensíveis quando o terapeuta se sente, por alguma razão, em uma situação sem saída, e supervisão e terapia pessoal são inestimáveis para trabalhar em nossos esquemas quando somos ativados. Em alguns casos, nossas reações são impulsionadas por uma sensação genuína de que somos incapazes de atender adequadamente às necessidades de um paciente, por isso podemos precisar de alguma ajuda para descobrir a melhor maneira de gerenciar o encaminhamento.

Encerramentos prematuros devido a mudança nas circunstâncias de vida do terapeuta

Às vezes, apesar de suas melhores intenções, o terapeuta precisa terminar a terapia prematuramente devido a mudanças nas circunstâncias de sua vida. Isso pode acontecer devido a licença-maternidade, doença ou mudança. O terapeuta deve compartilhar com o paciente de boa-fé o motivo de ter que terminar a terapia. Não é necessário entrar em detalhes sobre a vida pessoal, mas é importante dar ao paciente uma explicação adequada. Dessa forma, o paciente saberá que o terapeuta não está deliberadamente se livrando dele, mas não tem outra escolha a não ser terminar a terapia. A autenticidade do terapeuta pode ajudar a gerenciar o final prematuro.

É imprescindível validar a sensação natural de perda do paciente e trabalhar com modos que se manifestam no tempo restante. Por exemplo, o modo pai/mãe punitivo pode ser ativado, dizendo ao paciente que ele não será cuidado por outra pessoa porque ele não é bom o suficiente. O protetor zangado pode dizer que ele não é capaz de confiar em mais ninguém novamente, então ele não quer ser encaminhado para outro terapeuta ou serviço. Também é útil – se o terapeuta puder retomar as sessões em um futuro previsível – preparar um objeto transicional, como uma foto do terapeuta ou um cartão contendo mensagens afetuosas que o paciente possa guardar durante a pausa na terapia.

Durante a fase de avaliação com uma paciente de TPB, a terapeuta descobriu que estava grávida. Ela compartilhou a notícia de sua gravidez com a paciente na sessão seguinte. Explicou que, como o relacionamento delas seria muito importante na terapia, não era sábio que elas continuassem, devido a sua licença-maternidade próxima. Ela reconheceu que isso poderia ser difícil, dadas as experiências anteriores da paciente de se sentir decepcionada e abandonada. A paciente ainda assim foi ativada, dizendo "Minha sorte é muito boa mesmo!" e "Estou sendo punida – nada nunca funciona para mim". A terapeuta validou o quanto isso era difícil para ela e consolou a paciente, tendo o cuidado de encaminhá-la para um colega que ela achava que seria uma boa opção. É importante lembrar que mesmo um bom pai/mãe nem sempre consegue cumprir promessas, pois a vida às vezes atrapalha.

Exemplo de caso: culpa do terapeuta

Três anos após o término da terapia, o terapeuta descobriu que uma ex-paciente havia cometido suicídio. Embora a paciente tivesse se afastado progressivamente, de forma que o terapeuta não fazia ideia de que ela havia tido uma recaída, seu suicídio desencadeou sentimentos intensos de luto, vergonha e autoculpa no terapeuta, que precisou de muito trabalho de supervisão e apoio de sua rede pessoal para superar. Eventualmente, o terapeuta percebeu que a morte da paciente não era culpa dele, que ele tinha feito todo o possível para ajudá-la, e que o risco de suicídio era, infelizmente, uma parte inevitável de trabalhar com o contingente populacional de pacientes altamente complexos que os terapeutas do esquema assumem. Isso ajudou Jose a processar a tragédia e permitiu que ele se concentrasse novamente em sua quota atual de casos. Também lhe permitiu responder com calma e eficácia quando os pacientes apresentavam ideação ou impulsos suicidas.

RESUMO

A TE é, em sua essência, um modelo relacional. Trabalhamos com pacientes complexos, muitos dos quais experienciaram poucos, se é que algum, modelos positivos durante suas vidas. Outros sofreram um abandono significativo, rejeição, negligência ou abuso. Encerrar a terapia com esses pacientes não é algo que "fazemos" – é um processo entre duas (ou mais) pessoas, que envolve as histórias de apego do terapeuta e do paciente interagindo, inúmeras emoções complexas, bem como uma série de padrões de enfrentamento potencialmente ressurgindo. Se você, como terapeuta, estiver adequadamente sintonizado e ligado ao seu paciente e se tiver tido pais positivos o suficiente no início de sua vida (ou terapia pessoal para apoiar sua criança vulnerável), você encontrará uma maneira de atravessar esse processo que tenha o potencial de curar seu paciente e fornecer-lhe um novo modelo interno de funcionamento saudável de proteção e segurança interpessoal. A internalização de um apego seguro ao terapeuta é, acreditamos, o ingrediente-chave que ajudará o paciente a se autotranquilizar e permanecer bem, inclusive após o fim da terapia. Mesmo diante da complexidade ou dos desafios da terapia, o terapeuta pode se tornar uma base segura para seu paciente, o que significa que a influência da TE continua mesmo após o término do trabalho presencial.

Dicas para os terapeutas

1. Os terapeutas precisam estar cientes de seus estilos de apego, esquemas e modos para gerenciar encerramentos, sejam eles maduros ou prematuros. Cada um desses fatores terá um efeito no estilo de término da terapia.
2. Troque cartões ou cartas de despedida em que ambos expressem seus sentimentos sobre o trabalho em conjunto e o fim da terapia.
3. Grave um *flashcard* em áudio contendo mensagens de reparentalização.
4. Convide o paciente a dar atualizações sobre sua vida de tempos em tempos (se for apropriado no seu contexto).
5. Encoraje o paciente a convocar você ou outra figura acolhedora em suas vidas, por exemplo, para um miniexercício com imagens mentais em momentos difíceis: "O que meu terapeuta me diria nesta situação?".
6. Se ocorrer de um paciente acionar nossos esquemas, essa pode ser uma oportunidade para assumirmos o desafio e crescermos, com a ajuda de nosso supervisor (Behary, 2018, comunicação pessoal).

REFERÊNCIAS

Arntz, A. & van Genderen, H. (2009). *Schema Therapy for Borderline Personality Disorder*. Oxford: Wiley-Blackwell.

Bender, S. & Messner, E. (2003). *Becoming a Therapist: What Do I Say, and Why?* New York: Guildford Press.

Bowlby, J. (1969/1982). *Attachment and loss: Vol. 1. Attachment*. New York: Basic Books.

Bowlby, J. (1988). *A Secure Base: Clinical Applications of Attachment Theory*. Oxford: Routledge.

Knox, S., Goldberg, J.L., Woodhouse, S.S. & Hill, C.E. (1999). Clients' internal representations of their therapists. *Journal of Counseling Psychology, 46* (2), 244–256.

Mikulincer, M. & Shaver, P.R. (2007). *Attachment in Adulthood: Structure, Dynamics and Change*. New York: Guilford Press.

Novick, J. (1997). Termination conceivable and inconceivable. *Psychoanalytic Psychology, 14* (2), 145–162.

Vasquez, M.J.T., Bingham, R.P. & Barnett, J.E. (2008). Psychotherapy termination: Clinical and ethical responsibilities. *Journal of Clinical Psychology: In Session, 64* (5), 653–665 doi:10.1002/jclp

Young, J.E., Klosko, J.S. & Weishaar, M.E. (2003). *Schema Therapy: A Practitioner's Guide*. New York: Guilford Press.

Índice

abertura emocional 80-81, 85-87
abertura pessoal *ver* autenticidade
acolhimento emocional 80-81, 83-86
adequação para terapia do esquema 17-19
Ahmadian, A. 131-132
amor, incondicional 80-81, 83-86
anorexia nervosa (AN): mecanismo psicológico central 309-311; modelo integrativo SPEAKS 310-312
apego 341-346
armazenamento, esquemas codificados visualmente 99-100
Arntz, A. 11-12, 54-55, 104, 113-114, 145-146, 157-158; trauma 132-133, 137-138
ativação do esquema do terapeuta 271-273;
ativação do modo 272-277; autocuidado 281-283; cultura e sociedade 276-282; dicas do terapeuta 283-284
autenticidade 254-255; dicas do terapeuta 269-270; experiência do paciente 255-257; influências externas 261-265; qualidades dos terapeutas 256-258; reflexões 269-270; revelação e autenticidade 266-270; terapeutas, esquemas e modos 257-262; trabalhando em sua autenticidade 264-267
autoidentidade compassiva 300-302
autonomia 80-81; apoio 86-89; concessão 89-90
autorrevelação, limites de 266-270
avaliação 17-18; adequação 17-19; características 20-24; dicas do terapeuta 43-44; espiritualidade, cultura e diversidade 31-32; história da família e educação 26-28; introdução da TE aos pacientes 29-31; Inventário de Estilos Parentais de Young 28-30; Inventário de Modos Esquemáticos (SMI) 26-27; mapas 18-20; Questionário de Esquemas de Young 23-26; relação terapêutica 31-34; temperamento 30-32
avaliação, técnicas experienciais 48-49; dicas do terapeuta 59-60; imagens 48-54; técnica das cadeiras 53-59

Beck, A.T. 324-325, 329-330
Beck, J.S. 152-153
Belsky, J. 82-83
Bender, S. 349-350
bloqueios na terapia 326-329
bonecas (figuras) 42-43, 184-185; *ver também* anorexia nervosa (AN)
Bowlby, J. 341-343
Boyce, W.T. 82-83
Breaking Negative Thinking Patterns 21-22, 26-27, 29-30

brincadeiras 80-81, 85-87
brincadeiras: atividades 181-183; crianças vulneráveis 184-185; em imagens 184-186; estágios de desenvolvimento 177-179; fantoches 179-181; importância de 176-178; Jornada Através do Vale dos Modos 181-182; Lego 178-180; na supervisão 181-182; regulação de imagens 180-181

caixas de memória e conexão 184-185
Castonguay, L.G. 14
ciclos do modo de esquemas 215-221
compaixão 8, 38-39, 139-140, 197-199, 237-238, 255-256; autocuidado, terapeutas 272-275; diálogos de modo 166-167, 171-173, 292-294; imagens 102-103, 107-108, 115-116, 123-124, 139-140, 152-153; terapia cognitivo-comportamental (TCC) 326, 330-331, 335-336; transtornos alimentares 318-321
conceitualização *ver* formulação
confronto empático 6-10, 154-157, 190-191, 196-198, 211-212, 215-219, 222-223, 226-227, 243-246, 324-325, 331-332; dicas do terapeuta 252-253; franqueza empática e limites 248-249; ignorando os modos desligados 248-251; léxico 229-247; mensagens perdidas 246-249; preâmbulo empático 251-252;
conhecimento implicativo 99-101
consciência, esquema 281-282
contraste mental (CM) 154-155
corpos, papel de *ver* perspectiva somática
culpa, terapeuta 351-352
cultura 31-32, 276-282
curiosidade, empática 227-229

depressão 98-99, 290-291, 326-329
desenho de modos 200-202
dessensibilização e reprocessamento por meio dos movimentos oculares (EMDR) 101-102, 115-116; estudo IREM 131-134
diálogos de modo 10-11; diálogos de modo padrão 164-165; diálogos de múltiplos modos 165-167; diálogos históricos de múltiplos modos 168-170; dicas do terapeuta 175; efígies 164-166; formulação 87-88, 92-93; imagens 107-108, 126-127, 157-158; incluindo tarefas 172-174; nascimento dos modos 166-169; possibilidades de aprendizagem vicárias 169-173; relações terapêuticas 275-276, 281-282; técnica das cadeiras 189-191, 197-198, 202-203
diversidade 31-32

Edwards, D. 4-5, 11-12
empático 196-197
enfrentamento disfuncional *ver* modos de enfrentamento, disfuncional
ensaio de reescrita de imagens e dessensibilização por movimentos oculares (ensaio IREM) 131-134
ensaios controlados randomizados (ECRs) 11-12, 17-19
Escala de Bem-Estar Psicológico de Ryff 89
espiritualidade 31-32
espontaneidade: fantoches 179-181; atividades de brincadeira 181-183; atividades de brincadeiras para crianças vulneráveis 184-185; brincadeira e estágio de desenvolvimento 177-179; brincadeiras em imagens 184-186; brincadeiras na supervisão 181-182; imagens para regulação 180-181; importância da brincadeira 176-178; Jornada Através do Vale dos Modos 181-182; Lego 178-180
esquemas do terapeuta: cultura e sociedade 276-282; autocuidado 281-283; autossacrifício 272-274; padrões inflexíveis 273-275; química esquemática terapeuta-paciente 274-277
esquemas iniciais desadaptativos (EIDs) 1-3, 12-13, 131-132, 324-326, 342-345; imagens 97-98, 100-104; transtornos alimentares 12-13, 98-99, 290-291, 326-327; *ver também* anorexia nervosa (AN)
estabelecimento de limites 11-12, 84-85, 107-109, 246-249; *ver também* confronto empático
etnia 31-32
evitação: ação e motivação 197-200; desenho de modos 200-202; empoderamento 199-201; relações terapêuticas 193-197; resignação 199-200; separando modos e confronto empático 196-197; técnica de entrevista 196-198
exercício do sorvete, imagens 50-51
exposição imagística (EI) 100-101, 113-114
finais 340-342; apego e adulto saudável 344-346; apego e EID 342-345; autorrevelação do terapeuta 345-347; dicas do terapeuta 351-352; difíceis e prematuros 349-352; pacientes com transtorno da personalidade *borderline* 346-350; reescrita de imagens (RI) 345-346; resumo 351-352; teoria do apego e relação terapêutica 341-342; *ver também* transtorno da personalidade narcisista (TPN)
finais prematuros 349-352
flashbacks, uso de imagens 100-101
formulação 17-18; cadeiras, uso de 40-43; construção 33-40; dicas do terapeuta 43-44; fotos, símbolos e bonecas 42-43; mapas de modo 39-42; representações corporais 42-44; roteiros 18-20;
Formulário de Conceitualização de Caso em Terapia do Esquema 33-34

Gilbert, Paul 289-291
Google Images, método para avaliar memórias 115-116
Greenberg, L.S. 150-151

Hackmann, A. 152-153
Hepgul, N. 336-337

hipercompensação 2-4, 24-26, 142-143, 276-277, 310-312, 340-341; autenticidade 260, 263-264, 268-270; casais 224-225, 238-239; confronto empático 244-247; fazendo a ponte 209-221; técnica das cadeiras 190-191, 201-204; terapia cognitivo-comportamental (TCC) 325-326, 334-336;

Iacoboni, Marco 244-245
imagens da vida atual: técnicas focadas no futuro 152-157; dicas do terapeuta 157-158; introdução 145-146; reescrita do passado recente 146-150; técnicas focadas no presente 149-153;
imagens de lugar seguro 50-52, 64-65, 156-157, 299, 329-330
Improving Access to Psychological Therapies (IAPT) 335-337
intenção de implementação (II), uso de imagens da vida atual 154-155
Inventário de Estilos Parentais de Young (YPI) 26-30, 115-116
Inventário de Modos Esquemáticos (SMI) 26-27

Jacob, G. 12-13, 54-55
janela de tolerância (WoT) 62-65, 125-127, 193
jogo do rosto, terapia de esquema de grupo 181-182

Kellogg, S.H. 10-11, 54-55, 188-189
Kelly, George 188-189
Knox, S. 343-344
Kosslyn, S.M. 152-153
Kurtz, R. 61-62

lembranças, brincadeiras 184-185
Lobbestael, J. 4-5
Lockwood, George 79-80, 86-87, 260
loja de brinquedos, imagens 184-186
Louis, J.P. 89

manutenção de esquema 79-80
mapas de modo 39-42, 312-314; *ver também* modos de enfrentamento; técnica das cadeiras
mapeando traumas 101-102, 104, 105, 133-138, 184-185
mecanismos de mudança da SPEAKS 313-321; conceitualização de mapa de modo SPEAKS 311-314; dicas do terapeuta 321-322; modelo teórico SPEAKS 310-311; tratamento 308-310
Messner, E. 349-350
mindfulness 145-146, 220-221, 282-283; mente compassiva 290-291, 293-294, 296-297, 304-306; perspectiva somática 62-65, 75-76
modelo de modo de esquema, definição 3-5
modelos internos de funcionamento 13-14
modos adulto saudável 3-5, 6-7, 9-12, 79-80, 209-213, 220-223, 227-228, 230-233, 238-239, 325-332, 334-336, 343-350; avaliação 21-23, 26-27, 31-33, 40-43, 54-58; casais 224-226; confronto empático 246-247, 251, 254-255, 257-258, 262-263, 280-283;

imagens 104-109, 115-120, 123-124, 126-128, 142-143, 145-147, 149-154, 156-158; perspectiva somática 71-77; técnica das cadeiras 190-192, 197-204; *ver também* brincadeira; modos criança vulnerável; modos críticos disfuncionais; terapia focada na compaixão (TFC); transtornos alimentares

modos autoengrandecedor 8; autenticidade 257-258, 265-266; avaliação 36-39, 42-43; resolvendo a diferença 208-213, 215-221; técnica das cadeiras 189-190, 201-202

modos capitulador complacente 4-5, 219-221, 257-258, 294-296, 333; avaliação 23-24, 31-33, 36-39, 42-43, 57-58, 71; técnica das cadeiras 189-190, 199-201; transtornos alimentares 312-313, 316-319

modos criança feliz 3-5, 171-172, 283-284; ativação do esquema do terapeuta 274-275; autenticidade 257-258, 260-264; casais 225-226, 230-231, 238-239; *ver também* brincadeiras

modos criança vulnerável 6-7, 10-12, 163-175, 275-276; autenticidade 254-255, 260-261, 265-267, 269-270; avaliação 21-22, 26-27, 36-39, 40-43, 52-58, 68-70; brincadeira 178-187; casais 225-235; confronto empático 246-249; fazendo a ponte 207-213, 219-220, 222-223; imagens 106-107, 118-120, 125-128, 139-140, 149-154, 157-158; mente compassiva 295-296, 299-301, 302-303; relações terapêuticas 342-346; técnica das cadeiras 189-190, 197-198, 199-202, 203-204; terapia cognitivo-
-comportamental (TCC) 325-327, 335-336; transtornos alimentares 311-314, 317-319

modos críticos disfuncionais 163-165, 178-180; diálogos de múltiplos modos 165-167; diálogos históricos de múltiplos modos 168-170; nascimento dos modos 166-169; possibilidades de aprendizagem vicária 169-174; tornando os modos mais "reais" 164-166; *ver também* diálogos de modo

modos de criança zangada 11-12, 157-158, 166-168, 311-312, 325-326, 348-350; avaliação 26-27, 34-35, 38-39, 68-70; brincadeira 178-180, 185-186; fazendo a ponte 207-209, 212-219, 222-223; mente compassiva 290-291, 295-296, 302-303;

modos de enfrentamento 6-8, 10-12, 17-18, 21-22, 28, 32-33, 36-43, 108-109, 113-114, 151-152, 154-155, 157-158, 209-213, 215-219, 254-255, 295-296, 301-302; avaliação 48-59; casais 224-228, 231-235; confronto empático 246-247; conscientização 190-193; corpo, papel do 63-64, 69-71, 75-76; dicas do terapeuta 204-205; disfuncionais 3-4, 18-19, 345-346, 349-350; finais 340-341, 345-346; hipercompensação 201-204; introdução 188-189; princípios fundamentais 188-190; técnica das cadeiras 189-191; terapia cognitivo-comportamental (TCC) 333-336; trabalhando com evitação 193-202; transtornos alimentares 311-313, 316-319

modos de esquema forenses: introdução 207-209; congruência do modo de esquema, complementaridade e batalhas 215-221; dicas do terapeuta 222-223; recrutamento do modo adulto saudável do terapeuta 220-223; terapeuta reconhecendo mal o modo do paciente 209-219;

modos de raiva 334, 348-350; ativação de esquema do terapeuta 275-276, 278; autenticidade 257-258; avaliação 20-21, 29-30, 66-67, 89; brincadeira 181-182, 185-186; confronto empático 243-249; imagens 97-102, 109, 132-133, 136-137, 140-142, 153-154, 157-158; mente compassiva 289-293, 295-296, 302-304; técnica das cadeiras 165-168, 193, 207-209, 212-219, 222-223, 225-226; transtornos alimentares 308-309, 312-313, 318-319;

modos hipercontrolador 36-38, 45-46, 189-190, 312-313

modos infantis 66-69

modos pais disfuncionais 3-5; *ver também* modos críticos disfuncionais

modos protetores desligados 4-5, 8; avaliação 22-23, 26-27, 32-33, 40-42, 52-53; confronto empático 250-251, 257-258, 266-267, 275-276; formulação 63-64, 86-88; relações terapêuticas 344-345, 348; técnica das cadeiras 178-180, 189-190, 193, 208-209, 219-220, 228-229; terapia cognitivo-
-comportamental (TCC) 325-327, 329-330; transtornos alimentares 312-313, 316-319

Moreno, Jacob L. 188-189

motivação 197-200

National Institute for Health and Care Excellence (NICE) 308-309

necessidades emocionais centrais 79-80, 114-115, 178-179, 272-273; acolhimento emocional e amor incondicional 83-86; brincadeiras e abertura emocional 85-87; concedendo autonomia 89-90; confiabilidade 90-91; confiança e competência 91; dicas do terapeuta 92-93; padrões parentais positivos 79-82; suporte à autonomia 86-89; temperamento 81-83; valor intrínseco 91

Novick, J. 345-346

organizadores centrais 62-63, 68-71

padrões parentais positivos (PPPs) 79-82; acolhimento emocional e amor incondicional 83-86; brincadeiras e abertura emocional 85-87; concedendo autonomia 89-90; confiabilidade 90-91; confiança e competência 91; dicas do terapeuta 92-93; suporte à autonomia 86-89; temperamento 81-83; valor intrínseco 91

Perls, F.S. 188-189

Perris, P. 260

perspectiva somática 61-62; caixa de ferramentas de recursos somáticos 65-69; dicas de terapeuta 76-77; organizadores centrais 68-71; princípios gerais 61-66; técnicas de aprimoramento 71-76

Pluess, M. 82-83

psicose 18-19, 98-99, 290-291

Pugh, M. 54-55, 188-189

Questionário de Esquemas de Young (YSQ) 2-3, 23-26, 80-81, 333 química do esquema, esquemas do terapeuta e do paciente 274-277

reconhecendo mal os modos 209-219
recuperação, esquemas codificados visualmente 99-100
recursos somáticos 65-69, 106-107
reescrita de imagens (RI) 9-11, 72-73, 97-98, 303-305, 329-331, 334-346; antagonistas 119-124; aplicações 102-109; baseado na compaixão; núcleos 114-115; dicas do terapeuta 108-109, 127-128; emoções 125-127; memórias da infância 113-115; 299-301; natureza transdiagnóstica 97-99; para avaliação 48-54; para casais 235-239; processo 115-120; técnicas de terapia 101-103; teoria de base 98-102; *ver também* estudo IREM
Reinventando sua vida 25-26, 29-30
relacionamentos, terapia *ver* finais
relações terapêuticas 5-6, 14, 76-77, 79-80, 83-84, 92-93, 141-142, 226-227, 272-273, 330-331, 340-341; autenticidade 254-257, 262-263, 266-267; transtornos alimentares 311-312, 313-315, 320-322
Renner, F. 12-13
reparentalização limitada 5-11, 176-177, 250, 299, 340-350; ativação do esquema do terapeuta 271-272, 275-277; autenticidade 254-257; avaliação 18-21, 32-35, 53-54, 75-76, 79-80, 82-84, 90; casais 225-227, 235-239; diálogos de modo 167-170; fazendo a ponte 209-213; imagens 102-103, 114-115, 117-118, 122-123, 140-142; terapia cognitivo-comportamental (TCC) 324-325, 330-332, 334, 336-337; transtornos alimentares 311-312, 315, 317-318;
resignação 2-5, 8, 71, 246-250, 257-258, 295-296, 333, 340-341; ativação do esquema do terapeuta 272-275; avaliação 22-24, 31-33, 36-40, 42-43, 57-58; casais 224-225, 238-239; fazendo a ponte 214-221; imagens 136-137, 142-143, 151-152; técnica das cadeiras 189-191, 198-201; transtornos alimentares 310-313, 316-319;
Roediger, E. 11-12
roteiros, plano de tratamento 18-20

(SCI) 99-100
Sempertigui, G.A. 12-14
separação de modos, confronto
sexualidade 31-32
Shapiro, F. 132-133
Shaw, I. 86-87
significado esquemático, uso de imagens 102-103
símbolos 42-43
sondagens 73-76
Specialist Psychotherapy with Emotion for Anorexia in Kent and Sussex (SPEAKS) 309-310; conceitualização de mapa de modos 311-314; mecanismo de mudança 313-321; modelo integrativo de mudança 310-312; modelo teórico de anorexia nervosa 310-311
subsistemas cognitivos interacionais
Suomi, S. 82-83

suscetibilidade diferencial 2-3; sensibilidade temperamental 81-84

tarefas 172-174, 226-228
técnica da ponte de afeto 51-54
técnica das cadeiras 10-12, 40-43, 53-59, 302-304; múltiplos 71; *ver também* modos de enfrentamento
técnica de entrevista, modo de enfrentamento 196-198
técnica do mecanismo de busca 115-116
técnicas focadas no futuro 149-157
temperamento 2-3, 4-5, 186-187, 189-190, 224-225, 271-272; avaliação 26-27, 30-34, 40-42, 44-45; formulação 79-80, 81-91; imagens 113-114, 125-126
teoria dos construtos pessoais 188-189
terapia cognitivo-comportamental (TCC) 3-4, 18-19, 100-101; aplicações 326-332; considerações sobre serviços 335-338; dicas do terapeuta 337-338; e terapia do esquema 324-327; em ação 331-336; visão geral 324-325

terapia do esquema para casais: conceitualizando o ciclo de modo 228-231; diálogos de conexões 231-236; dicas do terapeuta 238-239; duplo foco 226-228; estabelecendo a segurança 227-229; fortalecimento da tríade de modos saudáveis 230-232; introdução 224-227; reescrita de imagens para casais 235-239
terapia focada na compaixão (TFC): *self* compassivo em estratégias fundamentais para a mudança 301-306; conceitos fundamentais 290-294; dicas do terapeuta 305-307; introdução 289-291; resumo 305-306; técnicas terapêuticas 293-302
terapia focada nas emoções 188-189; *ver também* anorexia nervosa (AN)
trabalho comportamental 304-306
transtorno da personalidade *borderline* (TPB) 3-4, 11-12, 81-82, 191-192, 272-273
transtorno da personalidade narcisista (TPN) 3-6, 272-273; *ver também* confronto empático; estabelecimento de limites; modos de esquema forenses
transtorno de estresse pós-traumático (TEPT) 12-13, 97-98, 101-102; componentes-chave 130-132; dicas do terapeuta 142-143; ensaio IREM 131-134; introdução 130-131; mapeamento de traumas 133-138; preparação para o tratamento 137-140; reescrita de imagens (RI) 139-142;
transtorno obsessivo-compulsivo (TOC) 98-99
transtornos de personalidade 18-19, 207-209, 225-226, 290-291, 326-327
tratamento, resistência 328-332
trauma infantil 63-64, 66-67, 102-103, 125-126, 130-132, 137-138, 340-341

uso indevido de álcool 18-19
uso indevido de drogas 18-19

Weertman, A. 104, 113-114, 132-133, 137-138, 145-146

Young, Jeffrey 1-5, 11-12, 23-24, 30-31, 79-80, 324-326; diálogos de modo 164-165, 171-172, 174